Alfred Böge

Arbeitshilfen und Formeln für das technische Studium 1

Grundlagen

11., überarbeitete Auflage

Unter Mitarbeit von Gert Böge, Wolfgang Böge, Klemens Herrmann, Walter Schlemmer und Wolfgang Weißbach

Herausgegeben von Wolfgang Böge

Mit 453 Bildern

Viewegs Fachbücher der Technik

Bibliografische Information Der Deutschen Bibliothek
Die Deutsche Bibliothek verzeichnet diese Publikation in der Deutschen Nationalbibliografie;
detaillierte bibliografische Daten sind im Internet über <http://dnb.ddb.de> abrufbar.

Arbeitshilfen und Formeln für das technische Studium erscheinen in der Reihe *Viewegs Fachbücher der Technik* und werden herausgegeben von *Wolfgang Böge,* vorher von *Alfred Böge.*

1. Auflage 1975
2. durchgesehene Auflage 1976
3., überarbeitete Auflage 1980
4., überarbeitete Auflage 1981
5., überarbeitete Auflage 1983
6., überarbeitete Auflage 1985
7., überarbeitete Auflage 1990
8., überarbeitete Auflage 1994
9., überarbeitete Auflage 1999
10., überarbeitete Auflage Dezember 2000
11., überarbeitete Auflage April 2003

Der Vieweg Verlag ist ein Unternehmen der Fachverlagsgruppe BertelsmannSpringer.
www.vieweg.de

Umschlaggestaltung: Ulrike Weigel, www.CorporateDesignGroup.de
Technische Redaktion: Hartmut Kühn von Burgsdorff, Wiesbaden

Gedruckt auf säurefreiem und chlorfrei gebleichtem Papier

ISBN-13: 978-3-528-07030-4   e-ISBN-13: 978-3-322-88922-5
DOI: 10.1007/978-3-322-88922-5

Vorwort

<table>
<tr><td>Für wen
und wozu</td><td>

Im Band 1 der „Arbeitshilfen" finden die Studierenden an

- *Fachhochschulen*
- *Fachoberschulen*
- *Berufsaufbauschulen*

- *Fachschulen*
- *Fachgymnasien*

die zum Lösen von Aufgaben aus den technischen Grundlagenfächern erforderlichen und hilfreichen

- *Größengleichungen*
- *Erläuterungen einzelner Größen*
- *Lehrsätze*
- *Regeln und Verfahren*

- *Skizzen*
- *Diagramme*
- *Beispiele*

Weitere Bände erfassen die Unterrichtsinhalte der Ausbildungsschwerpunkte *Konstruktion, Fertigung, Elektrotechnik/Elektronik.*

</td></tr>
</table>

Für wen und wozu

Im Band 1 der „Arbeitshilfen" finden die Studierenden an

- *Fachhochschulen*
- *Fachoberschulen*
- *Berufsaufbauschulen*
- *Fachschulen*
- *Fachgymnasien*

die zum Lösen von Aufgaben aus den technischen Grundlagenfächern erforderlichen und hilfreichen

- *Größengleichungen*
- *Erläuterungen einzelner Größen*
- *Lehrsätze*
- *Regeln und Verfahren*
- *Skizzen*
- *Diagramme*
- *Beispiele*

Weitere Bände erfassen die Unterrichtsinhalte der Ausbildungsschwerpunkte *Konstruktion, Fertigung, Elektrotechnik/Elektronik.*

Was wird erreicht, und wie

Mit den „Arbeitshilfen" wird Zeit gespart für das Erarbeiten des Lösungsweges der Aufgaben:

- *das ausführliche Sachwortverzeichnis führt zur gesuchten Größe*
- *die zugehörige Tafel enthält die Größengleichungen in zweckmäßiger Form*
- *mit einem Blick wird der Anwendungsbereich erfasst*
- *die zusätzlichen Erläuterungen sichern die richtige Anwendung*
- *Hinweise auf andere Tafeln vervollständigen den Überblick*

Für Klausuren gerade richtig

Umfang, Schwerpunktbildung und Ordnung des Stoffes bringen den Studierenden die zulässige und wünschenswerte Hilfe für schriftliche Prüfungen.

Brücke von einer Schulform zur folgenden

Herausgeber und Autoren haben alle Bände didaktisch und methodisch so angelegt, dass sie für alle Schulformen der Sekundarstufe II mit technischen Lehrinhalten und für die anschließenden Studiengänge echte *Arbeitshilfen* sind.

Neu in dieser 11. Auflage

In der vorherigen 10. Auflage wurde unter anderem das nicht mehr zulässige Omegaverfahren zur Berechnung von Knickstäben im Stahlbau durch die neuen Vorschriften der DIN 18 800 ersetzt und daraus ein Arbeitsplan für den Tragfähigkeitsnachweis von Knickstäben entwickelt. Schwerpunkte in der Bearbeitung der jetzt vorliegenden 11. Ausgabe der „Arbeitshilfen" waren die Inhalte der Kapitel Werkstofftechnik und Festigkeitslehre. In der Werkstofftechnik wurden die Normen aktualisiert, insbesondere mit den neuen Bezeichnungen von Stählen und Cu-Legierungen, wobei bisherige Bezeichnungen noch mitgeführt werden. In der Festigkeitslehre wurde die Beanspruchungsart Abscheren erweitert und vertieft.

Die E-mail-Adresse des Autors lautet: aboege@t-online.de

Alfred Böge

Inhaltsverzeichnis

Benutzen Sie auch das ausführliche Sachwortverzeichnis.

10. Wärmelehre *(G. Böge)* 211

11. Elektrotechnik *(K. Herrmann)* 227

1. Mathematik

1.1. Mathematische Zeichen (nach DIN 1302)

$\sim$	proportional, ähnlich, asymptotisch gleich (sich $\to \infty$ angleichend), gleichmächtig
$\approx$	ungefähr gleich
$\cong$	kongruent
$\hat{=}$	entspricht
$\neq$	ungleich
$<$	kleiner als
$\leqslant$	kleiner als oder gleich
$>$	größer als
$\geqslant$	größer als oder gleich
∞	unendlich
$\parallel$	parallel
$\nparallel$	nicht parallel
$\#$	parallelgleich: parallel und gleich lang
$\perp$	orthogonal zu
$\to$	gegen (bei Grenzübergang), zugeordnet
$\Rightarrow$	aus ... folgt ...
$\Leftrightarrow$	äquivalent (gleichwertig); aus ... folgt ... und umgekehrt
$\wedge$	und, sowohl ... als auch ...
$\vee$	oder; das eine oder das andere oder beides (also nicht: entweder ... oder ...)
$\lvert x \rvert$	Betrag von x, Absolutwert
$\{x \vert ...\}$	Menge aller x, für die gilt ...
$\{a, b, c\}$	Menge aus den Elementen a, b, c; beliebige Reihenfolge der Elemente
(a, b)	Paar mit den geordneten Elementen (Komponenten) a und b; vorgeschriebene Reihenfolge
(a, b, c)	Tripel mit den geordneten Elementen (Komponenten) a, b und c; vorgeschriebene Reihenfolge
AB	Gerade AB; geht durch die Punkte A und B
$\overline{AB}$	Strecke AB
$\lvert \overline{AB} \rvert$	Betrag (Länge) der Strecke AB
(A, B)	Pfeil AB
$\overrightarrow{AB}$	Vektor AB; Menge aller zu (A, B) parallelgleichen Pfeile

$\in$	Element von
$\notin$	nicht Element von
$\vert$	teilt; $n \vert m$: natürliche Zahl n teilt natürliche Zahl m ohne Rest
$\nmid$	nicht teilt; $n \nmid m$: m ist nicht Vielfaches von n
$\mathbb{N}$	$= \{0, 1, 2, 3, ...\}$ Menge der natürlichen Zahlen mit Null
$\mathbb{N}^*$	$= \{1, 2, 3, ...\}$ Menge der natürlichen Zahlen ohne Null
$\mathbb{Z}$	$= \{..., -3, -2, -1, 0, 1, 2, 3, ...\}$ Menge der ganzen Zahlen
$\mathbb{Z}^*$	$= \{-3, -2, -1, 1, 2, 3, ...\}$ Menge der ganzen Zahlen ohne Null
$\mathbb{Q}$	$= \left\{ \frac{n}{m} \,\middle\vert\, n \in \mathbb{Z} \wedge m \in \mathbb{N}^* \right\}$ Menge der rationalen Zahlen (Bruchzahlen)
$\mathbb{Q}^*$	$= \left\{ \frac{n}{m} \,\middle\vert\, n \in \mathbb{Z}^* \wedge m \in \mathbb{N}^* \right\}$ Menge der rationalen Zahlen ohne Null
$\mathbb{R}$	Menge der reellen Zahlen
$\mathbb{R}^*$	Menge $\mathbb{R}$ ohne Null
$\mathbb{C}$	Menge der komplexen Zahlen
$n!$	$= 1 \cdot 2 \cdot 3 \cdot ... \cdot n$, n Fakultät
$\binom{n}{k}$	$= \dfrac{n(n-1)(n-2) ... (n-k+1)}{k!}$ gelesen: n über k; $k \leqslant n$; binomischer Koeffizient
$[a; b]$	$= a ... b$; geschlossenes Intervall von a bis b, d.h. a und b eingeschlossen: $= \{x \vert a \leqslant x \leqslant b\}$
$]a; b[$	$= \{x \vert a < x < b\}$; offenes Intervall von a bis b, d.h. ohne die Grenzen a und b
$]a; b]$	$= \{x \vert a < x \leqslant b\}$; halboffenes Intervall, a ausgeschlossen, b eingeschlossen
$\lim$	Limes, Grenzwert
$\log$	Logarithmus, beliebige Basis
$\log_a$	Logarithmus zur Basis a
$\lg x$	$= \log_{10} x$ Zehnerlogarithmus

1. Mathematik

$\ln x$ $= \log_e x$ natürlicher Logarithmus

Δx Delta x, Differenz von zwei x-Werten, z.B. $x_2 - x_1$

dx Differenzial von x, symbolischer Grenzwert von Δx bei $\Delta x \to 0$

$\dfrac{dy}{dx}$ dy nach dx, Differenzialquotient

$y' = f'(x), y'' = f''(x), \dots$ Abkürzungen für $\dfrac{df(x)}{dx}, \dfrac{d^2 f(x)}{dx^2} = \dfrac{d}{dx}\left(\dfrac{df(x)}{dx}\right), \dots$

erste, zweite, … Ableitung; Differenzialquotient erster, zweiter, … Ordnung

$\displaystyle\sum_{\nu=1}^{n} a_\nu = a_1 + a_2 + \dots + a_n$, Summe

$\int \dots dx$ unbestimmtes Integral, Umkehrung des Differenzialquotienten

$\displaystyle\int_a^b f(x)\,dx = [F(x)]_a^b = F(b) - F(a)$ mit $F'(x) = f(x)$, bestimmtes Integral

1.2. Häufig gebrauchte Konstanten

$\sqrt{2}$	=	1,4142 2	$\sqrt{e}$	=	1,6487 21	$1 : \pi^2$	= 0,1013 21
$\sqrt{3}$	=	1,7320 5	$\sqrt[3]{e}$	=	1,3956 12	$\sqrt{1 : \pi}$	= 0,5641 90
π	=	3,1415 93	$e^{\pi/2}$	=	4,8104 77	$\sqrt{1 : 2\pi}$	= 0,3989 42
2π	=	6,2831 85	e^{π}	=	23,1406 93	$\sqrt{2 : \pi}$	= 0,7978 85
3π	=	9,4247 78	$e^{2\pi}$	=	535,4916 56	$\sqrt[3]{1 : \pi}$	= 0,6827 84
4π	=	12,5663 71	$M = \lg e$	=	0,4342 94	$1 : e$	= 0,3678 79
$\pi : 2$	=	1,5707 96	g	=	9,81	$1 : e^2$	= 0,1353 35
$\pi : 3$	=	1,0471 98	g^2	=	96,2361	$\sqrt{1 : e}$	= 0,6065 31
$\pi : 4$	=	0,7853 98	$\sqrt{g}$	=	3,13209	$\sqrt[3]{1 : e}$	= 0,7165 32
$\pi : 180$	=	0,0174 53	$\sqrt{2g}$	=	4,42945	$e^{-\pi/2}$	= 0,2078 80
π^2	=	9,8696 04	$1 : \pi$	=	0,3183 10	$e^{-\pi}$	= 0,0432 14
$\sqrt{\pi}$	=	1,7724 54	$1 : 2\pi$	=	0,1591 55	$e^{-2\pi}$	= 0,0018 67
$\sqrt{2\pi}$	=	2,5066 28	$1 : 3\pi$	=	0,1061 03	$1 : M = \ln 10$	= 2,3025 85
$\sqrt{\pi : 2}$	=	1,2533 14	$1 : 4\pi$	=	0,0795 77	$1 : g$	= 0,10194
$\sqrt[3]{\pi}$	=	1,4645 92	$2 : \pi$	=	0,6366 20	$1 : 2g$	= 0,050968
e	=	2,7182 82	$3 : \pi$	=	0,9549 30	$\pi \sqrt{g}$	= 9,83976
e^2	=	7,3890 56	$4 : \pi$	=	1,2732 40	$\pi \sqrt{2g}$	= 13,91552
			$180 : \pi$	=	57,2957 80		

1.3. Tafel der Evolventenfunktion $\operatorname{inv}\alpha = \tan\alpha - \operatorname{arc}\alpha = \tan\alpha - \dfrac{\pi\,\alpha^\circ}{180^\circ}$

α°	0'	10'	20'	30'	40'	50'
12	0,003 117	0,003 250	0,003 387	0,003 528	0,003 673	0,003 822
13	0,003 975	0,004 132	0,004 294	0,004 459	0,004 629	0,004 803
14	0,004 982	0,005 165	0,005 353	0,005 545	0,005 742	0,005 943
15	0,006 150	0,006 361	0,006 577	0,006 798	0,007 025	0,007 256
16	0,007 493	0,007 735	0,007 982	0,008 234	0,008 492	0,008 756
17	0,009 025	0,009 299	0,009 580	0,009 866	0,010 158	0,010 456
18	0,010 760	0,011 071	0,011 387	0,011 709	0,012 038	0,012 373
19	0,012 715	0,013 063	0,013 418	0,013 779	0,014 148	0,014 523
20	0,014 904	0,015 293	0,015 689	0,016 092	0,016 502	0,016 920
21	0,017 345	0,017 777	0,018 217	0,018 665	0,019 120	0,019 583
22	0,020 054	0,020 533	0,021 019	0,021 514	0,022 018	0,022 529
23	0,023 049	0,023 577	0,024 114	0,024 660	0,025 214	0,025 777
24	0,026 350	0,026 931	0,027 521	0,028 121	0,028 729	0,029 348
25	0,029 975	0,030 613	0,031 260	0,031 917	0,032 583	0,033 260
26	0,033 947	0,034 644	0,035 352	0,036 069	0,036 798	0,037 537
27	0,038 287	0,039 047	0,039 819	0,040 602	0,041 395	0,042 201
28	0,043 017	0,043 845	0,044 685	0,045 537	0,046 400	0,047 276
29	0,048 164	0,049 064	0,049 976	0,050 901	0,051 838	0,052 788
30	0,053 751	0,054 728	0,055 717	0,056 720	0,057 736	0,058 765
31	0,059 809	0,060 866	0,061 937	0,063 022	0,064 122	0,065 236
32	0,066 364	0,067 507	0,068 665	0,069 838	0,071 026	0,072 230
33	0,073 449	0,074 684	0,075 934	0,077 200	0,078 483	0,079 781
34	0,081 097	0,082 428	0,083 777	0,085 142	0,086 525	0,087 925
35	0,089 342	0,090 777	0,092 230	0,093 701	0,095 190	0,096 698
36	0,09 822	0,09 977	0,10 133	0,10 292	0,10 452	0,10 614
37	0,10 778	0,10 944	0,11 113	0,11 283	0,11 455	0,11 630
38	0,11 806	0,11 985	0,12 165	0,12 348	0,12 534	0,12 721
39	0,12 911	0,13 102	0,13 297	0,13 493	0,13 692	0,13 893
40	0,14 097	0,14 303	0,14 511	0,14 722	0,14 935	0,15 152
41	0,15 370	0,15 591	0,15 815	0,16 041	0,16 270	0,16 502
42	0,16 737	0,16 974	0,17 214	0,17 457	0,17 702	0,17 951
43	0,18 202	0,18 457	0,18 714	0,18 975	0,19 238	0,19 505
44	0,19 774	0,20 047	0,20 323	0,20 603	0,20 885	0,21 171

Mit dem Rechner lassen sich die Funktionswerte $\operatorname{inv}\alpha$ leicht ermitteln, zum Beispiel

$$\operatorname{inv} 21{,}38^\circ = \tan 21{,}38^\circ - \frac{\pi \cdot 21{,}38^\circ}{180^\circ} = 0{,}018\ 341\ 699\ 5$$

($\operatorname{inv}\alpha$ sprich „involut" α)

1.4. Griechisches Alphabet

α	A	Alpha	ι	I	Jota	ρ	P	Rho
β	B	Beta	κ	K	Kappa	σ	Σ	Sigma
γ	Γ	Gamma	λ	Λ	Lambda	τ	T	Tau
δ	Δ	Delta	μ	M	My	υ	Y	Ypsilon
ϵ	E	Epsilon	ν	N	Ny	φ	Φ	Phi
ζ	Z	Zeta	ξ	Ξ	Xi	χ	X	Chi
η	H	Eta	o	O	Omikron	ψ	Ψ	Psi
ϑ	Θ	Theta	π	Π	Pi	ω	Ω	Omega

1. Mathematik

1.5. Multiplikation, Division, Klammern, Binomische Formeln, Mittelwerte

Produkt $n \cdot a$	$n \cdot a = \underbrace{a + a + a + \ldots + a}_{n \text{ Summanden}}$ n, a Faktoren
Vorzeichenregeln	$(+a)(+b) = ab$ $(+a)(-b) = -ab$ $(-a)(+b) = -ab$ $(-a)(-b) = ab$ $(+a):(+b) = a/b$ $(+a):(-b) = -a/b$ $(-a):(+b) = -a/b$ $(-a):(-b) = a/b$
Rechnen mit Null	$a \cdot b = 0$ heißt $a = 0$ oder $b = 0$; $0 \cdot a = 0$; $0 : a = 0$
Multiplizieren von Summen	$(a + b)(c + d) = ac + ad + bc + bd$
Quotient	$a = b/n = b : n$; $n \neq 0$ b Dividend; n Divisor Division durch 0 gibt es nicht
Brüche	$\dfrac{a}{b} \cdot \dfrac{c}{d} = \dfrac{ac}{bd}$ Brüche werden multipliziert, indem man ihre Zähler und ihre Nenner multipliziert. $\dfrac{a}{b} : \dfrac{c}{d} = \dfrac{ad}{bc}$ Brüche werden dividiert, indem man mit dem Kehrwert des Divisors multipliziert. $\dfrac{a}{d} + \dfrac{b}{d} - \dfrac{c}{d} = \dfrac{a + b - c}{d}$; $\dfrac{a + b}{c} = \dfrac{a}{c} + \dfrac{b}{c}$ $\dfrac{a}{mx} + \dfrac{b}{nx} - \dfrac{c}{px} = \dfrac{anp + bmp - cmn}{mnpx}$; $mnpx$ Hauptnenner
Klammerregeln	$a + (b - c) = a + b - c$ Steht ein Minuszeichen vor der Klammer, so sind beim Weglassen der Klammer die Vorzeichen aller in der Klammer stehenden Summanden umzukehren. $a - (b + c) = a - b - c$ $a - (b - c) = a - b + c$
Binomische Formeln, Polynome	$(a + b)^2 = (a + b)(a + b) = a^2 + 2ab + b^2$	$a^2 - b^2 =$ $(a - b)^2 = (a - b)(a - b) = a^2 - 2ab + b^2$	$(a + b)(a - b)$ $(a + b + c)^2 = a^2 + b^2 + c^2 + 2ab + 2ac + 2bc$ $(a \pm b)^3 = a^3 \pm 3a^2 b + 3ab^2 \pm b^3$ $a^3 + b^3 = (a + b)(a^2 - ab + b^2)$; $a^3 - b^3 = (a - b)(a^2 + ab + b^2)$ $(a + b)^n = a^n + \dfrac{n}{1} a^{n-1} b + \dfrac{n(n-1)}{1 \cdot 2} a^{n-2} b^2 +$ $ + \dfrac{n(n-1)(n-2)}{1 \cdot 2 \cdot 3} a^{n-3} b^3 + \ldots + b^n$

arithmetisches Mittel	$x_a = \dfrac{x_1 + x_2 + \ldots + x_n}{n}$ z. B. $x_a = \dfrac{2+3+6}{3} = 3{,}67$
geometrisches Mittel	$x_g = \sqrt[n]{x_1 \cdot x_2 \ldots x_n}$ z. B. $x_g = \sqrt[3]{2 \cdot 3 \cdot 6} = \sqrt[3]{36} = 3{,}3$
harmonisches Mittel	$x_h = \dfrac{1}{\dfrac{1}{n}\left(\dfrac{1}{x_1} + \dfrac{1}{x_2} + \cdots + \dfrac{1}{x_n}\right)}$ z. B. $x_h = \dfrac{1}{\dfrac{1}{3}\left(\dfrac{1}{2} + \dfrac{1}{3} + \dfrac{1}{6}\right)} = 3{,}0$
Beziehung zwischen x_a, x_g, x_h	$x_a \geqq x_g \geqq x_h$; Gleichheitszeichen nur bei $x_1 = x_2 = \ldots = x_n$

1.6. Potenzrechnung (Potenzieren)

Definition (a Basis, n Exponent, c Potenz)	$\underbrace{a \cdot a \cdot a \cdot \ldots a}_{n\ \text{Faktoren}} = a^n = c$ $3 \cdot 3 \cdot 3 \cdot 3 = 3^4 = 81$
Potenzen mit Basis $a = (-1)$; n ist ganze Zahl	$\left.\begin{array}{l}(-1)^0 \\ (-1)^2 \\ (-1)^4 \\ (-1)^{2n}\end{array}\right\} = 1$ $\left.\begin{array}{l}(-1)^1 \\ (-1)^3 \\ (-1)^5 \\ (-1)^{2n+1}\end{array}\right\} = -1$
erste und nullte Potenz	$a^1 = a$; $a^0 = 1$ $7^1 = 7$; $7^0 = 1$
negativer Exponent	$a^{-n} = \dfrac{1}{a^n}$; $a^{-1} = \dfrac{1}{a}$ $7^{-2} = \dfrac{1}{7^2}$; $7^{-1} = \dfrac{1}{7}$
erst potenzieren, dann multiplizieren	$b\,a^n = b \cdot a^n = b \cdot (a^n)$ $6 \cdot 3^4 = 6 \cdot 3 \cdot 3 \cdot 3 \cdot 3 = 6 \cdot (3^4) = 486$ aber: $(6 \cdot 3)^4 = 18^4 = 104\,976$
Addition und Subtraktion	$p\,a^n + q\,a^n = (p + q)\,a^n$ $2 \cdot 3^4 + 5 \cdot 3^4 = 7 \cdot 3^4$
Multiplikation und Division bei gleicher Basis	$a^n \cdot a^m = a^{n+m}$ $3^2 \cdot 3^3 = 3^{2+3} = 3^5 = 243$ $\dfrac{a^n}{a^m} = a^{n-m}$ $\dfrac{3^5}{3^2} = 3^{5-2} = 3^3 = 27$
Multiplikation und Division bei gleichem Exponenten	$a^n \cdot b^n = (a\,b)^n$ $2^3 \cdot 4^3 = (2 \cdot 4)^3$ $\dfrac{a^n}{b^n} = \left(\dfrac{a}{b}\right)^n$ $\dfrac{2^3}{4^3} = \left(\dfrac{2}{4}\right)^3 = (0{,}5)^3$
Potenzieren von Produkten und Quotienten	$(a\,b)^n = a^n \cdot b^n$ $(2 \cdot 3)^4 = 2^4 \cdot 3^4$ $\left(\dfrac{a}{b}\right)^n = \dfrac{a^n}{b^n}$ $\left(\dfrac{2}{3}\right)^4 = \dfrac{2^4}{3^4}$

1. Mathematik

Potenzieren einer Potenz	$(a^n)^m = a^{n\,m} = a^{m\,n}$	$(2^3)^4 = 2^{3\cdot 4} = 2^{12} = 2^{4\cdot 3}$
gebrochene Exponenten	$a^{1/n} \cdot b^{1/n} = (a\,b)^{1/n} = \sqrt[n]{a\,b}$	$a^{1/n} : b^{1/n} = \left(\dfrac{a}{b}\right)^{1/n} = \sqrt[n]{\dfrac{a}{b}}$
	$(a^{1/m})^{1/n} = a^{1/m\,n} = \sqrt[m\,n]{a}$	$(a^{1/n})^m = a^{m/n} = (a^m)^{1/n} = \sqrt[n]{a^m}$
Zehnerpotenzen	$10^0 = 1$ $\qquad$ 10^6 ist 1 Million $\qquad$ $10^{-1} = 0{,}1$ $10^1 = 10$ $\qquad$ 10^9 ist 1 Milliarde $\qquad$ $10^{-2} = 0{,}01$ $10^2 = 100$ $\qquad$ 10^{12} ist 1 Billion $\qquad$ $10^{-3} = 0{,}001$ $10^3 = 1000$ $\qquad$ 10^{15} ist 1 Billiarde usw.		

1.7. Wurzelrechnung (Radizieren)

Definition (c Radikand, n Wurzelexponent, a Wurzel)	$\sqrt[n]{c} = a \rightarrow a^n = c$ $a \geqslant 0$ und $c \geqslant 0$ $\sqrt{\ }$ immer positiv	$\sqrt[4]{81} = 3 \rightarrow 3^4 = 81$
Wurzeln sind Potenzen mit gebrochenen Exponenten, es gelten die Regeln der Potenzrechnung	$\sqrt[n]{c} = c^{1/n}$ $\sqrt[-n]{c} = c^{-1/n} = \dfrac{1}{c^{1/n}} = \dfrac{1}{\sqrt[n]{c}} = \sqrt[n]{\dfrac{1}{c}} = \sqrt[n]{c^{-1}}$	$\sqrt[4]{81} = 81^{1/4} = 3$
Addition und Subtraktion	$p\,\sqrt[n]{c} + q\,\sqrt[n]{c} = (p+q)\,\sqrt[n]{c}$	$3 \cdot \sqrt[4]{7} + 2 \cdot \sqrt[4]{7} = 5 \cdot \sqrt[4]{7}$
Multiplikation	$\sqrt[n]{c} \cdot \sqrt[n]{d} = \sqrt[n]{c \cdot d}$	$\sqrt[4]{5} \cdot \sqrt[4]{7} = \sqrt[4]{35}$
Division	$\sqrt[n]{c} : \sqrt[n]{d} = \sqrt[n]{\dfrac{c}{d}}$	$\sqrt[4]{5} : \sqrt[4]{7} = \sqrt[4]{\dfrac{5}{7}}$
Wurzel aus Produkt und Quotient	$\sqrt[n]{c\,d} = \sqrt[n]{c} \cdot \sqrt[n]{d}$ $\sqrt[n]{c/d} = \sqrt[n]{c} : \sqrt[n]{d}$	$\sqrt{4 \cdot 9} = \sqrt{4} \cdot \sqrt{9} = 2 \cdot 3 = 6 = \sqrt{36}$ $\sqrt{\dfrac{4}{9}} = \sqrt{4} : \sqrt{9} = \dfrac{2}{3}$
Wurzel aus Wurzel	$\sqrt[n]{\sqrt[m]{c}} = \sqrt[m]{\sqrt[n]{c}} = \sqrt[mn]{c}$	$\sqrt[3]{\sqrt[2]{64}} = \sqrt[2]{\sqrt[3]{64}} = \sqrt[6]{64} = 2$
Potenzieren einer Wurzel	$\left(\sqrt[n]{c}\right)^m = \sqrt[n]{c^m}$	$\left(\sqrt[3]{8}\right)^2 = \sqrt[3]{8^2} = \sqrt[3]{64} = 4$
Wurzel aus Potenz	$\sqrt[n]{c^m} = \left(\sqrt[n]{c}\right)^m$	$\sqrt[3]{8^2} = \left(\sqrt[3]{8}\right)^2 = 2^2 = 4$
Kürzen von Wurzel- und Potenzexponent	$\sqrt[n\,p]{c^{n\,q}} = \left(\sqrt[n\,p]{c}\right)^{n\,q}$ $= \sqrt[p]{c^q} = \left(\sqrt[p]{c}\right)^q$	$\sqrt[2\cdot 3]{8^{2\cdot 4}} = \left(\sqrt[2\cdot 3]{8}\right)^{2\cdot 4} = \left(\sqrt[3]{8}\right)^4 = 16$

Erweitern der Wurzel	$c \cdot \sqrt{c} = \sqrt{c^2 \cdot c} = \sqrt{c^3}$ $\qquad 4\sqrt{4} = \sqrt{4^2 \cdot 4} = \sqrt{4^3} = \sqrt{64} = 8$
	$\dfrac{1}{c}\sqrt{c^2 + 1} = \sqrt{1 + \dfrac{1}{c^2}}$
teilweises Wurzelziehen	$\sqrt{c^3} = \sqrt{c^2 \cdot c} = c \cdot \sqrt{c}$ $\qquad \sqrt[3]{5 \cdot c^3} = c \cdot \sqrt[3]{5}$
Rationalmachen des Nenners	$\dfrac{a}{\sqrt[3]{a}} = \dfrac{a \cdot \sqrt[3]{a^2}}{\sqrt[3]{a} \cdot \sqrt[3]{a^2}} \qquad\qquad \dfrac{a}{b + \sqrt{c}} = \dfrac{a(b - \sqrt{c})}{(b + \sqrt{c})(b - \sqrt{c})}$
	$\qquad = \dfrac{a \cdot \sqrt[3]{a^2}}{a} = \sqrt[3]{a^2} \qquad\qquad = \dfrac{a(b - \sqrt{c})}{b^2 - c}$

1.8. Logarithmen

Definition (c Numerus, a Basis, n Logarithmus)	Logarithmus c zur Basis a ist diejenige Zahl n, mit der man a potenzieren muss, um c zu erhalten.	$\log_a c = n \qquad a^n = c$ $\log_3 243 = 5 \qquad 3^5 = 243$ „Logarithmus 243 zur Basis drei gleich fünf"
Logarithmen-systeme	Dekadische (Briggs'sche) Logarithmen, Basis $a = 10$: $\log_{10} c = \lg c = n,$ wenn $10^n = c.$	Natürliche Logarithmen, Basis $a = e = 2,71828\ldots$: $\log_e c = \ln c = n,$ wenn $e^n = c.$
spezielle Fälle	$a^{\log_a c} = c \qquad 10^{\lg c} = c$ $\log_a(a^n) = n \qquad \lg 10^n = n$ $\log_a a = 1 \qquad \lg 10 = 1$ $\log_a 1 = 0 \qquad \lg 1 = 0$	$e^{\ln c} = c$ $\ln e^n = n$ $\ln e = 1$ $\ln 1 = 0; \quad \ln \dfrac{1}{e} = -1$
Logarithmen-gesetze (als dekadische Logarithmen geschrieben)	$\lg(xy) = \lg x + \lg y \qquad \lg(10 \cdot 100) = \lg 10 + \lg 100 = 1 + 2 = 3$ $\lg\left(\dfrac{x}{y}\right) = \lg x - \lg y \qquad \lg\left(\dfrac{10}{100}\right) = \lg 10 - \lg 100 = 1 - 2 = -1$ $\log x^n = n \lg x \qquad \lg 10^{100} = 100 \lg 10 = 100$ $\lg \sqrt[n]{x} = \dfrac{1}{n}\lg x \qquad \lg \sqrt[100]{10} = \dfrac{1}{100}\lg 10 = \dfrac{1}{100}$
Beziehungen zwischen dekadischen und natürlichen Logarithmen	$\ln x = \ln 10 \cdot \lg x = \dfrac{\lg x}{\lg e} = 2,30\,259\,\lg x$ $\lg x = \lg e \cdot \ln x = \dfrac{\ln x}{\ln 10} = 0,43\,429\,\ln x$
Kennziffern der dekadischen Logarithmen n natürliche Zahl	$\lg \quad 1 = 0 \qquad\qquad \lg 0,1 = -1$ $\lg \quad 10 = 1 \qquad\qquad \lg 0,01 = -2$ $\lg \quad 100 = 2 \qquad\qquad \lg 0,001 = -3$ usw. $\lg 1000 = 3$ usw. $\lg \infty = \infty \qquad\qquad \lg 0 = -\infty$ $\lg 10^n = n \qquad\qquad \lg 10^{-n} = -n$

1. Mathematik

Lösen von Exponential-gleichungen	$a^x = b$ $x \lg a = \lg b$ $x = \dfrac{\lg b}{\lg a}$	$10^x = 1000$ $x \lg 10 = \lg 1000$ $x = \dfrac{\lg 1000}{\lg 10} = \dfrac{3}{1} = 3$
Exponentialfunktion und logarithmische Funktion	$y = \mathrm{e}^x$ $\xleftarrow{\ \ \text{Umkehrfunktion}\ \ }$ $y = \ln x$ $y = 10^x$ $\xleftarrow{\ \ \text{Umkehrfunktion}\ \ }$ $y = \lg x$	

1.9. Komplexe Zahlen

imaginäre Einheit i und Definition	$i = \sqrt{-1}$ $i^2 = -1$	also auch: $i^3 = -i$; $i^4 = 1$; $i^5 = i$ usw. bzw. $i^{-1} = 1/i = -i$; $i^{-2} = -1$; $i^{-3} = i$; $i^{-4} = 1$; $i^{-5} = -i$ usw. allgemein: $i^{4n+m} = i^m$
rein imaginäre Zahl	ist darstellbar als Produkt einer reellen Zahl mit der imaginären Einheit, z. B.: $\sqrt{-4} = \sqrt{4}\,\sqrt{-1} = 2\,i$	
komplexe Zahl z a Realteil b Imaginärteil	ist die Summe aus einer reellen Zahl a und einer imaginären Zahl $b\,i$ $(a, b$ reell$)$: $z = a + b\,i$ $\quad\left.\begin{array}{l} z = a - b\,i \\ z = a + b\,i \end{array}\right\}$ konjugiert komplexes Zahlenpaar	
goniometrische Darstellung der komplexen Zahl	$z = a + b\,i = r\,(\cos\varphi + i\sin\varphi) = r\,\mathrm{e}^{i\,\varphi}$ $r = \sqrt{a^2 + b^2} = |z|$ absoluter Betrag oder Modul $\tan\varphi = \dfrac{b}{a}$; φ Argument $a = r\cos\varphi$; $b = r\sin\varphi$	
Darstellungsbeispiel	$z = 3 + 4\,i = 5\,(\cos 53°8' + i\sin 53°8')$ $\qquad\quad = 5\,(0{,}6 + 0{,}8\,i)$	
Addition und Subtraktion	$z_1 + z_2 = (a_1 + b_1\,i) + (a_2 + b_2\,i) = (a_1 + a_2) + (b_1 + b_2)\,i$ $z_1 - z_2 = (a_1 + b_1\,i) - (a_2 + b_2\,i) = (a_1 - a_2) + (b_1 - b_2)\,i$ *Beispiel:* $(3 + 4\,i) - (5 - 2\,i) = -2 + 6\,i$	
Multiplikation	$z_1 \cdot z_2 = (a_1 + b_1\,i) \cdot (a_2 + b_2\,i) = (a_1 a_2 - b_1 b_2) + i\,(b_1 a_2 + b_2 a_1)$ $\qquad\ (3 + 4\,i) \cdot (5 - 2\,i) \quad = \quad 23 \quad + \quad 14 \quad i$	
z_1, z_2 sind konjugiert komplex	$z_1 \cdot z_2 = (a_1 + b_1\,i) \cdot (a_1 - b_1\,i) = a^2 + b^2$ $\qquad = (3 + 4\,i) \cdot (3 - 4\,i) \quad = \quad 25$	

z_1, z_2 in goniometrischer Darstellung	$z_1 \cdot z_2 = r_1 (\cos \varphi_1 + i \sin \varphi_1) \cdot r_2 (\cos \varphi_2 + i \sin \varphi_2)$ $\quad = r_1 r_2 [\cos (\varphi_1 + \varphi_2) + i \sin (\varphi_1 + \varphi_2)]$ $\quad\quad 5 (\cos 30° + i \sin 30°) \cdot 13 (\cos 60° + i \sin 60°)$ $\quad = 65 (\cos 90° + i \sin 90°) = 65\,i$
z_1, z_2 in Exponentialform	$z_1 \cdot z_2 = r_1 e^{i\,\varphi_1} \cdot r_2 e^{i\,\varphi_2} = r_1 r_2\, e^{i\,(\varphi_1 + \varphi_2)}$ $\quad = 3\,e^{i\,25°} \cdot 5\,e^{i\,30°} = 15\,e^{i\,55°}$
Division	$\dfrac{z_1}{z_2} = \dfrac{a_1 + b_1\,i}{a_2 + b_2\,i} = \dfrac{(a_1 + b_1\,i)(a_2 - b_2\,i)}{(a_2 + b_2\,i)(a_2 - b_2\,i)} =$ $\quad\quad = \dfrac{a_1 a_2 + b_1 b_2}{a_2^2 + b_2^2} + \dfrac{a_2 b_1 - a_1 b_2}{a_2^2 + b_2^2}\,i$ $\quad\quad \dfrac{(3 + 4\,i)}{(5 - 2\,i)} = \dfrac{(3 + 4\,i)(5 + 2\,i)}{(5 - 2\,i)(5 + 2\,i)} = \dfrac{7}{29} + \dfrac{26}{29}\,i$
z_1, z_2 in goniometrischer Darstellung	$\dfrac{z_1}{z_2} = \dfrac{r_1 (\cos \varphi_1 + i \sin \varphi_1)}{r_2 (\cos \varphi_2 + i \sin \varphi_2)} = \dfrac{r_1}{r_2} [\cos (\varphi_1 - \varphi_2) + i \sin (\varphi_1 - \varphi_2)]$
z_1, z_2 in Exponentialform	$\dfrac{z_1}{z_2} = \dfrac{r_1 e^{i\,\varphi_1}}{r_2 e^{i\,\varphi_2}} = \dfrac{r_1}{r_2}\, e^{i\,(\varphi_1 - \varphi_2)} = \dfrac{3\,e^{i\,25°}}{5\,e^{i\,30°}} = \dfrac{3}{5}\, e^{-i\,5°}$
Potenzieren mit einer natürlichen Zahl	durch wiederholtes Multiplizieren mit sich selbst: $(a + b\,i)^3 = (a^3 - 3\,a b^2) + (3\,a^2 b - b^3)\,i$ $(4 + 3\,i)^3 = \quad -44 \quad + \quad 117\,i$
Potenzieren (radizieren) mit beliebigen reellen Zahlen (nur in goniometrischer Darstellung möglich)	man potenziert (radiziert) den Modul und multipliziert (dividiert) das Argument mit dem Exponenten (durch den Wurzelexponenten): $(a + b\,i)^n = [r (\cos \varphi + i \sin \varphi)^n \qquad \sqrt[n]{a + b\,i} = \sqrt[n]{r (\cos \varphi + i \sin \varphi)}$ $\quad = r^n (\cos n \varphi + i \sin n \varphi) \qquad = \sqrt[n]{r}\left(\cos \dfrac{\varphi}{n} + i \sin \dfrac{\varphi}{n}\right)$ $(4 + 3\,i)^3 = [5 (\cos 36{,}87° + i \sin 36{,}87°)]^3$ $\quad = 125 (\cos 110{,}61° + i \sin 110{,}619)$ $\quad = 125 (-\cos 69{,}39° + i \sin 69{,}39°)$ $\quad = 125 (-0{,}3520 \quad + \quad 0{,}9360\,i)$ $\quad = -44{,}00 \quad\quad + 117{,}00\,i$
Ist Wurzelexponent n natürliche Zahl, gibt es genau n Lösungen, z.B. bei $\sqrt[3]{1}$:	$w_1 = \sqrt[3]{1 (\cos 0° + i \sin 0°)} \qquad w_3 = \sqrt[3]{1 (\cos 720° + i \sin 720°)}$ $\quad = 1 \qquad\qquad\qquad\qquad\qquad = 1 (\cos 240° + i \sin 240°)$ $w_2 = \sqrt[3]{1 (\cos 360° + i \sin 360°)} \qquad = -\dfrac{1}{2} - \dfrac{i}{2}\,\sqrt{3}$ $\quad = 1 (\cos 120° + i \sin 120°)$ $\quad = -\dfrac{1}{2} + \dfrac{i}{2}\,\sqrt{3}$

1. Mathematik

Exponentialform der komplexen Zahl	$e^{i\varphi} = \cos\varphi + i\sin\varphi$ $\quad\quad e^{-i\varphi} = \cos\varphi - i\sin\varphi =$

$$|e^{-i\varphi}| = \sqrt{\cos^2\varphi + \sin^2\varphi} = 1$$

$$= \frac{1}{\cos\varphi + i\sin\varphi}$$

$$\cos\varphi = \frac{e^{i\varphi} + e^{-i\varphi}}{2}$$

$$\sin\varphi = \frac{e^{i\varphi} - e^{-i\varphi}}{2i}$$

$$\lg z = \ln r + i\,(\varphi + 2\pi n)$$

$$\text{mit } n = 0,\ \pm 1,\ \pm 2\ldots \text{ und } \varphi \text{ in Bogenmaß}$$

1.10. Quadratische Gleichungen

Allgemeine Form	$a_2 x^2 + a_1 x + a_0 = 0 \quad (a_2 \neq 0)$

Die Lösungen x_1, x_2 sind
a) beide verschieden und reell, wenn Wurzelwert positiv ist;
b) beide gleich und reell, wenn Wurzelwert null ist;
c) beide konjugiert komplex, wenn Wurzelwert negativ ist.

Normalform

$$x^2 + \frac{a_1}{a_2}x + \frac{a_0}{a_2} = x^2 + px + q = 0$$

Lösungsformel

$$x_{1,2} = -\frac{p}{2} \pm \sqrt{\left(\frac{p}{2}\right)^2 - q}$$

Beispiel

$$25x^2 - 70x + 13 = 0 \quad\Big\rbrace\quad x_{1,2} = +\frac{70}{50} \pm \sqrt{\left(\frac{70}{50}\right)^2 - \frac{13}{25}}$$

$$x^2 - \frac{70}{25}x + \frac{13}{25} = 0 \quad x_1 = +\frac{7}{5} + \sqrt{\frac{49}{25} - \frac{13}{25}} = \frac{13}{5}\,;\ x_2 = \frac{1}{5}$$

Kontrolle der Lösungen (Vieta)

$$x_1 + x_2 = -p$$
$$x_1 \cdot x_2 = q$$

Im Beispiel ist $p = -\frac{70}{25}$ und $q = \frac{13}{25}$, also

$$x_1 + x_2 = \frac{13}{5} + \frac{1}{5} = \frac{14}{5} = \frac{70}{25} = -p$$

$$x_1 \cdot x_2 = \frac{13}{5} \cdot \frac{1}{5} = \frac{13}{25} = q$$

1.11. Wurzelgleichungen, Exponentialgleichungen, Logarithmische Gleichungen und Goniometrische Gleichungen in Beispielen

Wurzelgleichungen:

a) $11 - \sqrt{x+3} = 6$
$$\sqrt{x+3} = 11 - 6$$
$$x + 3 = 25 \qquad x = 22$$

b) $2x - \sqrt{3+x} + 5 = 0$
$$\sqrt{3+x} = 2x + 5$$
$$3 + x = 4x^2 + 20x + 25$$
$$x^2 + \frac{19}{4}x + \frac{11}{2} = 0$$
$$x_1 = -2 \qquad x_2 = -\frac{11}{4}$$

Nur x_1 ist Lösung der gegebenen Gleichung.

Logarithmische Gleichungen:

a) $\log_7 (x^2 + 19) = 3$
$$x^2 + 19 = 7^3 \qquad x_{1,2} = \pm 18$$

b) $\log_3 (x + 4) = x$
$$x + 4 = 3^x$$

Gleichung ist nicht geschlossen lösbar. Näherungslösung durch systematisches Probieren, am besten mit Hilfe des programmierbaren Taschenrechners.

$$x \approx 1{,}561919$$

Exponentialgleichungen:

$$2^x = 5;\ x = \log_2 5 = \log_{10} 5 : \log_{10} 2 = \frac{\lg 5}{\lg 2}$$

$$x = \frac{\lg 5}{\lg 2} = \frac{0{,}699}{0{,}301} = 2{,}32$$

Goniometrische Gleichungen:

a) $\sin x = \sin 75°$

$x = \text{arc } 75° + 2\,n\,\pi$ und

$x = \text{arc }(180° - 75°) + 2\,n\,\pi$ mit

$n = 0 \pm 1;\ \pm 2;\ \pm 3;\ \dots$ oder

$x = \text{arc }(90° \pm 15°) + 2\,n\,\pi$, also

$$x = \frac{\pi}{2} \pm \frac{\pi}{12} + 2\,n\,\pi$$

b) $\sin^2 x + 2 \cos x = 1{,}5$

Man setzt $\sin^2 x = 1 - \cos^2 x$ und erhält eine quadratische Gleichung für $\cos x$:

$1 - \cos^2 x + 2 \cos x = 1{,}5$

$\cos x_{1,2} = 1 \pm \sqrt{1 - 0{,}5}$

$\cos x_1 = 1 + \tfrac{1}{2}\sqrt{2}$ scheidet aus, da $|\cos x| \leqq 1$

$\cos x_2 = 1 - \tfrac{1}{2}\sqrt{2} \approx 0{,}293$

$x_2 \approx 73{,}0° \approx 1{,}274$ rad ist Hauptwert

c) $\sin x + \cos x - 0{,}9\,x = 0$

Diese transzendente Gleichung ist nicht geschlossen lösbar. Näherungslösung durch Probieren (Interpolieren in der Nähe der Lösung), am besten mit dem programmierbaren Taschenrechner.

$x = 76°39' = 1{,}3377$ rad ist näherungsweise die einzige reelle Lösung.

1.12. Graphische Darstellung der wichtigsten Relationen (schematisch)

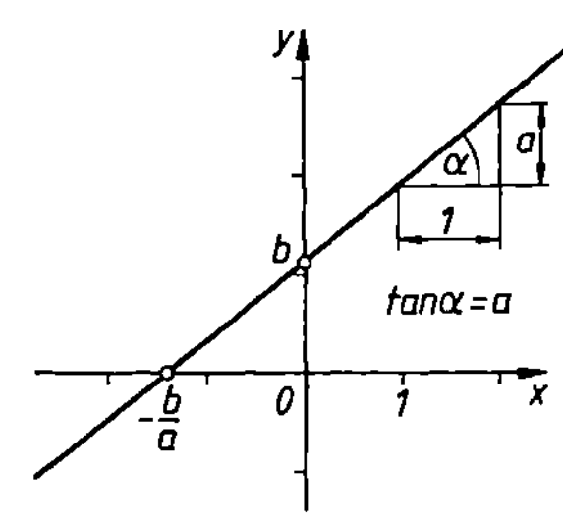
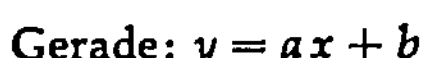

Gerade: $y = a\,x + b$

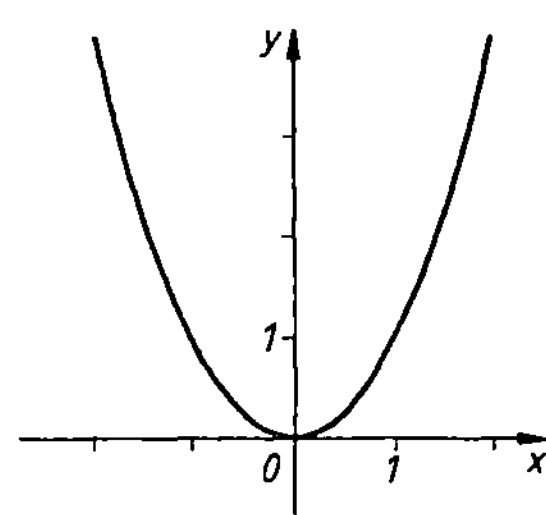

Parabel: $y = x^2$

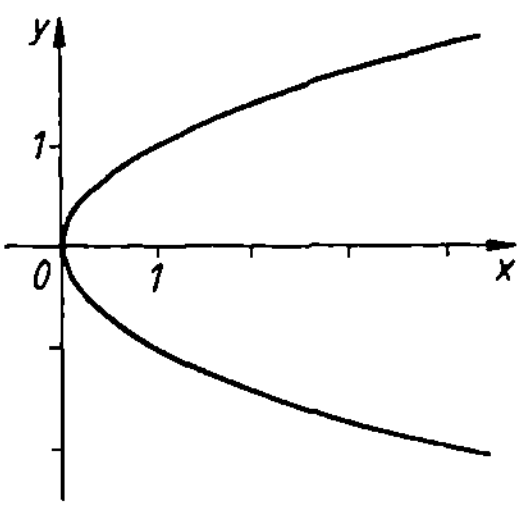

Parabel: $y = \pm \sqrt{x}$

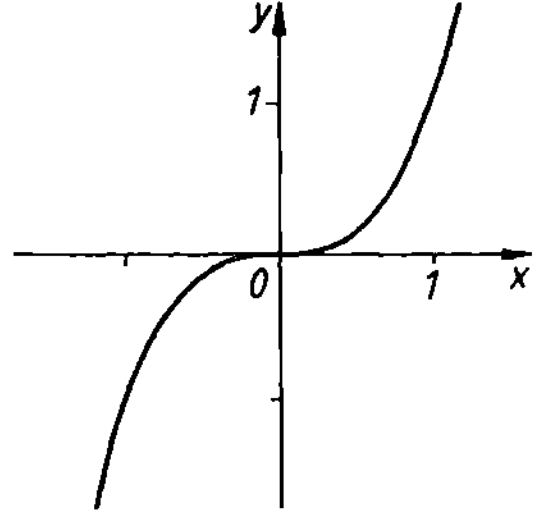

Kubische Parabel: $y = x^3$

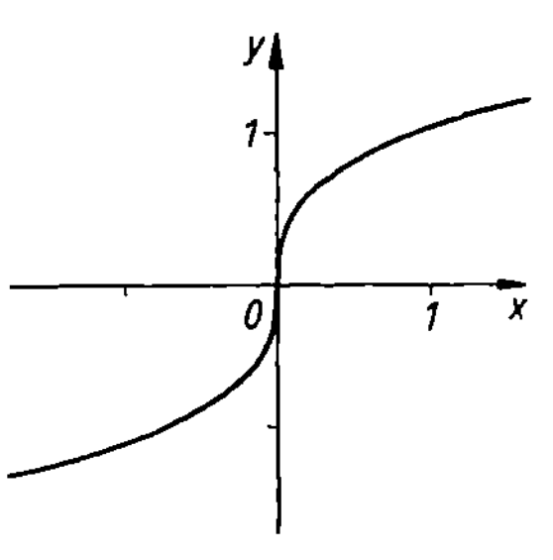

$y = \sqrt[3]{x}$

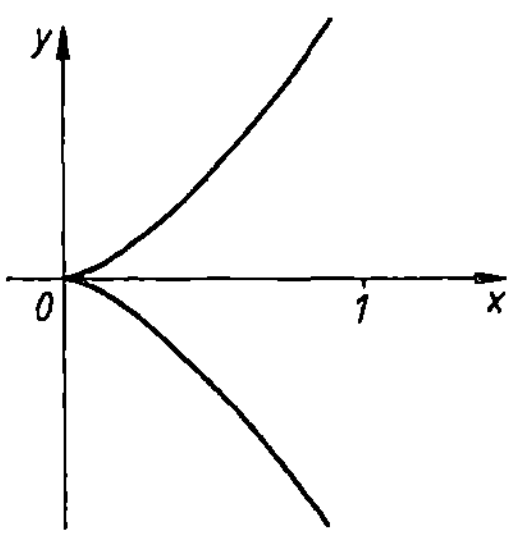

Semikubische Parabel:
$y = \pm x^{3/2} = \pm \sqrt{x^3}$

1. Mathematik

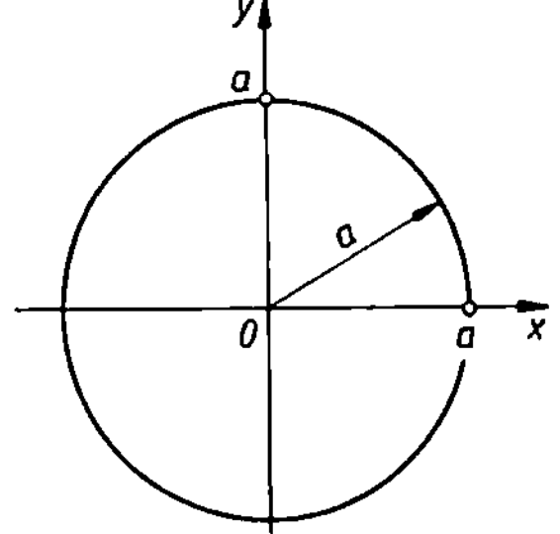

Kreis: $y = \pm \sqrt{a^2 - x^2}$

$x^2 + y^2 = a^2$

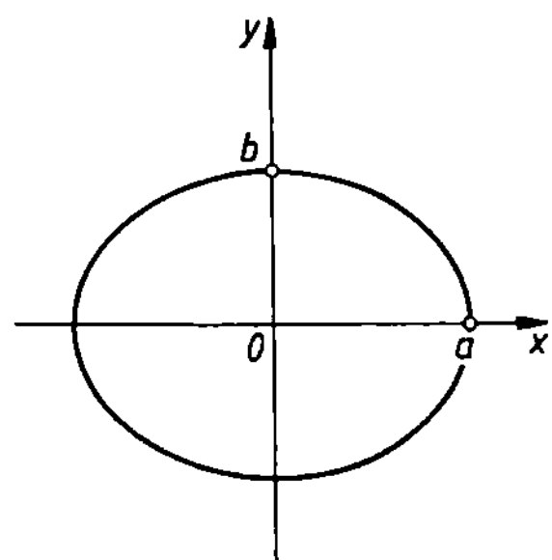

Ellipse: $y = \pm \dfrac{b}{a} \sqrt{a^2 - x^2}$

$\dfrac{x^2}{a^2} + \dfrac{y^2}{b^2} = 1$

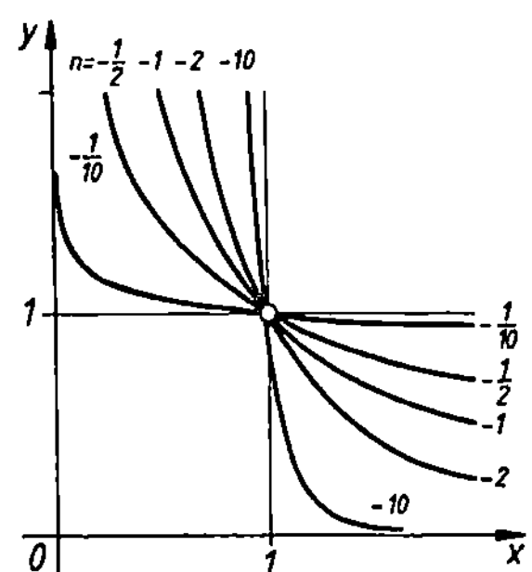

Potenzfunktionen:

$y = x^n$ für $n < 0$

und $x > 0$

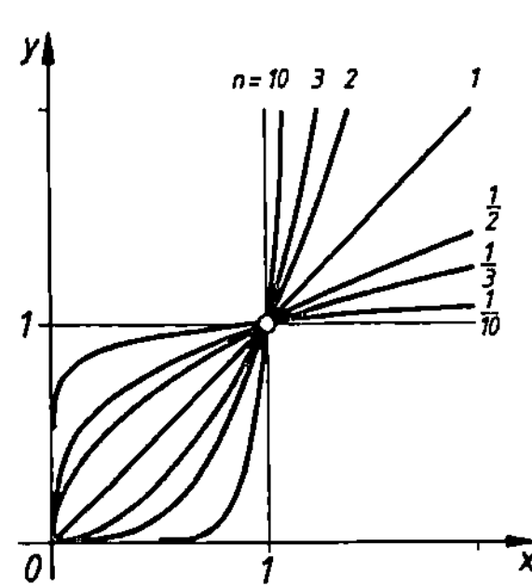

Potenzfunktionen:

$y = x^n$ für $n > 0$

und $x > 0$

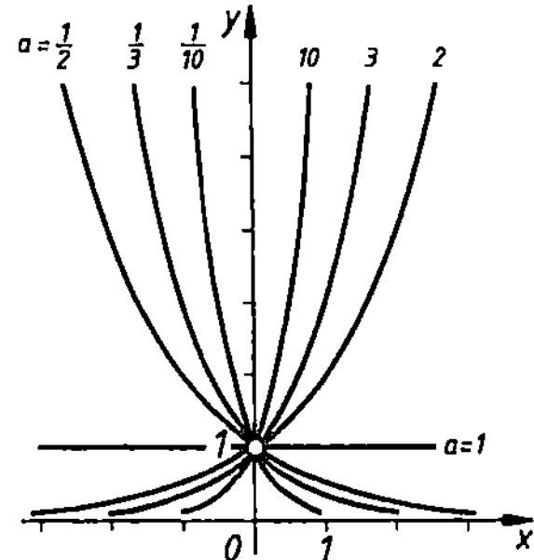

Exponentialfunktionen:

$y = a^x$ für $a > 0$

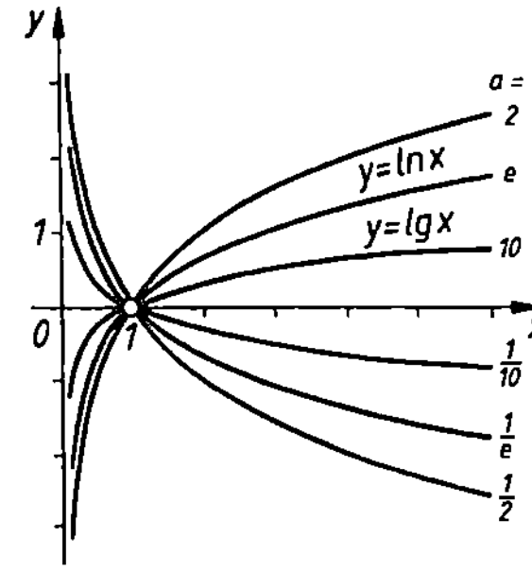

Logarithmische Funktionen:

$y = \log_a x$ für $a > 0$

und $x > 0$

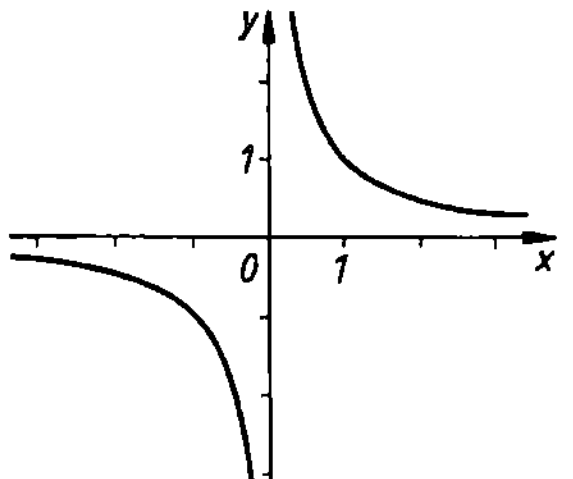

Hyperbel: $y = \dfrac{1}{x}$

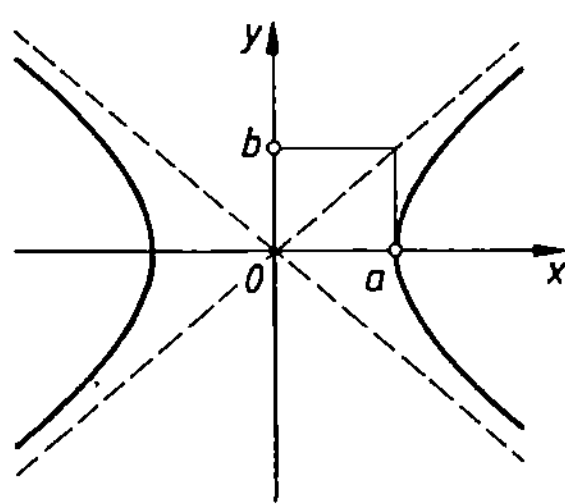

Hyperbel: $y = \pm \dfrac{b}{a} \sqrt{x^2 - a^2}$

$\dfrac{x^2}{a^2} - \dfrac{y^2}{b^2} = 1$

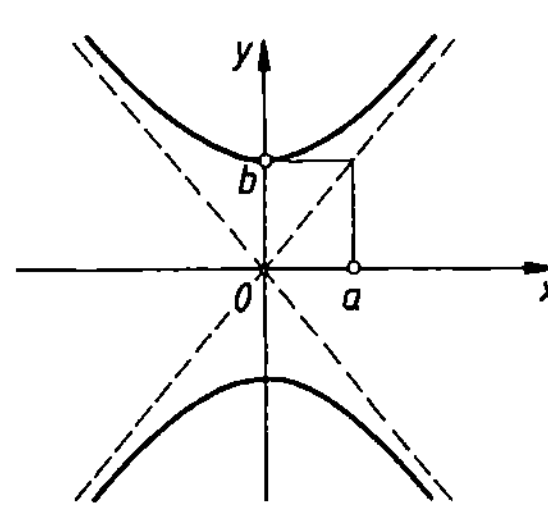

Hyperbel: $y = \pm \dfrac{b}{a} \sqrt{x^2 + a^2}$

$\dfrac{y^2}{b^2} - \dfrac{x^2}{a^2} = 1$

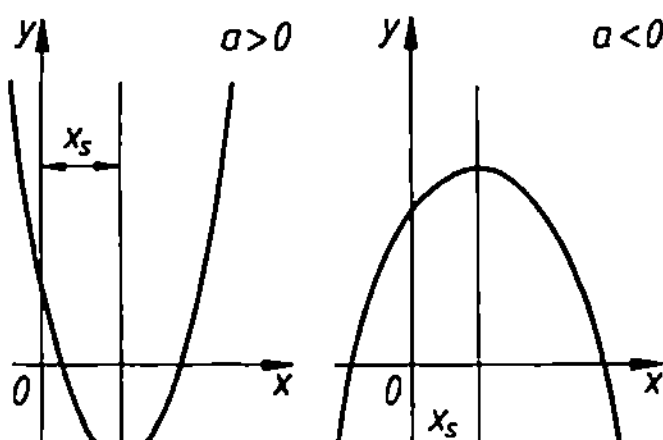

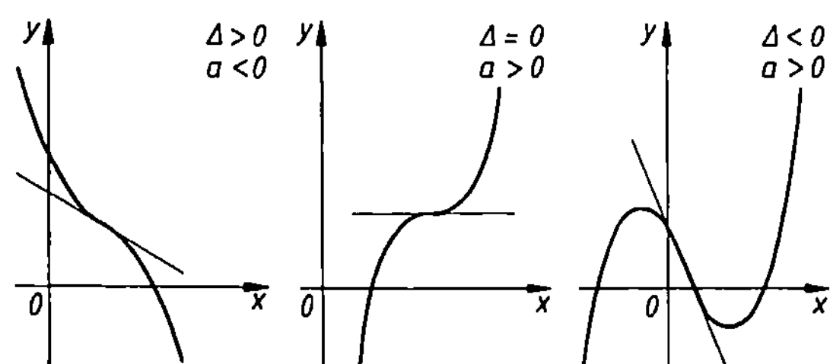

Quadratisches Polynom:

$$y = a x^2 + b x + c \quad \text{mit} \quad x_s = \frac{-b}{2\,a}$$

Polynom dritten Grades:
$$y = a x^3 + b x^2 + c x + d$$
(kubische Parabel); Diskriminante
$$\Delta = 3\,a\,c - b^2$$

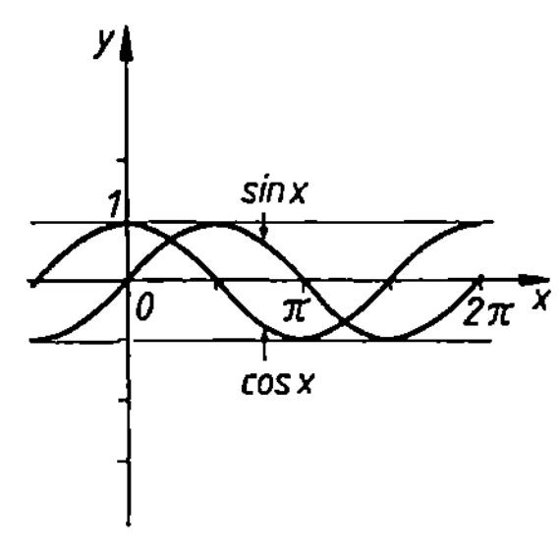

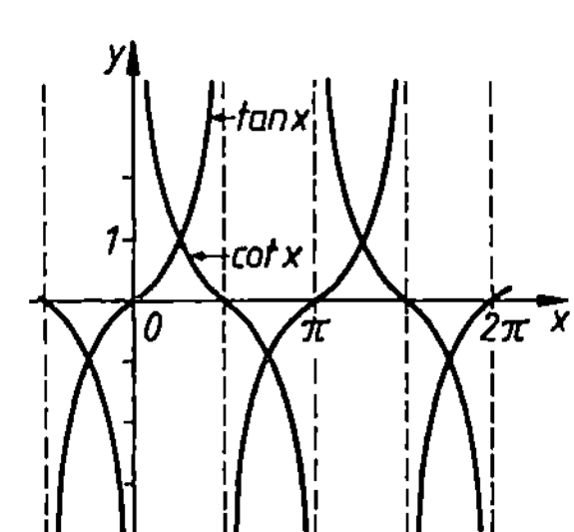

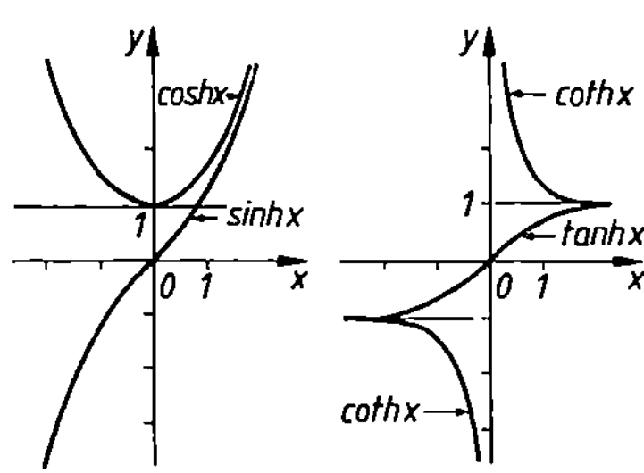

Trigonometrische Funktionen:
$$y = \sin x, \ y = \cos x, \ y = \tan x, \ y = \cot x$$

Hyperbelfunktionen:
$$y = \sinh x, \ y = \cosh x, \ y = \tanh x,$$
$$y = \coth x$$

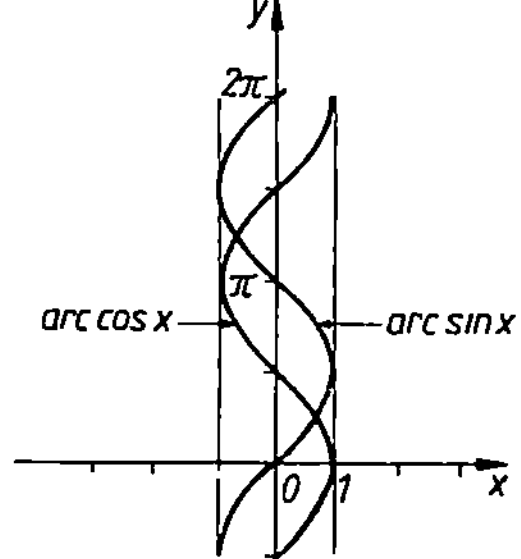

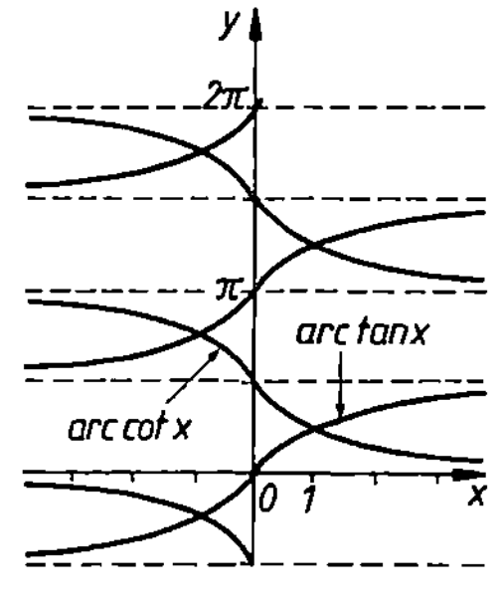

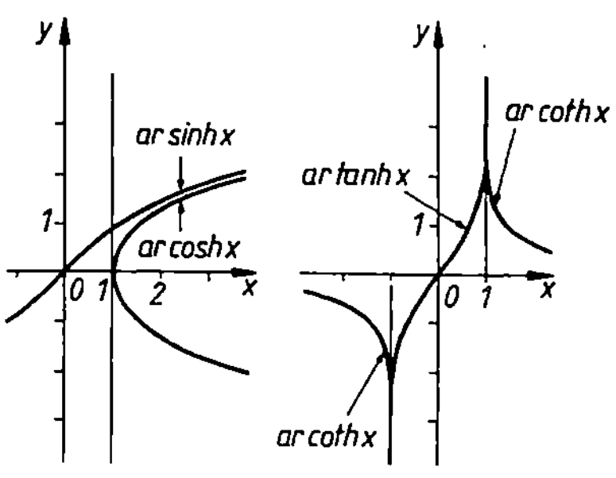

Inverse trigonometrische Funktionen:
$$y = \arcsin x, \ y = \arccos x,$$
$$y = \arctan x, \ y = \text{arccot}\ x$$

Inverse Hyperbelfunktionen:
$$y = \text{arsinh}\ x = \ln\left(x + \sqrt{x^2 + 1}\right)$$
$$y = \text{arcosh}\ x = \ln\left(x \pm \sqrt{x^2 - 1}\right)$$
$$y = \text{artanh}\ x = \tfrac{1}{2}\ln\frac{1+x}{1-x}$$
$$y = \text{arcoth}\ x = \tfrac{1}{2}\ln\frac{x+1}{x-1}$$

1. Mathematik

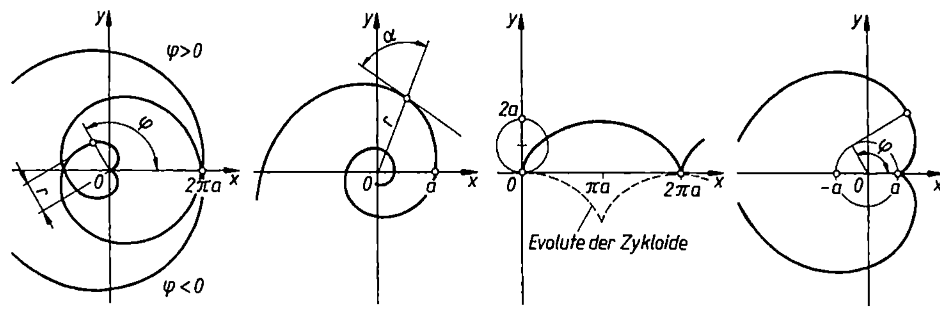

<table>
<tr><td>

Archimedische Spirale:

$r = a\,\varphi$

$\varrho = a\,\dfrac{(1+\varphi^3)^{3/2}}{2+\varphi^2}$

</td><td>

Logarithmische Spirale:

$r = a\,e^{m\,\varphi}$

$\alpha = \text{arccot}\ m = $ konstant

$\varrho = r\,\sqrt{m^2+1}$

</td><td>

Zykloide:

$x = a\,(t - \sin t)$

$y = a\,(1 - \cos t)$

(a Radius, t Wälzwinkel)

</td><td>

Kreisevolvente:

$x = a\cos\varphi + a\,\varphi\sin\varphi$

$y = a\sin\varphi - a\,\varphi\cos q$

</td></tr>
</table>

(ϱ Radius des Krümmungskreises)

1.13. Flächen (A Flächeninhalt, U Umfang)

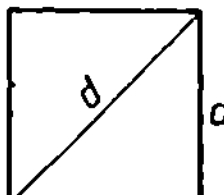

$A = a^2$

$U = 4\,a$

$d = a\,\sqrt{2}$

Quadrat

$A = a\,b$

$U = 2\,(a+b)$

$d = \sqrt{a^2+b^2}$

Rechteck

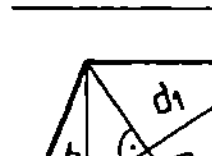

$A = a\,h = \dfrac{d_1\,d_2}{2}$

$U = 4\,a$

Rhombus

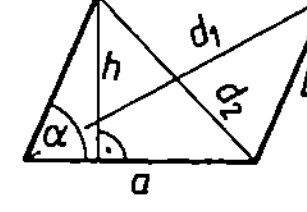

$A = a\,h = a\,b\sin\alpha$

$U = 2\,(a+b)$

$d_1 = \sqrt{(a + h\cot\alpha)^2 + h^2}$

$d_2 = \sqrt{(a - h\cot\alpha)^2 + h^2}$

Parallelogramm

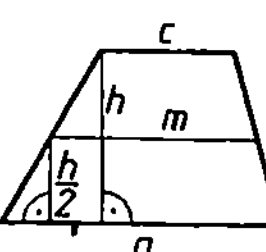

$A = \dfrac{a+c}{2}\,h$

$= m\,h$

$m = \dfrac{a+c}{2}$

Trapez

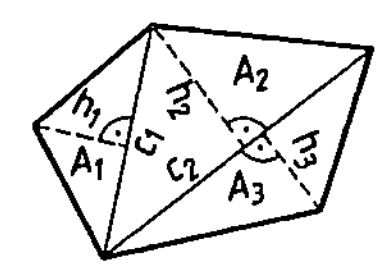

$A = A_1 + A_2 + A_3$

$= \dfrac{c_1\,h_1 + c_2\,h_2 + c_2\,h_3}{2}$

Vieleck

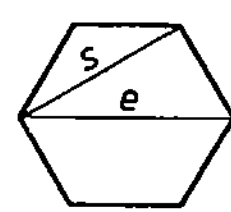

$A = \dfrac{3}{2}\,a^2\,\sqrt{3}$

Schlüsselweite: $S = a\,\sqrt{3}$

Eckenmaß: $e = 2\,a$

regelmäßiges Sechseck

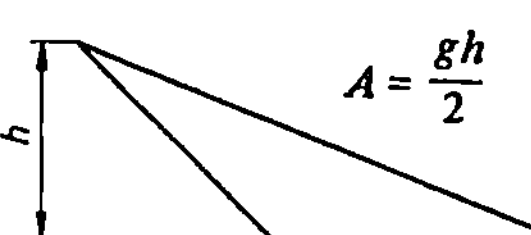

$A = \dfrac{g\,h}{2}$

siehe auch unter 1.17 und 1.18

Dreieck

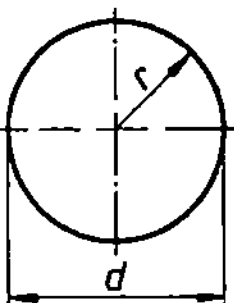

$$A = r^2 \pi = \frac{d^2 \pi}{4}$$

$$U = 2 r \pi = d \pi$$

$$\pi = 3{,}141592$$

Kreis

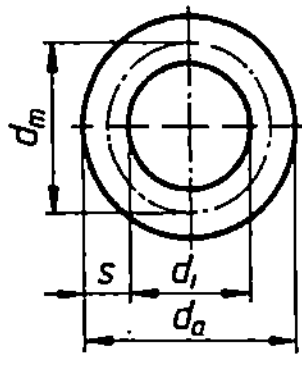

$$A = \pi (r_a^2 - r_i^2)$$

$$= \frac{\pi}{4} (d_a^2 - d_i^2)$$

$$= d_m \pi s$$

$$s = \frac{d_a - d_i}{2}$$

$$d_m = \frac{d_a + d_i}{2}$$

Kreisring

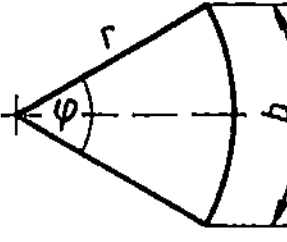

$$A = \frac{b r}{2} = \frac{\varphi^\circ}{360^\circ} \pi r^2$$

$$= \frac{\varphi \, r^2}{2}$$

Kreissektor

Bogenlänge b:

$$b = \varphi r = \frac{\varphi^\circ \pi r}{180^\circ}$$

$$A = \frac{\varphi^\circ \cdot \pi}{360^\circ} (R^2 - r^2) = l s$$

mittlere Bogenlänge l:

$$l = \frac{R + r}{2} \cdot \frac{\pi}{180^\circ} \varphi^\circ$$

Ringbreite s:

$$s = R - r$$

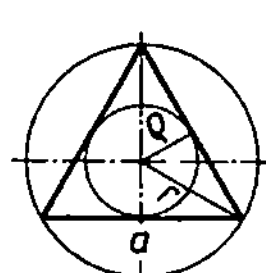

$$A = \frac{r^2}{2} \left(\frac{\varphi^\circ \pi}{180^\circ} - \sin \varphi \right)$$

$$= \frac{1}{2} [r (b - s) + s h]$$

$$\approx \frac{2}{3} s h$$

Kreisabschnitt

Sehnenlänge s:

$$s = 2 r \sin \frac{\varphi}{2}$$

Kreisradius r:

$$r = \frac{\left(\frac{s}{2} \right)^2 + h^2}{2 h}$$

Bogenhöhe h:

$$h = r \left(1 - \cos \frac{\varphi}{2} \right)$$

$$= \frac{s}{2} \tan \frac{\varphi}{4}$$

Bogenlänge b:

$$b = \sqrt{s^2 + \frac{16}{3} h^2}$$

$$b = \frac{\varphi^\circ \pi r}{180^\circ} = \varphi r$$

1.14. Fläche A, Umkreisradius r und Inkreisradius ρ einiger regelmäßiger Vielecke

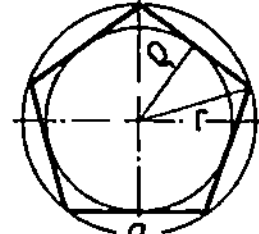

$$A = \frac{a^2}{4} \sqrt{3}$$

$$r = \frac{a}{3} \sqrt{3}$$

$$\varrho = \frac{a}{6} \sqrt{3}$$

Dreieck (gleichseitiges)

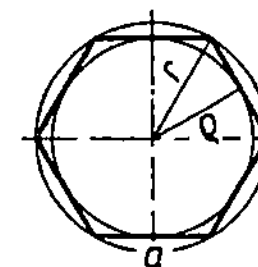

$$A = a^2$$

$$r = \frac{a}{2} \sqrt{2}$$

$$\varrho = \frac{a}{2}$$

Viereck (Quadrat)

$$A = \frac{a^2}{4} \sqrt{25 + 10 \sqrt{5}}$$

$$r = \frac{a}{10} \sqrt{50 + 10 \sqrt{5}}$$

$$\varrho = \frac{a}{10} \sqrt{25 + 10 \sqrt{5}}$$

Fünfeck

$$A = \frac{3}{2} a^2 \sqrt{3}$$

$$r = a$$

$$\varrho = \frac{a}{2} \sqrt{3}$$

Sechseck

1. Mathematik

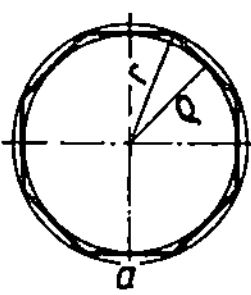

$$A = 2\,a^2\,(\sqrt{2}+1)$$

$$r = \frac{a}{2}\sqrt{4 + 2\,\sqrt{2}}$$

$$\varrho = \frac{a}{2}\,(\sqrt{2}+1)$$

Achteck

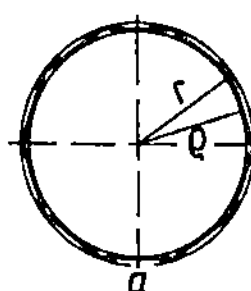

$$A = \frac{5}{2}\,a^2\sqrt{5 + 2\,\sqrt{5}}$$

$$r = \frac{a}{2}\,(\sqrt{5}+1)$$

$$\varrho = \frac{a}{2}\sqrt{5 + 2\,\sqrt{5}}$$

Zehneck

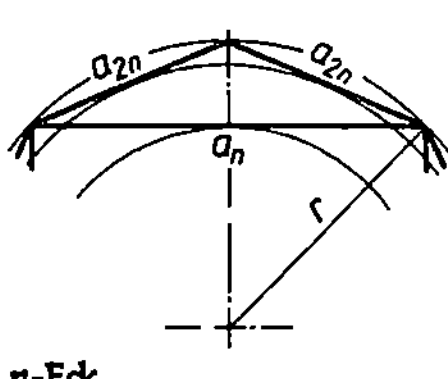

n-Eck

$$A = \frac{a\,n}{2}\,r\,\sqrt{1 - \frac{a^2}{4\,r^2}} \qquad \varrho = r\,\sqrt{1 - \frac{a^2}{4\,r^2}}$$

Ist $a = a_n$ die Seite des n-Ecks, dann gilt für das $2\,n$-Eck:

$$a_{2n} = r\,\sqrt{2 - \sqrt{4 - \frac{a_n^2}{r^2}}}$$

1.15. Körper (V Volumen, O Oberfläche, M Mantelfläche)

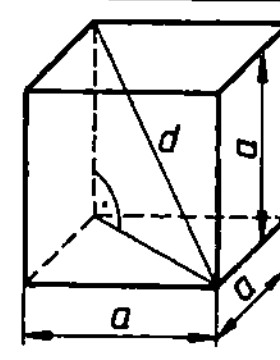

Würfel

$$V = a^3$$
$$O = 6\,a^2$$
$$d = a\,\sqrt{3}$$

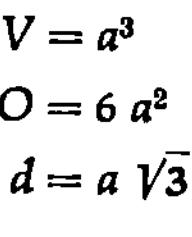

Quader

$$V = a\,b\,c$$
$$O = 2\,(a\,b + a\,c + b\,c)$$
$$d = \sqrt{a^2 + b^2 + c^2}$$

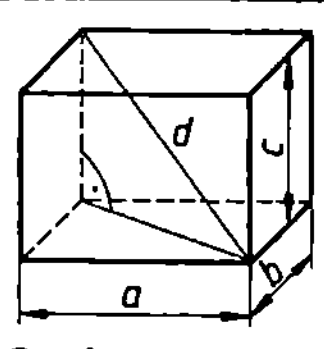

Sechskantsäule

$$V = \tfrac{3}{2}\,a^2\,h\,\sqrt{3} = \frac{\sqrt{3}}{2}\,s^2\,h$$
$$O = 3\,a\,(a\,\sqrt{3} + 2\,h)$$
$$= \sqrt{3}\,s\,(s + 2\,h)$$

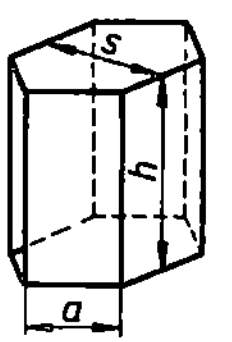

Pyramide

$$V = \frac{A\,h}{3}$$

(gilt für jede Pyramide)

Pyramidenstumpf

$$V = \frac{h}{3}\left(A_\mathrm{u} + \sqrt{A_\mathrm{u}\,A_\mathrm{o}} + A_\mathrm{o}\right)$$
$$\approx h\,\frac{A_\mathrm{u} + A_\mathrm{o}}{2}$$

Keil

$$V = \frac{h}{6}\,b_\mathrm{u}\,(2\,a_\mathrm{u} + a_\mathrm{o})$$

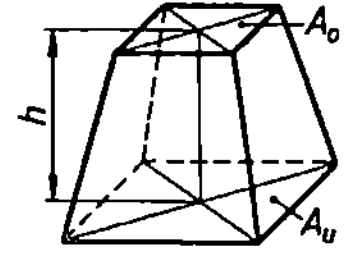

Prismatoid
(Prismoid)

$$V = \frac{h}{6}\,(A_\mathrm{o} + 4\,A_\mathrm{m} + A_\mathrm{u})$$

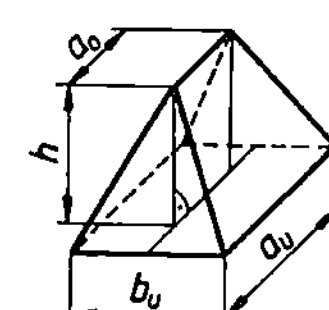
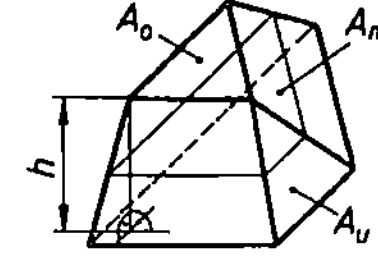
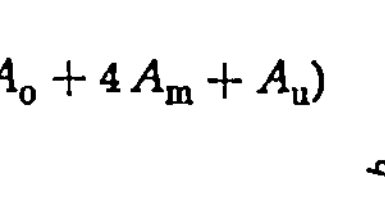

Kreiszylinder

$$V = \frac{d^2\,\pi}{4}\,h$$
$$M = d\,\pi\,h$$
$$O = \frac{\pi\,d}{2}\,(d + 2\,h)$$

Volumen des Hohlzylinders als Differenz zweier Zylinder berechnen!

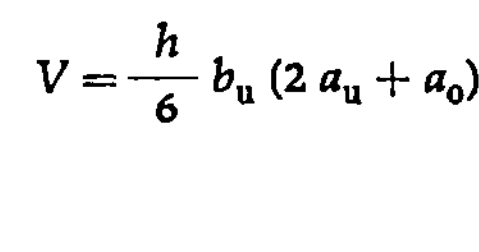

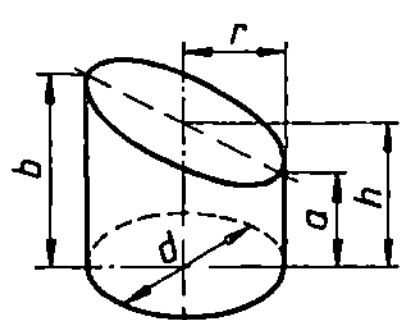

$$V = \pi r^2 \left(\frac{a+b}{2} \right)$$

$$= \frac{d^2 \pi}{4} h$$

$$M = d \pi h$$

$$= \pi r (a + b)$$

Kreiszylinder, schief abgeschnitten

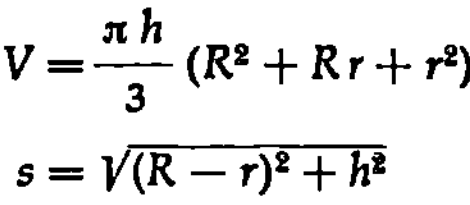

$$V = \frac{h}{3b} [a (3 r^2 - a^2) +$$

$$+ 3 r^2 (b - r) \varphi]$$

$$M = \frac{2 r h}{b} [(b - r) \varphi + a];$$

$$\varphi \text{ in rad}$$

Zylinderhuf

$$O = \pi r \left[a + b + r + \sqrt{r^2 + \left(\frac{b-a}{2} \right)^2} \right]$$

Für Halbkreisfläche als Grundfläche ist:

$$V = \tfrac{2}{3} r^2 h; \quad M = 2 r h;$$

$$O = M + \frac{r^2 \pi}{2} + \frac{r \pi \sqrt{r^2 + h^2}}{2}$$

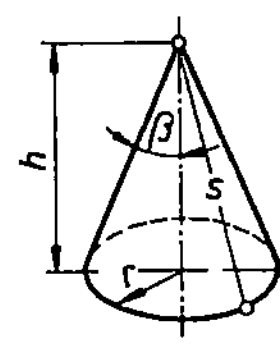

$$V = \tfrac{1}{3} r^2 \pi h; \quad M = r \pi s$$

$$s = \sqrt{r^2 + h^2}$$

$$O = r \pi (r + s)$$

Abwicklung ist Kreissektor mit Öffnungswinkel φ:

$$\varphi° = 360° \frac{r}{s} = 360° \sin \beta$$

gerader Kreiskegel

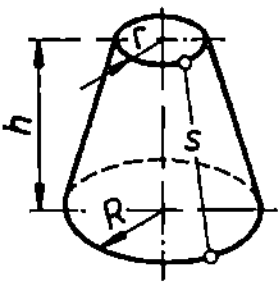

$$V = \frac{\pi h}{3} (R^2 + R r + r^2)$$

$$s = \sqrt{(R - r)^2 + h^2}$$

$$M = \pi s (R + r)$$

gerader Kreiskegelstumpf

$$O = \pi [R^2 + r^2 + s (R + r)]$$

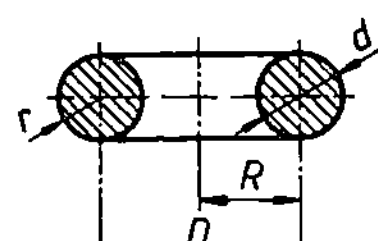

$$V = \frac{d^2 \pi^2 D}{4}$$

$$= 2 r^2 \pi^2 R$$

Kreisringtorus

$$M = d \pi^2 D$$

$$= 4 r \pi^2 R$$

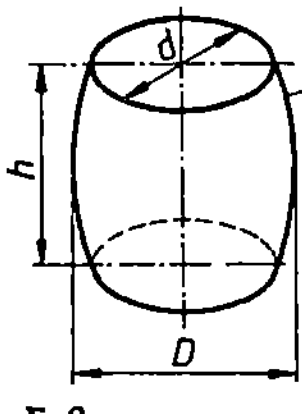

$$V = \frac{\pi h}{12} (2 D^2 + d^2)$$

bei kreisförmigem b

$$V = \frac{\pi h}{15} \left(2 D^2 + D d + \frac{3}{4} d^2 \right)$$

Faß

bei parabelförmigem b

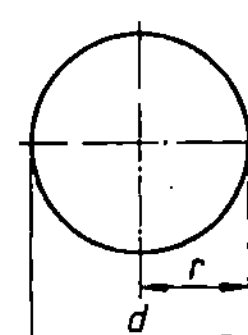

$$V = \tfrac{4}{3} r^3 \pi = \tfrac{1}{6} d^3 \pi$$

$$\approx 4{,}189 r^3$$

$$O = 4 \pi r^2 = \pi d^2$$

Kugel

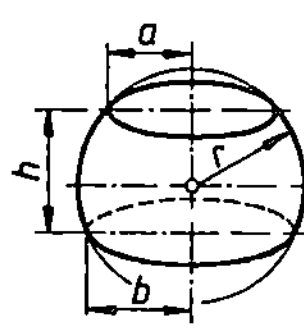

$$V = \frac{\pi h}{6} (3 a^2 + 3 b^2 + h^2)$$

$$M = 2 \pi r h$$

$$O = \pi (2 r h + a^2 + b^2)$$

$$h = \sqrt{r^2 - a^2} + \sqrt{r^2 - b^2}$$

Kugelzone (Kugelschicht)

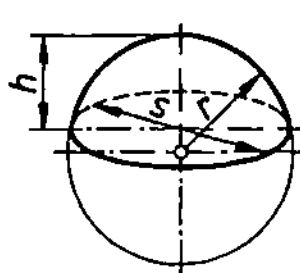

$$V = \frac{\pi h}{6} \left(\frac{3}{4} s^2 + h^2 \right)$$

$$= \pi h^2 \left(r - \frac{h}{3} \right)$$

Kugelabschnitt (K.-Segment, K.-Kappe, K.-Kalotte)

$$M = 2 \pi r h = \frac{\pi}{4} (s^2 + 4 h^2)$$

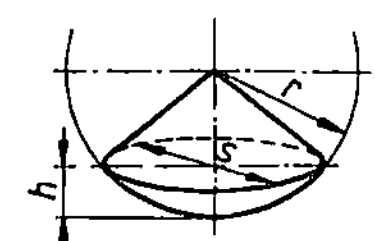

$$V = \tfrac{2}{3} r^2 \pi h$$

$$O = \frac{\pi r}{2} (4 h + s)$$

Kugelausschnitt (Kugelsektor)

1. Mathematik

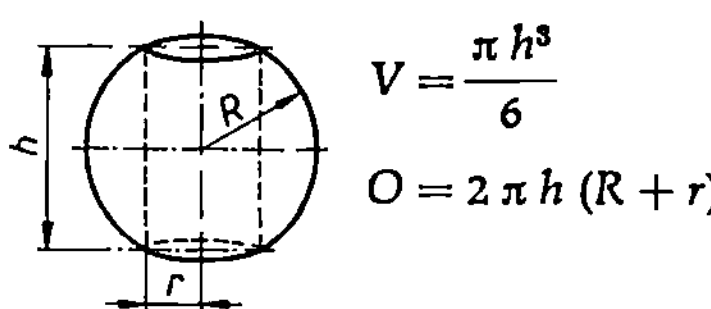

$$V = \frac{\pi h^3}{6}$$

$$O = 2\,\pi\,h\,(R + r)$$

zylindrisch
durchbohrte Kugel

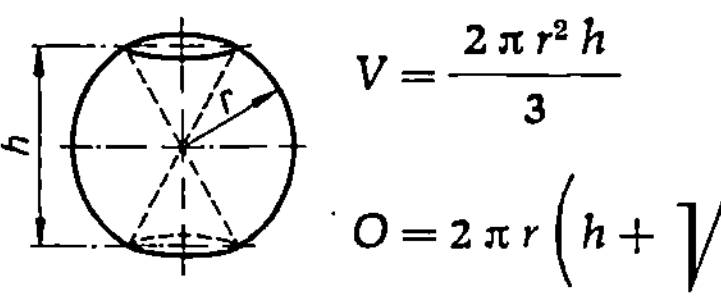

$$V = \frac{2\,\pi\,r^2\,h}{3}$$

$$O = 2\,\pi\,r\left(h + \sqrt{r^2 - \frac{h^2}{4}}\right)$$

kegelig
durchbohrte Kugel

1.16. Kongruenzsätze, Ähnlichkeitssätze, Strahlensatz

Kongruenzsätze	Zwei Dreiecke sind kongruent (deckungsgleich), wenn sie übereinstimmen in je: a) drei Seiten (SSS), b) zwei Seiten und dem eingeschlossenen Winkel (SWS), c) einer Seite und zwei Winkeln (WSW) oder (WWS), d) zwei Seiten und dem der größeren Seite gegenüberliegenden Winkel (SSW).
Ähnlichkeitssätze	Zwei Dreiecke sind ähnlich, wenn sie übereinstimmen im: a) Verhältnis der drei Seiten, b) Verhältnis zweier Seiten und dem eingeschlossenen Winkel, c) Verhältnis zweier Seiten und dem der größeren Seite gegenüberliegenden Winkel, d) in zwei Winkeln.
Strahlensatz	Werden zwei sich schneidende Geraden von Parallelen geschnitten, so verhalten sich: a) die Abschnitte auf dem einen Strahl wie die entsprechenden Abschnitte auf dem anderen Strahl: $$\frac{AB_1}{AB_2} = \frac{AC_1}{AC_2}\;;\quad \frac{AB_1}{B_1B_2} = \frac{AC_1}{C_1C_2}\,,$$ b) die Abschnitte auf den Parallelen wie die entsprechenden Abschnitte auf einem der Strahlen (bis zum Scheitel gesehen): $$\frac{C_1B_1}{C_2B_2} = \frac{C_1A}{C_2A} = \frac{B_1A}{B_2A}\,.$$ c) Die Flächeninhalte ähnlicher Dreiecke verhalten sich wie die Quadrate entsprechender Seiten.

1.17. Rechtwinkliges Dreieck

allgemeine Beziehungen	Pythagoras: $c^2 = a^2 + b^2$ Euklid: $\quad b^2 = cq; \quad a^2 = cp; \quad h^2 = pq$ $\sin\alpha = \dfrac{a}{c}; \quad \cos\alpha = \dfrac{b}{c};$ $\tan\alpha = \dfrac{a}{b}; \quad \cot\alpha = \dfrac{b}{a}$ $\dfrac{h}{a} = \dfrac{b}{c}; \quad h = \dfrac{ab}{c}; \quad h^2 = \dfrac{a^2 b^2}{a^2 + b^2}; \quad \dfrac{1}{h^2} = \dfrac{1}{a^2} + \dfrac{1}{b^2}$ Fläche $A = \tfrac{1}{2} ab = \tfrac{1}{2} a^2 \cot\alpha = \tfrac{1}{2} b^2 \tan\alpha = \tfrac{1}{4} c^2 \sin 2\alpha$
gegeben a, b	$\tan\alpha = \dfrac{a}{b}; \quad \alpha = 90° - \beta; \quad \tan\beta = \dfrac{b}{a}; \quad \beta = 90° - \alpha$ $c = \sqrt{a^2 + b^2} = \dfrac{a}{\sin\alpha} = \dfrac{b}{\sin\beta} = \dfrac{a}{\cos\beta} = \dfrac{b}{\cos\alpha}$ $A = \dfrac{ab}{2}; \quad h = \dfrac{ab}{\sqrt{a^2 + b^2}}$
gegeben a, c	$\sin\alpha = \dfrac{a}{c}; \quad \alpha = 90° - \beta; \quad \cos\beta = \dfrac{a}{c}; \quad \beta = 90° - \alpha$ $b = \sqrt{c^2 - a^2} = \sqrt{(c + a)(c - a)} = c\cos\alpha = c\sin\beta = a\cot\alpha$ $A = \dfrac{a}{2}\sqrt{c^2 - a^2} = \dfrac{1}{2} ac\sin\beta; \quad h = \dfrac{a}{c}\sqrt{c^2 - a^2}$
gegeben b, c	$\cos\alpha = \dfrac{b}{c}; \quad \beta = 90° - \alpha$ $a = \sqrt{c^2 - b^2}; \quad A = \dfrac{1}{2} b^2 \tan\alpha; \quad h = \dfrac{b}{c}\sqrt{c^2 - b^2}$
gegeben a, α	$\beta = 90° - \alpha; \quad b = a\cot\alpha; \quad c = a/\sin\alpha; \quad A = \tfrac{1}{2} a^2 \cot\alpha; \quad h = a\cos\alpha$
gegeben b, α	$\beta = 90° - \alpha; \quad a = b\tan\alpha; \quad c = b/\cos\alpha; \quad A = \tfrac{1}{2} b^2 \tan\alpha; \quad h = b\sin\alpha$
gegeben c, α	$\beta = 90° - \alpha; \quad a = c\sin\alpha;$ $b = c\cos\alpha; \quad A = \tfrac{1}{2} c^2 \sin\alpha\cos\alpha; \quad h = c\sin\alpha\cos\alpha$

1. Mathematik

1.18. Schiefwinkliges Dreieck

allgemeine Beziehungen	$\sin\dfrac{\alpha}{2}=\sqrt{\dfrac{(s-b)(s-c)}{bc}}=\sqrt{\dfrac{(s-a)(s-b)}{ab}}=\sqrt{\dfrac{(s-a)(s-c)}{ac}}$ $\cos\dfrac{\alpha}{2}=\sqrt{\dfrac{s(s-a)}{bc}}\;;\ldots^{1)}$ $\tan\dfrac{\alpha}{2}=\sqrt{\dfrac{(s-b)(s-c)}{s(s-a)}}$ $\qquad=\dfrac{\varrho}{s-a}\;;\ldots^{1)}$ $\tan\alpha=\dfrac{a\sin\gamma}{b-a\cos\gamma}\;;\ldots^{1)}$
halber Umfang s	$s=\dfrac{1}{2}(a+b+c)=4\,r\cos\dfrac{\alpha}{2}\cos\dfrac{\beta}{2}\cos\dfrac{\gamma}{2}$
Radius des Inkreises ϱ	$\varrho=4\,r\sin\dfrac{\alpha}{2}\sin\dfrac{\beta}{2}\sin\dfrac{\gamma}{2}=\dfrac{abc}{4\,rs}$ $\qquad=\sqrt{\dfrac{(s-a)(s-b)(s-c)}{s}}=s\tan\dfrac{\alpha}{2}\tan\dfrac{\beta}{2}\tan\dfrac{\gamma}{2}$
Radien der Ankreise $\varrho_a,\ \varrho_b,\ \varrho_c$	$\varrho_a=\varrho\,\dfrac{s}{s-a}=s\tan\dfrac{\alpha}{2}=\sqrt{\dfrac{s(s-b)(s-c)}{s-a}}\;;\ldots^{1)}$
Höhen $h_a,\ h_b,\ h_c$	$h_a=b\sin\gamma=c\sin\beta=\dfrac{bc}{a}\sin\alpha;\;\ldots^{1)}$ $a\,h_a=b\,h_b=c\,h_c=2\,\sqrt{s(s-a)(s-b)(s-c)}$
seitenhalbierende Mittellinien $m_a,\ m_b,\ m_c$	$m_a=\tfrac{1}{2}\sqrt{2(b^2+c^2)-a^2};\;\ldots^{1)}\quad m_a{}^2+m_b{}^2+m_c{}^2=\tfrac{3}{4}(a^2+b^2+c^2)$ $\dfrac{1}{\varrho}=\dfrac{1}{\varrho_a}+\dfrac{1}{\varrho_b}+\dfrac{1}{\varrho_c}=\dfrac{1}{h_a}+\dfrac{1}{h_b}+\dfrac{1}{h_c}$ $\dfrac{1}{\varrho_a}=-\dfrac{1}{h_a}+\dfrac{1}{h_b}+\dfrac{1}{h_c}\;;\ldots^{1)}$
Winkelhalbierende $w_a,\ w_b,\ w_c$	$w_a=\dfrac{2}{b+c}\sqrt{bcs(s-a)}=\dfrac{1}{b+c}\sqrt{bc[(b+c)^2-a^2]};\;\ldots^{1)}$
Flächeninhalt	$A=\varrho s=\sqrt{s(s-a)(s-b)(s-c)}=2\,r^2\sin\alpha\sin\beta\sin\gamma$ $A=\tfrac{1}{2}ab\sin\gamma=\tfrac{1}{2}bc\sin\alpha=\tfrac{1}{2}ac\sin\beta$
Radius des Umkreises r	$r=\dfrac{a}{2\sin\alpha}=\dfrac{b}{2\sin\beta}=\dfrac{c}{2\sin\gamma}$

$^{1)}$ Die Punkte weisen darauf hin, dass sich durch zyklisches Vertauschen von a, b, c und α, β, γ, noch zwei weitere Gleichungen ergeben.

Sinussatz	$\dfrac{a}{b} = \dfrac{\sin\alpha}{\sin\beta}$; $\dfrac{b}{c} = \dfrac{\sin\beta}{\sin\gamma}$; $\dfrac{c}{a} = \dfrac{\sin\gamma}{\sin\alpha}$
Kosinussatz (bei stumpfem $\sphericalangle\,\alpha$ wird $\cos\alpha$ negativ)	$a^2 = b^2 + c^2 - 2\,b\,c\,\cos\alpha;\ \ldots^1)$ $a^2 = (b+c)^2 - 4\,b\,c\,\cos^2(\alpha/2);\ \ldots^1)$ $a^2 = (b-c)^2 + 4\,b\,c\,\sin^2(\alpha/2);\ \ldots^1)$
Projektionssatz	$a = b\cos\gamma + c\cos\beta;\ \ldots^1)$
Mollweide'sche Formeln	$\dfrac{a+b}{c} = \cos\dfrac{\alpha-\beta}{2} : \cos\dfrac{\alpha+\beta}{2} = \cos\dfrac{\alpha-\beta}{2} : \sin\dfrac{\gamma}{2}\ ;\ \ldots^1)$ $\dfrac{a-b}{c} = \sin\dfrac{\alpha-\beta}{2} : \sin\dfrac{\alpha+\beta}{2} = \sin\dfrac{\alpha-\beta}{2} : \cos\dfrac{\gamma}{2}\ ;\ \ldots^1)$
Tangenssatz	$\dfrac{a+b}{a-b} = \tan\dfrac{\alpha+\beta}{2} : \tan\dfrac{\alpha-\beta}{2}\ ;\ \ldots^1)$
gegeben 1 Seite und 2 Winkel (z.B. α,α,β); WWS	$\gamma = 180° - (\alpha+\beta);\ b = \dfrac{a\sin\beta}{\sin\alpha}\ ;\ c = \dfrac{a\sin\gamma}{\sin\alpha}$ $A = \tfrac{1}{2}\,a\,b\,\sin\gamma$
gegeben 2 Seiten und der eingeschlossene Winkel (z.B. a,b,γ); SWS	$\tan\dfrac{\alpha-\beta}{2} = \dfrac{a-b}{a+b}\cot\dfrac{\gamma}{2}\ ;\ \dfrac{\alpha+\beta}{2} = 90° - \dfrac{\gamma}{2}$ Mit $\alpha+\beta$ und $\alpha-\beta$ ergibt sich α und β und damit: $c = a\dfrac{\sin\gamma}{\sin\alpha}\ ;\ A = \dfrac{1}{2}\,a\,b\,\sin\gamma$
gegeben 2 Seiten und der einer von beiden gegenüberliegende Winkel (z.B. a,b,α); SSW	$\sin\beta = \dfrac{b}{a}\sin\alpha$ Ist $a \geqq b$, so ist $\beta < 90°$ und damit β eindeutig bestimmt. Ist $a < b$, so sind folgende Fälle möglich: 1. β hat für $b\sin\alpha < a$ zwei Werte ($\beta_2 = 180° - \beta_1$); 2. β hat den Wert $90°$ für $b\sin\alpha = a$; 3. für $b\sin\alpha > a$ ergibt sich kein Dreieck. $\gamma = 180° - (\alpha+\beta);\ c = a\dfrac{\sin\gamma}{\sin\alpha}\ ;\ A = \dfrac{1}{2}\,a\,b\,\sin\gamma$
gegeben 3 Seiten (z.B. a,b,c); SSS	$\varrho = \sqrt{\dfrac{(s-a)(s-b)(s-c)}{s}}\ ;\ \tan\dfrac{\alpha}{2} = \dfrac{\varrho}{s-a}\ ;$ $\tan\dfrac{\beta}{2} = \dfrac{\varrho}{s-b}\ ;\ \tan\dfrac{\gamma}{2} = \dfrac{\varrho}{s-c}$ $A = \varrho\,s = \sqrt{s(s-a)(s-b)(s-c)}$

$^1)$ Die Punkte weisen darauf hin, dass sich durch zyklisches Vertauschen von a, b, c und α, β, γ, noch zwei weitere Gleichungen ergeben.

1. Mathematik

1.19. Einheiten des ebenen Winkels

Begriff des ebenen Winkels	Der *ebene* Winkel α (kurz: Winkel α, im Gegensatz zum Raumwinkel) zwischen den beiden Strahlen g_1, g_2 ist die Länge des Kreisbogens b auf dem Einheitskreis, der im Gegenuhrzeigersinn von Punkt P_1 zum Punkt P_2 führt.
Bogenmaß des ebenen Winkels	Die Länge des Bogens b auf dem Einheitskreis ist das Bogenmaß des Winkels.
kohärente Einheit des ebenen Winkels	Die kohärente Einheit (SI-Einheit) des ebenen Winkels ist der Radiant (rad). Der Radiant ist der ebene Winkel, für den das Verhältnis der Länge des Kreisbogens b zu seinem Radius r gleich eins ist. $\qquad 1\ \text{rad} = \dfrac{b}{r} = 1$
Vollwinkel und rechter Winkel	Für den Vollwinkel α beträgt der Kreisbogen $b = 2\pi r$. Es ist demnach: $$\alpha = \frac{b}{r} = \frac{2\pi r}{r}\ \text{rad} = 2\pi\ \text{rad} \qquad\qquad \text{Vollwinkel} = 2\pi\ \text{rad}$$ Ebenso ist für den rechten Winkel ($1^{\llcorner}$): $$\alpha = 1^{\llcorner} = \frac{b}{r} = \frac{2\pi r}{4r}\ \text{rad} = \frac{\pi}{2}\ \text{rad} \qquad\qquad \text{rechter Winkel}\ 1^{\llcorner} = \frac{\pi}{2}\ \text{rad}$$
Umrechnung von Winkeleinheiten	Ein Grad ($1°$) ist der 360ste Teil des Vollwinkels ($360°$). Folglich gilt: $$1° = \frac{b}{r} = \frac{2\pi r}{360\,r}\ \text{rad} = \frac{2\pi}{360}\ \text{rad} = \frac{\pi}{180}\ \text{rad}$$ $$1° = \frac{\pi}{180}\ \text{rad} \approx 0{,}0175\ \text{rad} \qquad \text{oder durch Umstellen:}$$ $$1\ \text{rad} = \frac{1° \cdot 180}{\pi} = \frac{180°}{\pi} \approx 57{,}3°$$ *Beispiel:* a) $\alpha = 90° = \dfrac{\pi}{180°}\ 90\ \text{rad} = \dfrac{\pi}{2}\ \text{rad}$ b) $\alpha = \pi\ \text{rad} = \pi\ \dfrac{180°}{\pi} = 180°$

1.20. Trigonometrische Funktionen (Graphen in 1.12)

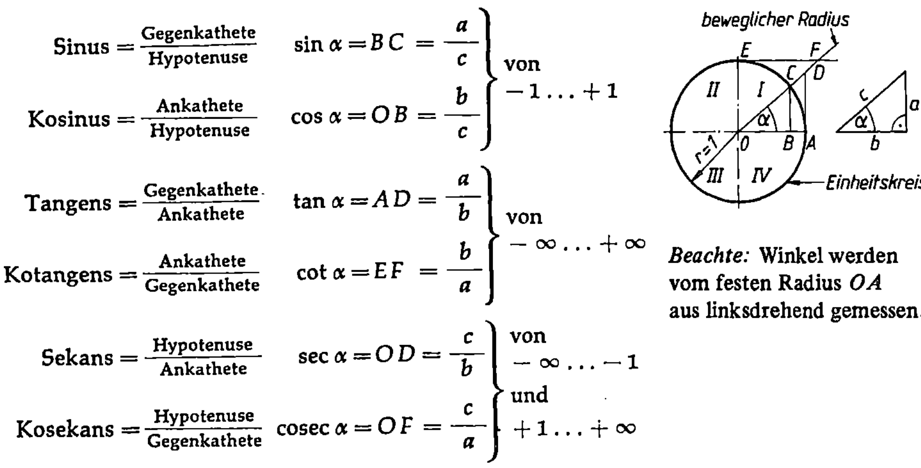

$$\text{Sinus} = \frac{\text{Gegenkathete}}{\text{Hypotenuse}} \qquad \sin\alpha = BC = \frac{a}{c}$$

$$\text{Kosinus} = \frac{\text{Ankathete}}{\text{Hypotenuse}} \qquad \cos\alpha = OB = \frac{b}{c}$$

von $-1 \ldots +1$

$$\text{Tangens} = \frac{\text{Gegenkathete}}{\text{Ankathete}} \qquad \tan\alpha = AD = \frac{a}{b}$$

$$\text{Kotangens} = \frac{\text{Ankathete}}{\text{Gegenkathete}} \qquad \cot\alpha = EF = \frac{b}{a}$$

von $-\infty \ldots +\infty$

$$\text{Sekans} = \frac{\text{Hypotenuse}}{\text{Ankathete}} \qquad \sec\alpha = OD = \frac{c}{b}$$

$$\text{Kosekans} = \frac{\text{Hypotenuse}}{\text{Gegenkathete}} \qquad \operatorname{cosec}\alpha = OF = \frac{c}{a}$$

von $-\infty \ldots -1$ und $+1 \ldots +\infty$

Beachte: Winkel werden vom festen Radius OA aus linksdrehend gemessen.

Vorzeichen der Funktion	Quadrant	Größe des Winkels		sin	cos	tan	cot	sec	cosec
(richtet sich nach dem Quadranten, in dem der bewegliche Radius liegt)	I	von 0° bis 90°		+	+	+	+	+	+
	II	„ 90° „ 180°		+	−	−	−	−	+
	III	„ 180° „ 270°		−	−	+	+	−	−
	IV	„ 270° „ 360°		−	+	−	−	+	−

Funktionen für Winkel zwischen 90°…360°	Funktion	$\beta = 90° \pm \alpha$	$\beta = 180° \pm \alpha$	$\beta = 270° \pm \alpha$	$\beta = 360° - \alpha$
	$\sin\beta$	$+\cos\alpha$	$\mp\sin\alpha$	$-\cos\alpha$	$-\sin\alpha$
	$\cos\beta$	$\mp\sin\alpha$	$-\cos\alpha$	$\pm\sin\alpha$	$+\cos\alpha$
	$\tan\beta$	$\mp\cot\alpha$	$\pm\tan\alpha$	$\mp\cot\alpha$	$-\tan\alpha$
	$\cot\beta$	$\mp\tan\alpha$	$\pm\cot\alpha$	$\mp\tan\alpha$	$-\cot\alpha$

Beispiel [1]: $\sin 205° = \sin(180 + 25°) = -(\sin 25°) = -0{,}4226$

Funktionen für negative Winkel werden auf solche für positive Winkel zurückgeführt:

$$\sin(-\alpha) = -\sin\alpha$$
$$\cos(-\alpha) = \cos\alpha$$
$$\tan(-\alpha) = -\tan\alpha$$
$$\cot(-\alpha) = -\cot\alpha$$

Beispiel [1]: $\sin(-205°) = -205°$

Funktionen für Winkel über 360° werden auf solche von Winkeln zwischen 0°…360° zurückgeführt (bzw. zwischen 0°…180°); „n" ist ganzzahlig:

$$\sin(360° \cdot n + \alpha) = \sin\alpha$$
$$\cos(360° \cdot n + \alpha) = \cos\alpha$$
$$\tan(180° \cdot n + \alpha) = \tan\alpha$$
$$\cot(180° \cdot n + \alpha) = \cot\alpha$$

Beispiel [1]:

$\sin(-660°) = -\sin 660° = -\sin(360° \cdot 1 + 300°)$
$= -\sin 300° = -\sin(270° + 30°) = +\cos 30°$
$= 0{,}8660.$

---

[1] Der Rechner liefert die Funktionswerte direkt, z. B. $\sin(-660°) = 0{,}866\,025\,403\,8$.

1. Mathematik

1.21. Beziehungen zwischen den trigonometrischen Funktionen

Grundformeln	$\sin^2 \alpha + \cos^2 \alpha = 1$; $\quad \tan \alpha = \dfrac{\sin \alpha}{\cos \alpha}$; $\quad \cot \alpha = \dfrac{1}{\tan \alpha} = \dfrac{\cos \alpha}{\sin \alpha}$

Umrechnung zwischen Funktionen desselben Winkels (die Wurzel erhält das Vorzeichen des Quadranten, in dem der Winkel α liegt)		$\sin \alpha$	$\cos \alpha$	$\tan \alpha$	$\cot \alpha$
	$\sin \alpha =$	$\sin \alpha$	$\sqrt{1 - \cos^2 \alpha}$	$\dfrac{\tan \alpha}{\sqrt{1 + \tan^2 \alpha}}$	$\dfrac{1}{\sqrt{1 + \cot^2 \alpha}}$
	$\cos \alpha =$	$\sqrt{1 - \sin^2 \alpha}$	$\cos \alpha$	$\dfrac{1}{\sqrt{1 + \tan^2 \alpha}}$	$\dfrac{\cot \alpha}{\sqrt{1 + \cot^2 \alpha}}$
	$\tan \alpha =$	$\dfrac{\sin \alpha}{\sqrt{1 - \sin^2 \alpha}}$	$\dfrac{\sqrt{1 - \cos^2 \alpha}}{\cos \alpha}$	$\tan \alpha$	$\dfrac{1}{\cot \alpha}$
	$\cot \alpha =$	$\dfrac{\sqrt{1 - \sin^2 \alpha}}{\sin \alpha}$	$\dfrac{\cos \alpha}{\sqrt{1 - \cos^2 \alpha}}$	$\dfrac{1}{\tan \alpha}$	$\cot \alpha$

Additions-theoreme	
$\sin (\alpha + \beta) = \sin \alpha \cdot \cos \beta + \cos \alpha \cdot \sin \beta$	$\cos (\alpha + \beta) = \cos \alpha \cdot \cos \beta - \sin \alpha \cdot \sin \beta$
$\sin (\alpha - \beta) = \sin \alpha \cdot \cos \beta - \cos \alpha \cdot \sin \beta$	$\cos (\alpha - \beta) = \cos \alpha \cdot \cos \beta + \sin \alpha \cdot \sin \beta$
$\tan (\alpha + \beta) = \dfrac{\tan \alpha + \tan \beta}{1 - \tan \alpha \cdot \tan \beta}$	$\cot (\alpha + \beta) = \dfrac{\cot \alpha \cdot \cot \beta - 1}{\cot \alpha + \cot \beta}$
$\tan (\alpha - \beta) = \dfrac{\tan \alpha - \tan \beta}{1 + \tan \alpha \cdot \tan \beta}$	$\cot (\alpha - \beta) = \dfrac{\cot \alpha \cdot \cot \beta + 1}{\cot \beta - \cot \alpha}$

Summen-formeln	
$\sin \alpha + \sin \beta = 2 \sin \dfrac{\alpha + \beta}{2} \cos \dfrac{\alpha - \beta}{2}$	$\cos \alpha + \cos \beta = 2 \cos \dfrac{\alpha + \beta}{2} \cos \dfrac{\alpha - \beta}{2}$
$\sin \alpha - \sin \beta = 2 \cos \dfrac{\alpha + \beta}{2} \sin \dfrac{\alpha - \beta}{2}$	$\cos \alpha - \cos \beta = -2 \sin \dfrac{\alpha + \beta}{2} \sin \dfrac{\alpha - \beta}{2}$
$\tan \alpha + \tan \beta = \dfrac{\sin (\alpha + \beta)}{\cos \alpha \cos \beta}$	$\cot \alpha + \cot \beta = \dfrac{\sin (\beta + \alpha)}{\sin \alpha \sin \beta}$
$\tan \alpha - \tan \beta = \dfrac{\sin (\alpha - \beta)}{\cos \alpha \cos \beta}$	$\cot \alpha - \cot \beta = -\dfrac{\sin (\alpha - \beta)}{\sin \alpha \sin \beta}$
$\sin (\alpha + \beta) + \sin (\alpha - \beta) = 2 \sin \alpha \cos \beta$	$\cos (\alpha + \beta) + \cos (\alpha - \beta) = 2 \cos \alpha \cos \beta$
$\sin (\alpha + \beta) - \sin (\alpha - \beta) = 2 \cos \alpha \sin \beta$	$\cos (\alpha + \beta) - \cos (\alpha - \beta) = -2 \sin \alpha \sin \beta$
$\cos \alpha + \sin \alpha = \sqrt{2} \sin (45° + \alpha) = \sqrt{2} \cos (45° - \alpha)$	$\cos \alpha - \sin \alpha = \sqrt{2} \cos (45° + \alpha) = \sqrt{2} \sin (45° - \alpha)$
$\dfrac{1 + \tan \alpha}{1 - \tan \alpha} = \tan (45° + \alpha)$	$\dfrac{\cot \alpha + 1}{\cot \alpha - 1} = \cot (45° - \alpha)$

Funktionen für Winkelvielfache	$\sin 2\alpha = 2 \sin \alpha \cdot \cos \alpha \qquad \cos 2\alpha = \cos^2 \alpha - \sin^2 \alpha$

Funktionen für Winkelvielfache

$$\sin 2\alpha = 2 \sin \alpha \cdot \cos \alpha \qquad\qquad \cos 2\alpha = \cos^2 \alpha - \sin^2 \alpha$$
$$= 1 - 2 \sin^2 \alpha$$
$$= 2 \cos^2 \alpha - 1$$

$$\sin 3\alpha = 3 \sin \alpha - 4 \sin^3 \alpha \qquad\qquad \cos 3\alpha = 4 \cos^3 \alpha - 3 \cos \alpha$$

$$\sin 4\alpha = 8 \sin \alpha \cos^3 \alpha \qquad\qquad \cos 4\alpha = 8 \cos^4 \alpha - 8 \cos^2 \alpha + 1$$
$$- 4 \sin \alpha \cos \alpha$$

$$\tan 2\alpha = \frac{2 \tan \alpha}{1 - \tan^2 \alpha} \qquad\qquad \cot 2\alpha = \frac{\cot^2 \alpha - 1}{2 \cot \alpha}$$

$$\tan 3\alpha = \frac{3 \tan \alpha - \tan^3 \alpha}{1 - 3 \tan^2 \alpha} \qquad\qquad \cot 3\alpha = \frac{\cot^3 \alpha - 3 \cot \alpha}{3 \cot^2 \alpha - 1}$$

Für $n > 3$ berechnet man $\sin n\alpha$ und $\cos n\alpha$ nach der Moivre-Formel:

$$\sin n\alpha = n \sin \alpha \cos^{n-1} \alpha - \binom{n}{3} \sin^3 \alpha \cos^{n-3} \alpha \pm \ldots$$

$$\cos n\alpha = \cos^n \alpha - \binom{n}{2} \cos^{n-2} \alpha \sin^2 \alpha + \binom{n}{4} \cos^{n-4} \alpha \sin^4 \alpha \mp \ldots$$

Funktionen der halben Winkel (die Wurzel erhält das Vorzeichen des entsprechenden Quadranten)

$$\sin \frac{\alpha}{2} = \sqrt{\frac{1 - \cos \alpha}{2}} \qquad\qquad \cos \frac{\alpha}{2} = \sqrt{\frac{1 + \cos \alpha}{2}}$$

$$\tan \frac{\alpha}{2} = \sqrt{\frac{1 - \cos \alpha}{1 + \cos \alpha}} = \frac{1 - \cos \alpha}{\sin \alpha} = \frac{\sin \alpha}{1 + \cos \alpha}$$

$$\cot \frac{\alpha}{2} = \sqrt{\frac{1 + \cos \alpha}{1 - \cos \alpha}} = \frac{\sin \alpha}{1 - \cos \alpha} = \frac{1 + \cos \alpha}{\sin \alpha}$$

Produkte von Funktionen

$$\sin (\alpha + \beta) \sin (\alpha - \beta) = \sin^2 \alpha - \sin^2 \beta = \cos^2 \beta - \cos^2 \alpha$$
$$\cos (\alpha + \beta) \cos (\alpha - \beta) = \cos^2 \alpha - \sin^2 \beta = \cos^2 \beta - \sin^2 \alpha$$

$$\sin \alpha \cdot \sin \beta = \tfrac{1}{2} [\cos (\alpha - \beta) - \cos (\alpha + \beta)]$$
$$\cos \alpha \cdot \cos \beta = \tfrac{1}{2} [\cos (\alpha - \beta) + \cos (\alpha + \beta)]$$
$$\sin \alpha \cdot \cos \beta = \tfrac{1}{2} [\sin (\alpha - \beta) + \sin (\alpha + \beta)].$$

$$\tan \alpha \cdot \tan \beta = \frac{\tan \alpha + \tan \beta}{\cot \alpha + \cot \beta} = - \frac{\tan \alpha - \tan \beta}{\cot \alpha - \cot \beta}$$

$$\cot \alpha \cdot \cot \beta = \frac{\cot \alpha + \cot \beta}{\tan \alpha + \tan \beta} = - \frac{\cot \alpha - \cot \beta}{\tan \alpha - \tan \beta}$$

1. Mathematik

Potenzen von Funktionen	$\sin^2\alpha = \tfrac{1}{2}(1 - \cos 2\alpha)$ $\cos^2\alpha = \tfrac{1}{2}(1 + \cos 2\alpha)$ $\sin^3\alpha = \tfrac{1}{4}(3\sin\alpha - \sin 3\alpha)$ $\cos^3\alpha = \tfrac{1}{4}(\cos 3\alpha + 3\cos\alpha)$ $\sin^4\alpha = \tfrac{1}{8}(\cos 4\alpha - 4\cos 2\alpha + 3)$ $\cos^4\alpha = \tfrac{1}{8}(\cos 4\alpha + 4\cos 2\alpha + 3)$
Funktionen dreier Winkel	$\sin\alpha + \sin\beta + \sin\gamma = 4\cos\dfrac{\alpha}{2}\cos\dfrac{\beta}{2}\cos\dfrac{\gamma}{2}$ $\cos\alpha + \cos\beta + \cos\gamma = 4\sin\dfrac{\alpha}{2}\sin\dfrac{\beta}{2}\sin\dfrac{\gamma}{2} + 1$ $\tan\alpha + \tan\beta + \tan\gamma = \tan\alpha\cdot\tan\beta\cdot\tan\gamma$ $\cot\dfrac{\alpha}{2} + \cot\dfrac{\beta}{2} + \cot\dfrac{\gamma}{2} = \cot\dfrac{\alpha}{2}\cdot\cot\dfrac{\beta}{2}\cdot\cot\dfrac{\gamma}{2}$ $\sin^2\alpha + \sin^2\beta + \sin^2\gamma = 2(\cos\alpha\cos\beta\cos\gamma + 1)$ $\sin 2\alpha + \sin 2\beta + \sin 2\gamma = 4\sin\alpha\sin\beta\sin\gamma$ gültig für $\alpha + \beta + \gamma = 180°$

1.22. Arcusfunktionen

Die Arcusfunktionen sind invers zu den Kreisfunktionen.

Invers zur Kreisfunktion	ist die Arcusfunction	mit der Definition (y in Radiant)	Hauptwert der Arcusfunktion im Bereich	Definitionsbereich
$y = \sin x$	$y = \arcsin x$	$x = \sin y$	$\dfrac{-\pi}{2} \leqq y \leqq \dfrac{\pi}{2}$	$-1 \leqq x \leqq 1$
$y = \cos x$	$y = \arccos x$	$x = \cos y$	$0 \leqq y \leqq \pi$	$-1 \leqq x \leqq 1$
$y = \tan x$	$y = \arctan x$	$x = \tan y$	$\dfrac{-\pi}{2} < y < \dfrac{\pi}{2}$	$-\infty < x < +\infty$
$y = \cot x$	$y = \text{arccot}\, x$	$x = \cot y$	$0 < y < \pi$	$-\infty < x < +\infty$

Beziehungen zwischen den Arcusfunktionen (Formeln in eckigen Klammern gelten nur für positive Werte von x)	$\arcsin x = -\arcsin(-x) = \dfrac{\pi}{2} - \arccos x = [\arccos \sqrt{1-x^2}]$ $= \arctan\dfrac{x}{\sqrt{1-x^2}} = \left[\text{arccot}\dfrac{\sqrt{1-x^2}}{x}\right]$ $\arccos x = \pi - \arccos(-x) = \dfrac{\pi}{2} - \arcsin x = [\arcsin\sqrt{1-x^2}]$ $= \left[\arctan\dfrac{\sqrt{1-x^2}}{x}\right] = \text{arccot}\dfrac{x}{\sqrt{1-x^2}}$

Beispiel: Der Kosinus eines Winkels x beträgt: $\cos x = 0{,}88$.

Lässt sich der Winkel x nur mit der Arcus-Tangensfunktion berechnen (z. B. auf dem PC) gilt:

$$x = \arctan\left(\frac{\sqrt{1-0{,}88^2}}{0{,}88}\right) = 29{,}36°$$

Beziehungen zwischen den Arcusfunktionen (Formeln in eckigen Klammern gelten nur für positive Werte von x)	$$\arctan x = -\arctan(-x) = \frac{\pi}{2} - \operatorname{arccot} x = \arcsin \frac{x}{\sqrt{1+x^2}}$$ $$= \left[\arccos \frac{1}{\sqrt{1+x^2}}\right] = \left[\operatorname{arccot}\frac{1}{x}\right]$$ $$\operatorname{arccot} x = \pi - \operatorname{arccot}(-x) = \frac{\pi}{2} - \arctan x$$ $$= \left[\arcsin \frac{1}{\sqrt{1+x^2}}\right] = \arccos \frac{x}{\sqrt{1+x^2}} = \left[\arctan\frac{1}{x}\right]$$

$$\arcsin x + \arcsin y = \arcsin(x\sqrt{1-y^2} + y\sqrt{1-x^2})$$
$$[xy \leqq 0 \quad \text{oder} \quad x^2+y^2 \leqq 1]$$
$$= \pi - \arcsin(x\sqrt{1-y^2} + y\sqrt{1-x^2})$$
$$[x>0, y>0 \quad \text{und} \quad x^2+y^2 > 1]$$
$$= -\pi - \arcsin(x\sqrt{1-y^2} + y\sqrt{1-x^2})$$
$$[x<0, y<0 \quad \text{und} \quad x^2+y^2 > 1]$$

$$\arcsin x - \arcsin y = \arcsin(x\sqrt{1-y^2} - y\sqrt{1-x^2})$$
$$[xy \geqq 0 \quad \text{oder} \quad x^2+y^2 \leqq 1]$$
$$= \pi - \arcsin(x\sqrt{1-y^2} - y\sqrt{1-x^2})$$
$$[x>0, y<0 \quad \text{und} \quad x^2+y^2 > 1]$$
$$= -\pi - \arcsin(x\sqrt{1-y^2} - y\sqrt{1-x^2})$$
$$[x<0, y>0 \quad \text{und} \quad x^2+y^2 > 1]$$

$$\arccos x + \arccos y = \arccos(xy - \sqrt{1-x^2}\sqrt{1-y^2}) \qquad [x+y \geqq 0]$$
$$= 2\pi - \arccos(xy - \sqrt{1-x^2}\sqrt{1-y^2}) \qquad [x+y < 0]$$

$$\arccos x - \arccos y = -\arccos(xy + \sqrt{1-x^2}\sqrt{1-y^2}) \qquad [x \geqq y]$$
$$= \arccos(xy + \sqrt{1-x^2}\sqrt{1-y^2}) \qquad [x < y]$$

$$\arctan x + \arctan y = \arctan \frac{x+y}{1-xy} \qquad [xy < 1]$$
$$= \pi + \arctan \frac{x+y}{1-xy} \qquad [x>0, xy>1]$$
$$= -\pi + \arctan \frac{x+y}{1-xy} \qquad [x<0, xy>1]$$

$$\arctan x - \arctan y = \arctan \frac{x-y}{1+xy} \qquad [xy > -1]$$
$$= \pi + \arctan\frac{x-y}{1+xy} \qquad [x>0, xy<-1]$$
$$= -\pi + \arctan\frac{x-y}{1+xy} \qquad [x<0, xy<-1]$$

Additionstheoreme und andere Beziehungen

1. Mathematik

Additions- theoreme und andere Beziehungen	$2 \arcsin x = \arcsin (2x \sqrt{1 - x^2})$	$\left[\lvert x \rvert \leqq \dfrac{1}{\sqrt{2}} \right]$
	$= \pi - \arcsin (2x \sqrt{1 - x^2})$	$\left[\dfrac{1}{\sqrt{2}} < x \leqq 1 \right]$
	$= - \pi - \arcsin (2x \sqrt{1 - x^2})$	$\left[-1 \leqq x < - \dfrac{1}{\sqrt{2}} \right]$
	$2 \arccos x = \arccos (2x^2 - 1)$	$[0 \leqq x \leqq 1]$
	$= 2\pi - \arccos (2x^2 - 1)$	$[-1 \leqq x < 0]$
	$2 \arctan x = \arctan \dfrac{2x}{1 - x^2}$	$[\lvert x \rvert < 1]$
	$= \pi + \arctan \dfrac{2x}{1 - x^2}$	$[x > 1]$
	$= - \pi + \arctan \dfrac{2x}{1 - x^2}$	$[x < -1]$

1.23. Hyperbelfunktionen

Definitionen	$\sinh x = \dfrac{e^x - e^{-x}}{2}; \quad \cosh x = \dfrac{e^x + e^{-x}}{2}$ $\tanh x = \dfrac{e^x - e^{-x}}{e^x + e^{-x}} = \dfrac{e^{2x} - 1}{e^{2x} + 1}; \quad \coth x = \dfrac{e^x + e^{-x}}{e^x - e^{-x}} = \dfrac{e^{2x} + 1}{e^{2x} - 1}$
Grund- beziehungen	$\cosh^2 x - \sinh^2 x = 1$ $\qquad$ $\tanh x = \dfrac{\sinh x}{\cosh x}; \quad \coth x = \dfrac{\cosh x}{\sinh x}$ $\tanh x \cdot \coth x = 1$
Beziehungen zwischen den Hyperbel- funktionen (vgl. die ent- sprechenden Formeln der trigono- metrischen Funktionen)	$\sinh x = \sqrt{\cosh^2 x - 1} = \dfrac{\tanh x}{\sqrt{1 - \tanh^2 x}} = \dfrac{1}{\sqrt{\coth^2 x - 1}}$ $\cosh x = \sqrt{\sinh^2 x + 1} = \dfrac{1}{\sqrt{1 - \tanh^2 x}} = \dfrac{\coth x}{\sqrt{\coth^2 x - 1}}$ $\tanh x = \dfrac{\sinh x}{\sqrt{\sinh^2 x + 1}} = \dfrac{\sqrt{\cosh^2 x - 1}}{\cosh x} = \dfrac{1}{\coth x}$ $\coth x = \dfrac{\sqrt{\sinh^2 x + 1}}{\sinh x} = \dfrac{\cosh x}{\sqrt{\cosh^2 x - 1}} = \dfrac{1}{\tanh x}$ Für negative x gilt: $\sinh (-x) = - \sinh x \qquad \tanh (-x) = - \tanh x$ $\cosh (-x) = \cos x \qquad \coth (-x) = - \coth x$

Additions-theoreme und andere Beziehungen	$\sinh (x \pm y) = \sinh x \cdot \cosh y \pm \cosh x \cdot \sinh y$ $\cosh (x \pm y) = \cosh x \cdot \cosh y \pm \sinh x \cdot \sinh y$ $\tanh (x \pm y) = \dfrac{\tanh x \pm \tanh y}{1 \pm \tanh x \cdot \tanh y}$; $\coth (x \pm y) = \dfrac{1 \pm \coth x \cdot \coth y}{\coth x \pm \coth y}$

$$\sinh 2x = 2 \sinh x \cdot \cosh x \qquad \tanh 2x = \frac{2 \tanh x}{1 + \tanh^2 x}$$

$$\cosh 2x = \sinh^2 x + \cosh^2 x \qquad \coth 2x = \frac{1 + \coth^2 x}{2 \coth x}$$

$$(\cosh x \pm \sinh x)^n = \cosh nx \pm \sinh nx$$

+ für $x > 0$
− für $x < 0$

$$\sinh \frac{x}{2} = \pm \sqrt{\frac{\cosh x - 1}{2}} \qquad \tanh \frac{x}{2} = \frac{\cosh x - 1}{\sinh x} = \frac{\sinh x}{\cosh x + 1}$$

$$\cosh \frac{x}{2} = \sqrt{\frac{\cosh x + 1}{2}} \qquad \coth \frac{x}{2} = \frac{\sinh x}{\cosh x - 1} = \frac{\cosh x + 1}{\sinh x}$$

$$\sinh x \pm \sinh y = 2 \sinh \tfrac{1}{2} (x \pm y) \cosh \tfrac{1}{2} (x \mp y)$$

$$\cosh x + \cosh y = 2 \cosh \tfrac{1}{2} (x + y) \cosh \tfrac{1}{2} (x - y)$$

$$\cosh x - \cosh y = 2 \sinh \tfrac{1}{2} (x + y) \sinh \tfrac{1}{2} (x - y)$$

$$\tanh x \pm \tanh y = \frac{\sinh (x \pm y)}{\cosh x \cosh y}$$

1.24. Areafunktionen

Die Areafunktionen sind die Umkehrfunktionen der Hyperbelfunktionen.

Invers zur Hyperbel-funktion	ist die Areafunktion	mit der Definition	Grenzen der Funktion	Definitionsbereich
$y = \sinh x$	$y = \operatorname{arsinh} x = \ln (x + \sqrt{x^2 + 1})$	$x = \sinh y$	$-\infty < y < +\infty$	$-\infty < x < +\infty$
$y = \cosh x$	$y = \operatorname{arcosh} x = \ln (x \pm \sqrt{x^2 - 1})$	$x = \cosh y$	$-\infty < y < +\infty$	$1 \leq x < +\infty$
$y = \tanh x$	$y = \operatorname{artanh} x = \tfrac{1}{2} \ln \dfrac{1 + x}{1 - x}$	$x = \tanh y$	$-\infty < y < +\infty$	$-1 < x < 1$
$y = \coth x$	$y = \operatorname{arcoth} x = \tfrac{1}{2} \ln \dfrac{x + 1}{x - 1}$	$x = \coth y$	$-\infty < y < +\infty$	$-1 > x > 1$

Beziehungen zwischen den Area-funktionen **+ für $x > 0$** **− für $x < 0$**	$\operatorname{arsinh} x = \pm \operatorname{arcosh} \sqrt{x^2 + 1} = \operatorname{artanh} \dfrac{x}{\sqrt{x^2 + 1}} = \operatorname{arcoth} \dfrac{\sqrt{x^2 + 1}}{x}$ $\operatorname{arcosh} x = \pm \operatorname{arsinh} \sqrt{x^2 - 1} = \pm \operatorname{artanh} \dfrac{\sqrt{x^2 - 1}}{x} = \pm \operatorname{arcoth} \dfrac{x}{\sqrt{x^2 - 1}}$ $\operatorname{artanh} x = \operatorname{arsinh} \dfrac{x}{\sqrt{1 - x^2}} = \pm \operatorname{arcosh} \dfrac{1}{\sqrt{1 - x^2}} = \operatorname{arcoth} \dfrac{1}{x}$ $\operatorname{arcoth} x = \operatorname{arsinh} \dfrac{1}{\sqrt{x^2 - 1}} = \pm \operatorname{arcosh} \dfrac{x}{\sqrt{x^2 - 1}} = \operatorname{artanh} \dfrac{1}{x}$

1. Mathematik

Für negative x gilt	$\text{arsinh}\,(-x) = -\,\text{arsinh}\,x$ $\text{arcoth}\,(-x) = -\,\text{arcoth}\,x$	$\text{artanh}\,(-x) = -\,\text{artanh}\,x$ $\text{arcosh}\,(-x) = \text{arcosh}\,x$
Additions-theoreme	$\text{arsinh}\,x \pm \text{arsinh}\,y = \text{arsinh}\,(x\,\sqrt{1+y^2} \pm y\,\sqrt{1+x^2})$ $\text{arcosh}\,x \pm \text{arcosh}\,y = \text{arcosh}\,(x\,y \pm \sqrt{(x^2-1)(y^2-1)})$ $\text{artanh}\,x \pm \text{artanh}\,y = \text{artanh}\,\dfrac{x \pm y}{1 \pm x\,y}$	

1.25. Analytische Geometrie: Punkte in der Ebene

Entfernung zweier Punkte	$e = \sqrt{(x_2 - x_1)^2 + (y_2 - y_1)^2}$
Koordinaten des Mittelpunktes einer Strecke	$x_m = \dfrac{x_1 + x_2}{2}\,;\ \ y_m = \dfrac{y_2 - y_1}{2}$
Teilungs-verhältnis λ einer Strecke	$\lambda = \dfrac{x - x_1}{x_2 - x} = \dfrac{y - y_1}{y_2 - y} = \dfrac{m}{n} = \dfrac{P_1\,P}{P\,P_2}$ (+) innerhalb, (−) außerhalb $\overrightarrow{P_1\,P_2}$
Koordinaten des Teilungs-punktes P einer Strecke	$x_p = \dfrac{m\,x_2 + n\,x_1}{m + n} = \dfrac{x_1 + \lambda\,x_2}{1 + \lambda}\,;$ $y_p = \dfrac{m\,y_2 + n\,y_1}{m + n} = \dfrac{y_1 + \lambda\,y_2}{1 + \lambda}$
Flächeninhalt eines Dreiecks	$A = \dfrac{x_1\,(y_2 - y_3) + x_2\,(y_3 - y_1) + x_3\,(y_1 - y_2)}{2}$
Schwerpunkt S eines Dreiecks (Koordinaten von S)	$x_s = \dfrac{x_1 + x_2 + x_3}{3}\,;\ \ y_s = \dfrac{y_1 + y_2 + y_3}{3}$

1.26. Analytische Geometrie: Gerade

Normalform der Geraden	$y = m\,x + n;$ $\qquad$ n ist Ordinatenabschnitt (s. S. 31)

Achsenabschnitts-form der Geraden	$\dfrac{x}{a} + \dfrac{y}{b} = 1$	a Abschnitt auf x-Achse b Abschnitt auf y-Achse
Punkt-Steigungsform der Geraden	$m = \tan \varphi = \dfrac{y - y_1}{x - x_1}$	
Zweipunkteform der Geraden	$\dfrac{y - y_1}{x - x_1} = \dfrac{y_2 - y_1}{x_2 - x_1}$	
Steigung m und Steigungs-winkel φ	$m = \dfrac{y_2 - y_1}{x_2 - x_1} = \tan \varphi = \dfrac{\Delta y}{\Delta x}$	
Hesse'sche Normalform	$x \cos \alpha + y \sin \alpha - p = 0$	
Senkrechter Abstand d eines Punktes P_1 von einer Geraden	$d = x_1 \cos \alpha + y_1 \sin \alpha - p$ (+) wenn P und 0 auf verschiedenen Seiten der Geraden; sonst (−)	
Allgemeine Linearform der Geradengleichung	$A x + B y + C = 0$ Bei $A = 0$ ist Gerade parallel zur x-Achse, bei $B = 0$ parallel zur y-Achse, bei $C = 0$ geht Gerade durch 0.	
Schnittpunkt s zweier Geraden	$x_s = \begin{vmatrix} B_1 & C_1 \\ B_2 & C_2 \end{vmatrix} : \begin{vmatrix} A_1 & B_1 \\ A_2 & B_2 \end{vmatrix} \qquad y_s = \begin{vmatrix} C_1 & A_1 \\ C_2 & A_2 \end{vmatrix} : \begin{vmatrix} A_1 & B_1 \\ A_2 & B_2 \end{vmatrix}$	
Sonderfälle	bei $\begin{vmatrix} A_1 & B_1 \\ A_2 & B_2 \end{vmatrix} = 0$ sind die gegebenen Geraden parallel, bei $\dfrac{A_1}{A_2} = \dfrac{B_1}{B_2} = \dfrac{C_1}{C_2}$ fallen sie zusammen.	
Schnittpunkt s zweier Geraden, die in Normalform gegeben sind	gegeben: $y_1 = m_1 x + n_1;\ y_2 = m_2 x + n_2$ $x_s = \dfrac{n_1 - n_2}{m_2 - m_1} ;\ y_s = \dfrac{n_1 m_2 - n_2 m_1}{m_2 - m_1}$	
Sonderfall	Dritte Gerade geht durch den Schnittpunkt der beiden ersten Geraden, wenn $\begin{vmatrix} A_1 & B_1 & C_1 \\ A_2 & B_2 & C_2 \\ A_3 & B_3 & C_3 \end{vmatrix} = 0$ ist.	

1. Mathematik

Schnittwinkel φ zweier Geraden	$\tan \varphi = \dfrac{m_2 - m_1}{1 + m_1 m_2}$ $\qquad \begin{array}{l} y = m_1 x + n_1 \\ y = m_2 x + n_2 \end{array}$ $\tan \varphi = \dfrac{A_1 B_2 - A_2 B_1}{A_1 A_2 - B_1 B_2}$ $\qquad \begin{array}{l} A_1 x + B_1 y + C_1 = 0 \\ A_2 x + B_2 y + C_2 = 0 \end{array}$ Schnittwinkel φ wird beim Drehen der Geraden g_1 in Lage von g_2 überstrichen (im entgegengesetzten Sinne des Uhrzeigers).
Sonderfälle	bei $m_2 = m_1$ bzw. $\dfrac{A_1}{B_1} = \dfrac{A_2}{B_2}$ sind Gerade parallel, bei $m_2 = -\dfrac{1}{m_1}$ bzw. $\dfrac{A_1}{B_1} = -\dfrac{B_2}{A_2}$ stehen sie senkrecht aufeinander.
Winkelhalbierende w_1, w_2 zweier Geraden g_1, g_2	Sind $g_{1\,H}$ und $g_{2\,H}$ die Hesse'schen Normalformen der Geraden, so wird $w_{1,2} = g_{1\,H} \pm g_{2\,H}$. w_1, w_2 sind die Gleichungen für die Winkelhalbierenden.

1.27. Analytische Geometrie: Lage einer Geraden im rechtwinkligen Achsenkreuz

Zur Kontrolle der Rechnungen nach 1.29. wird die Gleichung der Geraden auf die Form $Ax + By + C = 0$ gebracht, die Konstanten A, B und C bestimmt und die Lage der Geraden der folgenden Tabelle entnommen. Gleichungen mit positiver Konstante C müssen vorher mit (-1) multipliziert werden.

Vorzeichen der Konstanten			Beziehung zwischen Konstanten A und B	Lage der Geraden	
A	B	C		Steigungswinkel φ mit positiver x-Achse	Lage zum Koordinatenursprung
$+$	$+$	$-$	$\begin{array}{l} A > B \\ A = B \\ A < B \end{array}$	$\begin{array}{c} 90^\circ < \varphi < 135^\circ \\ 135^\circ \\ 135^\circ < \varphi < 180^\circ \end{array}$	rechts oberhalb
$-$	$+$	$-$	$\begin{array}{l} |A| < B \\ |A| = B \\ |A| > B \end{array}$	$\begin{array}{c} 0^\circ < \varphi < 45^\circ \\ 45^\circ \\ 45^\circ < \varphi < 90^\circ \end{array}$	links oberhalb
$-$	$-$	$-$	$\begin{array}{l} |A| > |B| \\ A = B \\ |A| < |B| \end{array}$	$\begin{array}{c} 90^\circ < \varphi < 135^\circ \\ 135^\circ \\ 135^\circ < \varphi < 180^\circ \end{array}$	links unterhalb
$+$	$-$	$-$	$\begin{array}{l} A < |B| \\ A = |B| \\ A > |B| \end{array}$	$\begin{array}{c} 0^\circ < \varphi < 45^\circ \\ 45^\circ \\ 45^\circ < \varphi < 90^\circ \end{array}$	rechts unterhalb

Beispiel: Gegeben ist eine Gerade mit $16x - 11y + 6 = 0$; mit (-1) multipliziert: $-16x + 11y - 6 = 0$; also ist $A = -16$, $B = +11$ und $C = -6$, d. h. $|A| > B$. Nach der Tabelle liegt die Gerade links oberhalb des Koordinatenursprungs mit Steigungswinkel φ zwischen 45° und 90° $(\varphi \approx 56{,}4^\circ)$.

Zusammenfassung der Sonderfälle

Konstante	$A = 0$ [1])	$B = 0$ [1])	$C = 0$	$A = 0;\ C = 0$	$B = 0;\ C = 0$
Gleichung	$y = -\dfrac{C}{B}$	$x = -\dfrac{C}{A}$	$y = -\dfrac{A}{B}\,x$	$y = 0$	$x = 0$
Lage der Geraden	Parallele zur x-Achse im Abstand $-C/B$	Parallele zur y-Achse im Abstand $-C/A$	Gerade durch den Koordinatenursprung	Gerade fällt zusammen mit x-Achse	mit y-Achse

[1]) Bei $A = 0$ und $B = 0$ unendlich ferne Gerade.

1.28. Analytische Geometrie: Kreis

Kreisgleichung (Mittelpunkt M liegt im Nullpunkt)	$x^2 + y^2 = r^2$
in Parameterform	$x = h + r \cos \vartheta;\ \ y = k + r \sin \vartheta$
Kreisgleichung für beliebige Lage von $M\,(h;\,k)$	$(x - h)^2 + (y - k)^2 = r^2$
Scheitelgleichung (M liegt auf x-Achse, Kreis geht durch Nullpunkt)	$y^2 = x\,(2\,r - x)$
Schnitt von Kreis und Gerade	Kreis $x^2 + y^2 = r^2$ wird von Gerade $y = mx + n$ geschnitten, wenn Diskriminante $\Delta = r^2\,(1 + m^2) - n^2 > 0$ ist. Bei $r^2\,(1 + m^2) - n^2 = 0$ ist Gerade Tangente.
Abszissen der Geradenschnittpunkte	$x_{1,2} = \dfrac{1}{1 + m^2}\left[-mn \pm \sqrt{r^2\,(1 + m^2) - n^2}\right]$
Tangentengleichung für Berührungspunkt $P_1\,(x_1;\,y_1)$	$x_1\,x + y_1\,y = r^2$ $(x_1 - h)\,(x - h) + (y_1 - k)\,(y - k) = r^2$ Für den Kreis mit: $x^2 + y^2 = r^2$ $(x - h)^2 + (y - k)^2 = r^2$
Normalengleichung	$y = \dfrac{y_1}{x_1}\,x;\quad \dfrac{y - k}{x - h} = \dfrac{k - y_1}{h - y_1}$

1. Mathematik

1.29. Analytische Geometrie: Parabel

Scheitelgleichungen und Lage der Parabel

	Scheitel S		Lage der Parabel bei	
	im Nullpunkt	beliebig	$p > 0$	$p < 0$
x-Achse ist Symmetrieachse	$y^2 = 2\,p\,x$	$(y - k)^2 = 2\,p\,(x - h)$	nach rechts geöffnet	nach links geöffnet
y-Achse ist Symmetrieachse	$x^2 = 2\,p\,y$	$(x - h)^2 = 2\,p\,(y - k)$	nach oben geöffnet	nach unten geöffnet

k; h sind Koordinaten des Scheitels S (siehe Kreis und Ellipse)

Halbparameter p	Entfernung des Brennpunktes F von der Leitlinie l (Strecke FL)
Tangentengleichungen für Berührungspunkt $P_1\,(x_1;\,y_1)$	$y\,y_1 = p\,(x + x_1)$ — für Scheitelgleichung $y^2 = 2\,p\,x$ $x\,x_1 = p\,(y + y_1)$ — für Scheitelgleichung $x^2 = 2\,p\,y$ $(y - k)\,(y_1 - k) = p\,(x + x_1 - 2\,h)$ — für Scheitelgleichung $(y - k)^2 = 2\,p\,(x - h)$ $(x - h)\,(x_1 - h) = p\,(y + y_1 - 2\,k)$ — für Scheitelgleichung $(x - h)^2 = 2\,p\,(y - k)$
Normalengleichung	$p\,(y - y_1) + y_1\,(x - x_1) = 0$
Krümmungsradius ϱ in $P\,(x_1;\,y_1)$	$\varrho = \dfrac{(p + 2\,x_1)^{3/2}}{\sqrt{p}}$
Krümmungsradius im Scheitel	$r_s = p$
Schnitt der Parabel $y^2 = 2\,p\,x$ mit Gerader $y = m\,x + n$ ergibt	zwei reelle Schnittpunkte für $p > 2\,m\,n$, eine Tangente für $p = 2\,m\,n$, keinen reellen Schnittpunkt für $p < 2\,m\,n$.

1.30. Analytische Geometrie: Ellipse und Hyperbel

	Ellipse	Hyperbel
Grundeigenschaft der Ellipse: $PF_1 + PF_2 = 2a$ der Hyperbel: $PF_2 - PF_1 = 2a$ F_1, F_2 Brennpunkte; r_1, r_2 Brennstrahlen; a große, b kleine Halbachse; S_1, S_2 Hauptscheitel; S_1', S_2' Nebenscheitel		
Mittelpunktsgleichung (*M* liegt im Nullpunkt)	$\dfrac{x^2}{a^2} + \dfrac{y^2}{b^2} = 1$	$\dfrac{x^2}{a^2} - \dfrac{y^2}{b^2} = 1$
in Parameterform (siehe 1.28)	$x = a \cos \vartheta; \quad y = b \sin \vartheta$	$x = a \cosh \vartheta; \quad y = b \sinh \vartheta$
für beliebige Lage von $M\,(h;k)$	$\dfrac{(x-h)^2}{a^2} + \dfrac{(y-k)^2}{b^2} = 1$	$\dfrac{(x-h)^2}{a^2} - \dfrac{(y-k)^2}{b^2} = 1$
lineare Exzentrizität e	$e = \sqrt{a^2 - b^2}$	$e = \sqrt{a^2 + b^2}$
numerische Exzentrizität ε	$\varepsilon = \dfrac{e}{a} < 1$	$\varepsilon = \dfrac{e}{a} > 1$
Länge des Lotes p in den Brennpunkten	$p = \dfrac{b^2}{a}$	$p = \dfrac{b^2}{a}$
Scheitelgleichung	$y^2 = 2px - \dfrac{p}{a}x^2$	$y^2 = 2px + \dfrac{p}{a}x^2$
Polargleichung (Mittelpunkt ist Pol)	$r = \dfrac{p}{1 - \varepsilon \cos \varphi}$	
Brennstrahlenlänge r_1, r_2	$r_1 = F_1 P = a - \varepsilon x$ $r_2 = F_2 P = a + \varepsilon x$	$r_1 = F_1 P = \pm(\varepsilon x - a)$ $r_2 = F_2 P = \pm(\varepsilon x + a)$
Tangentengleichung für $M\,(0;0)$	$\dfrac{x x_1}{a^2} + \dfrac{y y_1}{b^2} = 1$	$\dfrac{x x_1}{a^2} - \dfrac{y y_1}{b^2} = 1$

1. Mathematik

	Ellipse	Hyperbel
Normalengleichung für $M\,(0;0)$	$\dfrac{x-x_1}{x_1\,b^2}=\dfrac{y-y_1}{y_1\,a^2}$	$\dfrac{x-x_1}{x_1\,b^2}=-\dfrac{y-y_1}{y_1\,a^2}$
Scheitelradien $r_a,\ r_b,\ r_s$	$r_a=\dfrac{a^2}{b}\,;\ r_b=\dfrac{b^2}{a}$	$r_s=\dfrac{b^2}{a}$
Radius ϱ des Krümmungskreises im Punkt $(x_1;y_1)$	$\varrho=a^2\,b^2\left(\dfrac{x_1^2}{a^4}+\dfrac{y_1^2}{b^4}\right)^{3/2}$	$\varrho=a^2\,b^2\left(\dfrac{x_1^2}{a^4}+\dfrac{y_1^2}{b^4}\right)^{3/2}$
Ellipsenumfang U (Näherung)	$U=\pi\,[1{,}5\,(a+b)-\sqrt{a\,b}]$	
Flächeninhalt A	$A=\pi\,a\,b$	
Steigungswinkel α der Asymptoten aus		$\tan\alpha=m=\pm\dfrac{b}{a}$

Die gleichseitige Hyperbel hat gleiche Achsen: $a=b$; ihre Gleichung lautet: $x^2-y^2=a^2$; ihre Asymptoten stehen senkrecht aufeinander; sind die Koordinatenachsen die Asymptoten der gleichseitigen Hyperbel, so gilt $x\,y=a^2/2$ als deren Gleichung.

1.31. Reihen

Arithmetische Reihen

Definition	In einer arithmetischen Reihe $a_1+a_2+\ldots a_n$ ist die Differenz d zweier aufeinander folgender Glieder konstant; jedes Glied ist arithmetisches Mittel seiner beiden Nachbarglieder: $a_2-a_1=a_3-a_2=\ldots a_n-a_{n-1}=d$
allgemeine Form (s Summe)	$s=a+(a+d)+(a+2\,d)+\ldots+[a+(n-2)\,d]+[a+(n-1)\,d]$
Schlussglied z	$z=a+(n-1)\,d$
Anfangsglied a	$a=z-(n-1)\,d$
Differenz d	$d=\dfrac{z-a}{n-1}$
Anzahl der Glieder n	$n=\dfrac{z-a+d}{d}=\dfrac{z-a}{d}+1$

$n=4$ Glieder

Schema einer arithmetischen Stufung

Summe s von n Gliedern der Reihe	$s = \dfrac{n}{2}(a+z) = an + \dfrac{n(n-1)\cdot d}{2} = \dfrac{n}{2}(2a + nd - d)$
	$s = \dfrac{n}{2}(2z - nd + d) = \dfrac{a+z}{2}\cdot\dfrac{z-a+d}{d}$

Geometrische Reihen

Definition	In einer geometrischen Reihe $a_1 + a_2 + \ldots + a$ ist der Quotient q zweier aufeinander folgender Glieder konstant; jedes Glied ist geometrisches Mittel seiner beiden Nachbarglieder: $$\frac{a_2}{a_1} = \frac{a_3}{a_2} = \ldots = \frac{a_n}{a_{n-1}} = q$$
allgemeine Form (s Summe)	$s = a + aq + aq^2 + aq^3 + aq^4 + \ldots$ $+\, aq^{n-2} + aq^{n-1}$
Schlussglied z	$z = aq^{n-1}$
Summe s von n Gliedern der Reihe	$s = a\dfrac{1-q^n}{1-q} = \dfrac{a-qz}{1-q}$ (für $q < 1$) $s = a\dfrac{q^n-1}{q-1} = \dfrac{qz-a}{q-1}$ (für $q > 1$)
Quotient a (Stufensprung)	$q = \sqrt[n-1]{\dfrac{z}{a}}$

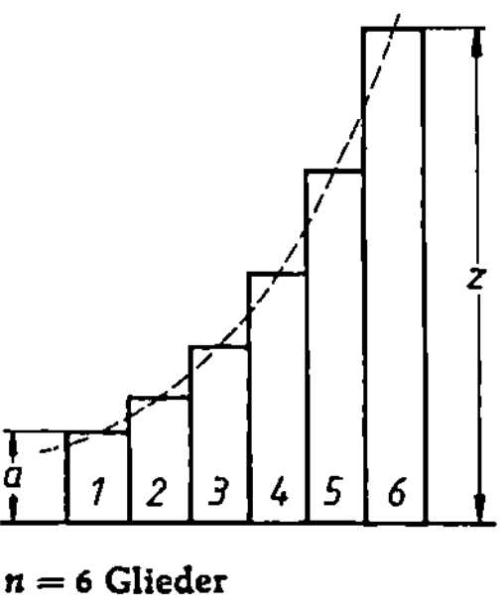

$n = 6$ Glieder

Schema einer
geometrischen Stufung

1.32. Potenzreihen

Funktion	Potenzreihe	Konvergenzbereich
$(1 \pm x)^n = 1 \pm \dbinom{n}{1}x + \dbinom{n}{2}x^2 \pm \dbinom{n}{3}x^3 + \pm \ldots$ (n beliebig)		$\|x\| \leqq 1$
$(1 \pm x)^{1/2} = 1 \pm \dfrac{1}{2}x - \dfrac{1\cdot 1}{2\cdot 4}x^2 \pm \dfrac{1\cdot 1\cdot 3}{2\cdot 4\cdot 6}x^3 - \dfrac{1\cdot 1\cdot 3\cdot 5}{2\cdot 4\cdot 6\cdot 8}x^4 \pm -\ldots$ $= 1 \pm \dfrac{1}{2}x - \dfrac{1}{8}x^2 \pm \dfrac{1}{16}x^3 - \dfrac{5}{128}x^4 \pm -\ldots$		$\|x\| \leqq 1$
$(1 \pm x)^{1/3} = 1 \pm \dfrac{1}{3}x - \dfrac{1\cdot 2}{3\cdot 6}x^2 \pm \dfrac{1\cdot 2\cdot 5}{3\cdot 6\cdot 9}x^3 - \dfrac{1\cdot 2\cdot 5\cdot 8}{3\cdot 6\cdot 9\cdot 12}x^4 \pm -\ldots$ $= 1 \pm \dfrac{1}{3}x - \dfrac{1}{9}x^2 \pm \dfrac{5}{81}x^3 - \dfrac{10}{243}x^4 \pm -\ldots$		$\|x\| \leqq 1$

1. Mathematik

$$(1 \pm x)^{1/4} = 1 \pm \frac{1}{4}\,x - \frac{3}{32}\,x^2 \pm \frac{7}{128}\,x^3 - \frac{77}{2048}\,x^4 \pm \frac{231}{8192}\,x^5 - \pm \ldots \qquad |x| \leqq 1$$

$$\frac{1}{(1 \pm x)^n} = 1 \mp \frac{n}{1}\,x + \frac{n\,(n+1)}{1 \cdot 2}\,x^2 \mp \frac{n\,(n+1)\,(n+2)}{1 \cdot 2 \cdot 3}\,x^3 + \mp \ldots \qquad |x| < 1$$

$$\frac{1}{(1 \pm x)^{1/2}} = 1 \mp \frac{1}{2}\,x + \frac{1 \cdot 3}{2 \cdot 4}\,x^2 \mp \frac{1 \cdot 3 \cdot 5}{2 \cdot 4 \cdot 6}\,x^3 + \frac{1 \cdot 3 \cdot 5 \cdot 7}{2 \cdot 4 \cdot 6 \cdot 8}\,x^4 \mp + \ldots \qquad |x| < 1$$

$$\frac{1}{(1 \pm x)^{1/3}} = 1 \mp \frac{1}{3}\,x + \frac{1 \cdot 4}{3 \cdot 6}\,x^2 \mp \frac{1 \cdot 4 \cdot 7}{3 \cdot 6 \cdot 9}\,x^3 + \frac{1 \cdot 4 \cdot 7 \cdot 10}{3 \cdot 6 \cdot 9 \cdot 12}\,x^4 \mp + \ldots \qquad |x| < 1$$

$$\frac{1}{(1 \pm x)^{1/4}} = 1 \mp \frac{1}{4}\,x + \frac{1 \cdot 5}{4 \cdot 8}\,x^2 \mp \frac{1 \cdot 5 \cdot 9}{4 \cdot 8 \cdot 12}\,x^3 + \frac{1 \cdot 5 \cdot 9 \cdot 13}{4 \cdot 8 \cdot 12 \cdot 16}\,x^4 \mp + \ldots \qquad |x| < 1$$

$$\frac{1}{1 \pm x} = 1 \mp x + x^2 \mp x^3 + x^4 \mp + \ldots \qquad |x| < 1$$

$$\frac{1}{(1 \pm x)^2} = 1 \mp 2\,x + 3\,x^2 \mp 4\,x^3 + 5\,x^4 \mp + \ldots \qquad |x| < 1$$

$$\frac{1}{(1 \pm x)^3} = 1 \mp \frac{1}{2}\,(2 \cdot 3\,x \mp 3 \cdot 4\,x^2 + 4 \cdot 5\,x^3 \mp 5 \cdot 6\,x^4 + \mp \ldots) \qquad |x| < 1$$

$$a^x = 1 + \ln a\,\frac{x}{1!} + (\ln a)^2\,\frac{x^2}{2!} + (\ln a)^3\,\frac{x^3}{3!} + (\ln a)^4\,\frac{x^4}{4!} + \ldots \qquad |x| < \infty$$

$$e^x = 1 + \frac{x}{1!} + \frac{x^2}{2!} + \frac{x^3}{3!} + \frac{x^4}{4!} + \ldots; \qquad \text{daraus e:} \qquad |x| < \infty$$

$$e^1 = 1 + \frac{1}{1!} + \frac{1}{2!} + \frac{1}{3!} + \ldots = 2{,}718\,281\,828\,459$$

$$e^{-x} = 1 - \frac{x}{1!} + \frac{x^2}{2!} - \frac{x^3}{3!} + \frac{x^4}{4!} - + \ldots; \qquad \text{daraus } e^{-1}: \qquad |x| < \infty$$

$$1 - \frac{1}{1!} + \frac{1}{2!} - \frac{1}{3!} + \frac{1}{4!} - + \ldots = 0{,}367\,879\,441$$

$$e^{ix} = \cos x + i \sin x = 1 + i\,\frac{x}{1!} - \frac{x^2}{2!} - i\,\frac{x^3}{3!} + \frac{x^4}{4!} + i\,\frac{x^5}{5!} - - + + \ldots$$

$$e^{-ix} = \cos x - i \sin x = 1 - i\,\frac{x}{1!} - \frac{x^2}{2!} + i\,\frac{x^3}{3!} + \frac{x^4}{4!} - - + + \ldots$$

Formeln von Euler

Funktion	Potenzreihe	Konvergenz-bereich

$$\ln(1+x) = x - \frac{1}{2}x^2 + \frac{1}{3}x^3 - \frac{1}{4}x^4 + - \ldots \qquad -1 < x \leqq 1$$

$$\ln(1-x) = -x - \frac{1}{2}x^2 - \frac{1}{3}x^3 - \frac{1}{4}x^4 - \ldots \qquad -1 < x \leqq 1$$

$$\ln\frac{1+x}{1-x} = 2\left(x + \frac{1}{3}x^3 + \frac{1}{5}x^5 + \frac{1}{7}x^7 + \ldots\right) \qquad |x| \leqq 1$$

$$\ln\frac{x+1}{x-1} = 2\left(x^{-1} + \frac{1}{3}x^{-3} + \frac{1}{5}x^{-5} + \frac{1}{7}x^{-7} + \ldots\right) \qquad |x| > 1$$

$$\ln x = 2\left[\frac{x-1}{x+1} + \frac{1}{3}\left(\frac{x-1}{x+1}\right)^3 + \frac{1}{5}\left(\frac{x-1}{x+1}\right)^5 + \frac{1}{7}\left(\frac{x-1}{x+1}\right)^7 + \ldots\right] \qquad x > 0$$

$$\ln(a+x) = \ln a + 2\left[\frac{x}{2a+x} + \frac{1}{3}\left(\frac{x}{2a+x}\right)^3 + \frac{1}{5}\left(\frac{x}{2a+x}\right)^5 + \ldots\right]$$
$$a > 0;\ x > -a$$

$$\ln 2 = \frac{1}{2} + \frac{1}{2 \cdot 2^2} + \frac{1}{3 \cdot 2^3} + \frac{1}{4 \cdot 2^4} + \ldots = 0{,}693\,147\,180$$

$$\ln 3 = 1 + \frac{2}{3 \cdot 2^3} + \frac{2}{5 \cdot 2^5} + \frac{2}{7 \cdot 2^7} + \ldots = 1{,}098\,612\,288$$

$$\sin x = \frac{x}{1!} - \frac{x^3}{3!} + \frac{x^5}{5!} - \frac{x^7}{7!} + \frac{x^9}{9!} - \frac{x^{11}}{11!} + - \ldots \qquad |x| < \infty$$

$$\cos x = 1 - \frac{x^2}{2!} + \frac{x^4}{4!} - \frac{x^6}{6!} + \frac{x^8}{8!} - \frac{x^{10}}{10!} + - \ldots \qquad |x| < \infty$$

$$\tan x = x + \frac{x^3}{3} + \frac{2x^5}{3 \cdot 5} + \frac{17x^7}{3^2 \cdot 5 \cdot 7} + \frac{62x^9}{3^2 \cdot 5 \cdot 7 \cdot 9} + \ldots \qquad |x| < \pi/2$$

$$\cot x = \frac{1}{x} - \frac{x}{3} - \frac{x^3}{3^2 \cdot 5} - \frac{2x^5}{3^3 \cdot 5 \cdot 7} - \frac{x^7}{3^3 \cdot 5^2 \cdot 7} - \ldots \qquad 0 < |x| < \pi$$

$$\sin 1 = 1 - \frac{1}{3!} + \frac{1}{5!} - \frac{1}{7!} + - \ldots = 0{,}841\,470\,984$$

1. Mathematik

$$\cos 1 = 1 - \frac{1}{2!} + \frac{1}{4!} - \frac{1}{6!} + - \ldots = 0{,}540\,302\,305$$

$$\arcsin x = x + \frac{x^3}{2 \cdot 3} + \frac{1 \cdot 3\, x^5}{2 \cdot 4 \cdot 5} + \frac{1 \cdot 3 \cdot 5\, x^7}{2 \cdot 4 \cdot 6 \cdot 7} + \ldots \qquad |x| < 1$$

$$\arccos x = \frac{\pi}{2} - \arcsin x \qquad |x| < 1$$

$$\arctan x = x - \frac{x^3}{3} + \frac{x^5}{5} - \frac{x^7}{7} + \frac{x^9}{9} - + \ldots \qquad |x| < 1$$

$$\operatorname{arccot} x = \frac{\pi}{2} - \arctan x \qquad |x| < 1$$

$$\sinh x = x + \frac{x^3}{3!} + \frac{x^5}{5!} + \frac{x^7}{7!} + \ldots \qquad |x| < \infty$$

$$\cosh x = 1 + \frac{x^2}{2!} + \frac{x^4}{4!} + \frac{x^6}{6!} + \ldots \qquad |x| < \infty$$

$$\sinh 1 = 1{,}175\,201\,193; \quad \cosh 1 = 1{,}543\,080\,634$$

1.33. Differenzialrechnung: Grundregeln

Funktion	Ableitung	Beispiele
Funktion mit konstantem Faktor: $y = a f(x)$	$y' = a f'(x)$	$y = 3\,x^2; \qquad y' = 6\,x$ $y = -3\,x^4; \qquad y' = -12\,x^3$
Potenzfunktion: $y = x^n$	$y' = n\,x^{n-1}$	$y = \sqrt{x}; \quad y' = \dfrac{1}{2\,\sqrt{x}}$
Konstante: $y = a$	$y' = 0$	$y = 50; \quad y' = 0$
Summe oder Differenz: $y = u(x) \pm v(x)$	$y' = u'(x) \pm v'(x)$	$y = x + x^3; \quad y' = 1 + 3\,x^2$ $y = 5 - 2\,x + x^2;$ $y' = -2 + 2\,x = 2\,(x - 1)$

Funktion	Ableitung	Beispiele
Produktregel: $y = u(x) \cdot v(x)$	$y' = u'v + uv'$	$y = \sin x \cdot \cos x$ $y' = \sin x \cdot (-\sin x) + \cos x \cdot \cos x$ $\quad = \cos 2x$
bei mehr als zwei Faktoren: $y = u \cdot v \cdot w \cdot z = f(x)$	$y' = u'vwz + uv'wz$ $\quad + uvw'z + uvwz'$	$y = e^x \arcsin x \, x^4$ $y' = e^x \arcsin x \, x^4 + e^x \dfrac{1}{\sqrt{1-x^2}} x^4$ $\quad + e^x \arcsin x \, 4x^3$ $y' = e^x x^3 \left(x \arcsin x + \dfrac{x}{\sqrt{1-x^2}} + 4 \arcsin x \right)$
Quotientenregel: $y = \dfrac{u(x)}{v(x)}$	$y' = \dfrac{u'v - uv'}{v^2}$	$y = \dfrac{x+1}{x-1}; \quad y' = -\dfrac{2}{(x-1)^2}$
Kettenregel: $y = f[u(x)]$	$y' = f'(u) \cdot u'(x) =$ $\quad = \dfrac{dy}{du} \cdot \dfrac{du}{dx}$	$y = \cos(3x+5), \quad \text{also} \quad u = 3x+5$ und damit $y' = -\sin(3x+5) \cdot 3 = -3 \sin(3x+5)$
Umkehrfunktion: $x = \varphi(y)$	$y' = \dfrac{dy}{dx} = \dfrac{1}{\varphi'(y)}$	$y = \tan x; \quad x = \arctan y$ $\varphi'(y) = \dfrac{1}{1+\tan^2 x} = \dfrac{1}{1+y^2}$ $y' = \dfrac{1}{\varphi'(y)} = 1 + y^2$
logarithmische Regel	Erst logarithmieren, dann nach der Kettenregel differenzieren	$y = (2x)^{\sin x};$ $\ln y = \ln (2x)^{\sin x} = \sin x \cdot \ln(2x)$ $\dfrac{1}{y} \cdot y' = \sin x \cdot \dfrac{1}{2x} \cdot 2 + \ln(2x) \cdot \cos x$ $y' = (2x)^{\sin x} \left[\dfrac{\sin x}{x} + \cos x \cdot \ln(2x) \right]$
implizites Differenzieren	Die Funktion wird nicht nach einer Veränderlichen aufgelöst, sondern implizit gliedweise differenziert	$x^2 + y^2 = r^2$ $2x + 2y \cdot y' = 0$ $y' = \dfrac{-x}{y}$

1. Mathematik

1.34. Differenzialrechnung: Ableitungen elementarer Funktionen

$\dfrac{\mathrm{d}a}{\mathrm{d}x} = 0 \; (a = \text{konst})$	$\dfrac{\mathrm{d}\sin x}{\mathrm{d}x} = \cos x$	$\dfrac{\mathrm{d}\sinh x}{\mathrm{d}x} = \cosh x$
$\dfrac{\mathrm{d}x^n}{\mathrm{d}x} = n\,x^{n-1}$	$\dfrac{\mathrm{d}\cos x}{\mathrm{d}x} = -\sin x$	$\dfrac{\mathrm{d}\cosh x}{\mathrm{d}x} = \sinh x$
$\dfrac{\mathrm{d}(mx+a)}{\mathrm{d}x} = m$	$\dfrac{\mathrm{d}\tan x}{\mathrm{d}x} = \dfrac{1}{\cos^2 x}$ $= 1 + \tan^2 x$	$\dfrac{\mathrm{d}\tanh x}{\mathrm{d}x} = \dfrac{1}{\cosh^2 x}$ $= 1 - \tanh^2 x$
$\dfrac{\mathrm{d}a\,x^n}{\mathrm{d}x} = n\,a\,x^{n-1}$	$\dfrac{\mathrm{d}\cot x}{\mathrm{d}x} = -\dfrac{1}{\sin^2 x}$ $= -1 - \cot^2 x$	$\dfrac{\mathrm{d}\coth x}{\mathrm{d}x} = -\dfrac{1}{\sinh^2 x}$ $= 1 - \coth^2 x$
$\dfrac{\mathrm{d}\sqrt{x}}{\mathrm{d}x} = \dfrac{1}{2\sqrt{x}}$	$\dfrac{\mathrm{d}\arcsin x}{\mathrm{d}x} = \dfrac{1}{\sqrt{1-x^2}}$	$\dfrac{\mathrm{d}\,\text{arsinh}\,x}{\mathrm{d}x} = \dfrac{1}{\sqrt{x^2+1}}$
$\dfrac{\mathrm{d}(1/x)}{\mathrm{d}x} = -\dfrac{1}{x^2}$	$\dfrac{\mathrm{d}\arccos x}{\mathrm{d}x} = -\dfrac{1}{\sqrt{1-x^2}}$	$\dfrac{\mathrm{d}\,\text{arcosh}\,x}{\mathrm{d}x} = \dfrac{1}{\sqrt{x^2-1}}$
$\dfrac{\mathrm{d}\,\mathrm{e}^x}{\mathrm{d}x} = \mathrm{e}^x$	$\dfrac{\mathrm{d}\arctan x}{\mathrm{d}x} = \dfrac{1}{1+x^2}$	$\dfrac{\mathrm{d}\,\text{artanh}\,x}{\mathrm{d}x} = \dfrac{1}{1-x^2}$
$\dfrac{\mathrm{d}a^x}{\mathrm{d}x} = a^x \ln a$	$\dfrac{\mathrm{d}\,\text{arccot}\,x}{\mathrm{d}x} = -\dfrac{1}{1+x^2}$	$\dfrac{\mathrm{d}\,\text{arcoth}\,x}{\mathrm{d}x} = \dfrac{1}{1-x^2}$
$\dfrac{\mathrm{d}\ln x}{\mathrm{d}x} = \dfrac{1}{x}$		
$\dfrac{\mathrm{d}a\log x}{\mathrm{d}x} = \dfrac{1}{x \ln a}$		

1.35. Integrationsregeln

Konstanten-regel	Ein Faktor k beim Integranden $f(x)\,\mathrm{d}x$ kann vor das Integral gezogen werden: $\int k \cdot f(x)\,\mathrm{d}x = k \int f(x)\,\mathrm{d}x$	$\int 7 \cdot x^2\,\mathrm{d}x = 7 \cdot \int x^2\,\mathrm{d}x = 7\left[\dfrac{x^3}{3}\right] + C$
Summen-regel	Eine Summe wird gliedweise integriert: $\int [u(x) + v(x)]\,\mathrm{d}x =$ $= \int u(x)\,\mathrm{d}x + \int v(x)\,\mathrm{d}x$	$\int (1 + x + x^2 + x^3)\,\mathrm{d}x =$ $= x + \dfrac{x^2}{2} + \dfrac{x^3}{3} + \dfrac{x^4}{4}$
Einsetzregel (Substitutions-methode)	*1.Form:* In den Integranden wird eine Funktion $z(x)$ so eingeführt, dass deren Ableitung z' als Faktor von $\mathrm{d}x$ auftritt: $\int f(x)\,\mathrm{d}x = \int \varphi(z) \cdot z' \cdot \mathrm{d}x =$ $= \int \varphi(z)\,\mathrm{d}z$	$\int \sin x \cos x\,\mathrm{d}x; \;\; \sin x = z; \;\; z' = \dfrac{\mathrm{d}z}{\mathrm{d}x} = \cos x;$ $\int \sin x \cos x\,\mathrm{d}x = \int z \cdot z'\,\mathrm{d}x =$ $= \int z\,\mathrm{d}z = \dfrac{z^2}{2} = \dfrac{\sin^2 x}{2}$

	2. *Form:* Neue Funktion z einführen; aus der Substitutionsgleichung dx berechnen und alles unter dem Integral einführen:	$\int \dfrac{1}{\sqrt{1-x^2}}\,dx = \int \dfrac{1}{\cos z}\cos z\,dz =$ $= \arcsin x$ $x = \sin z;\quad \sqrt{1-\sin^2 z} = \sqrt{1-x^2} = \cos z;$ $dx = \cos z\,dz;\quad z = \arcsin x$ $\int f(a x + b)\,dx = \dfrac{1}{a}\int \varphi(z)\,dz$ $(a x + b) = z;\quad \dfrac{dz}{dx} = a \implies dx = \dfrac{dz}{a}$
Sonderregeln	Ist der Zähler eines Integranden die Ableitung des Nenners, so ist das Integral gleich dem natürlichen Logarithmus des Nenners: $\int \dfrac{f'(x)}{f(x)}\,dx = \ln f(x)$	$\int \dfrac{2 a x + b}{a x^2 + b x}\,dx = \ln(a x^2 + b x)$ $\int \dfrac{1}{x + a}\,dx = \ln(x + a)$
Produktregel (partielle Integration)	Lässt sich der Integrand als Produkt zweier Funktionen $f(x)$ und $g(x)$ darstellen, so kann der neue Integrand einfacher zu integrieren sein: $\int f(x)\,g(x)\,dx = \int u\,dv =$ $= u \cdot v - \int v\,du$	$\int x \cos x\,dx = x \cdot \sin x - \int 1 \cdot \sin x\,dx$ $= x \cdot \sin x + \cos x$ $\left(\begin{matrix} u = x; & v' = \cos x \\ u' = 1; & v = \sin x \end{matrix}\right)$
Flächenintegral (bestimmtes Integral)	Ist A der Flächeninhalt unter der Kurve $y = f(x)$, begrenzt durch die Ordinaten $x = a$ und $x = b$, so gilt $A = \int\limits_a^b f(x)\,dx = \Big[F(x)\Big]_a^b = F(b) - F(a)$ d. h. das bestimmte Integral $f(x)\,dx$ stellt den Flächeninhalt unter der Kurve $y = f(x)$ bis zur x-Achse im Intervall von a bis b dar $(a \leqq x \leqq b)$	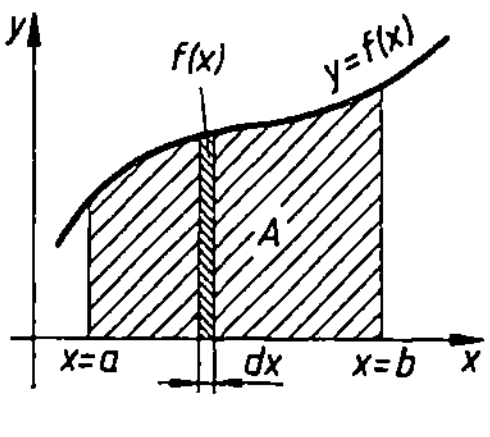
Integrieren einer Konstanten k	$\int\limits_a^b k \cdot dx = \Big[k x\Big]_a^b = k(b - a)$	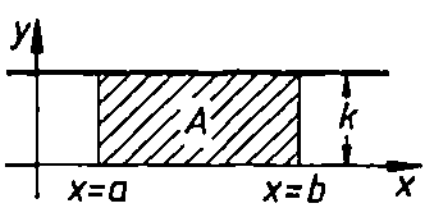

1. Mathematik

Vorzeichenwechsel	$\int\limits_{a}^{b} f(x)\,dx = -\int\limits_{b}^{a} f(x)\,dx$	Vertauschen der Grenzen bedeutet Vorzeichenwechsel (integrieren von anderer Richtung kommend)
Aufspalten des bestimmten Integrals in Teilintegrale	$\int\limits_{a}^{c} f(x)\,dx = \int\limits_{a}^{b} f(x)\,dx + \int\limits_{b}^{c} f(x)\,dx$	
Definition des Mittelwertes y_m	Mittelwert y_m ist die Höhe des flächengleichen Rechtecks gewonnen aus: $$(b-a)\,y_m = \int\limits_{a}^{b} f(x)\,dx$$ $$y_m = \frac{1}{b-a}\cdot\int\limits_{a}^{b} f(x)\,dx$$	

1.36. Grundintegrale

$$\int x^n\,dx = \frac{x^{n+1}}{n+1} + C\,; \qquad n \neq -1$$

$$\int \frac{dx}{x} = \ln|x| + C\,; \qquad x \neq 0$$

$$\int \sin x\,dx = -\cos x + C$$

$$\int \cos x\,dx = \sin x + C$$

$$\int \frac{dx}{\sin^2 x} = -\cot x + C$$

$$\int \frac{dx}{\cos^2 x} = \tan x + C$$

$$\int a^x\,dx = \frac{a^x}{\ln a} + C\,; \qquad 0 < a \neq 1$$

$$\int e^x\,dx = e^x + C$$

$$\int \frac{dx}{\sqrt{1-x^2}} = \arcsin x + C = -\arccos x + C'$$

$$\int \frac{dx}{1+x^2} = \arctan x + C = -\operatorname{arccot} x + C'$$

$$\int \sinh x\,dx = \cosh x + C$$

$$\int \cosh x\,dx = \sinh x + C$$

$$\int \frac{dx}{\cosh^2 x} = \tanh x + C$$

$$\int \frac{dx}{\sinh^2 x} = -\coth x + C\,; \qquad x \neq 0$$

$$\int \frac{dx}{\sqrt{1+x^2}} = \operatorname{arsinh} x + C = \ln(x + \sqrt{1+x^2}) + C$$

$$\int \frac{dx}{\sqrt{x^2-1}} = \operatorname{arcosh}|x| + C = \ln(|x| \pm \sqrt{x^2-1}) + C\,; \qquad |x| > 1$$

$$\int \frac{dx}{1-x^2} = \operatorname{artanh} x + C = \frac{1}{2}\ln\frac{1+x}{1-x} + C\,; \qquad |x| < 1$$

$$\int \frac{dx}{1-x^2} = \operatorname{arcoth} x + C = \frac{1}{2}\ln\frac{x+1}{x-1} + C\,; \qquad |x| > 1$$

1.37. Lösungen häufig vorkommender Integrale
(ohne Integrationskonstante C geschrieben)

Integrale algebraischer Funktionen

$$\int (a \pm b\,x)^n\,dx = \pm\frac{(a \pm b\,x)^{n+1}}{b\,(n+1)}; \quad n \neq -1$$

$$= \pm\frac{1}{b}\ln|a \pm b\,x|; \quad n = -1$$

$$\int \frac{x\,dx}{(a+b\,x)^2} = \frac{1}{b^2}\left(\frac{a}{a+b\,x} + \ln|a+b\,x|\right)$$

$$\int \frac{dx}{x^2+a^2} = \frac{1}{a}\arctan\frac{x}{a}$$

$$\int \frac{x\,dx}{a+b\,x} = \frac{x}{b} - \frac{a}{b^2}\ln|a+b\,x|$$

$$\int \frac{dx}{a^2-x^2} = \frac{1}{a}\operatorname{artanh}\frac{x}{a}; \quad \left|\frac{x}{a}\right| < 1$$

$$= \frac{1}{a}\operatorname{arcoth}\frac{x}{a}; \quad \left|\frac{x}{a}\right| > 1$$

$$\int \frac{dx}{a^2+b^2\,x^2} = \frac{1}{a\,b}\arctan\frac{b\,x}{a}$$

$$\int \frac{dx}{a^2-b^2\,x^2} = \frac{1}{2\,a\,b}\ln\left|\frac{a+b\,x}{a-b\,x}\right|$$

$$\int \frac{x\,dx}{(x^2+1)^n} = \frac{1}{2}\ln(x^2+1); \quad n = 1$$

$$= -\frac{1}{2\,(n-1)\,(x^2+1)^{n-1}}; \quad n > 1$$

$$\int \frac{dx}{a\,x^2+b\,x+c} = \frac{2}{\sqrt{4\,a\,c-b^2}}\arctan\frac{2\,a\,x+b}{\sqrt{4\,a\,c-b^2}}; \qquad b^2 - 4\,a\,c < 0$$

$$= -\frac{2}{2\,a\,x+b}; \qquad b^2 - 4\,a\,c = 0$$

$$= \frac{1}{\sqrt{b^2-4\,a\,c}}\ln\left|\frac{2\,a\,x+b-\sqrt{b^2-4\,a\,c}}{2\,a\,x+b+\sqrt{b^2-4\,a\,c}}\right|; \quad b^2 - 4\,a\,c > 0$$

$$\int \frac{A\,x+B}{a\,x^2+b\,x+c}\,dx = \frac{A}{2\,a}\ln|a\,x^2+b\,x+c| + \left(B - \frac{A\,b}{2\,a}\right)\int \frac{dx}{a\,x^2+b\,x+c}$$

$$\int \frac{dx}{(a\,x^2+b\,x+c)^n} = \frac{1}{(n-1)\,(4\,a\,c-b^2)}\cdot\frac{2\,a\,x+b}{(a\,x^2+b\,x+c)^{n-1}} +$$

$$+ \frac{2\,(2\,n-3)\,a}{(n-1)\,(4\,a\,c-b^2)}\int \frac{dx}{(a\,x^2+b\,x+c)^{n-1}}$$

$$\int \frac{A\,x+B}{(a\,x^2+b\,x+c)^n}\,dx = -\frac{A}{2\,a\,(n-1)}\cdot\frac{1}{(a\,x^2+b\,x+c)^{n-1}} +$$

$$+ \left(B - \frac{A\,b}{2\,a}\right)\int \frac{dx}{(a\,x^2+b\,x+c)^n}$$

$$\int \sqrt{x^2 \pm a^2}\,dx = \frac{x}{2}\sqrt{x^2 \pm a^2} \pm \frac{a^2}{2}\ln\left|x+\sqrt{x^2 \pm a^2}\right|$$

$$\int \sqrt{a^2-x^2}\,dx = \frac{x}{2}\sqrt{a^2-x^2} + \frac{a^2}{2}\arcsin\frac{x}{a}$$

1. Mathematik

$$\int \frac{x\,dx}{\sqrt{x^2 \pm a^2}} = \sqrt{x^2 \pm a^2} \qquad\qquad \int \frac{x\,dx}{\sqrt{a^2 - x^2}} = -\sqrt{a^2 - x^2}$$

$$\int \frac{dx}{x\,\sqrt{x^2 - a^2}} = -\frac{1}{a}\,\arcsin\frac{a}{x}$$

$$\int \frac{dx}{x\,\sqrt{a^2 - x^2}} = -\frac{1}{a}\,\operatorname{arcosh}\left|\frac{a}{x}\right| = -\frac{1}{2\,a}\,\ln\frac{a + \sqrt{a^2 - x^2}}{a - \sqrt{a^2 - x^2}}$$

$$\int \frac{dx}{x\,\sqrt{x^2 + a^2}} = -\frac{1}{a}\,\operatorname{arsinh}\frac{a}{x} = -\frac{1}{2\,a}\,\ln\frac{\sqrt{x^2 + a^2} + a}{\sqrt{x^2 + a^2} - a}$$

$$\int \frac{dx}{\sqrt{a^2 + b^2\,x^2}} = \frac{1}{b}\,\ln\left(b\,x + \sqrt{a^2 + b^2\,x^2}\right)$$

$$\int \frac{dx}{\sqrt{a^2 - b^2\,x^2}} = \frac{1}{b}\,\arcsin\left(\frac{b}{a}\,x\right)$$

$$\int \frac{dx}{\sqrt{a\,x^2 + b\,x + c}} = \frac{1}{\sqrt{a}}\,\ln\left|\frac{2\,a\,x + b}{2\,\sqrt{a}} + \sqrt{a\,x^2 + b\,x + c}\right|\,; \quad a > 0$$

$$= \frac{1}{\sqrt{-a}}\,\arcsin\frac{-2\,a\,x - b}{\sqrt{b^2 - 4\,a\,c}}\,; \quad a < 0$$

$$\int \sqrt{a^2 + b^2\,x^2}\,dx = \frac{x}{2}\,\sqrt{a^2 + b^2\,x^2} + \frac{a^2}{2\,b}\,\operatorname{arsinh}\left(\frac{b}{a}\,x\right)$$

$$\int \sqrt{a^2 - b^2\,x^2}\,dx = \frac{x}{2}\,\sqrt{a^2 - b^2\,x^2} - \frac{a^2}{2\,b}\,\arccos\left(\frac{b}{a}\,x\right)$$

$$\int \sqrt{a\,x^2 - b}\,dx = \frac{x}{2}\,\sqrt{a\,x^2 - b} - \frac{b^2}{2\,a}\,\operatorname{arcosh}\left(\frac{a}{b}\,x\right)$$

$$\int x^2\,\sqrt{a^2 - x^2}\,dx = \left(\frac{1}{4}\,x^3 - \frac{1}{8}\,a^2\,x\right)\sqrt{a^2 - x^2} + \frac{1}{8}\,a^4\,\arcsin\frac{x}{a}$$

$$\int x^2\,\sqrt{x^2 - a^2}\,dx = \left(\frac{1}{4}\,x^3 - \frac{1}{8}\,a^2\,x\right)\sqrt{x^2 - a^2} - \frac{1}{8}\,a^4\,\ln\left|x + \sqrt{x^2 - a^2}\right|$$

$$\int x^2\,\sqrt{a^2 + x^2}\,dx = \left(\frac{1}{4}\,x^3 + \frac{1}{8}\,a^2\,x\right)\sqrt{a^2 + x^2} - \frac{1}{8}\,a^4\,\ln\left|x + \sqrt{a^2 + x^2}\right|$$

Integrale transzendenter Funktionen

$$\int \ln(a\,x)\,dx = x\,[\ln(a\,x) - 1]$$

$$\int \frac{1}{x}\,(\ln x)^n\,dx = \frac{1}{n + 1}\,(\ln x)^{n+1}$$

$$\int \ln(a + b\,x)\,dx = \frac{a + b\,x}{b}\,[\ln(a + b\,x) - 1]$$

$$\int e^x \, x^n \, dx = e^x \left[x^n - n \, x^{n-1} + n \, (n-1) \, x^{n-2} - + \ldots + (-1)^n \, n! \right]$$

$$\int e^{-x} \, x^n \, dx = - e^{-x} \left[x^n + n \, x^{n-1} + n \, (n-1) \, x^{n-2} + \ldots + n! \right]$$

$$\int e^{ax} \sin b \, x \, dx = \frac{a}{a^2 + b^2} \, e^{ax} \left(\sin b \, x - \frac{b}{a} \cos b \, x \right)$$

$$\int e^{ax} \cos b \, x \, dx = \frac{a}{a^2 + b^2} \, e^{ax} \left(\frac{b}{a} \sin b \, x + \cos b \, x \right)$$

$$\int \sin (a + b \, x) \, dx = - \frac{1}{b} \cos (a + b \, x)$$

$$\int \cos (a + b \, x) \, dx = \frac{1}{b} \sin (a + b \, x)$$

$$\int \frac{dx}{\sin x} = \ln \left| \tan \frac{x}{2} \right| \qquad\qquad \int \frac{dx}{\cos x} = \ln \left| \tan \left(\frac{\pi}{4} + \frac{x}{2} \right) \right|$$

$$\int \frac{dx}{\sin x \cos x} = \ln |\tan x|$$

$$\int \frac{dx}{a \cos x + b \sin x} = \frac{1}{a} \sin \varphi \ln \left| \tan \frac{x + \varphi}{2} \right| ; \quad \tan \varphi = \frac{a}{b}$$

$$\int \frac{dx}{\sin^2 x \cos^2 x} = 2 \cot 2 \, x$$

$$\int \sin m \, x \sin n \, x \, dx = \frac{1}{2} \left(\frac{\sin (m - n) \, x}{m - n} - \frac{\sin (m + n) \, x}{m + n} \right); \quad |m| \neq |n|$$

$$\int \cos m \, x \cos n \, x \, dx = \frac{1}{2} \left(\frac{\sin (m + n) \, x}{m + n} + \frac{\sin (m - n) \, x}{m - n} \right); \quad |m| \neq |n|$$

$$\int \sin m \, x \cos n \, x \, dx = - \frac{1}{2} \left(\frac{\cos (m + n) \, x}{m + n} + \frac{\cos (m - n) \, x}{m - n} \right); \quad |m| \neq |n|$$

$$\int \arcsin x \, dx = x \arcsin x + \sqrt{1 - x^2}$$

$$\int \arccos x \, dx = x \arccos x - \sqrt{1 - x^2}$$

$$\int \arctan x \, dx = x \arctan x - \frac{1}{2} \ln (1 + x^2)$$

$$\int \text{arccot} \, x \, dx = - x \, \text{arccot} \, x + \frac{1}{2} \ln (1 + x^2)$$

$$\int \tan x \, dx = - \ln |\cos x| \qquad\qquad \int \cot x \, dx = \ln |\sin x|$$

$$\int \tanh x \, dx = \ln |\cosh x| \qquad\qquad \int \coth x \, dx = \ln |\sinh x|$$

1. Mathematik

Rekursionsformeln

$$\int \frac{dx}{(1+x^2)^n} = \frac{1}{2\,(n-1)} \left(\frac{x}{(1+x^2)^{n-1}} + (2\,n-3) \int \frac{dx}{(1+x^2)^{n-1}} \right); \quad n \neq 1$$

$$\int x^n \sin x \, dx = -x^n \cos x + n \int x^{n-1} \cos x \, dx$$

$$\int x^n \cos x \, dx = x^n \sin x - n \int x^{n-1} \sin x \, dx$$

$$\int \frac{\sin x}{x^n} \, dx = -\frac{\sin x}{(n-1)\,x^{n-1}} + \frac{1}{n-1} \int \frac{\cos x}{x^{n-1}} \, dx; \quad n > 1$$

$$\int \frac{\cos x}{x^n} \, dx = -\frac{\cos x}{(n-1)\,x^{n-1}} - \frac{1}{n-1} \int \frac{\sin x}{x^{n-1}} \, dx; \quad n > 1$$

$$\int \sin^n x \, dx = -\frac{1}{n} \sin^{n-1} x \cos x + \frac{n-1}{n} \int \sin^{n-2} x \, dx$$

$$\int \cos^n x \, dx = \frac{1}{n} \cos^{n-1} x \sin x + \frac{n-1}{n} \int \cos^{n-2} x \, dx$$

$$\int \tan^n x \, dx = \frac{1}{n-1} \tan^{n-1} x - \int \tan^{n-2} x \, dx; \quad n \neq 1$$

$$\int \cot^n x \, dx = -\frac{1}{n-1} \cot^{n-1} x - \int \cot^{n-2} x \, dx; \quad n \neq 1$$

$$\int (\ln x)^n \, dx = x \, (\ln x)^n - n \int (\ln x)^{n-1} \, dx; \quad n > 0$$

$$\int \sinh^n x \, dx = \frac{1}{n} \sinh^{n-1} x \cosh x - \frac{n-1}{n} \int \sinh^{n-2} x \, dx$$

$$\int \cosh^n x \, dx = \frac{1}{n} \cosh^{n-1} x \sinh x + \frac{n-1}{n} \int \cosh x^{n-2} \, dx$$

1.38. Uneigentliche Integrale (Beispiele)

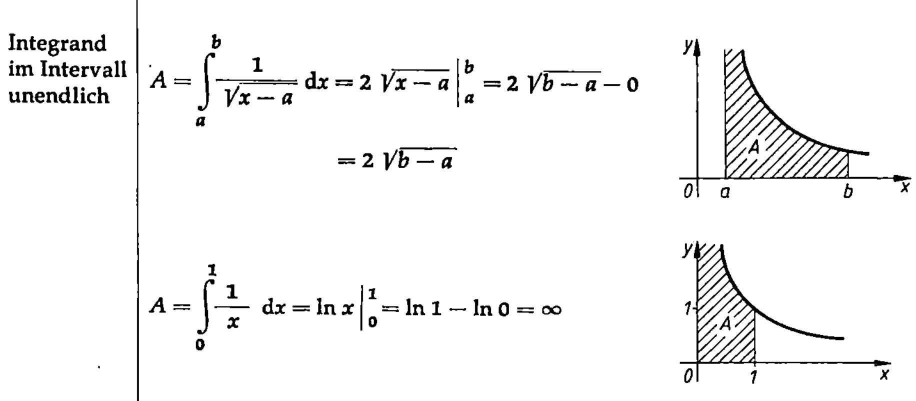

Integrand im Intervall unendlich	
$A = \displaystyle\int_a^b \frac{1}{\sqrt{x-a}} \, dx = 2\,\sqrt{x-a}\,\Big|_a^b = 2\,\sqrt{b-a} - 0$ $= 2\,\sqrt{b-a}$	
$A = \displaystyle\int_0^1 \frac{1}{x} \, dx = \ln x \,\Big|_0^1 = \ln 1 - \ln 0 = \infty$	

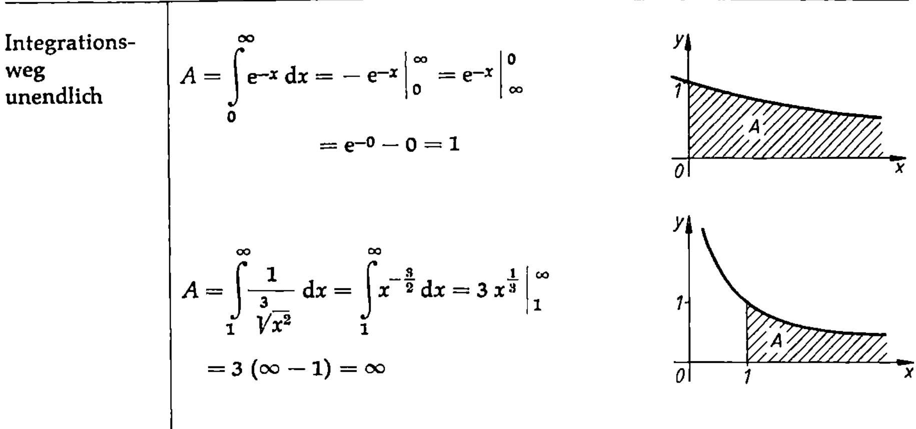

| Integrations-weg unendlich | $A = \int\limits_0^\infty e^{-x}\,dx = -\,e^{-x}\Big\|_0^\infty = e^{-x}\Big\|_\infty^0$

 $= e^{-0} - 0 = 1$

 $A = \int\limits_1^\infty \dfrac{1}{\sqrt[3]{x^2}}\,dx = \int\limits_1^\infty x^{-\frac{3}{2}}\,dx = 3\,x^{\frac{1}{3}}\Big\|_1^\infty$

 $= 3\,(\infty - 1) = \infty$ | |

1.39. Anwendungen der Differenzial- und Integralrechnung

Nullstelle	Eine Funktion $y = f(x)$ hat an der Stelle $x = x_0$ dann eine Nullstelle, wenn $y = f(x) = 0$ ist. Hat die Funktion $y = f(x)$ die Form $y = A(x)/B(x)$, so muss $A(x_0) = 0$ und reell und $B(x_0) \neq 0$ sein. A ist Zähler, B ist Nenner des Bruchs.
Schnittpunkt mit der y-Achse	Eine Funktion $y = f(x)$ hat dann an der Stelle y_1 einen Schnittpunkt mit der y-Achse, wenn $x_1 = 0$ ist. Bei allen transzendenten Funktionen muss y_1 stets reell sein.
Polstelle	Eine Funktion $y = f(x)$ hat an der Stelle $x = x_2$ bei $$\lim_{y \to \infty} f(x)$$ eine Unendlichkeitsstelle. Hat die Funktion $y = f(x)$ die Form $y = A(x)/B(x)$, so hat sie Pole, wenn $A(x_2) \neq 0$ und $B(x_2) = 0$ ist.
Asymptote	Eine Funktion $y = f(x)$ hat an der Stelle y_4 eine Unendlichkeitsstelle, wenn der Grenzwert $$\lim_{x \to \infty} f(x)$$ gebildet werden kann. Eine Funktion von der Form $$y = f(x) = \frac{x^m}{x^n}$$ hat eine Asymptote: 1. parallel zur x-Achse bei $m = n$, 2. als x-Achse selbst bei $m < n$.

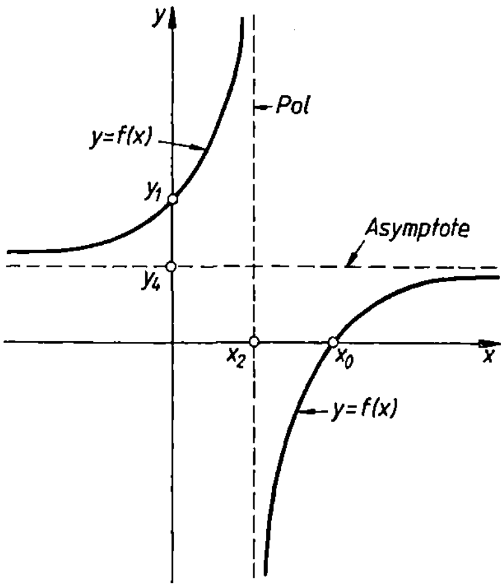

1. Mathematik

Extremwerte	Voraussetzung muss sein, dass eine Funktion $y = f(x)$ mindestens zweimal stetig differenzierbar ist. Ein (relatives) Maximum (Minimum) einer Funktion $y = f(x)$ an der Stelle $x = x_0$ tritt dann auf, wenn in einer hinreichend kleinen Umgebung alle $f(x)$ kleiner (größer) als $f(x_0)$ sind.
Maximum	Für das Auftreten eines Maximums an der Stelle $x = x_0$ sind die Bedingungen $$f'(x_0) = 0 \quad \text{und} \quad f''(x_0) < 0$$ hinreichend.
Minimum	Für das Auftreten eines Minimums an der Stelle $x = x_0$ sind die Bedingungen $$f'(x_0) = 0 \quad \text{und} \quad f''(x_0) > 0$$ hinreichend.
Wendepunkt	Ist eine Funktion $y = f(x)$ dreimal stetig differenzierbar, so besitzt sie an der Stelle $x = x_0$ einen Wendepunkt, wenn sie dort von einer Seite der Tangente auf die andere Seite übertritt. Für das Auftreten eines Wendepunkts an der Stelle $x = x_0$ sind die Bedingungen $$f''(x_0) = 0 \quad \text{und} \quad f'''(x_0) \neq 0$$ hinreichend.
Bogenelement ds bei rechtwinkligen Koordinaten	Für die differenzierbare Funktion $y = f(x)$ zeigt die Anschauung: $$ds^2 = dx^2 + dy^2 = \left(1 + \frac{dy^2}{dx^2}\right) dx^2$$ $$ds = \sqrt{1 + y'^2}\, dx$$
in Parameterdarstellung	$$x = x(t) \qquad dx = \dot{x}\, dt$$ $$y = y(t) \qquad dy = \dot{y}\, dt$$ $$ds^2 = \dot{x}^2\, dt^2 + \dot{y}^2\, dt^2 = (\dot{x}^2 + \dot{y}^2)\, dt^2$$ $$ds = \sqrt{\dot{x}^2 + \dot{y}^2}\, dt$$
in Polarkoordinaten	$$r = f(\varphi); \quad ds^2 = dr^2 + d\varphi^2\, r^2; \quad dr = \dot{r}\, d\varphi$$ $$ds^2 = \dot{r}^2\, d\varphi^2 + r^2\, d\varphi^2 = d\varphi^2\, (r^2 + \dot{r}^2)$$ $$ds = \sqrt{r^2 + \dot{r}^2}\, d\varphi$$

Krümmung k und Krümmungsradius ϱ bei rechtwinkligen Koordinaten	Aus der Definition $k = d\varphi/ds$ und $\varrho = 1/k$ ergibt sich für die Kurve $y = f(x)$: $$k = \frac{y''}{\sqrt{(1 + y'^2)^3}} \;;\quad \varrho = \frac{1}{\lvert k \rvert} = \frac{\sqrt{(1 + y'^2)^3}}{y''}$$
in Parameterdarstellung	$$k = \frac{\dot{x}\,\ddot{y} - \dot{y}\,\ddot{x}}{\sqrt{(\dot{x}^2 + \dot{y}^2)^3}} \;;\quad \varrho = \frac{1}{\lvert k \rvert} = \frac{\sqrt{(\dot{x}^2 + \dot{y}^2)^3}}{\dot{x}\,\ddot{y} - \dot{y}\,\ddot{x}}$$
in Polarkoordinaten	$$k = \frac{r^2 + 2\,\dot{r}^2 - r\,\ddot{r}}{\sqrt{(r^2 + \dot{r}^2)^3}} \;;\quad \varrho = \frac{1}{\lvert k \rvert} = \frac{\sqrt{(r^2 + \dot{r}^2)^3}}{r^2 + 2\,\dot{r}^2 - r\,\ddot{r}}$$

Flächenberechnung in rechtwinkligen Koordinaten	$$A = \int_a^b f(x)\,dx = \Big[F(x)\Big]_a^b$$ $$A = F(b) - F(a)$$ *Beispiel:* Fläche unter Sinuskurve $$A = \int_0^\pi \sin x \, dx = \Big[-\cos x\Big]_0^\pi$$ Vorzeichenwechsel beim Vertauschen der Grenzen: $$A = \Big[\cos x\Big]_\pi^0 = \cos 0 - \cos \pi$$ $$A = 1 - (-1) = 2$$
positiver und negativer Flächeninhalt	*Beispiel:* $$A = \int_0^\pi \cos x \, dx = \Big[\sin x\Big]_0^\pi$$ $$A = \sin \pi - \sin 0 = 0 - 0 = 0$$

gerade Funktionen $f(-x) = f(x)$	liegen symmetrisch zur y-Achse, z. B. $\cos x$, $\cos^2 x$, x^2, $x \sin x$ $$\int_{-a}^a f(x)\,dx = 2 \int_0^a f(x)\,dx$$

ungerade Funktionen $f(-x) = -f(x)$	liegen symmetrisch zum Nullpunkt, z. B. $\sin x$, $\tan x$, $x \cos x$, x^3 $$\int_{-a}^a f(x)\,dx = 0$$

1. Mathematik

Flächeninhalt zwischen zwei Funktionen	$$A = \int_a^b [f_1(x) - f_2(x)]\, dx$$ Obere Funktion minus untere Funktion. Intervall: $0 \leqq x \leqq b$ *Beispiel:* $$A = \int_0^1 [\sqrt{x} - (-x^2)]\, dx$$ $$A = \left[\frac{2}{3} \cdot \sqrt{x^3} + \frac{x^3}{3} \right]_0^1$$ $$A = \frac{2}{3} + \frac{1}{3} = 1$$ 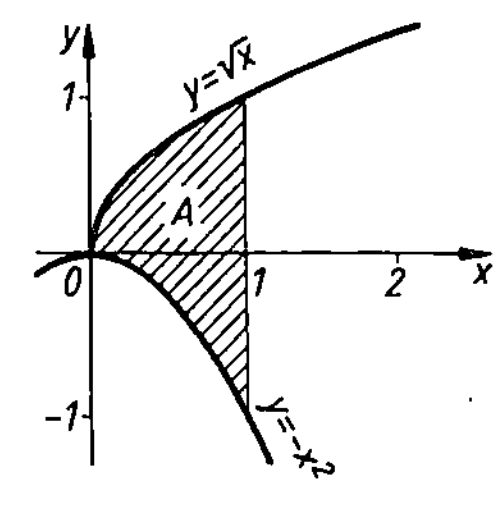
Flächenberechnung in Parameterdarstellung	$$A = \int_{x_0}^{x} y(t)\, dx = \int_{t_0}^{t} y\,\dot{x}\, dt$$ $$x = x(t); \quad y = y(t); \quad dx = \dot{x}\, dt$$ *Beispiel:* Fläche unter Zykloidenbogen $x = r(t - \sin t)$ $y = r(1 - \cos t)$ $\dot{x} = r(1 - \cos t)$ Intervall: $0 \leqq t \leqq 2\pi$ $$A = \int_0^{2\pi} y\,\dot{x}\, dt = \int_0^{2\pi} r(1 - \cos t)\, r(1 - \cos t)\, dt$$ $$A = r^2 \int_0^{2\pi} (1 - 2\cos t + \cos^2 t)\, dt$$ $$A = r^2 (2\pi + 0 + \pi) = 3\, r^2 \pi$$ 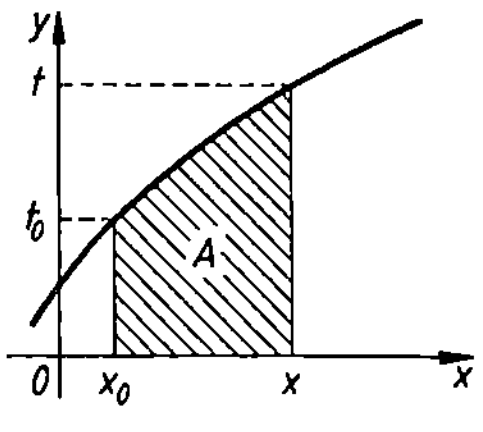 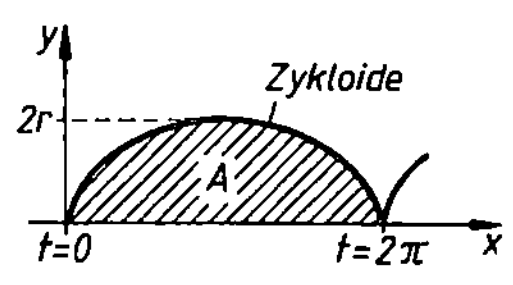
Flächeninhalt der geschlossenen Kurve	Integration vom Anfangsparameter bis zum Endparameter als Grenzpunkt: $$A = \int_{t_0}^{t_1} y\,\dot{x}\, dt$$ *Beispiel:* Kreisfläche $x = r\cos t$ Intervall: $0 \leqq t \leqq 2\pi$ $y = 2r + r\sin t$ $\dot{x} = -r\sin t$ $$A = \int_0^{2\pi} y\,\dot{x}\, dt = -\int_0^{2\pi} r(2 + \sin t)\, r \cdot \sin t\, dt$$ $$A = -r^2 \int_0^{2\pi} [2\sin t + \sin^2 t]\, dt$$ $$A = -r^2 (0 + \pi) = -r^2 \pi$$ 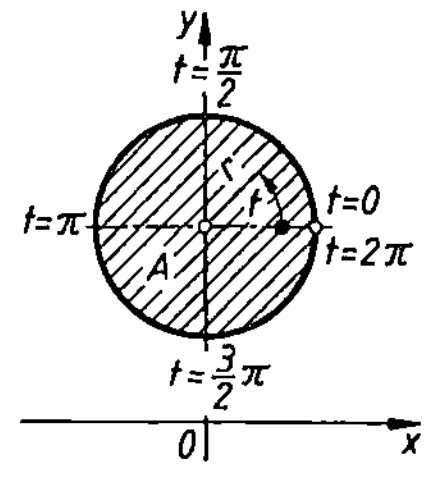

"

Flächen-berechnung in Polar-koordinaten	$$A = \frac{1}{2} \int_{\varphi_1}^{\varphi_2} r^2 \, d\varphi$$ 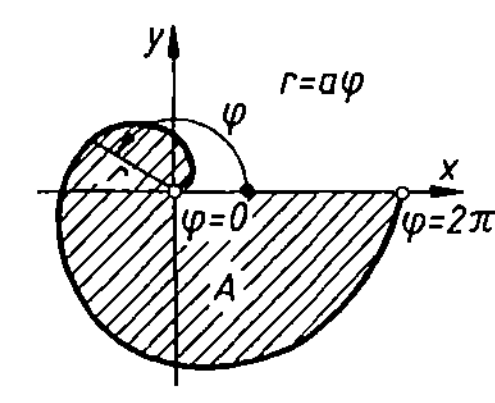 *Beispiel:* Archimedische Spirale, überstrichene Fläche von $\varphi_1 = 0$ bis $\varphi_2 = 2\,\pi$; $r = a\,\varphi$. $$A = \frac{1}{2} \int_0^{2\pi} r^2 \, d\varphi = \frac{1}{2} \int_0^{2\pi} a^2 \, \varphi^2 \, d\varphi = \frac{a^2}{2} \int_0^{2\pi} \varphi^2 \, d\varphi$$ $$A = \left[\frac{a^2}{6} \, \varphi^3 \right]_0^{2\pi} = \frac{4\,a^2\,\pi^3}{3}$$

Volumen V von Rotations-körpern	aus erzeugender Fläche mal Schwerpunktsweg bei einer Umdrehung:

um die x-Achse: — um die y-Achse:

$$V = \pi \int_{x=a}^{x=b} y^2 \, dx \qquad V = 2\,\pi \int_{x=-a}^{x=a} x\,y \, dy \quad \text{bzw.} \quad V = \pi \int_{y=a}^{y=b} x^2 \, dy$$

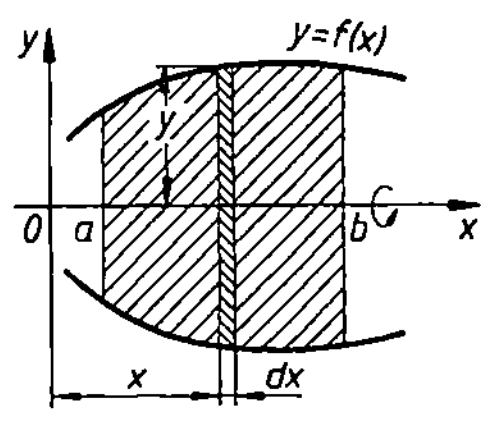 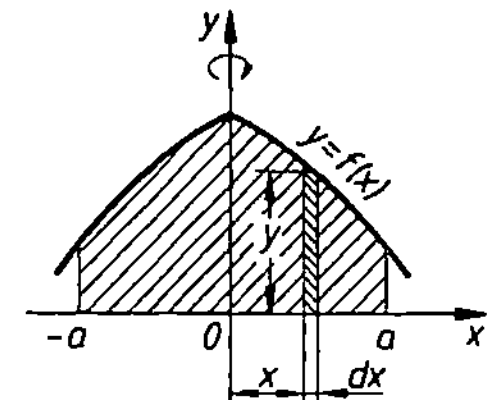

Beispiel: Kugelvolumen mit $y = \sqrt{r^2 - x^2}$ — *Beispiel:* Volumen eines Rotationsparaboloids mit $y = a\,x^2$

Intervall: $-r \leqq x \leqq r$ — Intervall: $0 \leqq y \leqq h$

$$V = \int_{-r}^{r} (r^2 - x^2) \, dx = \pi \left[r^2 \, x - \frac{x^3}{3} \right]_{-r}^{r} \qquad V = \pi \int_0^h x^2 \, dx = \frac{\pi}{a} \int_0^h y \, dy$$

$$V = \pi \left(r^3 - \frac{r^3}{3} + r^3 - \frac{r^3}{3} \right) = \tfrac{4}{3} \, r^3 \, \pi \qquad V = \left[\frac{\pi}{2\,a} \, y^2 \right]_0^h = \frac{\pi\,h^2}{2\,a}$$

Kurvenlängen s in rechtwinkligen Koordinaten	Ist die Funktion $y = f(x)$ im Intervall $x_1 \leqq x \leqq x_2$ eindeutig, also $f'(x)$ stetig, so ist die Länge s der Kurve: 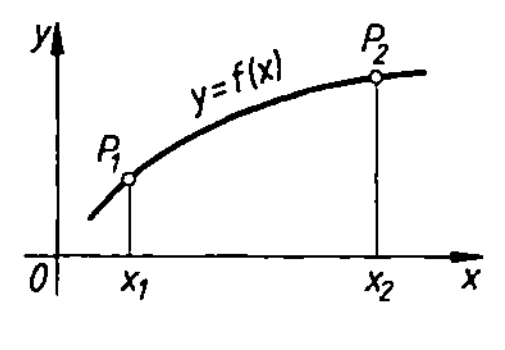 $$s = \int_{x_1}^{x_2} \sqrt{1 + \left(\frac{dy}{dx} \right)^2} \, dx = \int_{x_1}^{x_2} \sqrt{1 + y'^2} \, dx$$

1. Mathematik

in Parameter- darstellung	$x = x\,(t)$ $dy = \dot{y}\,dt;\;\; dx = \dot{x}\,dt$ $y = y\,(t)$ Intervall; $t_1 \leqq t \leqq t_2$ $s = \int\limits_{t_1}^{t_2} \sqrt{\dot{x}^2 + \dot{y}^2}\; dt$
in Polar- koordinaten	$r = f\,(\varphi)$; Länge s des Kurvenstückes zwischen den Leitstrahlen $r_1 = f\,(\varphi_1)$ und $r_2 = f\,(\varphi_2)$: $s = \int\limits_{\varphi_1}^{\varphi_2} \sqrt{r^2 + \dot{r}^2}\; d\varphi$ *Beispiel:* Bogen s des Viertelkreises $y = \sqrt{r^2 - x^2}$ mit Radius r: $$s = \int\limits_0^r \sqrt{1 + \frac{x^2}{r^2 - x^2}}\,dx = \int\limits_0^r \frac{dx}{\sqrt{1 - \left(\dfrac{x}{r}\right)^2}} = \left[r \cdot \arcsin \frac{x}{r}\right]_0^r = \frac{\pi r}{2}\,;$$ mit $x = r \cos t$ und $y = r \sin t$; $\dot{x}^2 = r^2 \sin^2 t$, $\dot{y}^2 = r^2 \cos^2 t$ wird: $$s = r \int\limits_0^{\pi/2} \sqrt{\sin^2 t + \cos^2 t}\; dt = r \int\limits_0^{\pi/2} dt = \frac{\pi r}{2}\,;$$ ebenso mit $r = $ konstant, $dr/d\varphi = 0$: $$s = \int\limits_0^{\pi/2} \sqrt{r^2}\; d\varphi = r \int\limits_0^{\pi/2} d\varphi = \frac{\pi r}{2}\,, \text{ wie oben.}$$
Mantelflächen M von Rotations- körpern	aus erzeugender Kurve mal Schwerpunktsweg bei einer Um- drehung um die x-Achse: die y-Achse: $M = 2\pi \int\limits_a^b y\; ds = 2\pi \int\limits_a^b y\,\sqrt{1 + y'^2}\; dx$ $M = 2\pi \int\limits_0^r x\; ds = 2\pi \int\limits_0^r x\,\sqrt{1 + y'^2}\; dx$

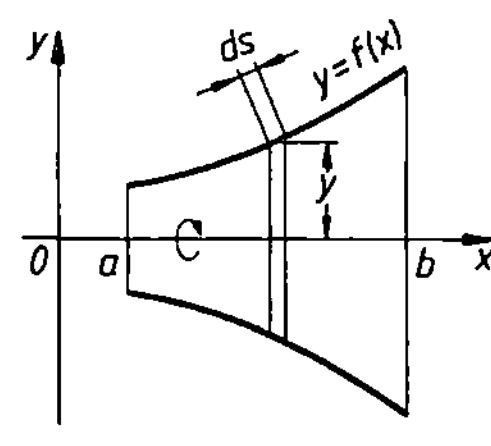

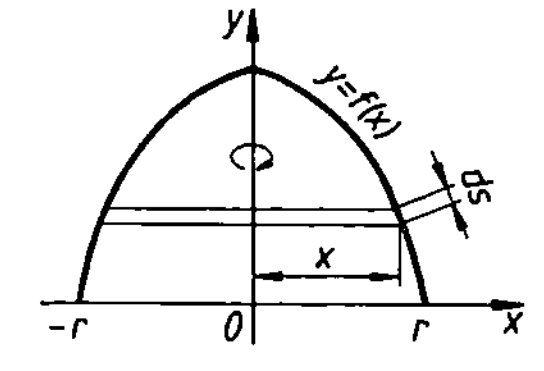

Beispiel: Kurvendiskussion der Gleichung

$$y = f(x) = \frac{A(x)}{B(x)} = \frac{x^3}{2x^2 - 3x - 2}$$

(siehe dazu Bild am Ende des Abschnitts)

Nullstellen:

$$y = f(x) = 0 \Rightarrow A(x) = 0 \Rightarrow \left. \begin{array}{l} x_1 = 0 \\ y_1 = 0 \end{array} \right\} P_1$$

$x_1 = 0$ ist eine Lösung der Gleichung, da $B(x) \neq 0$ ist und kein unbestimmter Ausdruck vorliegt.

Schnittpunkt mit der y-Achse: $x = 0 \Rightarrow y = \dfrac{0}{0-0-2} = 0;$ $\left.\begin{array}{l} x_2 = 0 \\ y_2 = 0 \end{array}\right\} P_2$	Die Kurve schneidet die y-Achse bei $y_2 = 0$.
Polstellen: $y \to \infty \Rightarrow B(x) = 0$ $2x^2 - 3x - 2 = 0$ $x_{3/4} = \dfrac{3}{4} \pm \sqrt{\dfrac{25}{16}};$ $\left.\begin{array}{l} x_3 = 2 \\ x_4 = -0,5 \end{array}\right\} P_3, P_4$	Die Funktion besitzt zwei Pole (Unend-lichkeitsstellen). Ein unbestimmter Aus-druck liegt nicht vor, weil $A(x_3, x_4) \neq 0$ ist.
Asymptoten: $x \to \infty \Rightarrow y = f(x) = \dfrac{x}{2} + \dfrac{3}{4} + \dfrac{\frac{13}{4}x + \frac{3}{2}}{2x^2 - 3x - 2}$ $y_A = \dfrac{x}{2} + \dfrac{3}{4}$	Die unecht gebrochene rationale Funk-tion lässt sich in die Summe der ganzen und der gebrochenen Funktionen zer-legen.
Schnittpunkt zwischen Kurve und Asymptote: $y = y_A \Rightarrow \dfrac{x^3}{2x^2 - 3x - 2} = \dfrac{x}{2} + \dfrac{3}{4};$ $\left.\begin{array}{l} x_5 = -0,461 \\ y_5 = 0,51 \end{array}\right\} P_5$	Durch Gleichsetzen der ganzen Funktion mit der Teilfunktion ergeben sich die Koordinaten des Schnittpunkts.
Extremwerte: $y' = f'(x) = 0 \Rightarrow y' = \dfrac{2x^2(x^2 - 3x - 3)}{(2x^2 - 3x - 2)^2}$ $\begin{array}{ll} 2x^2(x^2 - 3x - 3) = 0 & \left.\begin{array}{l} x_6 = 0 \\ y_6 = 0 \end{array}\right\} P_6 \\ \quad\quad 2x^2 = 0 & \end{array}$ $x^2 - 3x - 3 = 0$ $\left.\begin{array}{ll} x_7 = 3,8; & y_7 = 3,58 \\ x_8 = -0,7; & y_8 = -0,315 \end{array}\right\} P_7, P_8$ $y'' = f''(x) = \dfrac{2x(13x^2 + 18x + 12)}{(2x^2 - 3x - 2)^3}$ $y'' = f''(x_7) = 131,6 > 0;$ Minimum! $y'' = f''(x_8) = -32,9 < 0;$ Maximum!	Die Nullsetzung des Zählers der ersten Ableitung ergibt die x-Koordinaten der Extremwerte. Die zugehörigen y-Koordi-naten ergeben sich durch Einsetzen der x-Werte in die Stammfunktion. Die errechneten x-Koordinaten (x_7, x_8) werden in die Funktion $y'' = f''(x)$ ein-gesetzt, um ein Maximum bzw. Minimum bestimmen zu können.
Wendepunkte: $y'' = f''(x) = 0$ $\begin{array}{ll} 2x(13x^2 + 18x + 12) = 0 & \left.\begin{array}{l} x_6 = 0 \\ y_6 = 0 \end{array}\right\} P_6 \\ \quad\quad\quad 2x = 0 & \end{array}$ $13x^2 + 18x + 12 = 0$ führt zu einem imaginären Ergebnis $y''' = f'''(x) = \dfrac{-12(13^4 + 48x^3 - 12x^2 - 24x - 4)}{(2x^2 - 3x - 2)^4}$ $y''' = f'''(x_6) = 3 \neq 0!$	Es ergeben sich die Koordinaten eines Wendepunkts, der dann existiert, wenn die dritte Ableitung ungleich null ist.

1. Mathematik

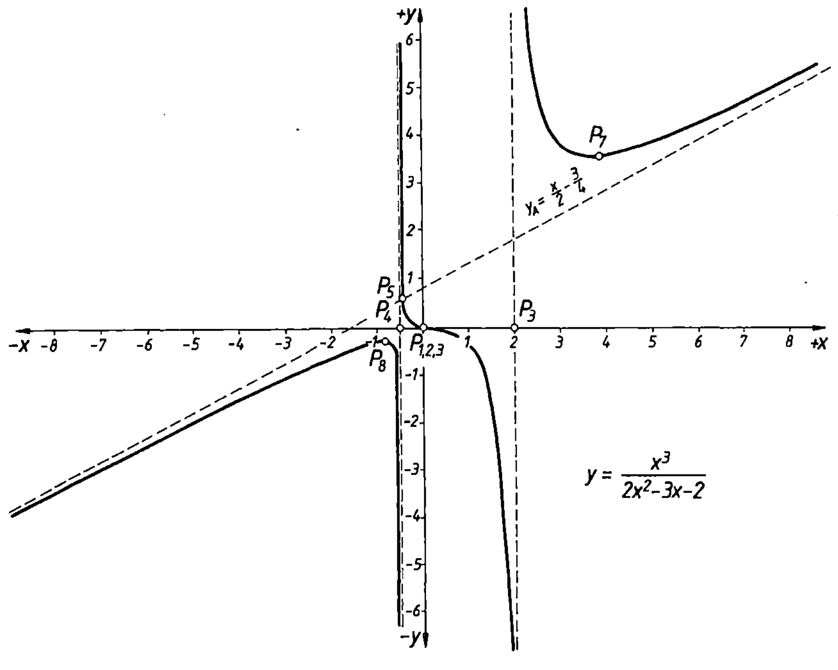

1.40. Geometrische Grundkonstruktionen[1])

Senkrechte im Punkt P einer Geraden errichten	Von P aus gleiche Strecken nach links und rechts abtragen ($\overline{PA} = \overline{PB}$). Kreisbögen mit gleichem Radius um A und B schneiden sich in C. $\overline{PC}$ ist gesuchte Senkrechte.	
Strecke halbieren (Mittelsenkrechte)	Kreisbögen mit gleichem Radius um A und B nach oben und unten schneiden sich in C und D. $\overline{CD}$ steht senkrecht auf $\overline{AB}$ und halbiert diese.	
Lot vom Punkt P auf Gerade g fällen	Kreisbogen um P schneidet g in A und B. Kreisbögen mit gleichem Radius um A und B schneiden sich in C. $\overline{PC}$ ist das Lot auf die Gerade g.	

1) Bestimmung wahrer Längen siehe *Böge, A.:* Abwicklung von Blechkörpern, Verlag Vieweg, Braunschweig/Wiesbaden, 1993.

Senkrechte im Endpunkt P eine Strecke s (eines Strahles) errichten	Kreis von beliebigem Radius um P ergibt A. Gleicher Kreis um A ergibt B, um B ergibt C. Kreise von beliebigem Radius um B und C schneiden sich in D. $\overline{PD}$ ist die gesuchte Senkrechte in P.	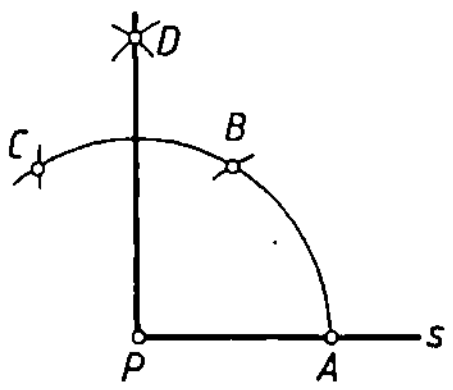
Winkel halbieren	Kreis um O schneidet die Schenkel in A und B. Kreise mit gleichem Radius ergeben Schnittpunkt C. $\overline{OC}$ halbiert den gegebenen Winkel.	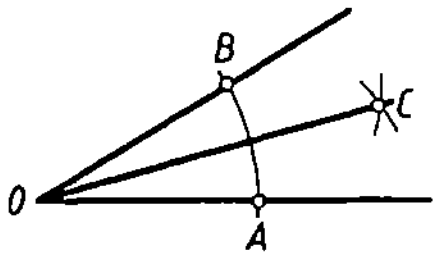
einen gegebenen Winkel α an eine Gerade g antragen	Kreis um O mit beliebigem Radius schneidet die Schenkel des gegebenen Winkels α in A und B. Kreis mit gleichem Radius um O' gibt A'. Kreis mit $\overline{AB}$ um A' ergibt Schnittpunkt B'. Strahl von O' durch B' schließt mit Gerade g Winkel α ein.	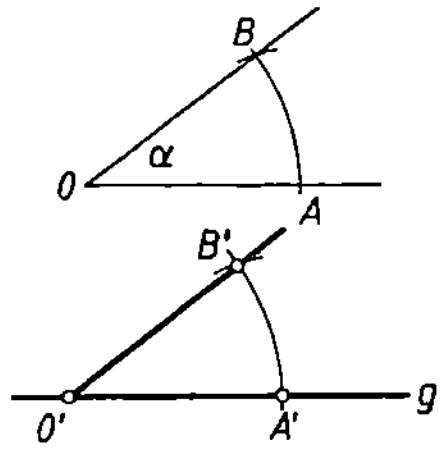
einen rechten Winkel dreiteilen	Kreis um O ergibt Schnittpunkte A und B. Kreise um A und B mit gleichem Radius wie vorher schneiden den Kreis um O in C und D.	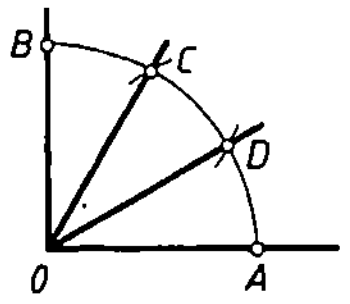
Strecke AB in gleiche Teile teilen	Auf beliebig errichtetem Strahl $\overline{AC}$ von A aus fortschreitend mit beliebiger Zirkelöffnung die gewünschte Anzahl gleicher Teile abtragen, z. B. 5 Teile. B' mit B verbinden und Parallele zu $\overline{BB'}$ durch Teilpunkte 1 ... 4 legen.	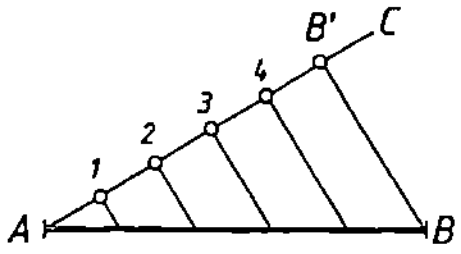
Mittelpunkt eines Kreises ermitteln	Zwei beliebige Sehnen $\overline{AB}$ und $\overline{CD}$ eintragen und darauf Mittelsenkrechte errichten. Schnittpunkt M ist Kreismittelpunkt.	

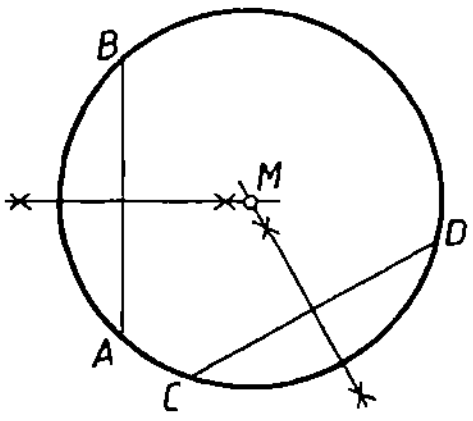

1. Mathematik

Außenkreis für gegebenes Dreieck	Mittelsenkrechte auf zwei Dreieckseiten schneiden sich im Mittelpunkt M des Außenkreises.	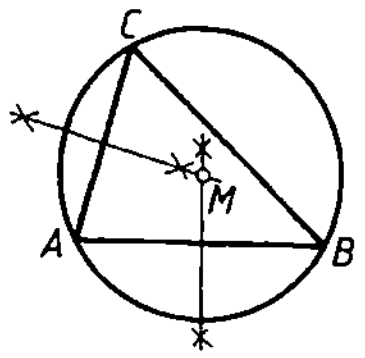
Innenkreis für gegebenes Dreieck	Schnittpunkt von zwei Winkelhalbierenden ist Mittelpunkt M des Innenkreises.	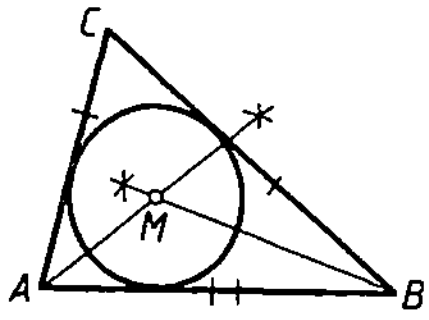
Parallele zu gegebener Geraden g durch Punkt P	Beliebig gerichteter Strahl von P aus trifft Gerade g in A. Kreis mit $\overline{PA}$ um A schneidet g in B. Kreise mit gleichem Radius $\overline{PA}$ um P und B schneiden sich in C. Strecke $\overline{PC}$ ist Teil der zu g parallelen Geraden p.	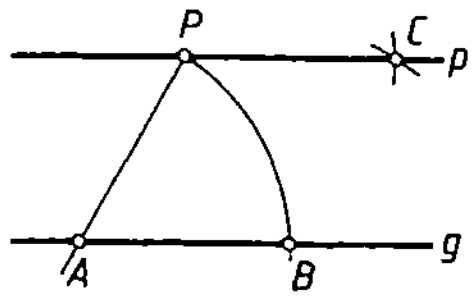
Tangente an Kreis im gegebenen Punkt A	M mit A verbinden und über A hinaus verlängern und in A Senkrechte errichten — oder — Strecke $\overline{MA}$ zeichnen und im Endpunkt A Senkrechte errichten (siehe vorn).	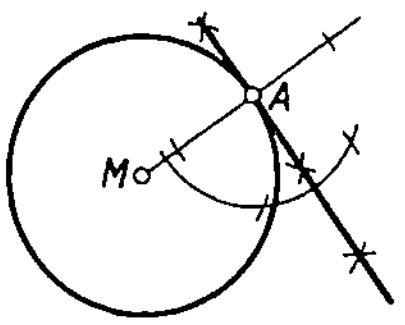
Tangenten an Kreis von gegebenem Punkt P aus	P mit Mittelpunkt M verbinden und $\overline{PM}$ halbieren (siehe vorn), ergibt M_1. Kreis mit Radius MM_1 um M_1 schneidet gegebenen Kreis in A und B. $\overline{PA}$ und $\overline{PB}$ sind Teile der gesuchten Tangenten.	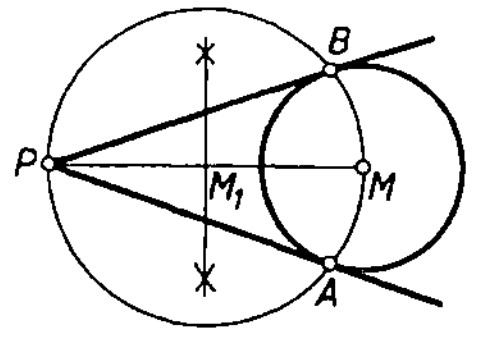
Tangente t im gegebenen Punkt A an Kreis k mit unbekanntem Mittelpunkt	Kreis um A von beliebigem Radius ergibt Schnittpunkte B und C. Kreise von beliebigem Radius um B und C ergeben D und E, deren Verbindungslinie Teil des Radiusses von k ist. Senkrechte in A auf $\overline{DE}$ (siehe oben) ist Teil der Tangente t.	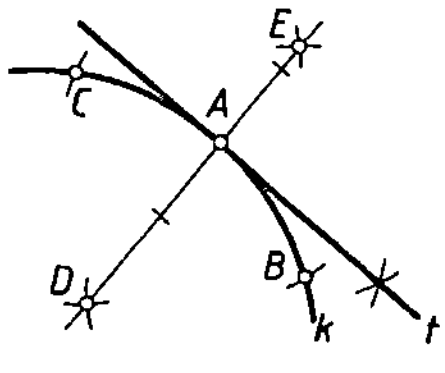
Tangenten an zwei gegebene Kreise	Hilfskreis um M_1 mit Radius $(R-r)$ zeichnen und von M_2 aus die Tangenten $\overline{M_2A}$ und $\overline{M_2B}$ anlegen (siehe oben). Strecken $\overline{M_1A}$ und $\overline{M_1B}$ bis C und D verlängern. Parallele zu $\overline{M_1C}$ und $\overline{M_1D}$ durch M_2 ergeben E und F. $\overline{CE}$ und $\overline{DF}$ sind die gesuchten Tangenten.	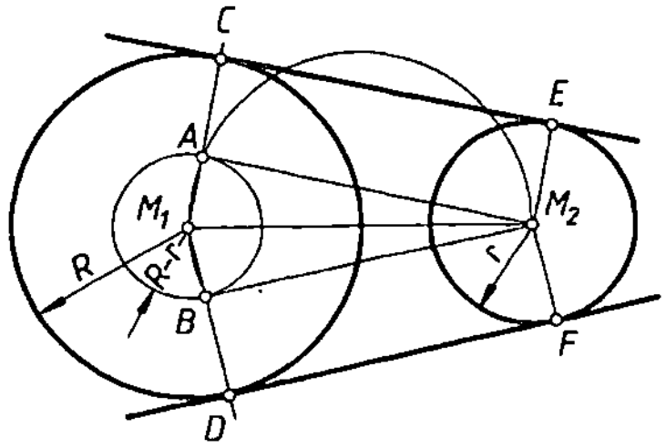

Gleichseitiges Dreieck mit Seitenlänge $\overline{AB}$	Kreise mit Radius $\overline{AB}$ um A und B ergeben Schnittpunkt C und damit das gesuchte Dreieck ABC.	
regelmäßiges Fünfeck	Radius $\overline{MA}$ des Umkreises halbieren, ergibt D. Kreisbogen mit $\overline{CD}$ um D ergibt E, mit $\overline{CE}$ um C ergibt F. $\overline{CF}$ ist die gesuchte Fünfeckseite.	
regelmäßiges Sechseck	Radius $\overline{MA}$ des Umkreises ist Sechseckseite. Kreisbögen mit $\overline{AM}$ um A und B schneiden den Umkreis in den Eckpunkten des Sechsecks.	
regelmäßiges Siebeneck	Kreisbogen mit Umkreisradius $\overline{MA}$ um A ergibt B und C. Kreisbogen mit Radius $\overline{BD}$ um B ergibt Eckpunkt E. $\overline{BE}$ ist die gesuchte Siebeneckseite.	
regelmäßiges Achteck	Kreise mit Umkreisradius $\overline{MA}$ um A, B, C ergeben Schnittpunkte D und E. Geraden durch D und M sowie E und M schneiden den Umkreis in den Eckpunkten des Achtecks.	
regelmäßiges Neuneck (gilt entsprechend für alle regelmäßigen Vielecke)	Durchmesser $\overline{AB}$ des Umkreises in neun gleiche Teile teilen. Kreise mit Radius $\overline{AB}$ um A und B ergeben Schnittpunkte C und D. Strahlen von C und D durch die Teilpunkte $1, 3, 5, 7$ des Durchmessers schneiden den Umkreis in den Eckpunkten des Neunecks.	

1. Mathematik

Ellipsen-konstruktion	Hilfskreise um M mit Halbachse a und b als Radius zeichnen und beliebige Anzahl Strahlen $1, 2, 3 \dots$ durch Kreismittelpunkt M legen. In den Schnittpunkten der Strahlen mit den beiden Hilfskreisen Parallele zu den Ellipsenachsen zeichnen, die sich in I, II, III ... als Punkte der gesuchten Kurve schneiden.	
Bogenanschluss: Kreisbogen an die Schenkel eines Winkels	Parallelen p im Abstand R zu den beiden Schenkeln s des Winkels ergeben Schnittpunkt M als Mittelpunkt des gesuchten Kreisbogens. Senkrechte von M auf s ergeben die Anschlusspunkte A.	
Bogenanschluss: Kreisbogen durch zwei Punkte	Kreisbogen mit R um gegebene Punkte A_1, A_2 legen Mittelpunkt M des gesuchten Kreisbogens fest.	
Bogenanschluss: Gerade mit Punkt durch Kreisbogen verbinden	Parallele p im Abstand R zur Geraden g und Kreisbogen mit R um A legen Mittelpunkt M des gesuchten Kreisbogens fest.	
Bogenanschluss: Kreis mit Punkt; R_A Radius des Anschlussbogens	Kreisbögen mit $R_1 + R_A$ um M_1 und mit R_A um P ergeben Mittelpunkt M_A des Anschlussbogens. $\overline{M_1 M_A}$ schneidet den gegebenen Kreis im Anschlusspunkt A.	
Bogenanschluss: Kreis mit Gerade g; R_A, R_{A2} Radien der Anschlussbögen	Lot l von M auf gegebene Gerade g ergibt Anschlusspunkte A, A_1, A_2. Die halbierten Strecken $\overline{AA_1}$ und $\overline{AA_2}$ legen die Mittelpunkte M_{A1}, M_{A2} der beiden Anschlussbögen fest.	

2. Physik

2.1. Physikalische Größen, Definitionsgleichungen und Einheiten

Mechanik

Größe	Formelzeichen	Definitionsgleichung	SI-Einheit[1]	Bemerkung, Beispiel, andere zulässige Einheiten
Länge	l, s, r	Basisgröße	m (Meter)	1 Seemeile (sm) ist gleich 1852 m
Fläche	A	$A = l^2$	m²	Hektar (ha), 1 ha $= 10^4$ m² Ar (a), 1 a $= 10^2$ m²
Querschnittsfläche	S		m²	
Volumen	V	$V = l^3$	m³	Liter (l), 1 l $= 10^{-3}$ m³ $= 1$ dm³
Flächenwinkel	$\alpha, \beta, \gamma \dots$	$\alpha = \dfrac{\text{Kreisbogen}}{\text{Kreisradius}}$	rad $= 1$ (Radiant)	$\alpha = 1{,}7\,\dfrac{\text{m}}{\text{m}} = 1{,}7$ rad
Raumwinkel	Ω	$\Omega = \dfrac{\text{Kugelfläche}}{\text{Radiusquadrat}}$	sr $= 1$ (Steradiant)	$\Omega = 0{,}4\,\dfrac{\text{m}^2}{\text{m}^2} = 0{,}4$ sr
Zeit	t	Basisgröße	s (Sekunde)	1 min $= 60$ s; 1 h $= 60$ min 1 d $= 24$ h $= 86\,400$ s
Frequenz (Periodenfrequenz)	f, ν	$f = \dfrac{1}{T}$	$\dfrac{1}{\text{s}} = \text{s}^{-1} = \text{Hz}$ (Hertz)	bei *Umlauf*frequenz wird U/s statt 1/s benutzt T Periodendauer
Drehzahl Umdrehungsfrequenz	n	$n = 2\pi f$	$\dfrac{1}{\text{s}} = \text{s}^{-1}$	$\dfrac{\text{U}}{\text{min}} = \dfrac{1}{\text{min}} = \text{min}^{-1} = \dfrac{1}{60\ \text{s}}$
Geschwindigkeit	v	$v = \dfrac{\mathrm{d}s}{\mathrm{d}t} = \dfrac{\Delta s}{\Delta t}$	$\dfrac{\text{m}}{\text{s}}$	$1\ \text{kn} = 1\,\dfrac{\text{sm}}{\text{h}} = 1$ Knoten $1\,\dfrac{\text{km}}{\text{h}} = \dfrac{1}{3{,}6}\,\dfrac{\text{m}}{\text{s}}$
Beschleunigung	a	$a = \dfrac{\mathrm{d}v}{\mathrm{d}t} = \dfrac{\Delta v}{\Delta t}$	$\dfrac{\text{m}}{\text{s}^2}$	$\dfrac{\text{cm}}{\text{h}^2},\ \dfrac{\text{km}}{\text{s}^2}\ \dots$

2. Physik

Größe	Formel-zeichen	Definitions-gleichung	SI-Einheit	Bemerkung, Beispiel, andere zulässige Einheiten
Fallbe-schleunigung	g		$\dfrac{\mathrm{m}}{\mathrm{s}^2}$	Normfallbeschleunigung $g_\mathrm{n} = 9{,}80665 \ \mathrm{m/s}^2$
Winkelge-schwindigkeit	ω	$\omega = \dfrac{\Delta\varphi}{\Delta t} = \dfrac{v_\mathrm{u}}{r}$	$\dfrac{1}{\mathrm{s}} = \dfrac{\mathrm{rad}}{\mathrm{s}}$	φ Drehwinkel in rad
Umfangsge-schwindigkeit	v_u	$v_\mathrm{u} = \pi d\, n = \omega r$	$\dfrac{\mathrm{m}}{\mathrm{s}}$	d Durchmesser n Drehzahl
Winkelbe-schleunigung	α	$\alpha = \dfrac{\Delta\omega}{\Delta t} = \dfrac{a}{r}$	$\dfrac{1}{\mathrm{s}^2} = \dfrac{\mathrm{rad}}{\mathrm{s}^2}$	ω Winkelgeschwindigkeit
Masse	m	Basisgröße	kg	$1\ \mathrm{g} = 10^{-3}\,\mathrm{kg}$ $1\ \mathrm{t} = 10^{3}\,\mathrm{kg}$
Dichte	ρ	$\rho = \dfrac{m}{V}$	$\dfrac{\mathrm{kg}}{\mathrm{m}^3}$	$\dfrac{\mathrm{g}}{\mathrm{cm}^3}; \ \dfrac{\mathrm{t}}{\mathrm{m}^3}$
Kraft	F	$F = m\,a$	$\mathrm{N} = \dfrac{\mathrm{kgm}}{\mathrm{s}^2}$ (Newton)	$1\ \mathrm{dyn} = 10^{-5}\,\mathrm{N}$
Gewichts-kraft	F_G, G	$F_\mathrm{G} = mg$	$\mathrm{N} = \dfrac{\mathrm{kgm}}{\mathrm{s}^2}$	Normgewichtskraft $F_{\mathrm{Gn}} = m g_\mathrm{n}$
Druck	p	$p = \dfrac{F}{A}$	$\dfrac{\mathrm{N}}{\mathrm{m}^2} = \dfrac{\mathrm{kgm}}{\mathrm{m}^2\mathrm{s}^2}$	$1\ \mathrm{bar} = 10^5\ \dfrac{\mathrm{N}}{\mathrm{m}^2} = 10^5\,\mathrm{Pa}$ $\dfrac{\mathrm{N}}{\mathrm{m}^2} = \mathrm{Pa}$ (Pascal)
dynamische Viskosität	η	—	$\dfrac{\mathrm{Ns}}{\mathrm{m}^2} = \dfrac{\mathrm{kgms}}{\mathrm{m}^2\mathrm{s}^2}$	$\dfrac{\mathrm{Ns}}{\mathrm{m}^2} = \mathrm{Pa} \cdot \mathrm{s}$ $1\ \mathrm{P} = 0{,}1\ \mathrm{Pa} \cdot \mathrm{s}; \ \mathrm{P}$ Poise
kinematische Viskosität	ν	$\nu = \dfrac{\eta}{\rho}$	$\dfrac{\mathrm{m}^2}{\mathrm{s}} = \dfrac{\mathrm{Ns/m}^2}{\mathrm{kg/m}^3}$	$1\ \mathrm{St} = 10^{-4}\ \dfrac{\mathrm{m}^2}{\mathrm{s}}; \ \mathrm{St}$ Stokes
Arbeit	W	$W = F s$	$\mathrm{J} = \dfrac{\mathrm{kgm}^2}{\mathrm{s}^2}$	$1\ \mathrm{J} = 1\ \mathrm{Nm} = 1\ \mathrm{Ws}$ J Joule Nm Newtonmeter Ws Wattsekunde kWh Kilowattstunde
Energie	E	$E = \dfrac{m}{2} v^2$ $E = mgh$	$\mathrm{J} = \dfrac{\mathrm{kgm}^2}{\mathrm{s}^2}$	$1\ \mathrm{kWh} = 3{,}6 \cdot 10^6\,\mathrm{J} = 3{,}6\ \mathrm{MJ}$
Leistung	P	$P = \dfrac{W}{t}$	$W = \dfrac{\mathrm{Nm}}{\mathrm{s}}$	$1\ \dfrac{\mathrm{Nm}}{\mathrm{s}} = 1\ \dfrac{\mathrm{J}}{\mathrm{s}} = 1\ \mathrm{W}$

Größe	Formel-zeichen	Definitions-gleichung	SI-Einheit	Bemerkung, Beispiel, andere zulässige Einheiten
Drehmoment Kraftmoment	M	$M = Fl$	$Nm = \dfrac{kgm^2}{s^2}$	Nmm Biegemoment M_b Torsionsmoment M_T
Trägheits-moment	J	$J = \int dm\,\rho^2$	kgm^2	Massenmoment 2. Grades (früher: Massenträgheits-moment)
Elastizitäts-modul	E	$E = \sigma \dfrac{l_0}{\Delta l}$	$\dfrac{N}{m^2} = \dfrac{kg}{s^2 m}$	$\dfrac{N}{mm^2}$
Schubmodul	G	$G = \dfrac{E}{2(1+\mu)}$	$\dfrac{N}{m^2} = \dfrac{kg}{s^2 m}$	$\dfrac{N}{mm^2}$; μ Poisson-Zahl
Flächen-moment 2. Grades	I_x I_y I_p	$I = \int dA\,x^2$ $I_y = \int dA\,y^2$ $I_p = \int dA\,\rho^2$	m^4	mm^4 I_x, I_y axiales Flächenmoment 2. Grades I_p polares Flächenmoment 2. Grades (früher: Flächenträgheits-moment)

Wärmelehre

Temperatur	T, Θ	Basisgröße	K (Kelvin)	$1\,K = 1\,°C$ (Grad Celsius) t, ϑ Celsius-Temperatur
spezifische innere Energie	u	$\Delta u = \Delta q + \Delta W$	$\dfrac{J}{kg} = \dfrac{kgm^2}{s^2 kg}$	$1\,\dfrac{kg\,m^2}{s^2} = 1\,Nm = 1\,J$
Wärme (Wärme-menge)	Q	$\Delta Q = mc\,\Delta\vartheta$ $\Delta Q = \Delta u - \Delta W$	$J = \dfrac{kgm^2}{s^2}$	$1\,\dfrac{kg\,m^2}{s^2} = 1\,Nm = 1\,J$
spezifische Wärme-kapazität	c	$c = \dfrac{\Delta Q}{m\,\Delta\vartheta} = \dfrac{\Delta q}{\Delta T}$	$\dfrac{J}{kg\,K} = \dfrac{kgm^2}{s^2 kg\,K}$	c_p spezifische Wärmekapazität bei konstantem Druck c_v spezifische Wärmekapazität bei konstantem Volumen
Enthalpie	H	$H = U + pV$ $h = u + pv$	$J = \dfrac{kgm^2}{s^2}$	$h = \dfrac{H}{m}$ spezifische Enthalpie
Wärme-leitfähigkeit	λ		$\dfrac{W}{m\,K} = \dfrac{kgm}{s^3 K}$	$\dfrac{J}{m\,h\,K}$
Wärmeüber-gangskoeffi-zient	α		$\dfrac{W}{m^2 K} = \dfrac{kg}{s^3 K}$	$\dfrac{J}{m^2 h\,K}$
Wärmedurch-gangskoeffi-zient	k		$\dfrac{W}{m^2 K} = \dfrac{kg}{s^3 K}$	$\dfrac{J}{m^2 h\,K}$

2. Physik

Größe	Formel-zeichen	Definitions-gleichung	SI-Einheit	Bemerkung, Beispiel, andere zulässige Einheiten
spezifische Gas-konstante	$R_i = \dfrac{R}{M}$	$R_i = \dfrac{p}{T\rho}$	$\dfrac{J}{kg\,K} = \dfrac{m^2}{s^2\,K}$	M Molare Masse in $\dfrac{kg}{kmol}$
universelle Gas-konstante	R	$R = 8315\,\dfrac{J}{kmol\,K}$	$\dfrac{J}{kmol\,K}$	1 kmol = 1 Kilomol 1 kmol = M kg
Strahlungs-austausch-konstante	C		$\dfrac{W}{m^2\,K^4} = \dfrac{kg}{s^3\,K^4}$	$C_s = 5{,}67\,\dfrac{W}{m^2\,K^4}$

Elektrotechnik

Größe	Formelzeichen	Definitionsgleichung	SI-Einheit	Bemerkung, Beispiel, andere zulässige Einheiten
elektrische Stromstärke	I	Basisgröße	A (Ampere)	
elektrische Spannung	U	$U = \Sigma E\,\Delta s$	V (Volt)	$1\,V = 1\,\dfrac{W}{A} = 1\,\dfrac{kgm^2}{s^3\,A}$ W (Watt)
elektrischer Widerstand	R		Ω	$1\,\dfrac{V}{A} = 1\,\Omega = 1\,\dfrac{kgm^2}{s^3\,A^2}$
elektrischer Leitwert	G	$G = \dfrac{1}{R}$	$\dfrac{1}{\Omega}$	$1\,\dfrac{A}{V} = 1\,S = 1\,\dfrac{A^2\,s^3}{kgm^2}$ S (Siemens)
elektrische Ladung, Elektrizitäts-menge	Q		C = As (Coulomb)	1 As = 1 C 1 Ah = 3600 As
elektrische Kapazität	C	$C = \dfrac{Q}{U}$	$F = \dfrac{As}{V}$ (Farad)	$1\,F = 1\,\dfrac{C}{V} = 1\,\dfrac{As}{V} = 1\,\dfrac{A^2\,s^4}{kgm^2}$
elektrische Flussdichte	D	$D = \epsilon_0\,\epsilon_r\,E$	$\dfrac{C}{m^2}$	$1\,\dfrac{C}{m^2} = 1\,\dfrac{As}{m^2}$

Größe	Formelzeichen	Definitionsgleichung	SI-Einheit	Bemerkung, Beispiel, andere zulässige Einheiten
elektrische Feldstärke	E	$E = \dfrac{F}{Q}$	$\dfrac{V}{m}$	$1\,\dfrac{V}{m} = 1\,\dfrac{kgm}{s^3 A}$
Permittivität, Dielektrizitätskonstante	ϵ	$\epsilon = \dfrac{D}{E}$ $\epsilon = \epsilon_0\,\epsilon_r$ ϵ_0 elektrische Feldkonstante ϵ_r Dielektrizitätszahl	$\dfrac{F}{m} = \dfrac{A^2 s^4}{kgm^3}$	$1\,\dfrac{s}{V} = 1\,\dfrac{s^2 C^2}{kgm^3}$
elektrische Energie	W_e	$W_e = \dfrac{Q\,U}{2}$	Ws	$1\,Nm = 1\,J = 1\,Ws = 1\,\dfrac{kgm^2}{s^2}$
magnetische Feldstärke	H	$H = \dfrac{I}{2\pi r}$	$\dfrac{A}{m}$	
magnetische Flussdichte, Induktion	B	$B = \mu H$	$T = \dfrac{kg}{s^2 A}$ T (Tesla)	$1\,\dfrac{Wb}{m^2} = 1\,\dfrac{Vs}{m^2} = 1\,\dfrac{kg}{s^2 A}$ $1\,T = 1\,\dfrac{Vs}{m^2}$ Wb (Weber)
magnetischer Fluss	Φ	$\Phi = \Sigma B\,\Delta A$	$Wb = \dfrac{kgm^2}{s^2 A}$	$1\,Wb = 1\,Vs = 1\,\dfrac{kgm^2}{s^2 A}$
Induktivität	L	$L = -\dfrac{N\Phi}{I}$	$H = \dfrac{kgm^2}{s^2 A^2}$ H (Henry)	$1\,H = 1\,\dfrac{Vs}{A} = 1\,\dfrac{Wb}{A} = 1\,\dfrac{kgm^2}{s^2 A^2}$
Permeabilität	μ	$\mu = \dfrac{B}{H}$ $\mu = \mu_0\,\mu_r$ μ_0 magnetische Feldkonstante μ_r Permeabilitätszahl	$\dfrac{H}{m} = \dfrac{kgm}{s^2 A^2}$	$1\,\dfrac{Vs}{Am} = 1\,\dfrac{kgm}{s^2 A^2}$

2. Physik

Optik

Größe	Formel-zeichen	Name der Einheit	Zeichen der Einheit	Bemerkung, Beispiel, andere zulässige Einheiten
Lichtstärke	I_V	Candela	cd	Basisgröße
Beleuchtungs-stärke	E_V	Lux	lx	
Lichtstrom	Φ_V	Lumen	lm	1 lm = 1 cd sr
Lichtmenge	Q_V	Candelastunde	cdh	
Lichtausbeute	η	$\dfrac{\text{Lumen}}{\text{Watt}}$	$\dfrac{\text{lm}}{\text{W}}$	
Leuchtdichte	L_V	Candela durch Quadratmeter	$\dfrac{\text{cd}}{\text{m}^2}$	

	Farbtemperatur	HK/cd	cd/HK
Umrechnungsfaktoren von Candela in Hefnerkerzen (HK) und umgekehrt	2043 K (Platinpunkt)	0,903	1,107
	2360 K (Wolfram-Vakuum-Lampe)	0,877	1,140
	2750 K (gasgefüllte Wolframlampe)	0,861	1,162

2.2. Allgemeine und atomare Konstanten

Bezeichnung	Beziehung
Avogadro-Konstante	$N_A = 6,022 \cdot 10^{23}\ \text{mol}^{-1}$
Boltzmann'sche Entropiekonstante	$k = 1,38041 \cdot 10^{-23}\ \text{J/K}$
Elementarladung	$e = 1,602189 \cdot 10^{-19}\ \text{C}$
elektrische Feldkonstante	$\epsilon_0 = 8,85416 \cdot 10^{-12}\ \text{F/m}$
Faraday-Konstante	$F = 9,648 \cdot 10^4\ \text{C/mol}$
Lichtgeschwindigkeit im Vakuum	$c_0 = 2,99793 \cdot 10^8\ \text{m/s}$
magnetische Feldkonstante	$\mu_0 = 1,256637 \cdot 10^{-6}\ \text{H/m}$
molares Normvolumen idealer Gase	$V_0 = 2,24208 \cdot 10^4\ \text{cm}^3/\text{mol}$
Planck'sches Wirkungsquantum	$h = 6,6252 \cdot 10^{-34}\ \text{Js}$
Protonenmasse/Elektronenmasse	$m_p/m_e = 1836,12$
Stefan-Boltzmann'sche Strahlungskonstante	$\sigma = 5,668 \cdot 10^{-8}\ \text{Wm}^{-2}\ (\text{K})^{-4}$
universelle Gaskonstante	$R_0 = 8,315\ \text{J}\ (\text{K})^{-1}\ \text{mol}^{-1}$
Gravitationskonstante	$G = 6,67 \cdot 10^{-11}\ \text{m}^3\ \text{kg}^{-1}\ \text{s}^{-2}$

2.3. Umrechnung für metrische Längeneinheiten

Einheit	Pico-meter pm	Ang-ström Å	Nano-meter nm	Mikro-meter µm	Milli-meter mm	Zenti-meter cm	Dezi-meter dm	Meter m	Kilo-meter km
1 pm =	1	10^{-2}	10^{-3}	10^{-6}	10^{-9}	10^{-10}	10^{-11}	10^{-12}	10^{-15}
1 Å =	10^{2}	1	10^{-1}	10^{-4}	10^{-7}	10^{-8}	10^{-9}	10^{-10}	10^{-13}
1 nm =	10^{3}	10	1	10^{-3}	10^{-6}	10^{-7}	10^{-8}	10^{-9}	10^{-12}
1 µm =	10^{6}	10^{4}	10^{3}	1	10^{-3}	10^{-4}	10^{-5}	10^{-6}	10^{-9}
1 mm =	10^{9}	10^{7}	10^{6}	10^{3}	1	10^{-1}	10^{-2}	10^{-3}	10^{-6}
1 cm =	10^{10}	10^{8}	10^{7}	10^{4}	10	1	10^{-1}	10^{-2}	10^{-5}
1 dm =	10^{11}	10^{9}	10^{8}	10^{5}	10^{2}	10	1	10^{-1}	10^{-4}
1 m =	10^{12}	10^{10}	10^{9}	10^{6}	10^{3}	10^{2}	10	1	10^{-3}
1 km =	10^{15}	10^{13}	10^{12}	10^{9}	10^{6}	10^{5}	10^{4}	10^{3}	1

2.4. Umrechnung von Flächeneinheiten

	km²	ha	a	m²	dm²	cm²	mm²
1 km²	1	10^{2}	10^{4}	10^{6}	10^{8}	10^{10}	10^{12}
1 ha	10^{-2}	1	10^{2}	10^{4}	10^{6}	10^{8}	10^{10}
1 a	10^{-4}	10^{-2}	1	10^{2}	10^{4}	10^{6}	10^{8}
1 m²	10^{-6}	10^{-4}	10^{-2}	1	10^{2}	10^{4}	10^{6}
1 dm²	10^{-8}	10^{-6}	10^{-4}	10^{-2}	1	10^{2}	10^{4}
1 cm²	10^{-10}	10^{-8}	10^{-6}	10^{-4}	10^{-2}	1	10^{2}
1 mm²	10^{-12}	10^{-10}	10^{-8}	10^{-6}	10^{-4}	10^{-2}	1

2.5. Umrechnung von Volumeneinheiten

	m³	hl	dm³ l	dl	cl	cm³ ml	mm³ µl	µm³
1 m³	1	10	10^{3}	10^{4}	10^{5}	10^{6}	10^{9}	10^{18}
1 hl	10^{-1}	1	10^{2}	10^{3}	10^{4}	10^{5}	10^{8}	10^{17}
1 dm³ = 1 l	10^{-3}	10^{-2}	1	10	10^{2}	10^{3}	10^{6}	10^{15}
1 dl	10^{-4}	10^{-3}	10^{-1}	1	10	10^{2}	10^{5}	10^{14}
1 cl	10^{-5}	10^{-4}	10^{-2}	10^{-1}	1	10	10^{4}	10^{13}
1 cm³ = 1 ml	10^{-6}	10^{-5}	10^{-3}	10^{-2}	10^{-1}	1	10^{3}	10^{12}
1 mm³ = 1 µl	10^{-9}	10^{-8}	10^{-6}	10^{-5}	10^{-4}	10^{-3}	1	10^{9}
1 µm³	10^{-18}	10^{-17}	10^{-15}	10^{-14}	10^{-13}	10^{-12}	10^{-9}	1

2.6. Umrechnung von Krafteinheiten

	N	dyn	kp	p	Mp
1 N	1	10^{5}	0,1019716	$0,1019716 \cdot 10^{3}$	$0,1019716 \cdot 10^{-3}$
1 dyn	10^{-5}	1	$0,1019716 \cdot 10^{-5}$	$0,1019716 \cdot 10^{-2}$	$0,1019716 \cdot 10^{-8}$
1 kp	9,80665	$9,80665 \cdot 10^{5}$	1	10^{3}	10^{-3}
1 p	$9,80665 \cdot 10^{-3}$	$9,80665 \cdot 10^{2}$	10^{-3}	1	10^{-6}
1 Mp	$9,80565 \cdot 10^{3}$	$9,80665 \cdot 10^{8}$	10^{3}	10^{6}	1

2. Physik

2.7. Umrechnung von Druck- und Spannungseinheiten

	atm	at kp/cm²	N/m²	kp/m² mm WS	bar	Torr mm QS
1 atm $=$	1	1,033	$1,013 \cdot 10^5$	$1,033 \cdot 10^4$	1,013	760
1 at $=$ 1 kp/cm² $=$	0,968	1	$9,81 \cdot 10^4$	10^4	0,981	735,6
1 N/m² $=$	$0,986 \cdot 10^{-5}$	$1,02 \cdot 10^{-5}$	1	0,102	10^{-5}	$0,75 \cdot 10^{-2}$
1 kp/m² $=$ 1 mm WS $=$	$0,968 \cdot 10^{-4}$	10^{-4}	9,81	1	$9,81 \cdot 10^{-5}$	$0,736 \cdot 10^{-1}$
1 bar $=$	0,987	1,02	10^5	$1,02 \cdot 10^4$	1	750,06
1 Torr $=$ 1 mm QS $=$	$1,316 \cdot 10^{-3}$	$1,36 \cdot 10^{-3}$	$1,33 \cdot 10^2$	13,595	$1,33 \cdot 10^{-3}$	1

2.8. Vorsatzzeichen zur Bildung von dezimalen Vielfachen und Teilen von Basiseinheiten oder abgeleiteten Einheiten mit selbständigem Namen

Vorsatz	Kurzzeichen	Bedeutung		Beispiel
Tera	T	10^{12}	Einheiten	1 Terameter (Tm) $= 10^{12}$ m
Giga	G	10^9	Einheiten	1 Gigagramm (Gg) $= 10^9$ g $= 10^6$ kg $= 10^3$ t $= 1000$ t
Mega	M	10^6	Einheiten	1 Megapond (Mp) $= 10^6$ p $= 10^3$ kp $= 1000$ kp
Kilo	k	10^3	Einheiten	1 Kilogramm (kg) $= 10^3$ g $= 1000$ g
Hekto	h	10^2	Einheiten	1 Hektoliter (hl) $= 10^2$ l $= 100$ l
Deka	da	10^1	Einheiten	1 Dekameter (dam) $= 10$ m
Dezi	d	10^{-1}	Einheiten	1 Deziliter (dl) $= 0,1$ l
Zenti	c	10^{-2}	Einheiten	1 Zentimeter (cm) $= 0,01$ m
Milli	m	10^{-3}	Einheiten	1 Millisekunde (ms) $= 0,001$ s
Mikro	μ	10^{-6}	Einheiten	1 Mikrometer (μm) $= 0,000001$ m
Nano	n	10^{-9}	Einheiten	1 Nanosekunde (ns) $= 10^{-9}$ s
Pico	p	10^{-12}	Einheiten	1 Picofarad (pF) $= 10^{-12}$ F

2.9. Umrechnungstafel für Arbeits-(Energie-)Einheiten

Einheit	Nm = Ws = J	kpm	PSh	kWh	kcal
1 Nm = 1 Ws $= 1$ J $=$	1	0,101972	$0,377673 \cdot 10^{-6}$	$0,277778 \cdot 10^{-6}$	$2,38846 \cdot 10^{-4}$
1 kpm $=$	9,80665	1	$3,70370 \cdot 10^{-6}$	$2,72407 \cdot 10^{-6}$	$2,34228 \cdot 10^{-3}$
1 PSh $=$	$2,64780 \cdot 10^6$	$2,70000 \cdot 10^5$	1	0,735499	632,415
1 kWh $=$	$3,60000 \cdot 10^6$	$3,67098 \cdot 10^5$	1,35962	1	859,845
1 kcal $=$	4186,80	426,935	$1,58124 \cdot 10^{-3}$	$1,16300 \cdot 10^{-3}$	1

Beachte: 1 J (Joule) $= 1$ Nm (Newtonmeter) $= 1$ Ws (Wattsekunde) $= 1 \dfrac{\text{kg m}^2}{\text{s}^2}$

2.10. Umrechnungstafel für Leistungseinheiten

Einheit	Nm/s = W	kpm/s	PS	kW	kcal/s
1 Nm/s = 1 W =	1	0,101972	$1,35962 \cdot 10^{-3}$	0,001	$2,38846 \cdot 10^{-4}$
1 kpm/s =	9,80665	1	0,0133333	$9,80665 \cdot 10^{-3}$	$2,34228 \cdot 10^{-3}$
1 PS =	735,499	75	1	0,735499	0,175671
1 kW =	1000	101,972	1,35962	1	0,238846
1 kcal/s =	4186,80	426,935	5,69246	4,18680	1

2.11. Schallgeschwindigkeit c, Dichte ρ und Elastizitätsmodul E einiger fester Stoffe

Stoff	c in $\frac{m}{s}$	ρ in $\frac{kg}{m^3}$	E in $\frac{N}{m^2}$
Aluminium in Stabform	5 080	2 700	$7,1 \cdot 10^{10}$
Blei	1 170	11 400	$1,6 \cdot 10^{10}$
Stahl in Stabform	5 120	7 850	$21 \cdot 10^{10}$
Kupfer	3 700	8 900	$12,5 \cdot 10^{10}$
Messing	3 500	8 100	$10 \cdot 10^{10}$
Nickel	4 780	8 800	$20 \cdot 10^{10}$
Zink	3 800	7 100	$10,5 \cdot 10^{10}$
Zinn	2 720	7 300	$5,5 \cdot 10^{10}$
Quarzglas	5 360	2 600	$7,6 \cdot 10^{10}$
Plexiglas	2 090	1 200	$0,5 \cdot 10^{10}$

2.12. Schallgeschwindigkeit c und Dichte ρ einiger Flüssigkeiten

Flüssigkeit	t in °C	c in $\frac{m}{s}$	ρ in $\frac{kg}{m^3}$
Benzol	20	1 330	878
Petroleum	34	1 300	825
Quecksilber	20	1 450	13 595
Transformatorenöl	32,5	1 425	895
Wasser	20	1 485	997

2.13. Schallgeschwindigkeit c, Verhältnis $\kappa = \dfrac{c_p}{c_v}$ einiger Gase bei $t = 0$ °C

Gas	c in $\frac{m}{s}$	κ
Helium	965	1,66
Kohlenoxid	338	1,4
Leuchtgas	453	—
Luft	331 (344 bei 20 °C)	1,402
Sauerstoff	316	1,396
Wasserstoff	1 284 (1 306 bei 20 °C)	1,408

2. Physik

2.14. Schalldämmung von Trennwänden

Baustoff	Dicke s in cm	Masse m in kg/m²	mittlere Dämmzahl D in db
Dachpappe	—	1	13
Sperrholz, lackiert	0,5	2	19
Dickglas	0,6…0,7	16	29
Heraklithwand, verputzt	—	50	38,5
Vollziegelwand, ¼ Stein verputzt	9	153	41,5
bei ½ Stein	15	228	44
bei ¼ Stein	27	457	49,5

2.15. Elektromagnetisches Spektrum

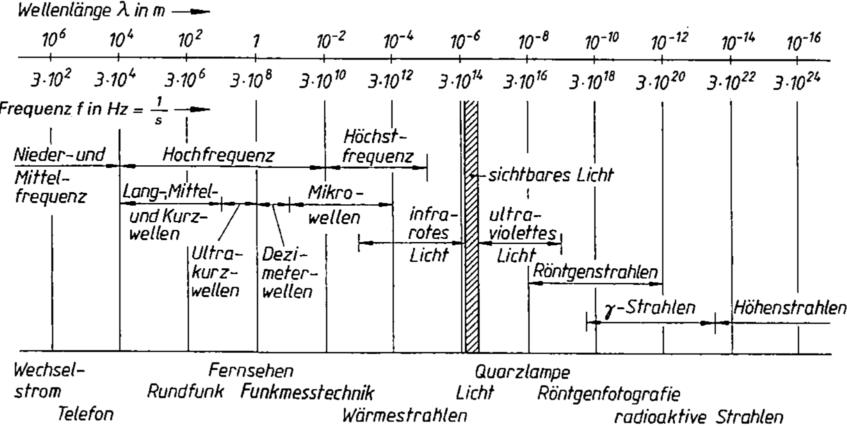

2.16. Brechzahlen n für Übergang des Lichtes aus dem Vakuum in optische Mittel[1] (durchsichtige Stoffe)

Luft	$1{,}000\,293 \approx 1$	Kalkspat (ao Strahl)	1,49
Wasser	1,33	Kalkspat (o Strahl)	1,66
Acrylglas (Plexiglas)	1,49	Steinsalz	1,54
Kronglas[2]	1,48…1,57	Saphir	1,76
Flintglas[2]	1,56…1,9	Diamant	2,4
Kanadabalsam	1,54	Schwefelkohlenstoff	1,63

[1] Das optisch dichtere (dünnere) Mittel ist das mit der größeren (kleineren) Brechzahl.

[2] Kronglas ist Glas mit geringer, Flintglas mit hoher Farbzerstreuung (Dispersion).

3. Chemie

3.1. Atombau und Periodensystem

Elementar- teilchen	Name	Symbol	Masse g	Ladung As
	Proton	p	$1{,}6723 \cdot 10^{-24}$	$+\,1{,}6 \cdot 10^{-19}$
	Neutron	n	$1{,}6745 \cdot 10^{-24}$	0
	Elektron	e^-	$9{,}106 \cdot 10^{-28}$	$-\,1{,}6 \cdot 10^{-19}$

Atomkern

Kugelähnliches Gebilde aus Nukleonen, das sind schwere Elementarteilchen (Protonen und Neutronen).

Das Verhältnis von Protonen und Neutronen in einem Kern ist nicht konstant. Kerndurchmesser etwa 10^{-14} m.

Ordnungszahl

gibt die Stellung des Elementes im Periodischen System an:
Ordnungszahl = Protonenzahl = Elektronenzahl.

Massenzahl

gibt die Anzahl der schweren Kernteilchen, d.h. der Protonen und Neutronen an.

relative Atommasse A_r (Atomgewicht)

Verhältniszahl, Vielfaches der atomaren Masseneinheit u.

atomare Masseneinheit u

ist der 12te Teil der Masse eines Atoms des Nuklids ^{12}C (Kohlenstoffisotop mit der Massenzahl 12). $u = 1{,}66 \cdot 10^{-24}$ g.

Isotope

Atomarten (Nuklide) gleicher Protonenzahl = Kernladungszahl, aber unterschiedlicher Neutronenzahl, damit auch verschiedener Massenzahl.

Reinelemente

Chemische Elemente, die nur aus einem Nuklid bestehen, es sind etwa 22.

Mischelemente

Chemische Elemente, die aus verschiedenen Nukliden bestehen (Mischungen aus zwei oder mehr Nukliden).

Chlor besteht zu 75,53 % aus $^{35}_{17}$Cl und 24,47 % aus $^{37}_{17}$Cl. Daraus errechnet sich die relative Atommasse zu 35,45.

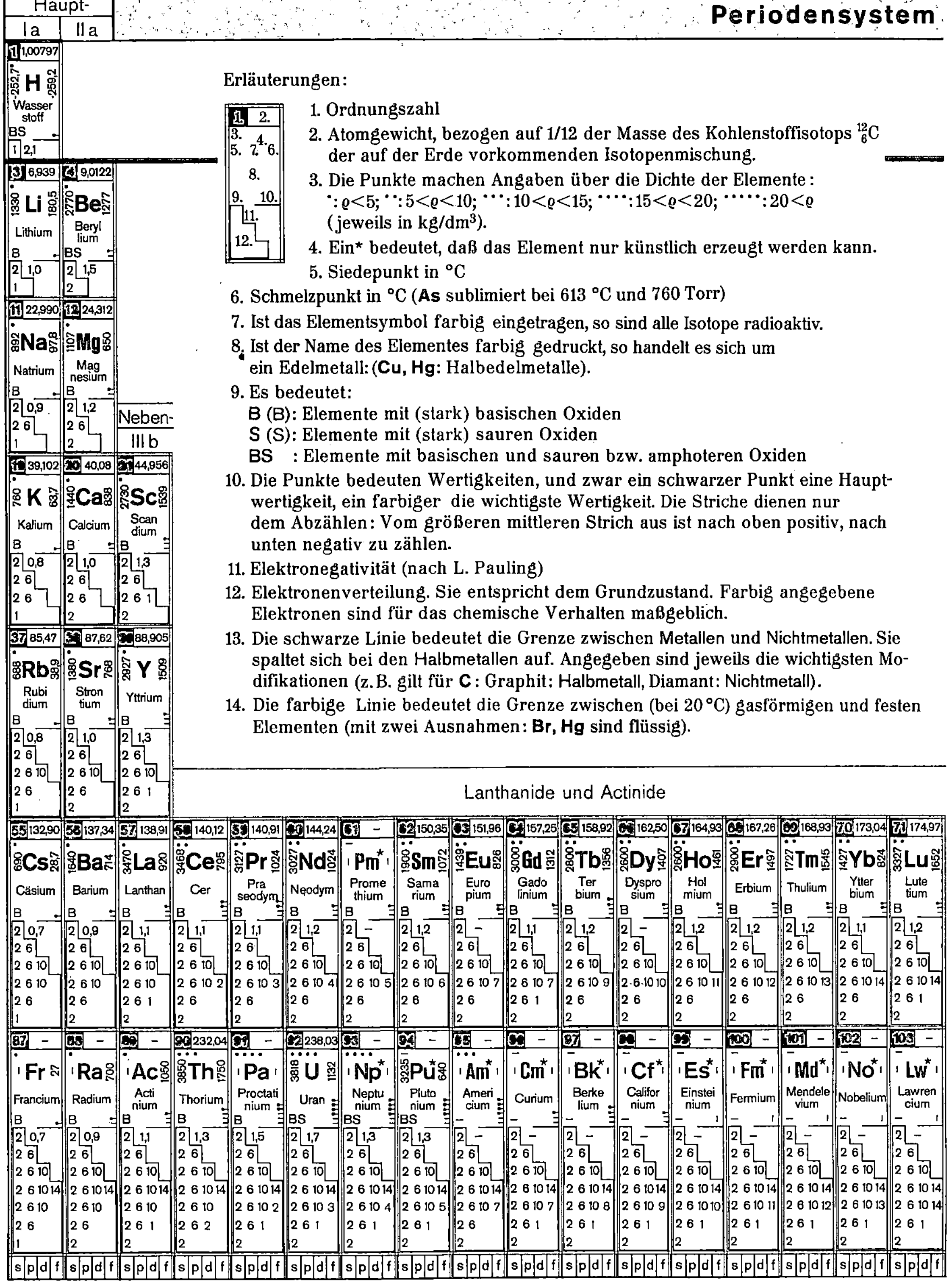

Erläuterungen:

1. Ordnungszahl
2. Atomgewicht, bezogen auf 1/12 der Masse des Kohlenstoffisotops $^{12}_{6}C$ der auf der Erde vorkommenden Isotopenmischung.
3. Die Punkte machen Angaben über die Dichte der Elemente: $\cdot: \varrho<5$; $\cdot\cdot: 5<\varrho<10$; $\cdot\cdot\cdot\cdot: 10<\varrho<15$; $\cdot\cdot\cdot\cdot\cdot: 15<\varrho<20$; $\cdot\cdot\cdot\cdot\cdot\cdot: 20<\varrho$ (jeweils in kg/dm^3).
4. Ein* bedeutet, daß das Element nur künstlich erzeugt werden kann.
5. Siedepunkt in °C
6. Schmelzpunkt in °C (**As** sublimiert bei 613 °C und 760 Torr)
7. Ist das Elementsymbol farbig eingetragen, so sind alle Isotope radioaktiv.
8. Ist der Name des Elementes farbig gedruckt, so handelt es sich um ein Edelmetall: (**Cu, Hg**: Halbedelmetalle).
9. Es bedeutet:
   B (B): Elemente mit (stark) basischen Oxiden
   S (S): Elemente mit (stark) sauren Oxiden
   BS : Elemente mit basischen und sauren bzw. amphoteren Oxiden
10. Die Punkte bedeuten Wertigkeiten, und zwar ein schwarzer Punkt eine Hauptwertigkeit, ein farbiger die wichtigste Wertigkeit. Die Striche dienen nur dem Abzählen: Vom größeren mittleren Strich aus ist nach oben positiv, nach unten negativ zu zählen.
11. Elektronegativität (nach L. Pauling)
12. Elektronenverteilung. Sie entspricht dem Grundzustand. Farbig angegebene Elektronen sind für das chemische Verhalten maßgeblich.
13. Die schwarze Linie bedeutet die Grenze zwischen Metallen und Nichtmetallen. Sie spaltet sich bei den Halbmetallen auf. Angegeben sind jeweils die wichtigsten Modifikationen (z.B. gilt für **C**: Graphit: Halbmetall, Diamant: Nichtmetall).
14. Die farbige Linie bedeutet die Grenze zwischen (bei 20 °C) gasförmigen und festen Elementen (mit zwei Ausnahmen: **Br, Hg** sind flüssig).

Lanthanide und Actinide

...der Elemente

Hauptgruppen: IIIa IVa Va VIa VIIa o (Edelgase)

Nebengruppen: IVb Vb VIb VIIb VIIIb Ib IIb

Z	Symbol	Name	Atomgewicht	Elektronegativität	Zustand	Periode
2	He	Helium	4,0026			1
5	B	Bor	10,811	2,0	S	2
6	C	Kohlenstoff	12,011	2,5	S	2
7	N	Stickstoff	14,007	3,0		2
8	O	Sauerstoff	15,999	3,5		2
9	F	Fluor	18,998	4,0		2
10	Ne	Neon	20,183			2
13	Al	Aluminium	26,982	1,5	BS	3
14	Si	Silicium	28,086	1,8	S	3
15	P	Phosphor	30,974	2,1	S	3
16	S	Schwefel	32,064	2,5	S	3
17	Cl	Chlor	35,453	3,0	S	3
18	Ar	Argon	39,948			3
22	Ti	Titan	47,90	1,5	S	4
23	V	Vanadin	50,942	1,6	BS	4
24	Cr	Chrom	51,996	1,6	S	4
25	Mn	Mangan	54,938	1,5	S	4
26	Fe	Eisen	55,847	1,8	BS	4
27	Co	Kobalt	58,933	1,8	BS	4
28	Ni	Nickel	58,71	1,8	BS	4
29	Cu	Kupfer	63,54	1,9	B	4
30	Zn	Zink	65,37	1,6	BS	4
31	Ga	Gallium	69,72	1,6	BS	4
32	Ge	Germanium	72,59	1,8	BS	4
33	As	Arsen	74,922	2,0	S	4
34	Se	Selen	78,96	2,4	S	4
35	Br	Brom	79,909	2,8	S	4
36	Kr	Krypton	83,80			4
40	Zr	Zirkonium	91,22	1,4	BS	5
41	Nb	Niob	92,906	1,6	S	5
42	Mo	Molybdän	95,94	1,8	S	5
43	Tc	Technetium		1,9	S	5
44	Ru	Ruthenium	101,07	2,2	S	5
45	Rh	Rhodium	102,90	2,2	S	5
46	Pd	Palladium	106,4	2,2	BS	5
47	Ag	Silber	107,87	1,9	S	5
48	Cd	Cadmium	112,40	1,7	BS	5
49	In	Indium	114,82	1,7	BS	5
50	Sn	Zinn	118,69	1,8	BS	5
51	Sb	Antimon	121,75	1,9	S	5
52	Te	Tellur	127,60	2,1	S	5
53	J	Jod	126,90	2,5	S	5
54	Xe	Xenon	131,30			5
72	Hf	Hafnium	178,49	1,3	BS	6
73	Ta	Tantal	180,95	1,5	S	6
74	W	Wolfram	183,85	1,7	S	6
75	Re	Rhenium	186,2	1,9	S	6
76	Os	Osmium	190,2	2,2	S	6
77	Ir	Iridium	192,2	2,2	B	6
78	Pt	Platin	195,09	2,2	B	6
79	Au	Gold	196,97	2,4	BS	6
80	Hg	Quecksilber	200,59	1,9	B	6
81	Tl	Thallium	204,37	1,8	B	6
82	Pb	Blei	207,19	1,8	BS	6
83	Bi	Wismut	208,98	1,9	S	6
84	Po	Polonium	–	2,0	BS	6
85	At	Astat	–	2,2		6
86	Rn	Radon	–			6
104	Ku*	Kurtschatovium	–			7

Schalen (Zustand): K L M N O P Q — s p d f

nach Rainer Engelhard

3. Chemie

Periode	Waagerechte Zeile im Periodischen System der Elemente. Die Periodennummer entspricht der Anzahl der besetzten Elektronenschalen. *Beispiel:* Die 18 Elemente der Periode 4 haben eine angefangene Außenschale 4, die beim letzten Element dieser Periode, dem Krypton $_{36}$Kr mit 8 Elektronen besetzt ist.
Gruppe	Senkrechte Spalte im Periodensystem. Die Gruppennummer entspricht der Anzahl der energiereichsten Elektronen (Valenzelektronen).
Elektronenhülle	Aufenthaltsbereich der Elektronen. Sie geben im Grundzustand des Atoms keine Energie ab. Beschreibung des Energiezustandes eines Elektrons durch die Quantenzahlen.
Orbital	Unterteilung der Elektronenhülle in Ladungswolken. Jeder Orbital kann höchstens 2 Elektronen aufnehmen, die sich durch einen antiparallelen Spin unterscheiden.
Hauptquantenzahl n	kennzeichnet den *Abstand des Orbitals* vom Kern. Sie hat die Beträge $1 \ldots 7$ vom Kern nach außen gezählt.
Nebenquantenzahl l	kennzeichnet die *Form des Orbitals* mit den Buchstaben s, p, d und f. l liegt zwischen 0 und $(n-1)$.
Magnetquantenzahl m	kennzeichnet die *Lage des Orbitals* im Raum. m ist ganzzahlig und liegt zwischen $-l$ und $+l$ einschließlich der Null.
Spinquantenzahl s	kennzeichnet die *Richtung des Spins*, vorstellbar als Eigendrehung des Elektrons. Dabei gibt es zwei Möglichkeiten: Parallel und antiparallel. s hat die Beträge $+1/2$ oder $-1/2$.
Pauli-Prinzip	In der Elektronenhülle eines Atoms treten niemals zwei Elektronen des gleichen Energiezustandes auf, d.h. sie stimmen niemals in allen vier Quantenzahlen überein.
Hund'sche Regel	In der Elektronenhülle eines Atoms besitzen die Elektronen von den möglichen Zuständen die jeweils energieärmsten. Orbitale mit gleicher Haupt- und Nebenquantenzahl werden deshalb zunächst einfach besetzt. Erst nach der Einfachbesetzung aller dieser Orbitale werden sie durch ein zweites Elektron mit antiparallelem Spin aufgefüllt.

3.1.2. Besetzung der Hauptniveaus mit Elektronen

Hauptquantenzahl	1	2	3	4	5	6	7
Hauptniveau	K	L	M	N	O	P	Q
Anzahl der moglichen Nebenniveaus	1	2	3	4	5	6	7
Bezeichnung der moglichen Nebenniveaus	1s	2s 2p	3s 3p 3d	4s 4p 4d 4f	5s 5p 5d 5f	6s 6p 6d –	7s – – –
maximale Elektronenbesetzung des Hauptniveaus, $z_{max} = 2n^2$	2	8	18	32	(50)	–	–

Striche in der Tafel geben an, dass bei den natürlichen und künstlichen Atomen im Grundzustand diese Energieniveaus noch nicht beobachtet worden sind.

3.1.3. Maximale Elektronenbesetzung der Nebenniveaus

Nebenquantenzahl	0	1	2	3
Nebenniveau	s	p	d	f
maximale Anzahl der Orbitale	1	3	5	7
maximale Anzahl der Elektronen	2	6	10	14

Beispiel für die Beschreibung der Elektronenkonfiguration Element Nr. 15 Phosphor:

Elektronenbesetzung: $1s^2$; $2s^2$; $2p^6$; $3s^2$; $3p^3$ mit insgesamt 15 Elektronen

Symbolische Darstellung:

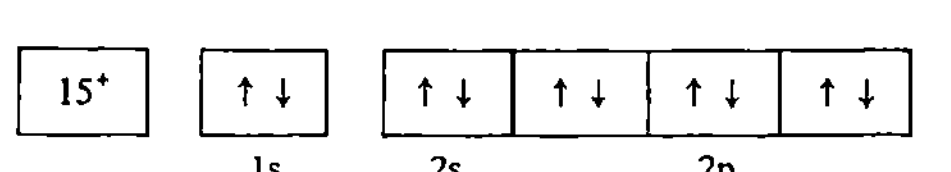
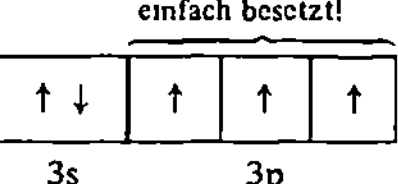

3.2. Metalle

Metalle sind elektropositive Elemente, sie geben Elektronen ab und bilden dann positiv geladene Ionen (Kationen).

Bezeichnung	Name des Elements	Symbol	Ordnungszahl	relative Atommasse	Massenzahl der häufigsten Isotope	Wertigkeiten	Dichte ρ (20 °C) in g/cm³	Schmelzpunkt °C	E-Modul in N/mm² · 10⁵	Wärmeausdehnung α · 10⁻⁶ /K
Alkalimetalle	Lithium	Li	3	6,94	7	I	0,534	179		
	Natrium	Na	11	22,99	23	I	0,971	97,7		
	Kalium	K	19	39,1	39	I	0,862	63,6		
	Rubidium	Rb	37	85,48	85	I	1,532	39		
	Cäsium	Cs	55	132,91	133	I	1,90	28,5		
Erdalkalimetalle	Beryllium	Be	4	9,01	9	II	1,85	1280		
	Magnesium	Mg	12	24,32	24	II	1,74	650		
	Calcium	Ca	20	40,08	40	II	1,55	851		
	Strontium	Sr	38	87,63	88	II	2,60	757		
	Barium	Ba	56	137,36	138	II	3,5	710		
Erdmetalle	Aluminium	Al	13	26,98	27	III	2,70	659		
	Scandium	Sc	21	44,96	45	III	2,99	1530		
	Yttrium	Y	39	88,92	89	III	4,48	1510		
	Lanthan	La	57	138,92	139	III	6,17	920		

3. Chemie

Bezeichnung	Name des Elements	Symbol	Ordnungszahl	relative Atommasse	Massenzahl der häufigsten Isotope	Wertigkeiten	Dichte ρ (20 °C) in g/cm³	Schmelzpunkt °C	E-Modul in N/mm²·10⁵	Wärmeausdehnung $\alpha \cdot 10^{-6}$/K
Seltene Erden (hierzu auch Sc, Y, La)	Cer	C	58	140,13	140	III, IV	6,8	795		
	Praseodym	Pr	59	140,92	141	III, IV, V	6,8	935		
	Neodym	Nd	60	144,27	142	III	7,0	1024		
	Promethium[1])	Pm	61	147	145	III	6,9	–		
	Samarium[1])	Sm	62	150,35	152	II, III	6,93	1072		
	Europium	Eu	63	152	153	II, III	5,3	820		
	Gadolinum	Gd	64	157,26	158	III	7,9	1312		
	Terbium	Tb	65	158,93	159	III, IV	8,3	1356		
	Dysprosium	Dy	66	162,51	164	III	8,5	1404		
	Holmium	Ho	67	164,94	165	III	8,8	1461		
	Erbium	Er	68	167,27	166	III	9,1	1497		
	Thulium	Tm	69	168,94	169	III	9,3	1545		
	Ytterbium	Yb	70	173,04	174	II, III	7,0	824		
	Lutetium[1])	Lu	71	174,99	175	III	9,8	1652		
Leichtmetalle	Aluminium[2])	Al	13	26,98	27	III	2,70	659	0,72	23,8
	Beryllium[4])	Be	4	9,01	9	II	1,85	1280	2,92	28
	Magnesium[4])	Mg	12	24,37	24	II	1,74	650	0,4	26
Schwermetalle	niedrigschmelzend									
	Gallium	Ga	31	69,72	69	I, II, III	5,92	30	–	18
	Indium	In	49	114,82	115	I, II, III	7,36	156	0,1	42
	Zinn[5])	Sn	50	118,70	120	II, IV	7,28	232	0,55	20,7
	Wismut	Bi	83	209,00	209	II, III, V	9,78	271	0,34	12,1
	Thallium[3])	Tl	81	204,39	205	I, III	11,85	302	–	–
	Cadmium[4])	Cd	48	112,41	114	II	8,64	321	0,05	29,7
	Blei[2])	Pb	82	207,19	208	II, IV	11,34	327	0,18	29
	Zink[4])	Zn	30	65,38	64	II	7,13	420	0,94	36
	Antimon	Sb	51	121,76	121	III, IV, V	6,62	630	0,8	10,8
	Germanium	Ge	32	72,60	74	II, IV	5,35	958		
	Kupfer[2])	Cu	29	63,54	63	I, II, III	8,92	1083	1,25	17
	Mangan	Mn	25	54,94	55	I…V	7,44	1245	2,0	23
	Nickel[2])	Ni	28	58,71	58	I…IV	8,9	1450	2,1	13,3
	Kobalt[2]) [4])	Co	27	58,94	59	II, III, IV	8,9	1490	2,13	14
	Eisen[2]) [3])	Fe	26	55,85	56	II, III VI	7,86	1535	2,1	12
	Titan[3]) [4])	Ti	22	47,90	48	II, III, VI	4,51	1670	1,05	10,8
	Vanadium[3])	V	23	50,94	51	II…V	6,10	1730	1,5	12
	Zirkon	Zr	40	91,22	90	II, III, IV	6,47	1860	0,69	14,3
	Chrom[3])	Cr	24	52,00	52	II…VI	7,2	1890	1,9	8,5
	Niob	Nb	41	92,91	93	II…V	8,55	2500	1,6	7,1
	Molybdän[3])	Mo	42	95,95	98	II…VI	10,2	2600	3,36	5,1
	Tantal[3])	Ta	73	180,95	181	II…V	16,65	3030	1,91	6,6
	Wolfram[3])	W	74	183,86	184	II…VI	19,27	3380	4,15	4,5
	Quecksilber	Hg	80	200,59	202	I, II	13,54	−38,9	–	
	Silber[2])	Ag	47	107,88	107	I, II	10,49	960,8	0,8	18,7
	Gold[2])	Au	79	197,0	197	I, III	19,29	1063	0,81	14,2
	Palladium	Pd	46	106,4	106	II, III, IV	11,97	1555	1,15	10,6
	Platin[2])	Pt	78	195,09	195	I…IV, VI	21,45	1773	1,7	9
	Rhodium	Rh	45	102,91	103	I…IV, Vi	12,4	1966	2,8	
	Hafnium	Hf	72	178,5	180	IV	13,3	1975	–	
	Ruthenium	Ru	44	101,10	102	II…VII	12,6	2450	–	10
	Iridium	Ir	77	192,2	193	I…IV, VI	22,4	2454	5,3	6,6
	Osmium	Os	76	190,2	192	II…IV, VI	22,48	2700	5,7	7
	Rhenium	Re	75	186,22	187	I…VII	20,53	3170	–	4

Gruppen der Schwermetalle: niedrigschmelzend, hochschmelzend, höchstschmelzend, Edelmetalle.

3.3. Nichtmetalle

Bezeichnung	Name des Elements	Symbol	Ordnungszahl	relative Atomgewicht Atommasse	bekannte Isotope	Massenzahl der häufigsten Isotope	Dichte ρ in g/l bei 20 °C	Wertigkeiten, Bindigkeiten		
Edelgase	Helium	He	2	4,00	2	4	0,178			
	Neon	Ne	10	20,18	3	20	0,900			
	Argon	Ar	18	39,95	3	40	1,78	nullwertig		
	Krypton	Kr	36	83,80	6	84	3,74			
	Xenon	Xe	54	131,30	9	132 129	5,89			
	Radon	Rn	86	222	3	–	9,96	Zerfallsprodukt des Radiums		
Halogene	Fluor	F	9	19,00	1	19	1,69	I		
	Chlor	Cl	17	35,45	2	35	3,21	I, III, V, VII		
	Brom	Br	35	79,91	2	79	3,14	I, III, V	Dichte	
	Jod	J	53	126,90	1	127	4,93	I, III, V, VII	in g/cm³	
	Astatin[1]	At	85	211	–	–	–			
Gase	Wasserstoff	H	1	1,008	3	1	0,0898	I		
	Stickstoff	N	7	14,007	2	14	1,250	I...V		
	Sauerstoff	O	8	16,00	1	16	1,429	II		
feste Nichtmetalle	Arsen	As	33	74,92	1	75	5,72	III, V		817 [2]
	Bor	B	5	10,81	2	11	2,3	III, V		2300
	Kohlenstoff	C	6	12,01	2	12	2,25	II, III, IV	Dichte ρ in g/cm³ bei 20 °C	3540 [2]
	Phosphor	P	15	30,97	1	31	2,20 1,82	I, III, IV, V		512 rot 44 weiß
	Schwefel	S	16	32,06	4	32	≈ 2	II, IV, VI	Schmelzpunkt in °C	120
	Selen	Se	34	78,96	6	80	4,47	II, IV, VI		144
	Silicium	Si	14	28,09	3	28	2,32	II, IV		1414
	Tellur	Te	52	127,60	8	130	6,24	II, IV, VI		452

[1] radioaktiv, langlebigste Isotope mit Halbwertszeit 8,3 h [2] verdampft aus dem festen Zustand.

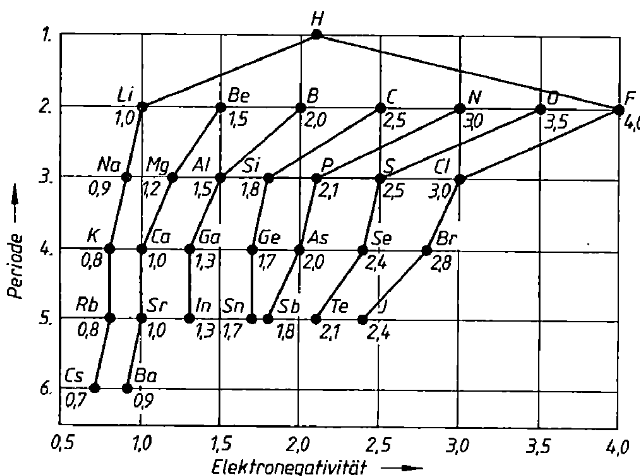

Elektronegativitätsskala (*Pauling*)

Nichtmetalle sind elektronegative Elemente. Sie ziehen Elektronen an und bilden dann negativ geladene Ionen (Anionen).

Der Grad der Anziehung, die so genannte Elektronegativität, wird nach einer Skala mit empirischen Zahlen bewertet. Danach ist Fluor das Element mit der stärksten Anziehung für Elektronen, während das Cäsium das elektropositivste Metall ist.

3. Chemie

3.4. Chemische Bindungen, Wertigkeit

	Metallbindung	Ionenbindung heteropolare, elektrovalente Bindung	Atombindung homöopolare, kovalente Bindung	
Bindungspartner	Metallatome	Metallatome + Nichtmetallatome	Nichtmetallatome	
Elektronegativität der Partner	elektropositive Elemente	Elemente mit unterschiedlicher Elektronegativität	Elemente mit gleicher oder gering unterschiedlicher Elektronegativität	
Änderung in der Elektronenhülle	Abgabe der Valenzelektronen, nicht lokalisierte Elektronen → „Elektronengas"	Übergang der Valenzelektronen zum Anion, lokalisierte Elektronen → Ionenbildung	Elektronenpaarbildung durch Überlappung einfach besetzter Orbitale, lokalisierte Elektronen → Molekülbildung	
Richtung der Bindung	Bindungskräfte allseitig	Bindungskräfte allseitig	Bindungskräfte gerichtet	
Struktur und Art der Teilchen	Metallgitter aus gleichen Gitterbausteinen von platzwechselnden Elektronen zusammengehalten	Ionengitter aus Kationen und Anionen mit starken elektrostatischen Kräften zusammengehalten	Moleküle bestimmter räumlicher Gestalt bilden Molekülgitter mit schwachen zwischenmolekularen Kräften	**Sonderfall, Gruppe IV (PSE)** Atomgitter mit Elektronenpaarbindung nach 4 Richtungen → Diamantgitter
Eigenschaften der entstehenden Stoffe	elektrische Leiter I. Klasse, plastische Verformbarkeit in kaltem Zustand	elektrische Leiter II. Klasse (Ionenleiter), keine plastische Verformbarkeit in kaltem Zustand, hohe Schmelz- und Siedepunkte	Nichtleiter, niedrige Schmelz- und Siedepunkte, z. T. Gase	Halbleiter (evtl. durch Erwärmung), hohe Härte und Schmelzpunkte, keine plastische Verformbarkeit im kalten Zustand
Beispiele	Metalle und Legierungen	Metalloxide, -hydroxide, Salze	Elementare Gase (außer Edelgase), Kohlenstoffverbindungen	Diamant, Quarz SiO_2, Siliciumcarbid SiC, Borcarbid B_4C

polarisierte Atombindung	Atombindung zwischen Nichtmetallen mit unterschiedlicher Elektronegativität. Das bindende Elektronenpaar verlagert sich zum negativeren Partner.

Beispiel: H = 2,1; Cl = 3,0; Chlorwasserstoff HCl

$$+\delta \quad -\delta$$
$$\text{H–Cl} \qquad\qquad \text{Folge:} \quad + \left(\text{H–Cl}\right) -$$

Ladung $\delta \approx 0,2 \cdot e^-$ Dipol

Die polarisierte Atombindung ist als fließender Übergang zwischen den reinen Formen der Atombindung (Nichtmetallatome gleicher Elektronegativität) und der Ionenbindung (Metall- mit Nichtmetallatom) zu betrachten.

Dipol	Molekül mit polarisierter Atombindung, bei dem die Schwerpunkte der Ladung beider Teilchen nicht zusammenfallen, so daß das Molekül ein positives und negatives Ende besitzt. Wichtige Dipole: Wasser H_2O, Ammoniak NH_3 (flüssig) Fluorwasserstoff HF (flüssig) Dipole haben hohe Dielektrizitätskonstante und sind dadurch Lösungsmittel für Ionenverbindungen. Die beiden Enden eines Dipolmoleküls wirken auf Ionen anziehend bzw. abstoßend. Dadurch umgeben sich Ionen mit einer Hülle von Dipolen, welche die elektrostatische Anziehung der Ionen verringern. Dadurch entstehen die freibeweglichen Ionen in z.B. Lösungen des Wassers → elektrolytische Dissoziation, Tafel 3.8.
stöchiometrische Wertigkeit	Ganzzahlige Angabe über das Verhältnis, mit dem Atome oder -gruppen das Wasserstoffatom binden oder ersetzen können. Neben dem einwertigen Wasserstoff H kann auch der zweiwertige Sauerstoff O als Bezugsgröße dienen.
Ionenwertigkeit Ladungszahl	Ganzzahlige Angabe mit Vorzeichen; kennzeichnet die Anzahl der aufgenommenen Elektronen (Minus-Zeichen) oder der abgegebenen Elektronen (Pluszeichen). Der Betrag der Ionenwertigkeit stimmt mit der stöchiometrischen Wertigkeit überein. *Beispiel:* Schwefelsäure H_2SO_4; der Säurerest $(SO_4)^{2-}$ hat die Ladungszahl -2 und die stöchiometrische Wertigkeit 2.
Bindigkeit, Bindungswertigkeit	Ganzzahlige Angabe; kennzeichnet die Anzahl der Elektronen, die das Atom mit seinen Partnern gemeinsam besitzt. Bindigkeit und Wertigkeit stimmen nicht immer überein! *Beispiel* C-Atome: Methan CH_4: Wertigkeit 4 Bindigkeit 4 Äthen C_2H_4: Wertigkeit 2 Bindigkeit 4 Bindigkeit mit Hilfe der Elektronenformeln oder Strukturformeln erklärbar. Strukturformel Elektronenformel
Oxydationszahl	Rechengröße zur Erfassung von Redoxreaktionen. Die Oxydationszahl ist die gedachte Ladung eines Elementes in einer chemischen Verbindung unter der Annahme, sie würde aus Ionen bestehen (auch wenn es eine Atombindung ist). Dabei sind folgende Regeln der Reihe nach anzuwenden: 1. Alle Metalle sowie Bor und Silicium erhalten positive Oxydationszahlen. 2. Fluor, als elektronegativstes Element erhält -1.

3. Chemie

3. Wasserstoff erhält + 1 und Sauerstoff − 2, soweit nicht bereits durch Anwendung von Regel 1 und 2 andere Zahlen festliegen.

Mit Hilfe der Oxydationszahlen können Reaktionsgleichungen nachgeprüft werden unter Beachtung folgender Grundsätze:

Alle Elemente, auch die elementaren Gase, haben die Oxydationszahl Null.

Bei einer chemischen Verbindung ist die Summe aller Oxydationszahlen gleich Null.

Beispiel: Oxydationszahlen des Schwefels

$\overset{+1}{H}_2 S$ für Schwefelwasserstoff ergibt sich − 2

$S\overset{-2}{O}_2$ für Schwefeldioxid ergibt sich + 4

$S\overset{-2}{O}_3$ für Schwefeltrioxid ergibt sich + 6

Bei einem Ion ist die Summe der Oxydationszahlen gleich der Ionenwertigkeit (Ladungszahl).

Beispiel: Oxydationszahl des Stickstoffs im Nitrat-Ion, Ladung − 1.

$\left[N\overset{-2}{O}_3 \right]^{1-}$ für Stickstoff ergibt sich + 5.

Bei einer Reaktionsgleichung muss die Summe der Oxydationszahlen auf beiden Seiten gleich groß sein. Dabei können die Oxydationszahlen von Elementen, die sich nicht ändern, fortgelassen werden. Es müssen jedoch die Koeffizienten und Multiplikatoren berücksichtigt werden.

Beispiel: Aluminothermische Reduktion von Silicium

$$\overset{+4}{Si}O_2 + \overset{0}{Al} \rightarrow \overset{+3}{Al}_2 O_3 + \overset{0}{Si}$$

+ 4	+ 6	Vergleich der 0-Zahlen links und rechts lässt auf fehlende Koeffizienten schließen.

(Faktor 3)   (Faktor 2)

$$3\,SiO_2 + Al \rightarrow 2\,Al_2 O_3 + Si$$
$$\text{— 4 Al —}$$
$$\text{— 3 Si —}$$

Probe auf Gleichheit der Massen ergibt restliche Koeffizienten.

$$3\,SiO_2 + 4\,Al \rightarrow 2\,Al_2 O_3 + 3\,Si$$

Reaktionsgleichung

Koordinationszahl

Angabe über die Zahl der unmittelbaren Nachbarteilchen in Raumgittern und Komplex-Ionen. Sie lässt einen Schluss auf die Struktur und den Modellkörper zu, den das Teilchen mit diesen Nachbarn bildet.

Koordinations-zahl	Modellkörper	Raumgitterstruktur, Beispiel
4	Tetraeder	Diamantgitter
6	Oktaeder	kubisch-einfach, Kochsalzgitter
8	Würfel	kubisch-raumzentriert, α-Eisen
12	Würfel	kubisch-flächenzentriert, γ-Eisen, Blei
12	hexagonales Prisma	hexagonal-dichteste Packung, Zink, Magnesium

Bei Komplex-Ionen gibt die Koordinationszahl an, wie viele Liganden (Ionen oder Moleküle) um das so genannte Zentralion angeordnet sind. Es sind alle Zahlen von 2...8 möglich, häufig sind die geraden Koordinationszahlen.

Beispiel: Natriumhexafluoraluminat, Na_3 (AlF_6). Als Kryolith für die Al-Schmelzflusselektrolyse ein wichtiges Flussmittel.

$3\,Na^+ + (AlF_6)^{3-}$ Im Anion ist das Al von 6 Fluorionen umgeben.

$\overset{+3\ -1}{AlF_6}$ Aus den Oxydationszahlen errechnet sich die dreifach negative Ladung des Ions.

Komplex-Ionen haben einen räumlichen Bau, der durch die in der Tafel angegebenen Modellkörper beschrieben wird.

3.5. Systematische Benennung chemischer Verbindungen

3.5.1. Anorganische Verbindungen

allgemeine Regeln	

Grundsätzlich wird der Name des elektropositiveren Elementes (Metall) an erster Stelle (meist unverändert) genannt. Daran wird der Name des elektronegativeren Elementes (oder Gruppe) mit einer *Endung* angehängt.

Bei Verbindungen aus zwei Elementen heißt die Endung —id.

Die Reihenfolge der Benennung wird durch die Elektronegativitätsskala nach *Pauling* geregelt.

K	Na Ba	Li Ca	Mg	Al	Zn	Si	H	P	C	S	N	Cl	O	F
0,8	0,9	1,0	1,2	1,5	1,7	1,8	2,1	2,1	2,5	2,5	3,0	3,0	3,5	4,0

◄— elektropositiver   elektronegativer —►

Verbindungen des	Name	Verbindungen des	Name
Wasserstoff	-hydrid	Sauerstoff	-oxid
Fluor	-fluorid	Schwefel	-sulfid
Chlor	-chlorid	Stickstoff	-nitrid
Brom	-bromid	Kohlenstoff	-carbid
Jod	-jodid	Phosphor	-phosphid

Metallverbindungen	

Wenn mehrere Verbindungen des Metalls mit einem Element (oder Gruppe) existieren, wird zur eindeutigen Kennzeichnung die Oxydationsstufe des Metalles zwischen die beiden Teile gesetzt:

Beispiele:

FeO Eisen(II)-oxid Fe_2O_3 Eisen(III)-oxid
Fe_3O_4 Eisen(II,III)-oxid,   dagegen nur
Aluminiumoxid (keine weiteres Oxid bekannt)

Verbindungen von zwei Nichtmetallen	

Wenn mehrere Verbindungen zwischen beiden Elementen existieren, wird zur eindeutigen Kennzeichnung zu einem oder auch zu beiden Teilen ein griechisches Zahlwort hinzugefügt.

Grundsatz: Nur so viel Zahlworte, als zur zweifelsfreien Bezeichnung erforderlich! Für das elektropositivere Element entfällt das Zahlwort „mono".

1	mon(o)
2	di
3	tri
4	tetr(a)
5	pent(a)
6	hex(a)
7	hept(a)

Beispiele:

CO Kohlenmonoxid CO_2 Kohlendioxid
SO_2 Schwefeldioxid SO_3 Schwefeltrioxid
N_2O Distickstoffoxid
N_2O_4 Distickstofftetroxid

3. Chemie

Hydroxide	Namen werden aus dem Metall (evtl. unter Angabe der Oxydationsstufe) und der Hydroxidgruppe (OH) gebildet. Die Zahl der OH-Gruppen wird nicht angegeben. *Beispiele:* $Fe(OH)_2$ Eisen(II)-hydroxid $Fe(OH)_3$ Eisen(III)-hydroxid, dagegen: $Al(OH)_3$ Aluminiumhydroxid (kein weiteres bekannt)
Säuren	Keine systematische Benennung, es werden Trivialnamen (gewerbliche Bezeichnungen) verwendet.
Salze	Salznamen werden aus dem Metall (evtl. unter Angabe der Oxydationsstufe) und dem Namen des Säurerestes gebildet. Saure Salze, die noch Säurewasserstoff enthalten, werden durch ein zwischengeschaltetes -hydrogen- gekennzeichnet (siehe Tafel).

3.5.2. Säuren, Säurereste, Ladung und Benennung

Säure	Formel	Säurerest	Ladung	Salzname
Fluorwasserstoffsäure Flusssäure	HF	F	1-	-fluorid
Chlorwasserstoffsäure Salzsäure	HCl	Cl	1-	-chlorid
Bromwasserstoffsäure	HBr	Br	1-	-bromid
Jodwasserstoffsäure	HJ	J	1-	-jodid
Schwefelwasserstoffsäure	H_2S	S	2-	-sulfid
Cyanwasserstoffsäure Blausäure	HCN	CN	1-	-cyanid
chlorige Säure	$HClO_2$	ClO_2	1-	-chlorit
Chlorsäure	$HClO_3$	ClO_3	1-	-chlorat
Perchlorsäure	$HClO_4$	ClO_4	1-	-perchlorat
Cyansäure	HOCN	OCN	1-	-cyanat
Kieselsäure	H_2SiO_3	SiO_3	2-	-silikat
Kohlensäure	H_2CO_3	CO_3	2-	-carbonat
		HCO_3	1-	-hydrogencarbonat
Phosphorsäure	H_3PO_4	PO_4	3-	-phosphat
		HPO_4	2-	-hydrogenphosphat
salpetrige Säure	HNO_2	NO_2	1-	-nitrit
Salpetersäure	HNO_3	NO_3	1-	-nitrat

3.5.3. Organische Verbindungen

Kettenförmige Kohlenwasserstoffe (Aliphaten)

Der Name einer chemischen Verbindung besteht aus dem Stammnamen, Endungen bzw. Vorsilben und Ziffern, die die Stellung der Gruppen in der Kette angeben.

Stammname	wird nach der Zahl der C-Atome in der Hauptkette gebildet

Stamm	Zahl	Stamm	Zahl
Meth-	1	Hex-	6
Äth-	2	Hept-	7
Prop-	3	Okt-	8
But-	4	Non-	9
Pent-	5	Dec-	10

Endung	wird nach der Bindung der C-Atome in der Kette gebildet

Endung	Name der Reihe	Formel allgemein	Beispiel	Bindungen
-an	Alkan (Paraffin)	C_nH_{2n+2}	C_2H_6 Äthan, Ethan $-\overset{\mid}{C}-\overset{\mid}{\underset{\mid}{C}}-$	Einfachbindung, gesättigt
-en	Alken (Olefin)	C_nH_{2n}	C_2H_4 Äthen, Ethen $>C=C<$	Doppelbindung, ungesättigt
-dien	Alkadien (Diolefin)	C_nH_{2n-2}	C_4H_6 Butadien $>C=\overset{\mid}{C}-\overset{\mid}{C}=C<$	2 Doppelbindungen, ungesättigt
-in	Alkin (Acetylen)	C_nH_{2n-2}	C_2H_2 Äthin, Ethin $-C\equiv C-$	Dreifachbindung, ungesättigt

Ziffern	Nachgestellte Ziffern geben an, hinter welchem (oder welchen) C-Atom(en) die Mehrfachbindung liegt. Sie kann weggelassen werden, wenn bei kurzen Ketten keine Zweideutigkeit vorliegt.

Beispiele:

$CH_2 = C = CH - CH_3$ Butadien-(1,2)

Stellung der Doppelbindungen

2 Doppelbindungen

4 C-Atome in der Kette

$CH \equiv C - CH_3$
$CH_3 - C \equiv CH$ Propin

Dreifachbindung

3 C-Atome in der Kette

Hier kann die Stellungsziffer weggelassen werden, da die beiden Möglichkeiten für die Lage der Dreifachbindung gleichwertig sind.

verzweigte Ketten	wurden früher mit der Vorsilbe Iso- gekennzeichnet. Systematische Benennung nach vier Regeln:

1. Stammname wird nach der Anzahl der C-Atome in der längsten Kette gebildet

2. Radikalname(n) der Seitenketten als Vorsilben vorgestellt

3. Zahlwörter vor den Radikalnamen, wenn mehrere gleiche Radikale vorliegen

4. Stellungsziffer vor dem Radikalnamen gibt an, bei welchem Glied der C-Kette die Seitenkette abzweigt (kleinstmögliche Ziffer), kann bei Eindeutigkeit fortfallen

3. Chemie

Radikale	Kohlenwasserstoffreste (Alkyle) sind ein- oder mehrbindige Atomgruppen, die nicht selbständig existieren, bei chemischen Reaktionen aber meist zusammenbleiben. Sie leiten sich von den Stammnamen der Kohlenwasserstoffe ab und haben die Endung -yl.

| CH_3- | Methyl | C_3H_7- | Propyl | $CH_2 = CH$- | Äthenyl |
| C_2H_5- | Äthyl | C_4H_9- | Butyl | $CH_2 = CH - CH_2$ | Propenyl |

Beispiele:

$$\overset{1}{CH_3} - \overset{2}{CH} - \overset{3}{CH_2} - \overset{4}{CH_3}$$
$$\ \ \ \ \ \ \ \ \ \ \ |$$
$$\ \ \ \ \ \ \ \ \ \ CH_3$$

2-Methylbutan
4 C-Atome in der Hauptkette
Seitenkettenradikal
Abzweig beim 2. C-Atom

$$CH_3 - C - CH_3$$

mit CH_3 oben und unten

2,2-Dimethylpropan
3 C-Atome in der Hauptkette
2 Radikale gleicher Art
Abzweige am 2. C-Atom

$$CH_3 - C = CH_2$$
$$\ \ \ \ \ \ \ \ |$$
$$\ \ \ \ \ \ CH_3$$

Methylpropen (statt 2-Methylpropen-(1), da eindeutig)

Halogenderivate	Hierfür gelten die Regeln die auf verzweigten Ketten angewendet werden. Anstelle der Alkyl-Radikale treten die Namen der Halogenelemente.

Beispiele:

$CH_3 - CH_2Cl$ Chloräthan $CH_2Cl - CH_2Cl$ 1,2-Dichloräthan

CF_2Cl_2 Difluordichlormethan

$CF_2 = CFCl$ Trifluorchloräthen   Stellungsziffern überflüssig

2 C-Atome, Doppelbindung
1 Cl-Atom als Substituent
3 F-Atome als Substituenten

weitere Derivate	Durch Einbau funktioneller Gruppen in die Stammkohlenwasserstoffe entstehen Derivate, deren Namen meist mit Endung gebildet werden, die von der funktionellen Gruppe abhängen. Bei längeren Ketten muss die Stellung der Gruppe in der Kette angegeben werden. Gleiche Gruppen zwei- oder mehrfach werden durch Zahlwörter berücksichtigt.

Beispiel:

$$\overset{4}{CH_3} - \overset{3}{CH_2} - \overset{2}{CH} - \overset{1}{CH_2} - OH \ \ \ \ \ \text{Butandiol-(1,2)}$$
$$\ |$$
$$\ OH$$

3.5.4. Funktionelle Gruppen

In Klammern stehende Namen sind bekannte Trivialnamen der Verbindungen

Derivatname	Endung	kennzeichnende Gruppe			Beispiel
		Name	Struktur	Formel	
Alkanol (Alkohol)	-ol	Hydoxy-	$R-OH$	$-OH$	C_2H_5-OH Äthanol $C_3H_5(OH)_3$ Propantriol (Glyzerin)
Alkanal (Aldehyd)	-al	Aldehyd-	$R-C\overset{\nearrow O}{\searrow H}$	$-CHO$	CH_3-CHO Äthanal (Acetaldehyd)
Alkanon (Keton)	-on	Oxo-	$R-\overset{\|}{\underset{O}{C}}-R$	$=CO$	$CH_3-CO-CH_3$ Propanon (Aceton)
Alkansäure (Karbonsäure) Alkensäure	-säure	Carboxyl-	$R-C\overset{\nearrow O}{\searrow OH}$	$-COOH$	CH_3-COOH Äthansäure (Essigsäure) $CH_3=CH-COOH$ Propensäure (Acrylsäure)
Aminoalkane	-amin	Amino-	$R-N\overset{\nearrow H}{\searrow H}$	$-NH_2$	CH_3-NH_2 Methylamin Aminomethan
Alkanamide	-amid		$R-C\overset{\nearrow O}{\searrow NH_2}$	$-CONH_2$	CH_3-CONH_2 Äthanamid
Alkannitril	-nitril	Nitril-	$R-C\equiv N$	$-CN$	CH_3-CN Äthannitril
Alkennitril					$CH_2=CH-CN$ Propennitril (Acrylnitril)
Nitroalkan	–	Nitro-	$R-N\overset{\nearrow O}{\searrow O}$	$-NO_2$	CH_3-NO_2 Nitromethan
Alkylsulfone	-sulfon	Sulfon-	$R-\overset{\|}{\underset{O}{S}}-R$	$=SO_2$	$CH_3-SO_2-CH_3$ Dimethylsulfon
Alkansäurealkyl-Ester	-ester		$R_1-C\overset{\nearrow O}{\searrow OR_2}$	$-COO-$	CH_3COOCH_3 Äthansäure-methylester
Alkoxyalkane Äther	-oxy-		R_1-O-R_2		$C_2H_5-O-C_2H_5$ Äthoxy-äthan (Diäthyläther)

3.5.5. Ringförmige Kohlenwasserstoffe (Aromaten)

Für diese Verbindungen und ihre Derivate (Ableitungen) sind meist Trivialnamen im Gebrauch. Deswegen werden die Regeln auf Benzol und die wichtigsten Derivate beschränkt.

Benzol C_6H_6

Radikal Phenyl C_6H_5-

3. Chemie

| Stellungsziffern | Die H-Atome können durch Alkylradikale, Halogene oder funktionelle Gruppen substituiert werden. Bei mehreren Substituenten wird die Stellung am Benzolring durch Ziffern bezeichnet, die direkt an der Bezeichnung für den Substituenten stehen (siehe Beispiele).

 1,2-Stellung (ortho-), o-   1,3-Stellung (meta-), m-   1,4-Stellung (para-), p-

Beispiele:

 1,2-Dimethylbenzol (o-Xylol)   2-Methylhydroxybenzol (o-Kresol)

 Benzoldicarbonsäure-(1,2) (Phtalsäure)   1,4-Diaminobenzol (p-Phenylendiamin) |

3.6. Wichtige Stoffgruppen und chemische Verbindungen

3.6.1. Basen, Laugen

Bezeichnung	chemische Formel	Beispiel und Bemerkung: $CaO + H_2O \rightarrow Ca(OH)_2$ (Metalloxid) + (Wasser) $\rightarrow$ (Hydroxid)
Natronlauge	$NaOH$	Herstellung durch Elektrolyse von NaCl-Lösung nach verschiedenen Verfahren. Zum Aufschluss von Bauxit, Zellstoff; für Seifenherstellung und Beizen von Aluminium.
Kalilauge	KOH	Elektrolyt in Nickel-Eisen-Akkumulatoren.
Calciumhydroxid, gelöschter Kalk	$Ca(OH)_2$	Als Kalkwasser eine billige Lauge bei der Zuckerherstellung.
Calciumoxid, gebrannter Kalk	CaO	Basischer Stoff für die Neutralisation von Abfallsäuren und sauren Böden. Zur Entphosphorung im Stahlwerk.
Calciumcarbonat, Kalkstein	$CaCO_3$	Hochofenzuschlag zur Schlackenbildung und Entschwefelung.
Magnesiumcarbonat, Magnesit, Dolomit	$MgCO_3$	Basische Stoffe für feuerfeste Auskleidungen von Öfen und Pfannen im Stahlwerk und Gießerei.
Natriumcarbonat, Soda	Na_2CO_3	Roheisenentschwefelung, Glasherstellung, Entfettungsmittel.
Kaliumcarbonat, Pottasche	K_2CO_3	Glasherstellung.

3.6.2. Gewerbliche und chemische Benennung von Chemikalien, chemische Formeln

gewerbliche Benennung	chemische Benennung	chemische Formel
Äther	Äthylather	$(C_2H_5)_2O$
Ätzkali	Kaliumhydroxid	KOH
Ätznatron	Natriumhydroxid	$NaOH$
Alaun	Kaliumaluminiumsulfat	$KAl(SO_4)_2 \cdot 12 H_2O$
Alkohol	Äthanol	C_2H_5OH
Antichlor	Natriumthiosulfat	$Na_2S_2O_3 \cdot 5 H_2O$
Azeton	Aceton	$(CH_3)_2 \cdot CO$
Azetylen	Acetylen	C_2H_2
Blausäure	Cyanwasserstoff	HCN
Bleiglätte	Bleioxid	PbO
Bleiweiß	bas. Bleicarbonat	$2 PbCO_3 \cdot Pb(OH)_2$
Bleizucker	Bleiacetat	$Pb(C_2H_3O_2)_2 \cdot 3 H_2O$
Blutlaugensalz, gelb	Kaliumhexacyanoferrat(II)	$K_4[Fe(CN)_6] \cdot 3 H_2O$
Blutlaugensalz, rot	Kaliumhexacyanoferrat(III)	$K_3[Fe(CN)_6]$
Borax	Natriumtetraborat	$Na_2B_4O_7 \cdot 10 H_2O$
Braunstein	Mangandioxid	MnO_2
Chilesalpeter	Natriumnitrat	$NaNO_3$
Chlorkalk	Chlorkalk	$CaCl(OCl)$
Chromsäure	Chrom(VI)-oxid	CrO_3
Chromkali, gelb	Kaliumchromat	K_2CrO_4
Chromkali, rot	Kaliumbichromat	$K_2Cr_2O_7$
destilliertes Wasser	destilliertes Wasser	H_2O
Eisenoxyd, salzsauer	Eisen(III)-chlorid	$FeCl_3 \cdot 6 H_2O$
Eisenrost	Eisen(III)-oxid-Hydrat	$Fe_2O_3 \cdot xH_2O$
Eisenvitriol	Ferrosulfat	$FeSO_4 \cdot 7 H_2O$
Essig	Essigsäure	CH_3COOH
Fixiersalz	Natriumthiosulfat	$Na_2S_2O_3 \cdot 5 H_2O$
Flusssäure	Fluorwasserstoff	HF
Gips	Calciumsulfat	$CaSO_4 \cdot 2 H_2O$
Glaubersalz	Natriumsulfat	$Na_2SO_4 \cdot 10 H_2O$
Glyzerin	Glycerin	$C_3H_5(OH)_3$
Graphit	Graphit	C
Grünspan	bas. Kupferacetat	$Cu(C_2H_3O_2)_2 + Cu(OH)_2 \cdot 5 H_2O$
Hollenstein	Silbernitrat	$AgNO_3$
Kalilauge (kaustisches Kali)	Kaliumhydroxid	KOH
Kalisalpeter	Kaliumnitrat	KNO_3
Kalk, gebrannt	Calciumoxid	CaO
Kalk, gelöscht	Calciumhydroxid	$Ca(OH)_2$
Kalkstein		$CaCO_3$
(Kalzium-) Karbid	Calciumcarbid	CaC_2
kaustische Pottaschenlauge	Kaliumhydroxid	KOH
kaustische Soda	Natriumhydroxid	$NaOH$
Kieselsäure (Quarz)	Siliciumdioxid	SiO_2
Kochsalz (Steinsalz)	Natriumchlorid	$NaCl$
Kohlensäure	Kohlendioxid	CO_2
Korund	Aluminiumoxid	Al_2O_3
Kreide	Calciumcarbonat	$CaCO_3$
Kupferoxyd, salzsauer	Kupfer(II)-chlorid	$CuCl_2 \cdot 2 H_2O$
Kupfervitriol	Kupfersulfat	$CuSO_4 \cdot 5 H_2O$
Lotwasser	wässerige Lösung von Zinkchlorid	$ZnCl_2$
Manganoxydul, salzsauer	Mangan(II)-chlorid	$MnCl_2 \cdot 4 H_2O$
Marmor	Calciumcarbonat	$CaCO_3$
Mennige	Blei(II,IV)-oxid	Pb_3O_4
Methyl-Alkohol	Methanol	CH_3OH
Natron (Natronlauge)	Natriumhydroxid	$NaOH$
Natronsalpeter	Natriumnitrat	$NaNO_3$
Polierrot	Eisen(III)-oxid	Fe_2O_3
Pottasche	Kaliumcarbonat	K_2CO_3
Salmiak, Salmiaksalz	Ammoniumchlorid	NH_4Cl
Salmiakgeist	wässerige Lösung von Ammoniak	NH_3
Salzsäure	Chlorwasserstoffsäure	HCl
Scheidewasser	Salpetersäure	HNO_2
Schwefelsäure	Schwefelsäure	H_2SO_4
Siliziumkarbid	Siliciumcarbid	SiC
Soda (Kristall-)	Natriumcarbonat	$Na_2CO_3 \cdot 10 H_2O$
Tetra	Tetrachlorkohlenstoff	CCl_4
Tetraäthylblei	Bleitetraäthyl	$Pb(C_2H_5)_4$
Tetralin	Tetrahydronaphthalin	$C_{10}H_{12}$
Tri	Trichlorathylen	C_2HCl_3
übermangansaures Kali	Kaliumpermanganat	$KMnO_4$
Vitriol, blauer	Kupfersulfat	$CuSO_4 \cdot 5 H_2O$
Vitriol, grüner	Eisen(II)-sulfat	$FeSO_4 \cdot 7 H_2O$
Wasserglas (Natron-)	Natriumsilicat	Na_2SiO_2
Wasserglas (Kali-)	Kaliumsilicat	K_2SiO_3
Wasserstoffsuperoxyd	Wasserstoffperoxid	H_2O_2
Zink, salzsauer	Zinkchlorid	$ZnCl_2$
Zinkchlorid	Zinkchlorid	$ZnCl_2 \cdot 3 H_2O$
Zinkweiß	Zinkoxid	ZnO
Zinnchlorid	Zinn(IV)-chlorid	$SnCl_4$
Zinnsalz, Chlorzinn	Zinn(II)-chlorid	$SnCl_2$
Zyankali	Kaliumcyanid	KCN

3. Chemie

3.6.3. Säuren

Bezeichnung	chemische Formel	SO_2 + H_2O → H_2SO_3 (Nichtmetalloxid) + (Wasser) → (Säure)
Chlorwasserstoffsäure, Salzsäure	HCl	Wasser löst bei 15 °C etwa das 450fache Volumen Chlorwasserstoff. Beizmittel zum Entzundern.
Flourwasserstoffsäure, Flusssäure	HF	Siedepunkt 19,5 °C, als 30…50 %ige Säure in wässriger Lösung. Ätzmittel für Glas.
Schwefelsäure	H_2SO_4	Meist verdünnt verwendet. Konzentriert stark wasserentziehend. Hauptverwendung zur Düngemittelherstellung, Akkusäure, Herstellung anderer Säuren.
Salpetersäure	HNO_3	Starkes Oxydationsmittel, entzündet konzentriert Holz, Alkohol. Dient zur Einführung der Gruppe NO_2 in Kohlenwasserstoffe: Nitrierung von Glycerin: Nitroglycerin.
Phosphorsäure	H_3PO_4	Phosphatieren von Oberflächen.

3.7. Chemische Reaktionen, Gesetze, Einflußgrößen

Reaktionsgleichung	Qualitative und quantitative Beschreibung einer chemischen Reaktion mit Symbolen für Elemente und Formeln für chemische Verbindungen. Es sind verschiedene Formen möglich: Reaktionsgleichung mit Summenformeln $NaCl + AgNO_3$ → $NaNO_3 + AgCl \downarrow$ Ionengleichung $Na^+ + Cl^- + Ag^+ + (NO_3)^-$ → $Na^+ + (NO_3)^- + AgCl \downarrow$ Reaktionsgleichung mit Elektronenformeln $N + N$ → N_2; :N· + ·N: → :N::N: Reaktionsgleichung mit Elektronenformeln (Unterscheidung in gepaarte und ungepaarte Außenelektronen) $H_2 + Cl_2$ → $2\,HCl$; H:H + |Cl̄:Cl̄| → 2 H:Cl̄|
Erhaltung der Masse	Bei chemischen Reaktionen ändert sich die Masse eines geschlossenen Systems nicht. Folgerung für die Reaktionsgleichung: Jede Atomart muss auf beiden Seiten der Gleichung in gleicher Anzahl auftreten.
Erhaltung der Energie	Wenn bei der Bildung eines Stoffes Energie frei wird, so muss für den umgekehrten Vorgang der gleiche Energiebetrag zugeführt werden. Die Art der Energie (Wärme, elektrische Energie) kann in manchen Fällen eine andere sein.
Reaktionsgeschwindigkeit	Konzentrationsänderung eines Stoffes je Zeiteinheit. Die Reaktionsgeschwindigkeit steigt mit der Temperatur (größere Energie und Häufigkeit der Zusammenstöße) und mit der Konzentration (größere Häufigkeit der Zusammenstöße der Teilchen). Katalysatoren erhöhen, Inhibitoren erniedrigen die Reaktionsgeschwindigkeit.

Konzentration	Anteil eines Stoffes am Stoffsystem (Gasmischung, Lösung)
	Stoffmengenkonzentration (Molarität) c: Stoffmenge des gelösten Stoffes in 1 l Lösung mit der Einheit $\frac{mol}{l}$
	Stoffmengenbruch (Molenbruch) x: Stoffmenge einer Komponente durch gesamte Stoffmenge mit der Einheit $\frac{mol}{mol} = 1$
Umkehrbare Reaktionen	Chemische Reaktionen verlaufen gleichzeitig in beiden Richtungen mit zunächst unterschiedlichen Reaktionsgeschwindigkeiten. Hinreaktion, Bildung von SO_3 $$SO_2 + O \rightleftharpoons SO_3 - \Delta H$$ Rückreaktion, Zerfall von SO_3 Die Hinreaktion verläuft anfangs schnell, wegen der abnehmenden Konzentration der Ausgangsstoffe aber langsamer werdend. Die Rückreaktion setzt sehr langsam ein, wird mit zunehmender Konzentration der SO_3-Moleküle schneller. Wenn beide Geschwindigkeiten gleich groß geworden sind, ist die Reaktion von außen betrachtet beendet. Dann ist das chemische Gleichgewicht erreicht.
chemisches Gleichgewicht	Dynamischer Gleichgewichtszustand eines Stoffsystems, bei dem gleich viele Moleküle entstehen wie andererseits zerfallen. Ausgangsstoffe und Reaktionsprodukte sind in bestimmten Massenverhältnissen vorhanden. Dieses Massenverhältnis wird als Lage des Gleichgewichts bezeichnet und mit dem Massenwirkungsgesetz berechnet. Das im Gleichgewicht vorhandene Massenverhältnis der Stoffe bleibt bestehen, solange nicht einer der drei Gleichgewichtsfaktoren geändert wird: 1. Temperatur; 3. Konzentration (durch Zu- oder Abfuhr eines der 2. Druck; Reaktionspartner).
Prinzip des kleinsten Zwanges	Gesetzmäßigkeit (*Le Chatelier, Braun*) über das Verhalten von Stoffsystemen, die im Gleichgewicht sind. Jede Änderung der drei Gleichgewichtsfaktoren (Temperatur, Druck, Konzentration) übt auf das System einen Zwang aus. Dadurch wird diejenige Reaktion beschleunigt, welche den Zwang vermindert. Das System erhält eine neue Gleichgewichtslage.
Einfluss der Temperatur	Bei Temperaturerhöhung wird die Gleichgewichtslage auf die Seite der endothermen Verbindung verschoben, bei Temperatursenkung auf die andere Seite der Reaktionsgleichung. *Beispiel:* Boudouard-Gleichgewicht, Reaktion eines CO/CO_2-Gemisches bei Koksüberschuss (Hochofenprozess) $$CO_2 + C \rightleftharpoons 2\,CO + 1{,}716 \cdot 10^5 \,J.$$ Die Bildung von CO ist endotherm, bei Temperaturerhöhung wird mehr CO entstehen, die Hinreaktion wird beschleunigt. Temperatursenkung beschleunigt die Rückreaktion, CO zerfällt in $C + CO_2$.

3. Chemie

Einfluß des Druckes	Bei Druckerhöhung wird die Gleichgewichtslage zu der Seite verschoben, welche Stoffe mit kleinerem Volumen aufweist, bei Druckminderung im entgegengesetztem Sinne. *Beispiel:* Vakuumbehandlung von Stahlschmelzen zur weiteren Desoxydation $FeO + C \rightleftharpoons CO + Fe$; rechte Seite mit größerem Volumen Die Gleichgewichtsreaktion wird bei Druckminderung (Vakuum) bevorzugt nach rechts weiterlaufen, da die Reaktionsprodukte ein größeres Volumen besitzen. Der Anteil der Ausgangsstoffe (Oxidschlacke) wird vermindert.
Massenwirkungs- gesetz (MWG)	Gesetz (*Guldberg* und *Waage*) über den Einfluss der Stoffmassen (Konzentration) auf die Reaktion. Der Quotient aus $$\frac{\text{Produkt der Konzentrationen der Reaktionsstoffe}}{\text{Produkt der Konzentrationen der Ausgangsstoffe}}$$ ist eine für jede Reaktion verschiedene Konstante, die von der Temperatur abhängt. Diese Gleichgewichtskonstante K wird durch Versuche ermittelt. Allgemeine Formulierung für eine Reaktion: $n_1 A + n_2 B \ldots \rightleftharpoons m_1 C + m_2 D + \ldots$ $[C]$ bedeutet: Konzentration von C $$K = \frac{[C]^{m_1} \cdot [D]^{m_2}}{[A]^{n_1} \cdot [B]^{n_2}}$$ für eine Temperatur T Für die Ammoniaksynthese, z. B.: $N_2 + 3\,H_2 \rightleftharpoons 2\,NH_3$ $K = \dfrac{[NH_3]^2}{[N_2] \cdot [H_2]^3}$ Folgerungen aus dem MWG: Wird bei konstanter Temperatur die Konzentration eines Stoffes geändert, so verschiebt sich die Gleichgewichtslage so, dass der Quotient des MWG wieder den Betrag K erhält. *Beispiel:* Wenn auf der linken Seite der Ammoniaksynthesegleichung die beiden Gase nicht im Verhältnis 1:3, sondern mit etwas mehr Wasserstoff gemischt werden, so erhält der Nenner des MWG einen größeren Wert. Um auf die gleiche Gleichgewichtskonstante K zu kommen, muss das System mehr NH_3 bilden, d. h., die Ausbeute an Ammoniak steigt. Wird eines der Reaktionsprodukte ständig aus dem Stoffsystem entfernt, so kann sich kein Gleichgewicht ausbilden. Die Reaktion verläuft ständig unter Bildung dieses Produktes weiter. *Beispiel:* Brennen von Kalkstein, Calciumcarbonat $CaCO_3 \rightarrow CaO + CO_2 \uparrow$ CO_2 kann aus dem Prozess an die Luft entweichen Fällungsreaktionen in Lösungen: $AgNO_3 + NaCl \rightarrow AgCl \downarrow + NaNO_3$ Schwerlösliche Salze — hier $AgCl$ — fallen als Niederschlag aus dem homogenen System der Lösung aus, dadurch Verschiebung der Gleichgewichtslage nach rechts, bis keine Cl-Ionen mehr vorhanden sind.

Größenordnung der Konstanten K	Die Größenordnung der Gleichgewichtskonstanten K lässt einen Schluss auf die Richtung der Reaktionen zu. Für den Bereich der technisch beherrschbaren Temperaturen gilt.
	$K \approx 1$: Reaktion ist leicht umkehrbar K sehr klein: Rückreaktion verläuft fast vollständig K sehr groß: Hinreaktion verläuft fast vollständig

3.8. Ionenlehre

elektrolytische Dissoziation	Aufspaltung von Ionenbindungen und polarisierten Atombindungen in frei-beweglche Ionen die von einer Hydrathülle aus H_2O-Dipolen umgeben sind.
Elektrolyt	Stoff, der Ionen enthält und dadurch den elektrischen Strom leitet. Geschmolzene Ionenverbindungen: Salze, Oxide. Gelöste Salze, Säuren und Basen.

Dissoziationsgrad α	Verhältnis der dissoziierten Moleküle zu der Zahl der Moleküle vor der Dissoziation. Der Dissoziationsgrad steigt mit der Temperatur und mit der Verdünnung (Erhöhung der elektrischen Leitfähigkeit). Dissoziationsgrad bei 18 °C in 1-normaler Lösung

	α	Säure	Base
sehr stark	1 ... 0,7	HNO_3, HCl	KOH, NaOH, $Ba(OH)_2$
stark	0,7 ... 0,2	H_2SO_4	LiOH, $Ca(OH)_2$
mäßig stark	0,2 ... 0,01	H_3PO_4, HF	AgOH
schwach	0,01 ... 0,001	CH_3COOH	NH_4OH

Dissoziationskonstante K_D	Bei Anwendung des Massenwirkungsgesetzes auf die elektrolytische Dissoziation (Gleichgewichtsreaktion) wird die Gleichgewichtskonstante K zur Dissoziationskonstanten K_D

$$\frac{[\text{Kation}] \cdot [\text{Anion}]}{[\text{Molekül}]} = K_D$$

Kation, Anion	K_D
$\frac{mol}{l}$	$\frac{mol}{l}$

Größenordnung von K_D:

schwache Elektrolyte $K_D < 10^{-4}$
mittlere Elektrolyte $K_D > 10^{-4}$
starke Elektrolyte $K_D \approx 1$

K_D steigt mit der Temperatur, ist aber unabhängig von der Konzentration des Elektrolyten.

Ostwald'sches Verdünnungs-Gesetz	Zusammenhang zwischen Dissoziationskonstante K_D und Dissoziationsgrad α. Gültig für schwache Elektrolyte in starker Verdünnung

$$K_D = \frac{c\,\alpha^2}{1-\alpha} \qquad \begin{array}{l}\text{Konzentration } c \\ \text{mol/l}\end{array}$$

Ionenprodukt des Wassers	Reines Wasser ist außerordentlich gering dissoziiert. Das Produkt der Konzentrationen im Zähler des MWG beträgt

$$[H^+] \cdot [OH^-] = 10^{-14}\,\frac{mol^2}{l^2} \quad \text{bei 25 °C}$$

3. Chemie

Die Konzentrationen der beiden Ionen betragen danach 10^{-7} mol/l, d.h.:

1 l Wasser enthält $10^{-7} \cdot 1$ g   Wasserstoff-Ionen

und $10^{-7} \cdot 17$ g   Hydroxid-Ionen.

$$
\begin{aligned}
\text{Reines Wasser:} \quad & [\text{H}^+] = [\text{OH}^-] \\
\text{Säure:} \quad & [\text{H}^+] > [\text{OH}^-] \\
\text{Base:} \quad & [\text{H}^+] < [\text{OH}^-]
\end{aligned}
\quad\Bigg\} \quad \text{Produkt immer} \quad 10^{-14} \frac{\text{mol}^2}{\text{l}^2}
$$

---

pH-Wert

Negativer Briggs'scher Logarithmus der Wasserstoff-Ionenkonzentration in wässrigen Lösungen.

$$\text{pH} = -\lg [\text{H}^+] \quad \text{und} \quad [\text{H}^+] = 10^{-\text{pH}}$$

Maß für den sauren, neutralen oder basischen Charakter eines Elektrolyten, durch Indikatoren mittels Farbumschlag oder elektrisch messbar.

1 2 3 4 5 6	7	8 9 10 11 12 13 14
stark ← sauer	neutral	basisch → stark

Indikatoren

Name	Farbumschlag	Umschlagbereich pH-Werte
Dimethylgelb	rot – gelb	2,9... 4,0
Methylorange	rot – orange	3,0... 4,4
Methylrot	rot – gelb	4,2... 6,3
Lackmus	rot – blau	5,0... 8,0
Phenolphtalein	farblos – rot	8,2...10,0
Thymolphtalein	farblos – blau	9,3...10,5
Alizaringelb	gelb – orangebraun	10,1...12,1

Löslichkeits-produkt *L*

Diese Konstante entspricht der Gleichgewichtskonstanten des MWG, wenn es auf gesättigte Lösungen angewendet wird. Bei konstanter Temperatur lässt sich die Konzentration der gelösten Teilchen nicht erhöhen (Sättigung).

Bei Zugabe der einen Ionensorte muss die andere in Form der unlöslichen Verbindung als Niederschlag ausfallen.

Beispiel: L für Silberchlorid AgCl beträgt $1,6 \cdot 10^{-10}$

$$[\text{Ag}^+] \cdot [\text{Cl}^-] = 1,6 \cdot 10^{-10} \frac{\text{mol}^2}{\text{l}^2}$$

Daraus lässt sich die Stoffmengenkonzentration (siehe 3.10) der Ag-Ionen bestimmen:

$$c = \sqrt{1,6 \cdot 10^{-10} \frac{\text{mol}^2}{\text{l}^2}} = 1,265 \cdot 10^{-5} \frac{\text{mol}}{\text{l}}$$

das ergibt einen Silbergehalt von

$$m = M\,V c = 108 \frac{\text{g}}{\text{mol}} \cdot 1 \, \text{l} \cdot 1,265 \cdot 10^{-5} \frac{\text{mol}}{\text{l}}$$

$$m = 1,366 \cdot 10^{83} \text{ g} = 1,366 \text{ mg} \text{ in einem Liter}$$

Durch Zugabe von weiteren Cl-Ionen (HCl-Zusatz) würde das Löslichkeits-produkt überschritten, deshalb muss bei Erhöhung des einen Faktors (Cl^-) der andere Faktor (Ag^+) kleiner werden, d. h., es bildet sich weiteres unlös-liches Silberchlorid AgCl.

Gilt streng nur für schwerlösliche Verbindungen oder Lösungen schwacher Konzentration $< 0,1 \frac{\text{mol}}{\text{l}}$.

3.9. Elektrochemische Größen und Gesetze

Spannungsreihe	Reihenfolge der Elemente nach fallendem Lösungsdruck geordnet. Lösungsdruck ist das Bestreben, in den Ionenzustand überzugehen und als elektrische Spannung messbar → Normalpotenziale.

K Ca Na Mg Al Zn Cr Fe Cd Ni Sn Pb   H   Cu Ag Pt Au

— HCl greift an, Wasserstoff wird frei! | HCl greift nicht an! +

unedler ↔ edler

Metalle, die in der Spannungsreihe links stehen, können rechts davon stehende reduzieren, d.h., sie verdrängen diese aus ihren Salzlösungen.

Beispiel: Eisenblech in Kupfersulfatlösung

$$\overset{+2}{Cu}SO_4 + \overset{0}{Fe} \rightarrow \overset{+2}{Fe}SO_4 + \overset{0}{Cu} \qquad \text{Redoxreaktion}$$

Unedle Metalle: links stehend, niedrige Elektronenaffinität, leicht oxydierbar.

Edle Metalle: rechts stehend, hohe Elektronenaffinität, schwer oxydierbar.

Normalpotentiale E_0 Standardpotentiale	Spannung eines Metalls in seiner Salzlösung gegenüber der Normalwasserstoffelektrode bei 25 °C.

Metall	Spannung V	Metall	Spannung V
Li	– 3,02	Cd	– 0,41
K	– 2,92	Co	– 0,28
Ca	– 2,87	Ni	– 0,23
Na	– 2,71	Sn	– 0,14
Mg	– 2,36	Pb	– 0,13
Al	– 1,66	H	± 0
Mn	– 1,05	Cu	+ 0,34
Zn	– 0,76	Ag	+ 0,80
Cr	– 0,71	Pt	+ 1,2
Fe	– 0,44	Au	+ 1,42

Spannungswerte sind abhängig von der Konzentration der Salzlösungen. Sie werden negativer, wenn die Konzentration sinkt.

galvanisches Element	System aus einem Elektrolyten, in den zwei verschiedene Metalle tauchen. Stromquelle mit einer Urspannung E, die sich aus der Differenz der Normalpotentiale errechnet.

Minuspol: Metall, in der Spannungsreihe links stehend, geht in Lösung, gibt Elektronen ab.

Pluspol: Metall, rechts in der Spannungsreihe stehend, nimmt Elektronen aus dem Elektrolyten auf, bleibt unverändert.

Beispiel: Urspannung zwischen Cu und Zn unter den Bedingungen der Normalpotentialmessung:

$$E = E_{0\,Cu} - E_{0\,Zn} = + 0,34\ V - (-0,76\ V) = 1,1\ V$$

Elektrolyse	Redoxreaktion in einem Elektrolyten unter Zufuhr von Energie. Oxydation und Reduktion verlaufen örtlich getrennt.

Anode (Plus-Pol): Anziehung der negativ geladenen Ionen (Anionen), z. B. OH^- oder Halogene. Entladung durch Abgabe von Elektronen: Oxydation.

3. Chemie

Katode (Minus-Pol): Anziehung der positiv geladenen Ionen (Kationen), z.B. Metalle und Wasserstoff. Entladung durch Aufnahme von Elektronen: Reduktion.

Besteht der Elektrolyt aus zwei oder mehr verschiedenen Anionen (Kationen), so werden diejenigen Teilchen entladen, für deren Abscheidung die kleinste Spannung benötigt wird.

Beispiel: Bei der Elektrolyse von Salzlösungen unedler Metalle (K, Na, Mg, Al) wird Wasserstoff abgeschieden, da H^+ ein niedrigeres Potential besitzt als diese Metallionen.

| Faraday'sche Gesetze | Die abgeschiedenen Stoffmengen sind bei gleichen Elektrolyten der Elektrizitätsmenge proportional. |

Bei verschiedenen Elektrolyten werden von der gleichen Elektrizitätsmenge Stoffmassen abgeschieden, die sich wie die Äquivalentmassen der Stoffe verhalten.

abgeschiedene Stoffmasse

$$m = \frac{M I t}{z F}$$

M molare Masse (siehe 3.10)
z Ionenwertigkeit
F Faraday-Konstante

$$F = 96\,485\,\frac{As}{mol} = 26,8\,\frac{Ah}{mol}$$

m	M	I	t	F
g	$\frac{g}{mol}$	A	s	$\frac{As}{mol}$
			h	$\frac{Ah}{mol}$

Faraday-Konstante F

Elektrizitätsmenge, die bei 100 %iger Stromausbeute aus einem Elektrolyten die äquivalente Masse M_{eq} eines Stoffes abscheidet. Sie ist das Produkt aus der Elementarladung und der Avogadro-Konstante.

$$F = e \cdot N_A = 1,602 \cdot 10^{-19}\,As \cdot 6,022 \cdot 10^{23}\,\frac{1}{mol}$$

$$F = 96\,485\,\frac{C}{mol} = 96\,485\,\frac{As}{mol} \approx 96\,500\,\frac{As}{mol}$$

elektrochemische Äquivalente

Stoffmasse in mg oder g, die bei 100 %iger Stromausbeute von einer Elektrizitätsmenge 1 As bzw. 1 Ah abgeschieden wird.

Element		Ionen-wertigkeit	Äquivalent A $\frac{mg}{As}$	$\frac{g}{Ah}$
Aluminium	Al	III	0,093	0,335
Beryllium	Be	II	0,047	0,168
Cadmium	Cd	II	0,582	2,097
Chrom	Cr	III	0,180	0,647
Eisen	Fe	II	0,289	1,042
	Fe	III	0,193	0,694
Kupfer	Cu	I	0,658	2,370
	Cu	II	0,329	1,185
Magnesium	Mg	II	0,126	0,454
Sauerstoff	O	II	0,083	0,298
Silber	Ag	I	1,118	4,025
Wasserstoff	H	I	0,0104	0,0376
Zink	Zn	II	0,339	1,22
Zinn	Sn	IV	0,308	1,107

Die Berechnung der abgeschiedenen Stoffmassen wird durch elektrochemische Äquivalente vereinfacht.

$$m = \ddot{A} I t$$

m	$\ddot{A}$	I	t
mg	mg/As	A	s
g	g/Ah		h

Beispiel: Welche Zeit ist erforderlich, um 50 g Kupfer aus einer Kupfer(II)-sulfatlösung mit einem Strom von 8 A abzuscheiden?

$$t = \frac{m}{\ddot{A} I} = \frac{50 \text{ g Ah}}{1,185 \text{ g} \cdot 8 \text{ A}} = 5{,}274 \text{ h}$$

3.10. Masse- Volumen- und Konzentrationsverhältnisse

3.10.1. Größen

relative Atommasse A_r	siehe 3.1.
relative Molekülmasse M_r	Summe der relativen Atommassen A_r aller im Molekül gebundenen Atome, aus der Summenformel der chemischen Verbindung errechnet. *Beispiel:* Aluminiumsulfat $Al_2(SO_4)_3$ $M_r = 2\,Al + 3\,(S + 4 \cdot 0) = 2 \cdot 27 + 3\,(32 + 4 \cdot 16) = 342$
Stoffmenge n	Basisgröße mit der Einheit der Teilchenmenge „Mol". Kurzzeichen mol, 1 kmol = 10^3 mol. Definition der Einheit nach dem Einheitengesetz: 1 mol ist die Stoffmenge eines Systems, das aus ebenso vielen Teilchen besteht, wie Atome in 0,012 kg des Nuklids ^{12}C enthalten sind. Teilchen im Sinne dieser Definition sind Atome, Moleküle, Ionen, Radikale, Elektronen. $n = \dfrac{\text{Teilchenzahl } N}{\text{Avogadro-Konstante } N_A} = \dfrac{N u A_r}{N_A u A_r} = \dfrac{m}{M}$ mit u atomare Masseneinheit, M molare Masse. *Beispiel:* Welche Stoffmenge stellen 200 g Äthin, C_2H_2 dar? $M(C_2H_2) = (2 \cdot 12 + 2)\,\dfrac{\text{g}}{\text{mol}} = 26\,\dfrac{\text{g}}{\text{mol}}$ $n = \dfrac{200 \text{ g}}{26 \text{ g} \cdot \text{mol}^{-1}} = 7{,}69 \text{ mol}$
Avogadro-Konstante N_A	Naturkonstante, Anzahl der Teilchen, die in der Stoffmenge 1 mol aller Stoffe enthalten ist. $N_A = 6{,}022 \cdot 10^{23} \cdot \text{mol}^{-1}$ (Der Betrag dieser Konstanten wird auch als Avogadro-Zahl, vielfach auch als Loschmidt'sche Zahl bezeichnet.)

3. Chemie

molare Masse M	Masse einer Stoffmenge $n = 1\,\text{mol}$

$$M = N_A\,u\,A_r = 6{,}022 \cdot 10^{23}\,\frac{1}{\text{mol}} \cdot 1{,}66 \cdot 10^{-24}\,\text{g} \cdot A_r$$

$$\underbrace{\phantom{6{,}022 \cdot 10^{23}\,\frac{1}{\text{mol}} \cdot 1{,}66 \cdot 10^{-24}\,\text{g}}}_{1\,\frac{\text{g}}{\text{mol}}}$$

$$M = A_r\,\frac{\text{g}}{\text{mol}} \qquad \text{für atomare Substanzen}$$

$$M = M_r\,\frac{\text{g}}{\text{mol}} \qquad \text{für molekulare Substanzen}$$

Beispiele:

Kohlenstoff $\qquad M_C = 12\,\dfrac{\text{g}}{\text{mol}} \qquad$ (Grammatom)

Kohlendioxid $\qquad M_{CO_2} = 44\,\dfrac{\text{g}}{\text{mol}} \qquad$ (Grammolekül)

Sulfat-Ion $\qquad M_{SO_4} = 96\,\dfrac{\text{g}}{\text{mol}} \qquad$ (Grammion)

---

molares Normvolumen $V_{m,0}$ (Molvolumen)	Die Stoffmenge 1 kmol eines idealen Gases nimmt im Normzustand (bei $0\,°\text{C}$ und 1,013 bar) ein Volumen von $22{,}414\,\text{m}^3$ ein.

$$V_{m,0} = 22{,}414\,\frac{\text{m}^3}{\text{kmol}}$$

$$V_0 = \frac{m}{M}\,V_{mn} = n\,V_{mn}$$

Umrechnung Masse–Volumen

m	M	$V_{m,0},\,V_0$
kg	$\dfrac{\text{kg}}{\text{kmol}}$	m^3
g	$\dfrac{\text{g}}{\text{mol}}$	1

Beispiel: Normvolumen von 100 g Propan C_3H_8

$$M(C_3H_8) = (3 \cdot 12 + 8)\,\frac{\text{g}}{\text{mol}} = 44\,\frac{\text{g}}{\text{mol}}$$

$$V_0 = \frac{100\,\text{g} \cdot 22{,}414\,\text{dm}^3 \cdot \text{mol}^{-1}}{44\,\text{g} \cdot \text{mol}^{-1}} = 50{,}9\,\text{dm}^3$$

Stoffmengenkonzentration c (Molarität)	Quotient aus der Stoffmenge n und dem Volumen eines homogenen Stoffsystems (Gasmischung, Lösung)

$$c = \frac{n}{V} = \frac{m}{M\,V}$$

c	m	M	V
$\dfrac{\text{mol}}{\text{l}}$	g	$\dfrac{\text{g}}{\text{mol}}$	l

Beispiel: In einer Lösung sind in 10 ml Lösung 0,2 g NaOH enthalten.

$$c = \frac{0{,}2\,\text{g}}{40\,\text{g}\,\text{mol}^{-1} \cdot 10^{-2}\,\text{l}} = 0{,}5\,\frac{\text{mol}}{\text{l}} \qquad \text{(0,5-molar)}$$

molare Lösung

Lösung mit bestimmter Stoffmengenkonzentration. Eine Lösung ist n-molar, wenn in 1 l Lösung die Stoffmenge n mol gelöst ist.

Beispiel: Wie viel Gramm NaCl sind in 100 ml einer 0,1 molaren Lösung enthalten? $M(\text{NaCl}) = (23 + 35{,}5)\,\frac{\text{g}}{\text{mol}}$;

$$c = \frac{m}{M\,V}; \quad m = c\,M\,V = 0{,}1\,\frac{\text{mol}}{\text{l}}\,58{,}5\,\frac{\text{g}}{\text{mol}} \cdot 0{,}1\,\text{l} = 0{,}585\,\text{g}$$

Äquivalentmenge n_{eq}	Hilfsgröße, ganzzahliges Vielfaches der Stoffmenge, Produkt aus Stoffmenge und Wertigkeit z

$$n_{eq} = n z = \frac{m z}{M} = \frac{m}{M_{eq}}$$

n Stoffmenge in mol

m Masse in g

M_{eq} äquivalente Masse in $\frac{g}{mol}$

Wertigkeiten z

Salze	Ladungszahl der Ionen
Säuren	Anzahl der H-Atome der Summenformel
Basen	Anzahl der OH-Gruppen der Summenformel
Redox-Reaktionen	Differenz der Oxydationszahlen

Die Äquivalentmenge n_{eq} eines Stoffes kann aufgefasst werden als Teilchenmenge von Wasserstoff-Ionen, die in der Lage ist, die Stoffmenge 1 mol dieses Stoffes zu ersetzen oder zu binden.

Beispiel: Zink reduziert Wasserstoff. Die Stoffmenge 1 mol Zn^{2+} hat die Äquivalentmenge $n_{eq} = 2\,mol$, da diese Ionen die zweifache Menge Wasserstoffatome freimachen können, d.h., ihnen äquivalent sind.

äquivalente Masse M_{eq} (Grammäquivalent)	$M_{eq} = \dfrac{M}{z}$ Hilfsgröße, aus der molaren Masse gebildet, als Quotient aus molarer Masse und Wertigkeit.

Bei mehrladigen Ionen wird durch die Elektrizitätsmenge $F = 96\,485$ As/mol die äquivalente Masse abgeschieden (F Faraday-Konstante).

Äquivalentmengenkonzentration c_{eq} (Normalität)	Hilfsgröße, aus der Stoffmengenkonzentration (Molarität) gebildet, als Produkt von Molarität und Wertigkeit z

$$c_{eq} = c z = \frac{n z}{V} = \frac{m z}{M V}$$

c_{eq}	m	z	M	V
$\dfrac{mol}{l}$	g	—	$\dfrac{g}{mol}$	l

Beispiel: Normalität von 150 ml Lösung in der 10 g H_2SO_4 gelöst sind. $M(H_2SO_4) = 98\,\frac{g}{mol}$

$$c_{eq} = \frac{10\,g \cdot 2}{98\,gmol^{-1} \cdot 0{,}15\,l} = 1{,}36\,\frac{mol}{l}$$

Normallösung	Lösung mit bestimmter Äquivalentmengenkonzentration (Normalität). In einer $1\,n$ Lösung ist in 1 l Lösung die äquivalente Masse M_{eq} gelöst.

Beispiel: Herstellung einer $0{,}1\,n$ Lösung HNO_3 von 400 ml.

$$m = \frac{c_{eq}\,M\,V}{z} = \frac{0{,}1\,mol \cdot l^{-1} \cdot 63\,g \cdot mol^{-1} \cdot 0{,}4\,l}{1}$$

$m = 2{,}52\,g$ HNO_3 in $V = 400$ ml Säure ergeben eine $0{,}1\,n$ Salpetersäure.

Säure- und Basenlösungen der gleichen Normalität neutralisieren sich, wenn gleiche Volumina zusammengebracht werden.

3. Chemie

3.10.2. Stöchiometrische Rechnungen

Massengehalt	Berechnung des Massenanteils eines Elementes E an einem Molekül M $$E\% = \frac{A_{rE}}{M_r} \cdot 100$$ A_{rE} relative Atommasse des Elements E M_r relative Molekülmasse des Moleküls M *Beispiel:* Eisengehalt von Fe_3O_4 mit $A_{rFe} = 56$ und $A_{rO} = 16$. $$Fe\% = \frac{3 \cdot 56}{3 \cdot 56 + 4 \cdot 16}\, 100 = \frac{168}{232}\, 100 = 72{,}4\,\%$$

Stoffumsatz	Berechnung von Ausgangsstoffen oder Reaktionsprodukten in folgenden Schritten.

Beispiel: Vollständige Verbrennung von Propan. Gesucht sind Sauerstoffmasse und -volumen zur Verbrennung von 80 g Propan.

Vollständige Reaktionsgleichung aufstellen:	$C_3H_8 + 5\,O_2 \rightarrow 3\,CO_2 + 4\,H_2O$ $\qquad\qquad 6\,O\text{-} + 4\,O\text{-Atome}$
Einsetzen der molaren Massen ergibt Massengleichung:	$44\,g + 160\,g = 132\,g + 72\,g$
Gegebene Stoffmasse hinschreiben:	$80\,g$
Faktor $x = \dfrac{80\,g}{44\,g} = 1{,}818$	Überlegung: Von allen Stoffen die 1,818fache Masse nehmen.
Massengleichung mit dem Faktor multiplizieren:	$80\,g + 290{,}9\,g = 240\,g + 130{,}9\,g$

Ergebnis: Sauerstoffbedarf für 80 g Propan beträgt 290,9 g.

Umrechnung Masse−Volumen siehe „molares Normvolumen"

$$V_n = \frac{m}{M}\, V_{mn} = \frac{290{,}5\,g \cdot 22{,}4\,\frac{1}{mol}}{32\,\frac{g}{mol}} = 203{,}6\,1$$

Das Volumen der beteiligten Gase kann auch direkt aus der Reaktionsgleichung berechnet werden:

Reaktionsgleichung:	C_3H_8	$+$ $5\,O_2$	$\rightarrow$	$3\,CO_2$	$+$	$4\,H_2O$
Gleichung mit Stoffmengen ansetzen:	1 mol	5 mol		3 mol		4 mol
Für unbekannte Gase das molare Normvolumen einsetzen:	44 g	$5 \cdot 22{,}4\,1$		$3 \cdot 22{,}4\,1$		$4 \cdot 22{,}4\,1$
Gegebenen Stoff einsetzen:	80 g	V_{n1}		V_{n2}		V_{n3}
Proportion ansetzen	$\dfrac{44\,g}{80\,g}$	$= \dfrac{5 \cdot 22{,}4\,1}{V_{n1}}$	$=$	$\dfrac{3 \cdot 22{,}4\,1}{V_{n2}}$	$=$	$\dfrac{4 \cdot 22{,}4\,1}{V_{n3}}$
Gesuchtes Gasvolumen ausrechnen:			$V_{n1} = \dfrac{5 \cdot 22{,}4\,1 \cdot 80\,g}{44\,g} = 203{,}6\,1$			

Mischungsregel	$m_1 \cdot \omega_1 + m_2 \cdot \omega_2 = (m_1 + m_2)\,\omega$ m_1, m_2 Masse der Mischungskomponenten ω_1, ω_2 Massengehalt der Komponenten in % ω Massengehalt der Mischung in %

Beispiel: Welchen Massengehalt hat die Mischung von 100 g 10 %iger Natron-lauge mit 50 g 20 %iger?

$$\omega = \frac{m_1 \cdot \omega_1 + m_2 \cdot \omega_2}{m_1 + m_2} = \frac{100\,g\ 10\,\% + 50\,g\ 20\,\%}{150\,g} = 13,33\,\%$$

Mischungskreuz	Zur einfachen Bestimmung der Massenteile (Mischungsverhältnis) der Komponenten, wenn die Massengehalte der Komponenten und der Mischung gegeben sind.

Massengehalt ω_1 hoch

Massengehalt ω Mischung

Massengehalt ω_2 niedrig

$\omega - \omega_2$

$\omega_1 - \omega$

Mischungsverhältnis $\xi = \dfrac{\omega - \omega_2}{\omega_1 - \omega}$

In Pfeilrichtung die Differenzen der Massengehalte bilden (positive Vorzeichen). Die beiden Differenzen ergeben das Mischungsverhältnis ξ.

Beispiel: Aus den Messingsorten mit 63 % und 72 % Cu-Gehalt soll 68 %iges Messing hergestellt werden.

72 → 5

68

63 → 4

9

$\xi = \dfrac{5}{4}$

$\dfrac{5}{9}$ mit 72 % Cu

$\dfrac{4}{9}$ mit 63 % Cu

3.11. Energieverhältnisse bei chemischen Reaktionen

exotherme Reaktion	Bei der Reaktion wird Energie, meist Wärme, nach außen abgegeben. Die Energie erscheint in der Reaktionsgleichung auf der rechten Seite mit Minus-Zeichen, sie wird von dem reagierenden Stoffsystem weggenommen.
endotherme Reaktion	Bei der Reaktion wird Energie, meist Wärme, verbraucht, d. h., sie muss zugeführt werden, damit die Reaktion verläuft. Die Energie erscheint auf der rechten Seite mit Plus-Zeichen, sie muss dem Stoffsystem zugeführt werden.
Bildungsenthalpie	Wärme, die beim Entstehen einer chemischen Verbindung aus ihren Elementen gemessen werden kann. Angabe in der Einheit J/mol. $4\,Fe + 3\,O_2 \rightarrow 2\,Fe_2O_3 - 16,62 \cdot 10^5\,J$ Da 2 mol Fe_2O_3 entstehen, beträgt die Bildungsenthalpie die Hälfte, $W = 8,31 \cdot 10^5$ J/mol.
Reaktionsenthalpie	Wärme, die bei einer chemischen Reaktion als Energiedifferenz auftritt. Ihr Betrag bezieht sich auf den Formelumsatz. Dazu wird die Reaktionsgleichung mit den kleinsten ganzzahligen Koeffizienten aufgestellt. Der dann in Molen beschriebene Stoffumsatz hat die angegebene Reaktionsenthalpie. $Fe_2O_3 + 2\,Al \rightarrow Al_2O_3 + 2\,Fe - 8,4 \cdot 10^5\,J$

Name		Heizwert H_u $\cdot 10^6$ J/m³	Name		Heizwert H_u $\cdot 10^6$ J/kg
Gase und Dämpfe [1]), chemisch rein			**Flüssige Brennstoffe**		
Äthan	C_2H_6	64,5	Äthanol (Äthylalkohol)	C_2H_5OH	27
Äthen (Äthylen)	C_2H_4	59,5	Benzin für Automotoren		42,5
Äthin (Acetylen)	C_2H_2	56,9	Benzol	C_6H_6	40
Benzol	C_6H_6	144,0	Dieselöl		41,6
Dimetylbenzol (Xylol)	$C_6H_4(CH_3)_2$	199,0	Flüssiggas		45,8
Methan	CH_4	35,9	Heizöl		42,9
Methylbenzol (Toluol)	$C_6H_5CH_3$	172,0	Methanol (Methylalkohol)		19,5
Propan	C_3H_8	93,0			
Propen (Propylen)	C_3H_6	87,8			
Technische Gase [1])			**Feste Brennstoffe**		
Erdgas, trocken		(25...33)	Holz, frisch		8,4
Generatorgas		(4,8...5,2)	Holz, trocken		15,1
Gichtgas		(3,9...4,1)	Braunkohle, roh		9,6
Koksofengas		(17,2...18)	Braunkohle, brikettiert		19,3
Stadtgas		(17,6...19,3)	Steinkohle, Anthrazit		31,0
Wassergas		(9,8...10,7)	Zechenkoks		29,3
			Gaskoks		28,0

Element (Stoff)	Oxid	Bildungswärme J/mol-Oxid	Verbrennungswärme J/kg Stoff	Verbrennungswärme J/m³ Gas bei 0 °C; 1,013 bar
C	CO	$1,1 \cdot 10^5$	$9,2 \cdot 10^6$	—
C	CO_2	$3,9 \cdot 10^5$	$32,8 \cdot 10^6$	—
CO	CO_2	$2,8 \cdot 10^5$	$10,1 \cdot 10^6$	$12,6 \cdot 10^6$
P	P_2O_5	$15,1 \cdot 10^5$	$24,3 \cdot 10^6$	—
S	SO_2	$3,0 \cdot 10^5$	$9,3 \cdot 10^6$	—
Si	SiO_2	$8,6 \cdot 10^5$	$30,6 \cdot 10^6$	—
Mn	MnO	$3,9 \cdot 10^5$	$7,0 \cdot 10^6$	—
Ti	TiO_2	$9,4 \cdot 10^5$	$19,7 \cdot 10^6$	—
Al	Al_2O_3	$16,7 \cdot 10^5$	$31,0 \cdot 10^6$	—
Mg	MgO	$6,0 \cdot 10^5$	$24,8 \cdot 10^6$	—
Ca	CaO	$6,4 \cdot 10^5$	$11,3 \cdot 10^6$	—
H	H_2O	$2,9 \cdot 10^5$	$142 \cdot 10^6$	$12,8 \cdot 10^6$
H	(HF)	$2,7 \cdot 10^5$	$268 \cdot 10^6$	$24,1 \cdot 10^6$
H	(Cl)	$0,9 \cdot 10^5$	$91 \cdot 10^6$	$8,2 \cdot 10^6$

4.1. Werkstoffprüfung

Härteprüfung nach Brinell DIN EN ISO 6506-1	$HB = \dfrac{0{,}204\,F}{\pi\,D\,(D - \sqrt{D^2 - d^2})}$		

$$HB = \frac{0{,}204\,F}{\pi\,D\,(D - \sqrt{D^2 - d^2})}$$

HB	F	D, d
1	N	mm

Kurzzeichen HBW (W = Hartmetallkugel)

350 HBW 10/3000: Brinellhärte von 350 mit Kugel von 10 mm Ø, einer Prüfkraft $F = 29420$ N bei genormter Einwirkdauer von 10...15 s gemessen

Eindringkörper aus gehärtetem Stahl sind nicht mehr zulässig. (Bezeichnung HBS)

120 HBW 5/250/30: Brinellhärte von 120 mit Kugel von 5 mm Ø, $F = 2452$ N bei einer längeren Einwirkdauer von 30 s gemessen

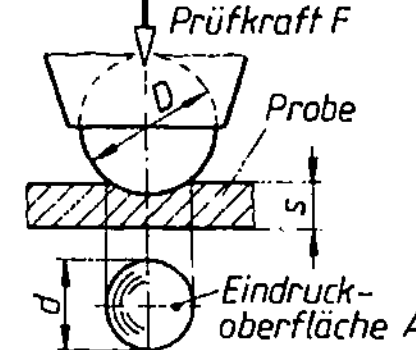

Mindestdicke s_{min} der Proben in Abhängigkeit vom mittleren Eindruckdurchmesser d:

$s_{min} = 8\,h$;   mit Eindrucktiefe h

$$h = 0{,}5\,(D - \sqrt{D^2 - d^2})$$

Eindruck-durchm. d	Mindestdicke s der Proben für einen Kugel-Ø D von (mm):				
	D = 1	2	2,5	5	10
0,2	0,08				
1		1,07	0,83		
1,5			2,0	0,92	
2				1,67	
2,4				2,4	1,17
3				4,0	1,84
3,6					2,68
4					3,34
5					5,36
6					8,00

Brinellhärteprüfung, Werkstoffgruppen, Belastungsgrad und erfassbarer Härtebereich

Werkstoffe	Brinell-bereich HB	Beanspruchungs-grad
St, Ni, Ti		30
Gusseisen[1]	< 140	10
	> 140	30
Cu und Legierungen	35 ... 200	10
	> 200	30
	< 35	2,5
Leichtmetalle	< 35	2,5
	35 ... 80	5/10/15
	> 80	10/15
Pb, Sn		1

Sinterformteile nach DIN EN 24498-1

1) Nur mit Kugel 2,5; 5 oder 10 mm Ø

Der Kugel-Ø D soll so groß wie möglich gewählt werden. Danach muss nach der Härteprüfung mit Hilfe der linken Tafel festgestellt werden, ob für den ermittelten Eindruck-Ø d die Mindestdicke kleiner ist als die Probendicke. Andernfalls ist die nächst kleinere Kugel zu verwenden.

Härteprüfung nach Vickers DIN EN ISO 6507-1 Kurzzeichen	$HV = \dfrac{0{,}189\,F}{d^2} \qquad d = \dfrac{d_1 + d_2}{2}$		

$$HV = \frac{0{,}189\,F}{d^2} \qquad d = \frac{d_1 + d_2}{2}$$

HV	F	d
1	N	mm

640 HV 30: Vickershärte von 640 mit $F = 294$ N bei 10...15 s Einwirkdauer gemessen.

180 HV 50/30: Vickershärte von 180 mit $F = 490$ N bei 30 s Einwirkdauer gemessen.

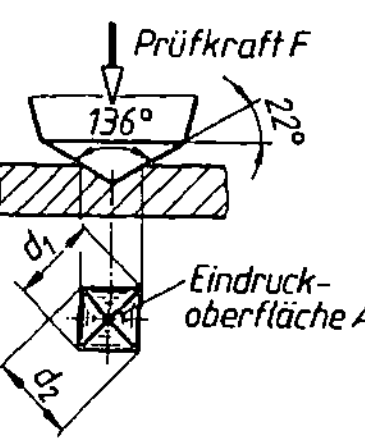

4. Werkstofftechnik

Kleinkraft-bereich: Mikrohärte-prüfung	Für kleine Proben oder dünne Schichten mit kleineren Kräften zwischen 1,96 und 49 N. Für einzelne Kristalle mit Kräften von 0,1 bis 1,96 N auf besonderen Geräten.

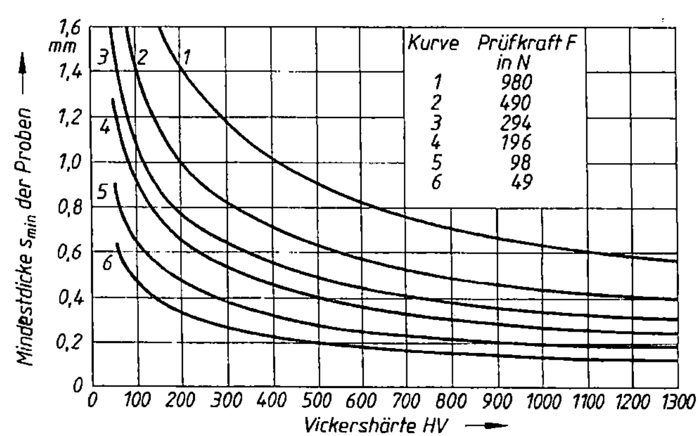

Mindestdicke der Proben nach der Beziehung s_{min} = 1,5 · Eindruckdiagonale

Die Prüfkraft ist abhangig von der Dicke der Probe nach der Beziehung s_{min} = 1,5 d (siehe Diagramm).

Beispiel: Probe mit einer zu erwartenden Härte von 300 HV und 1 mm Dicke.

Der Schnittpunkt beider Koordinaten im Diagramm liegt oberhalb der Kurve 2, also ist eine Prüfkraft von F = 490 N geeignet, sie würde in einem weicheren Werkstoff mit der Probendicke s = 1 mm bis herunter zu einer Vickershärte von 200 HV noch zulässig sein.

Härteprüfung nach Rockwell DIN EN ISO 6508-1 DIN EN ISO 6508-1	$\dfrac{HRC}{HRA} = 100 - 500\, t_b \qquad \dfrac{HRC}{1} \mid \dfrac{t_b}{mm} \qquad HRN = 100 - 1000\, t_b \qquad \dfrac{HRN}{1} \mid \dfrac{t_b}{mm}$

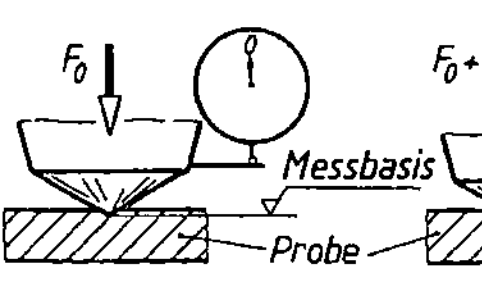

Prüfverfahren mit Diamantkegel

Kurzzeichen	HRC	HRA	HR 15 N	HR 30 N	HR 45 N
Einheit von F	N	N	N	N	N
Prüfvorkraft F_0	98	98	29,4	29,4	29,4
Prüfkraft F_1	1373	490	117,6	265	412
Prüfgesamtkraft F	1471	588	147	294	441
Messbereich	20...70 HRC	60...88 HRA	66...92 HR 15 N	39...84 HR 30 N	17...75 HR 45 N
Härteskale	0,2 mm	0,2 mm	0,1 mm		
Werkstoffe	Stahl, gehärtet, angelassen	Wolframcarbid, Bleche $\geq$ 0,4 mm	dünne Proben $\geq$ 0,15 mm, kleine Prüfflächen, dünne Oberflächenhärteschichten		

 Die *Probendicke* soll mindestens das 10-fache der bleibenden Eindringtiefe t_b betragen.

Zugversuch **DIN EN** **10 002**	mit Zugproben (DIN 50 125): $L_0 = 5\,d_0$ $L_0 = 5{,}65\,\sqrt{S_0}$

Hooke'sches Gesetz

$$\sigma = \epsilon E = \frac{\Delta L}{L_0}\,E = \frac{F}{S_0}$$

σ, E	ϵ	$\Delta L, L_0$	F	S_0
$\dfrac{N}{mm^2}$	1	mm	N	mm^2

Zugfestigkeit R_m

$$R_m = \frac{F_{max}}{S_0}$$

$R_m, R_e, R_{p0,2}$	A_5, A_{10}, Z	F	L	S_0	ϵ
$\dfrac{N}{mm^2}$	%	N	mm	mm^2	1

Streckgrenze R_e

$$R_e = \frac{F_{0,2}}{S_0}$$

0,2-Dehngrenze $R_{p0,2}$

$$R_{p0,2} = \frac{F_{0,2}}{S_0}$$

Bruchdehnung A

$$A = \frac{L_u - L_0}{L_0} \cdot 100\,\%$$

Brucheinschnürung Z

$$Z = \frac{S_0 - S_u}{S_0} \cdot 100\,\%$$

Elastizitätsmodul E

$$E = \frac{\sigma}{\epsilon_{el}}$$

Spannung-Dehnung-Diagramme
1 weicher Stahl
2 legierter Stahl
3 Gusseisen

Kerbschlagbiegeversuch (Charpy)

DIN EN 10045
DIN 50115

$$\text{Kerbschlagarbeit } KV\ (KU) = F\,(h - h_1)$$

KV, KU	F	h, h_1
J	N	m

Kurzzeichen

$KV = 100$ J: Verbrauchte Schlagarbeit 100 J
an V-Kerb-Normalprobe und einem Pendelhammer
mit 300 J Arbeitsvermögen (Normwert) ermittelt,
KU 100 = 65 J: Verbrauchte Schlagarbeit 65 J
an U-Kerb-Normalprobe und einem Pendelhammer
mit 100 J Arbeitsvermögen ermittelt

4. Werkstofftechnik

4.2. Eisen-Kohlenstoff-Diagramm

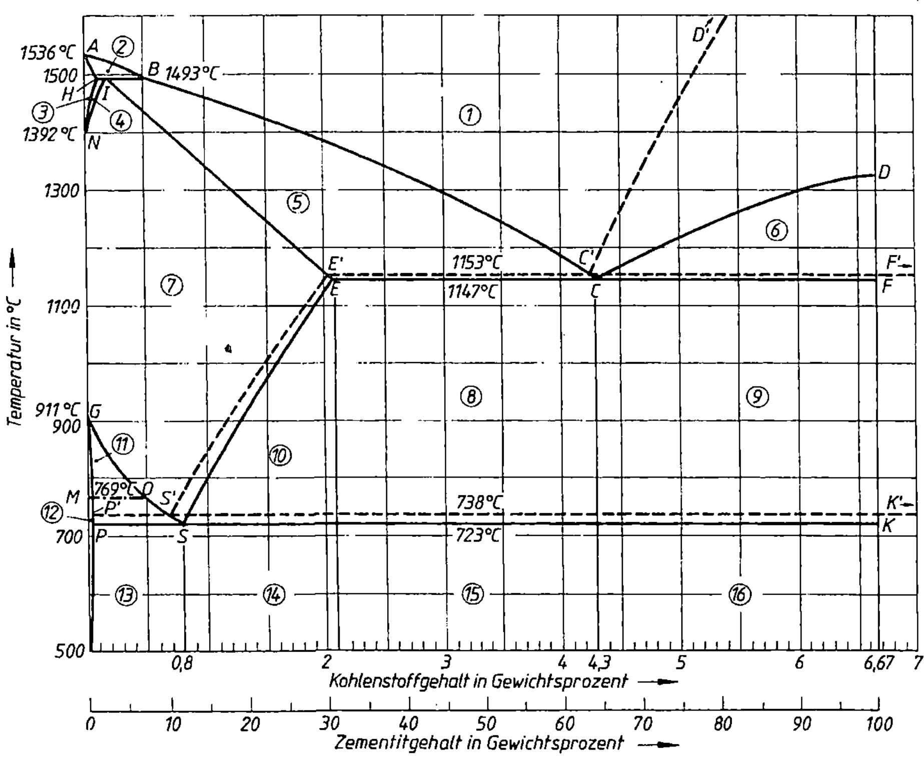

Metastabiles System: ausgezogene Linien; stabiles System: strichlierte Linien.

Zustand der Legierungen in den Phasenfeldern

Feld	Metastabiles System	Stabiles System
1	Schmelze	
2	Schmelze + δ-Mischkristalle	
3	δ-Mischkristalle	
4	δ- + γ-Mischkristalle	
5	Schmelze + γ-Mischkristalle	
6	Schmelze + Primärzementit	Schmelze + Graphit
7	γ-Mischkristalle (Austenit)	γ-Mischkristalle
8	γ-Mischkristalle + Eutektikum (Ledeburit)	γ-Mischkristalle + Graphiteutektikum
9	Primärzementit + Eutektikum (Ledeburit)	Graphit + Graphiteutektikum
10	γ-Mischkristalle + Sekundärzementit	γ-Mischkristalle + Sekundärgraphit
11	γ-Mischkristalle + α-Mischkristalle (Ferrit)	
12	α-Mischkristalle (Ferrit)	
13	Ferrit + Perlit	
14	Sekundärzementit + Perlit	
15	Perlit + Eutektikum (Ledeburit)	α-Mischkristalle + Graphiteutektikum
16	Primärzementit + Eutektikum (Ledeburit)	Graphit + Graphiteutektikum

Haltepunkte, Kurzzeichen und Bedeutung

A_{r3}	Haltepunkt A_3 bei Abkühlung, Beginn der Ferritausscheidung (Linie GSK)	A_{c3}	Haltepunkt A_3 bei Erwärmung, Ende der Austenitbildung (α-γ-Umwandlung)
A_{r1}	Austenitzerfall und Perlitbildung beim Abkühlen	A_{c1}	Umwandlung des Perlit zu Austenit beim Erwärmen
A_{rcm}	Beginn der Zementit-*Ausscheidung beim Abkühlen* (Linie ES)	A_{ccm}	Ende der Zementit-*Einformung* bei Erwärmen

4.3. Bezeichnung von Werkstoffen

4.3.1. Bezeichnungssystem für Stähle

Werkstoffnummern DIN EN 10027-2
Kurznamen werden nach DIN EN 10027-1 durch Symbole auf 4 Positionen gebildet

Pos. 1 + 2: Hauptsymbole für Werkstoffsorte nach Verwendung und Haupteigenschaft,
Pos. 3: Zusatzsymbole für besondere Werkstoffeigenschaften und Herstellungsart,
Pos. 4: Zusatzsymbole für das Erzeugnis (Pos. 3 und 4 nach DIN 17100-100 (IC 10)).

Pos. 1 Verwendungszweck, (wahlweise G für Stahlguss vorgestellt)	2 mech. Haupt- Eigenschaft	3a zusätzliche mech. Eigenschaften, Herstellungsart	3b Eignung für bestimmte Einsatzbereiche bzw. Verfahren	4

G S **Stahlbau**
 	
z.B. Stähle nach
DIN EN 10025
    10113
    10155
	$R_{e, min}$
	
	f. d. kleinste Erzeugnis-
	dicke t
		Kerbschlagarbeit
		A_v (J) 27 40 60
		Symbol: J K L
		
		Schlagtemperatur in °C
		RT, 0, –20, –30, –40, –50
		R 0 2. 3 4 5
		
		Für Feinkornstähle:
		Symbole wie im Feld
		darunter
			C: bes. Kaltformbarkeit
			D: Schmelztauchüberzg.
			E: Emaillierung
			F: Schmiedeteile
			H: Hohlprofile
			L: f. tiefe Temperaturen
			L1/L2: bes. tiefe Temp.
			P: Spundwände
			S. Schiffbau
			T: Rohre
			W: Wetterfest
				Tafel 4.3.2 A ... C

G P **Druckbehälter** z. B. Stähle nach DIN EN 10028 T1 ... T6, Stahlguss DIN EN 10213 T1 ... T4	wie oben	M Thermomechanisch, N Normalisierend gewalzt Q Vergütet	C: bes. Kaltformbarkeit L: Tieftemperatur (L1, L2) H: Hochtemperatur R: Raumtemperatur X: Hoch- u. Tieftemp.	Tafel 4.3.2 A ... C

E **Maschinenbau**
z. B. Stähle nach
DIN EN 10025
	wie oben	G: Andere Merkmale,
		    evtl. mit 1 oder 2
		    Folgeziffern
			C: bes. Kaltformbarkeit
			E: Schmiedeteile
			H: Hohlprofile
				Tafel 4.3.2 B

H Flacherzeugnisse, kaltgewalzt, aus höher- festen Stählen zum Kalt- umformen, z.B. Bleche + Bänder nach DIN EN 10130/10149	$R_{e, min}$ oder mit Zeichen T $R_{m, min}$	Herstellungsart M: Thermomechanisch B: bake hardening P: Phosphorlegiert X: Dualphasenstahl Y: IF, (interstitiell free)	D: Schmelztauchüberzüge	Tafel 4.3.2 B

4. Werkstofftechnik

Pos. 1 Verwendungszweck, (wahlweise G für Stahlguss vorgestellt)	2 mech. Haupt-Eigenschaft	3a zusätzl. mech. Eigen-schaften, Herstellungsart		3b Eignung für bestimmte Einsatzbereiche bzw. Verfahren	4
D Flacherzeugnisse kaltgewalzt, aus weichen Stählen z. Kaltumformen, z.B. Bleche + Bänder nach DIN EN 10130 10139 10142	Cnn: kaltgewalzt Dnn: warmgewalzt, für unmittelbare Kalt- umformung Xnn: nicht vorgeschrieben nn: Kennzahl nach jeweiliger Norm	D: Schmelztauchen EK: konv. Emaillierung ED: Direktemaillierung H: Hohlprofile T: Rohre G: Andere Merkmale		ohne	Tafel 4.3.2 B C
G C Unlegierte Stähle Mn-Gehalt $\leq$ 1 %, z.B. nach DIN EN 10083-1	100-facher C-Gehalt	E: vorgeschriebener *max.* S-Gehalt R: vorgeschr. *Bereich* des S-Gehaltes D: zum Drahtziehen, C: besondere Kaltformbarkeit S: f. Federn, U: f. Werkzeuge, W: f. Schweißdraht			Tafel 4.3.2 B

Pos. 1 wahlweise G für Stahlguss	2	2a	3	4
G — Niedriglegierte Stähle mit Σ LE < 5 %, z.B. Einsatz-stähle nach DIN EN 10084, Verg.-St. DIN EN 10083-2	100-facher C-Gehalt	LE-Symbole nach fallenden Gehalten geordnet, danach *Kennzahlen* mit Bindestrich getrennt in gleicher Folge	–	Tafeln 4.3.2. A, B
auch unlegierte Stähle mit $\geq$ 1 % Mn, Automatenstähle nach DIN EN 10087	Kennzahlen sind Vielfache der LE-%. Die Faktoren sind: 1000 für Bor; 100 für Nichtmetalle C, Cer, N, P, S; 4 für Mn, Si, Cr, Ni, Co, W; 10 für Al, Be, Cu, Mo, Nb, Pb, Ta, Ti, V, Zr			

	2	2a	3	4
G X Hochlegierte Stähle mit Σ LE > 5 %	100-facher C-Gehalt	LE-Symbole nach fallenden Gehalten geordnet, danach die %-Gehalte d. Haupt-LE- mit Bindestrich in gleicher Folge	–	Tafeln 4.3.2.A, B
HS Schnellarbeitsstähle	LE-% von W-Mo-V-Co	entfällt	–	Tafeln 4.3.2.B

4.3.2. Zusatzsymbole für Stahlerzeugnisse (Pos. 4)

A: für besondere Anforderungen an das Erzeugnis

+C	Grobkornstahl	+H	Mit besonderer Härtbarkeit
+F	Feinkornstahl	+Z15/25/35	Mindestbrucheinschnürung Z (senkr. z. Oberfläche) in %

B: für den Behandlungszustand

+A	Weichgeglüht	+NT	Normalgeglüht und angelassen
+AC	Auf kugelige Carbide geglüht	+Q	Abgeschreckt
+AT	Lösungsgeglüht	+QA	Luftgehärtet
+C	Kaltverfestigt	+QO	Ölgehärtet
+Cnnn	Kaltverfestigt auf $R_{m,\,min}$ = nnn MPa	+QT	Vergütet
+CR	Kaltgewalzt	+QW	Wassergehärtet
+HC	Warm-kalt-geformt	+S	Behandelt auf Kaltscherbarkeit
+LC	Leicht kalt nachgezogen/gewalzt	+T	Angelassen
+M	Thermomechanisch behandelt	+U	Unbehandelt
+N	Normalgeglüht		

C: für die Art des Überzuges

+A	Feueraluminiert	+SE	Elektrolytisch verzinnt
+AR	Al-walzplattiert	+T	Schmelztauchveredelt mit PbSN
+AS	Al-Si-Legierung	+TE	Elektrolytisch mit PbSn überzogen
+AZ	AlZn-Legierung (> 50 % Al)	+Z	Feuerverzinkt
+CE	Elektrolytisch spezialverchromt	+ZA	ZnAl-Legierung (> 50 % Zn)
+CU	Cu-Überzug	+ZE	Elektrolytisch verzinkt
+IC	Anorganische Beschichtung	+ZF	Diffusionsgeglühte Zn-Überzüge (galvannealed)
+OC	Organische Beschichtung	+ZN	ZnNi-Überzug (elektrolytisch)
+S	Feuerverzinnt		

4.3.3. Benennung der Gusseisensorten nach DIN EN 1560

Kurzzeichen werden aus max. 6 Positionen gebildet: Pos. 1 EN für Europäische Norm, Pos. 2. GJ für Gusseisen, J steht für I (iron), um Verwechslungen zu vermeiden.

$$\boxed{\text{EN-}}\ \boxed{\text{GJ}}\ \boxed{3.}\ \boxed{4.}\ \boxed{5.}\ \boxed{6.}$$

Pos. 3 Zeichen für Graphitform   **Pos. 4** Zeichen für Mikro- oder Makrogefüge

L	Lamellen-	A	Austenit	Q	Abschreckgefüge
S	Kugel-	F	Ferrit	T	Vergütungsgefüge
V	Vermicular-	P	Perlit	B	nicht entkohlend geglüht
M	Temperkohle	M	Martensit	W	entkohlend geglüht
H	graphitfrei	L	Ledeburit	N	graphitfrei

Pos. 5 Angabe der mechanischen Eigenschaften

Symbol	Eigenschaft (Festigkeit in N/mm²)
GJL- GJMB- GJMW- GJS-	Mindestzugfestigkeit oder Härte HB, HV Mindestzugfestigkeit – Mindestbruchdehnung (%) zusätzlich für die Temperatur bei Messung der Kerbschlagarbeit -RT (bei Raumtemperatur) oder -LT (bei Tieftemperatur)

oder der chemischen Zusammensetzung

alle anderen Sorten	Bezeichnung wie bei hochlegierten Stählen mit Buchstabe X, C-Kennzahl, Symbole der LE, danach LE-Prozente mit Bindestrich

Pos. 6 Zeichen für zusätzliche Anforderungen

D	Gussstück im Gusszustand
H	wärmebehandelt
W	Schweißeignung für Fertigungsschweißungen
Z	zusätzliche Anforderungen nach Bestellung

4.3.4. Bezeichnung der NE-Metalle

Reinmetalle werden mit den chemischen Symbolen bezeichnet, dahinter folgt der Metallgehalt in Prozent.

Legierungen werden nach dem Basismetall und dem Hauptlegierungselement in nachstehender Reihenfolge benannt

1. Symbol des Basiselements
2. Symbol des Hauptlegierungselementes
3. Prozentzahl des Hauptlegierungselementes
4. Symbol des dritten Legierungselementes
5. Prozentzahl des dritten LE (wenn zur Unterscheidung von ähnlichen Sorten nötig)

Beispiele:

Kurzzeichen	Beschreibung
CuCr	Cu-Legierung mit Cr nach Norm. Ohne weitere Angabe, da nur eine Sorte!
CuAl10Ni	Cu-Legierung mit 10 % Al und Ni nach Norm
CuNi25Zn15	Cu-Legierung mit 25 % Ni und 15 % Zn
TiAl6V4	Ti-Legierung mit 6 % Al und 4 % V

Zur weiteren Klärung können angefügt werden:

Beachte: Regelabweichungen sind evtl. in den Normen für die einzelnen NE-Metalle festgelegt.

4. Werkstofftechnik

Bezeichnung von Aluminium und -Aluminiumlegierungen

DIN EN 573: Aluminium und Aluminiumknetlegierungen, Chemische Zusammensetzung und Form von Halbzeug.

DIN EN 573-1: Numerisches Bezeichungssystem:

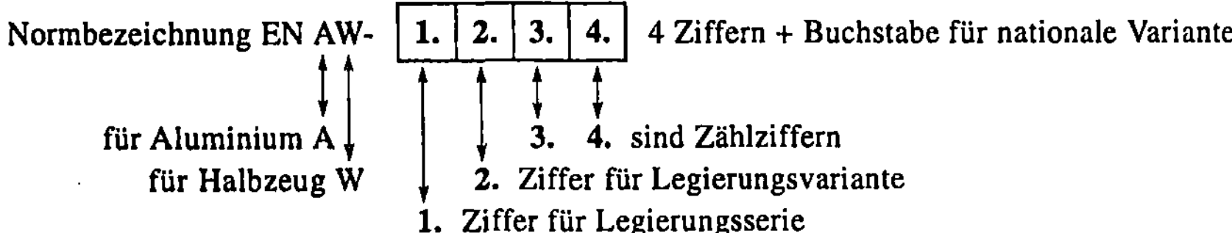

DIN EN 573-2: Bezeichnung nach der chemischen Zusammensetzung. Das Symbol EN AW- wird dem Kurznamen vorgestellt, der meist aus der bisherigen Bezeichnung nach DIN 1725 gebildet wird.

Aluminium-Gusslegierungen nach DIN EN 1706 wird für Werkstoffnummer und Kurzbezeichnung ein EN AC- vorgestellt.

Aluminium-Legierungsserien nach DIN EN 573-3

Legierungs-Serie	Legierungselemente	Legierungs-Serie	Legierungselemente
1 x x x	Al unlegiert	5 x x x	Al Mg + Mn, Cr, Zr
2 x x x	Al Cu + weitere	6 x x x	Al MgSi + Mn, Cu, PbMn
3 x x x	Al Mn + Mg	7 x x x	Al Zn + Mg, Cu, Zr
4 x x x	Al Si + Mg, Bi, Fe, MgCuNi	8 x x x	Sonstige, Fe, FeSi, FeSiCu

Bezeichnung der Werkstoffzustände durch Anhängesymbole aus Buchstaben und bis zu 2 Ziffern nach DIN EN 515 Al und Al-Legierungen, Halbzeug.

Symbol	Zustand	Bedeutung der 1. Ziffer	Bedeutung der 2. Ziffer
F	Herstellungs-zustand	keine Grenzwerte für mech. Eigenschaften	
O O1 O2 O3	weichgeglüht	1 hocherhitzt, langs. angek. 2 thermomech. behandelt 3 homogenisiert	

Symbol	Zustand	Bedeutung der 1. Ziffer	Bedeutung der 2. Ziffer
H H34	kaltverfestigt	1 nur kaltverfestigt 2 kaltverf. + rückgeglüht 3 kaltverf. + stabilisiert 4 kaltverf. + einbrennlackiert	2: 1/4-hart, mittig zw. Zustd. O u. Hx4 3: 1/2-hart, mittig zw. Zustd. O u. Hx8 4: 3/4-hart, mittig zw. Zustd. Hx4 u. Hx8 8: vollhart, härtester Zustand geg. O 9: extrahart
T	wärme-behandelt	1: aus Warmformtemperatur abgeschreckt + kaltausgehärtet 2: aus Warmformtemp. abgeschreckt + kaltverfestigt + kaltausgehärtet 3: lösungsgeglüht + kaltverfestigt + kaltausgehärtet 4: lösungsgeglüht + kaltausgehärtet (stabiler Zustand) 5: aus Warmformtemperatur abgeschreckt + warmausgehärtet 6: lösungsgeglüht + warmausgehärtet 7: lösungsgeglüht + überhärtet ⎫ stabile 8: lösungsgeglüht + kaltverfestigt + warmausggehärtet ⎬ Zu- 9: lösungsgeglüht + warmausgehärtet + kaltverfestigt ⎭ stände Das Normblatt gibt zusätzliche zweite und dritte Ziffern für spezielle Behandlungen an	

4.3.5. Kurzzeichen für Kunststoffe

Symbol	Polymer	Symbol	Polymer	Symbol	Begriff
AAS	Methacrylat-Acrylat-Styrol	PE	Polyethen(-äthylen)	MFI	Schmelzindex
ABS	Acrylnitril-Butadien-Styrol	PEEK	Polyaryletherketon	RIM	Reaction Injection
BS	Butadien-Styrol	PEI	Polyetherimid		Moulding (RSG)
CA	Celluloseacetat	PES	Polyethersulfon	RSG	Reaktionsharz-
CAB	Celluloseacetobutyrat	PET(P)	Polyethylenterephthalat		Spritzguss (RIM)
CAP	Celluloseacetopropionat	PI	Polymid	BMC	Bulk Moulding
CP	Cellulosepropionat	PF	Polyformaldehyd		Compound
EC	Ethylcellulose	PMMA	Polymethylmethacrylat		(Formmasse)
EP	Epoxid	POM	Polyoxymethylen	GMT	Glasmattenverst.
ETFE	Ethylen-Tetrafluorethylen	PP	Polypropylen		Thermoplaste
FF	Furanharze	PPO	Polyphenyloxid	SMC	Sheet Moulding
Hgw	Hartgewebe	PPS	Polyphenylensulfid		Compound
Hm	Harzmatte	PS	Polystyrol	====	====================
Hp	Hartpapier	PSU	Polysulfon		**Faserverstärkte**
LCP	Liquid Crystals Polymers	PTFE	Polytetrafluorethylen		**Kunststoffe**
MF	Melaminformaldehyd	PUR	Polyurethan	AFK	Asbestfaserverst. K.
MP	Melamin-Phenol-	PVC	Polyvinylchlorid	BFK	Borfaserverst. K.
	formaldehyd	PVDC	Polyvinylidenchlorid	CFK	Kohlenstofffaserverst.
PA	Polyamide	PVF	Polyvinylfluorid		Kunststoff
PAN	Polyacrylnitril	SAN	Styrol-Acrylnitril	GFK	Glasfaserverst. K.
PAR	Polyarylat	SB	Styrol-Butadien	MFK	Metallfaserverst. K.
PB	Polybuten	SI	Silicon	SFK	Synthesefaserverst.
PBT(P)	Polybutylenterephthalat	TPU	thermoplastische Poly-		Kunststoff
PC	Polycarbonat		urethane		Beispiel:
PCTFE	Polychlortrifluorethylen	UF	Harnstoff-Formaldehyd	PP-	Polypropylen, glas-
PDAP	Polydiallyphthalat	UP	ungesättigte Polyester	GF20	faserverstärkt (20 %)

4.4. Baustähle DIN EN 10025

Kurzzeichen	Stahlsorte bisher	Werkstoff-Nr.	R_{eH} bzw. $R_{p0,2}$ Nenndicken (mm) ≤16	≤100	≤200	R_m Mpa	A in %[1] Nenndicken (mm) ≤1...<3	≤3...<40	Bemerkungen
S185JR	St 33	1.0035	185	–	–	290...510	l: 10...14	l: 18 t: 16	ohne gewährl. Kerbschlagarbeit, Bauschlosserei
S235JR	St 37-2	1.0037					A_{80} längs	A in % längs	Niet- und Schweiß-
S235JRG1		1.0036					l: 17...21	l: 26	konstruktionen im Stahlbau,
S235JRG2	St 37-2	1.0038	235	215	185	340...470	quer	quer	Flansche, Armaturen
S235J0		1.0114					t: 15...19	t: 24	
S235J2G3	St 37-3	1.0116							schmelzschweißgeeignet
S235J2G4		1.0117							
S275JR	St 44-2	1.0044							Für höhere Beanspruchung
S275J0	St 44-3U	1.0143					längs	längs	im Stahl- und Fahrzeugbau,
S275J2G3	St 44-3	1.0144	275	235	215	410...560	l: 14...18	l: 22	Kräne und Maschinen-
S275J2G4		1.0145					quer	quer	Gestelle
							t: 12...20	t: 20	schmelzschweißgeeignet
S355JR		1.0045							
S355J0		1.0153					längs	längs	
S355J2G3	St 52-3	1.0570	355	315	285	490...630	l: 14...18	l: 22	wie bei S275
S355J2G4		1.0577					quer	quer	
S355K2G3		1.0595					t: 12...16	t: 20	schmelzschweißgeeignet
S355K2G4		1.0596							
E295	St 50-2	1.0050	295	255	235	550...610	l: 12...16	l: 20/t: 18	Achsen, Wellen, Zahnräder,
E335	St 60-2	1.0060	335	295	265	570...710	l: 8...12	l: 16/t: 14	Kurbeln, Buchsen, Passfedern, Keile, Stifte, alle drei
E360	St 70-2	1.0070	360	325	295	670...830	l: 3... 7	l: 11/t: 10	Sorten sind pressschweißbar

[1] l: Längsprobe, t: Querprobe

4. Werkstofftechnik

4.5. Vergütungsstähle DIN EN 10083, gewährleistete Eigenschaften

lfd. Nr.	Stahlsorte	Durchmesserbereich $d \leq 16$ mm					$16 \leq d \leq 40$ mm				
		R_e	R_m N/mm²	A %	Z %	A_v J	R_e	R_m N/mm²	A %	Z %	A_v J
1	C25E	370	700 ... 550	19	45	–	320	650 ... 500	21	50	–
2	C35E	430	780 ... 630	17	40	–	370	750 ... 600	19	45	–
3	C45E	500	850 ... 700	14	35	–	430	800 ... 650	16	40	–
4	C55E	550	950 ... 800	12	25	–	500	900 ... 750	14	35	–
5	C60E	580	1000 ... 850	11	25	–	520	950 ... 800	13	30	–
6	28Mn6	590	930 ... 780	13	40	35	490	840 ... 690	15	45	40
7	38Cr2	550	950 ... 800	14	35	35	450	850 ... 700	15	40	35
8	46Cr2	650	1100 ... 900	12	35	30	550	950 ... 800	14	40	35
9	34Cr4	700	1000 ... 900	11	35	35	590	950 ... 800	14	40	40
10	37Cr4	750	1150 ... 950	11	35	30	630	950 ... 850	13	40	35
11	41Cr4	800	1200 ... 1000	10	30	30	660	1100 ... 900	12	35	35
12	25CrMo4	700	1100 ... 900	12	50	45	600	950 ... 800	14	55	50
13	34CrMo4	*800	1200 ... 1000	11	45	35	650	1100 ... 900	12	50	40
14	42CrMo4	900	1300 ... 1100	10	40	30	750	1200 ... 1000	11	45	35
15	50CrMo4	900	1300 ... 1100	9	40	30	780	1200 ... 1000	10	45	30
16	51CrV4	900	1300 ... 1100	9	40	30	800	1200 ... 1000	10	45	30
17	36CrNiMo4	900	1300 ... 1100	10	45	35	800	1200 ... 1000	11	50	40
18	34CrNiMo6	1000	1400 ... 1200	9	40	35	900	1300 ... 1100	10	45	45
19	30CrNiMo8	1050	1450 ... 1250	9	40	30	1050	1450 ... 1250	9	40	30
20	36NiCrMo16	1050	1450 ... 1250	9	40	30	1050	1450 ... 1250	9	40	30

DIN EN 10082-1 enthält die Edelstähle (P und S je 0.35 %), davon 9 unlegierte. Mit Ausnahme der CrNiMo-legierten Sorten gibt es zu jeder Sorte eine Variante mit verbesserter Spanbarkeit, z.B. C45R für unlegierte oder 34CrMoS4 für niedriglegierte Sorten. Teil 2 enthält 9 unlegierte Qualitätsstähle mit gleichen C-Gehalten (P und S je $\leq$ 0,45 %), Teil 3 enthält 6 Sorten mit Bor-Gehalten von 0,0008 ... 0,0005 %.

Nebenstehende Tafel gibt eine Übersicht über die Mindestwerte der Streckgrenze für verschiedene Durchmesserbereiche. Für die in einem Feld angeführten Sorten (Ziffern in Verbindung mit Tafel 4.5) gilt der untere stark ausgezogene Rand als Mindeststreckgrenze.

Ablesebeispiel: Für Bauteile wird Stahl mit einer Streckgrenze von 550 N/mm² benötigt. Welche Stahlsorte ist je nach Bauteilquerschnitt geeignet (lfd. Nr. aus Bild, Kurzname aus Tafel 4.5 entnehmen).

Ø mm	Nr.	Sorte	Ø mm	Nr.	Sorte
$\leq$ 16	4	C55E	40 bis 100	11	41Cr4
	7	38Cr2		13	34CrMo4
16 bis 40			100 bis 160	11	41Cr4
	8	46Cr2		14	42CrMo4

Von zwei Stählen mit gleicher Streckgrenze hat der C-ärmere die größere Zähigkeit!

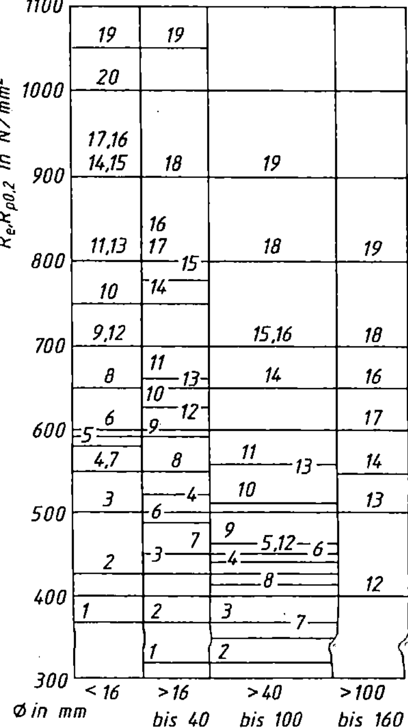

4.6. Einsatzstähle DIN EN 10084 (DIN 17210) [1])

Stahlsorte Kurzname	Werkstoff-Nr.	HB 30 geglüht	Stirnabschreckversuch, Härte HRC im Abstand von der Stirn in mm				Eigenschaften, Anwendungsbeispiele
			1,5	5	11	25	
C10E	1.1121	131	–				kleine Teile mit niedriger Kernfestigkeit:
C15E	1.1141	143	–				Bolzen, Zapfen, Büchsen, Hebel.
17Cr3	1.7016	174	39				Desgl. mit höherer Kernfestigkeit
16MnCr5	1.7131	207	39	31	21	–	Zahnräder und Wellen im Fahrzeug- und
20MnCr5	1.7147	217	41	36	28	21	Getriebebau
20MoCr4	1.7321	207	41	31	22	–	besonders für Direkthärtung geeignet
22CrMoS3-5	1.7333	207	42	37	28	22	für größere Querschnitte
20NiCrMo2-2	1.6523	212	41	31	20	–	Getriebeteile höchster Zähigkeit
17CrNi6-6	1.5918	229	39	36	30	22	mittlere ⎫ hochbeanspruchte
18CrNiMo7-6	1.6587	229	40	39	36	31	größere ⎬ Getriebeteile wie ⎭ Wellen, Zahnräder

4.7. Nitrierstähle DIN EN 10085 (DIN 17211)

Stahlsorte Kurzname	Werkstoff-Nr.	Eigenschaften vergütet					Eigenschaften, Anwendungsbeispiele
		Durchmesser-bereich in mm	$R_{p0,2}$ N/mm²	A %	A_v J	HV1	
31CrMo12	1.8215	... 40	850	10			warmfest, für Teile von
		41 ... 100	800	11	35	800	Kunststoffmaschinen
31CrMoV9	1.8519	... 80	800	11	35	800	ionitrierte Zahnräder mit
		81 ... 150	750	13	35		hoher Dauerfestigkeit
15CrMoV6-9	1.8521	... 100	750	10	30	800	größere Nitrierhärtetiefe,
		101 ... 250	700	12	35		warmfest
34CrAlMo5	1.8507	... 70	600	14	35	950	Druckgießformen für Al
35CrAlNi7	1.8550	70 ... 250	600	15	30	950	für große Querschnitte

4.8. Stahlgusssorten

Für allgemeine Verwendungszwecke DIN 1681

Stahlsorte Kurzname	Werkstoff-Nr.	$R_{m,min}$ N/mm²	$R_{p0,2}$ N/mm²	A %	A_v in J > 30	A_v in J < 30 mm	Anwendungsbeispiele
G380	1.0420	380	200	25	35	35	Kompressorengehäuse
G450	1.0446	450	230	22	27	27	Konvertertragring
G520	1.0552	520	260	18	27	22	Walzwerksständer
G600	1.0558	600	300	15	27	20	Großzahnräder

Bedeutung der Formelzeichen: R_m Zugfestigkeit, $R_{p0,2}$ 0,2%-Dehngrenze, A Bruchdehnung, A_v Kerbschlagarbeit, ISO-V-Probe; HV1 Vickershärte

4. Werkstofftechnik

Stahlguss mit guter Schweißeignung DIN 17182					(Werte für Wanddicken bis 50 mm)
Stahlsorte Kurzname / Werkstoff-Nr.	$R_{m,\,min}$ N/mm²	$R_{p0,2}$ N/mm²	A %	A_v in J	
G17Mn5N 1.1131	430 … 600	260	25	65	Zustand normalisiert
G20Mn5N 1.1120	500 … 600	300	22	55	Zustand normalisiert
G20Mn5V	500 … 600	360	24	75	Zustand vergütet

4.9. Gusseisen mit Lamellengraphit (Mechanische Eigenschaften in getrennt gegossenen Proben von 30 mm Rohdurchmesser)

Eigenschaft	Einheit		Sorte EN-GJL-			
		-150	-200	-250	-300	-350
Zugfestigkeit	R_m MPa	150 … 250	200 … 300	250 … 350	350 … 400	350 … 450
0,1 %-Dehngrenze	$R_{p0,1}$ MPa	98 … 165	130 … 195	165 … 228	195 … 260	228 … 285
Bruchdehnung	A %	0,8 … 0,3	0,8 … 0,3	0,8 … 0,3	0,8 … 0,3	0,8 … 0,3
Druckfestigkeit	σ_{dB} MPa	600	720	840	960	1080
Biegefestigkeit	σ_{bB} MPa	250	290	340	390	490
Torsionsfestigkeit	τ_{tB} MPa	170	230	290	345	400
Biegewechselfestigkeit	σ_{bW} MPa	70	90	120	140	145

Weitere 6 Sorten werden nach der Brinellhärte benannt (gemessen im Wanddickenbereich 40 … 80 mm): EN GJL-HB155 / 175 / 195 / 215 / 235 / 255.

4.9.1. Beziehung zwischen Zugfestigkeit und Wanddicke in Gussstücken

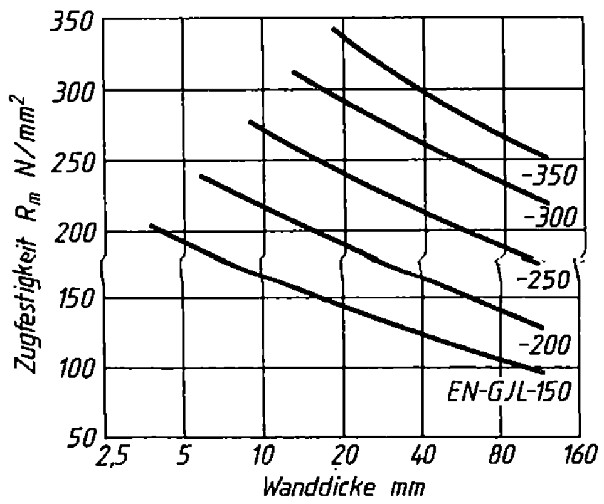

4.10. Gusseisen mit Kugelgraphit DIN EN 1563 (DIN 1693)

Kurzname EN-GJS-	DIN 1693	$R_{p0,2}$ N/mm²	A_v[1] in J/bei °C	Härte-Bereich HB 30[2]	σ_d N/mm²	σ_{bB} N/mm²	Grundgefüge
-350-22-LT	GGG-35.3	220	12 / -40	110 ... 150			Ferrit
-440-18-LT	GGG-40.3	250	12 / -20	120 ... 160	700		Ferrit
-400-15	GGG-40	250		140 ... 190	700	800 ... 900	überwiegend Ferrit
-450-10	——	310					
-500-7	GGG-50	320		700 ... 220	800	850 ... 1000	Ferrit/Perlit
-600-3	GGG-60	380		200 ... 250	870	900 ... 1100	Perlit
-700-2	GGG-70	440		230 ... 280	1000	1000 ... 1200	Perlit
-800-2	GGG-80	500		250 ... 330	1150	1100 ... 1300	Perlit/Bainit
-900-2	——	600					Perlit/Bainit

1) ISO-V-Probe; 2) Härteangaben je nach Wanddicke, nicht gewährleistet, nur Anhaltswerte.

4.11. Temperguss DIN EN 1562 (DIN 1692)

Kurzname	DIN 1692	$R_{p0,2}$ N/mm²	HB 30 →	Anwendungsbeispiele (Härte HB nur Anhaltswerte)
EN-GJMW-	Entkohlend geglühter (weißer) Temperguss			
-350-4	GTW-35-04	–	max. 230	Für normalbeanspruchte Teile, Fittings, Förderkettenglieder, Schlossteile
-360-12	GTW-S38-12	190	max. 200	Schweißgeeignet für Verbunde mit Walzstahl, Teile für Pkw-Fahrwerk, Gerüststreben
-400-5	GTW-40-05	220	max. 220	Standardwerkstoff für dünnwandige Teile, Schraubzwingen, Kanalstreben, Gerüstbau, Rohrverbinder
-450-7	GTW-45-07	260	max. 220	Wärmebehandelt, höhere Zähigkeit, Pkw-Anhängerkupplung, Getriebeschaltheben
-550-4	——	340	max. 250	
EN-GJMB-	Nicht entkohlend geglühter (schwarzer) Temperguss			
-300-6	——	–	max. 150	Anwendung, wenn Druckdichtheit wichtiger als Festigkeit und Duktilität ist
-350-10	GTS-35-10	200	max. 150	Seilrollen mit Gehäuse, Möbelbeschläge, Schlüssel aller Art, Rohrschellen, Seilklemmen
-450-6	GTS-45-06		150 ... 200	Schaltgabeln, Bremsträger
-500-5	——	300	165 ... 215	
-550-4	GTS-55-04	340	180 ... 230	Kurbelwellen, Kipphebel für Flammhärtung, Federböcke, Lkw-Radnaben
-600-3	——	390	195 ... 245	
-650-2	GTS-65-02	430	210 ... 260	Druckbeanspruchte kleine Gehäuse, Federauflage für Lkw (oberflächengehärtet)
-700-2	GTS-70-02	530	240 ... 90	Verschleißbeanspruchte Teile (vergütet) Kardangabelstücke, Pleuel, Verzurrvorrichtung für Lkw
-800-1	——	600	270 ... 310	Verschleißbeanspruchte kleinere Teile (vergütet)

Mechanische Eigenschaftswerte der Gusssorten beziehen sich auf getrennt gegossene Probestücke des gleichen Werkstoffs.

4.12. Aluminiumlegierungen, Auswahl

Aluminiumknetlegierungen DIN EN 573; Bezeichnung EN AW-....; (Mechanische Eigenschaften gelten für Blech 3 mm)

Kurzname, Werkstoff-Nr. DIN EN 573 (DIN 1725)	Zustand	R_m N/mm²	$R_{p0,2}$ N/mm²	A_{50} %	HBS –	Verformg. ↓ spanlos	spanend ↓	Schweißeignung	↓ Witterg	Seewasser ↓	← Beständigkeit gegen; Halbzeugarten, Verwendung
EN AW-Al-Mn1, -3103 (AlMn1)	O H24	130 140	35 110	24 6	27 44	A	F E	A F	A A	B B	Bleche, Bänder, Rohre, Profile für Dachdeckung und Fassadenbekleidung
-Al Mg3, -5754 (AlMn3)	H112 H24	190 240	80 160	18 8	52 80	B F	E D	B E	A A	A A	wie vor, Apparatebau, Rohrleitungen Druckbehälter, Nahrungsmittelgeräte
-Al Si1MgMn, -6082 (AlMgSi1)	O T4 T6	150 205 310	85 110 260	18 15 10	40 58 94	A C D	E C B	B F F	C	D	kalt- und warmaushärtbare Sorte, Bleche, Bänder, Profile, Gesenkteile im Fahrzeugbau-, Berg- u. Schiffbau
-Al Cu4MgSi, -2017(A) (AlCuMg1)	O T4	215 390	140 260	13 13	55 111	C F	D B	F	F	F	Konstruktionslegierung, abgeschreckt noch verformbar, punktschweißbar. Bleche und Bänder zur Verbesserung der Korrosionsbeständigkeit auch plattiert lieferbar
-Al Zn4,5Mg1,5, -7020 (AlZn4,5Mg1)	O T4 T6	220 320 350	140 210 280	15 13 10	45 92 104	C F F	B B B	C	C C	F F	Selbstaushärtende Konstruktionslegierung. Mittlere Beständigkeit, Wagenkästen, Walzenrohre
-Al Zn5,5MgCu, -7075 (AlZnMgCu1,5)	O T6 T76	275 545 500	(max)- 475 425	10 8 8	55 163 146	D	C	F	F	F	wie Al Cu4MgSi mit höherer Festigkeit, warmaushärtbar, für Kunststoff-Formenbau, Zustand beständig gegen Spannungsrißkorrosion

Aluminiumgusslegierungen DIN EN 1706; Bezeichnung EN AC-....; (Mechanische Eigenschaften an getrennt gegossenen Proben ermittelt)

Kurzname, Werkstoff-Nr. DIN EN 1706 (DIN 1725)	Gießart, Zustand		R_m N/mm²	$R_{p0,2}$ N/mm²	A %	HBS –	Gießbarkeit	Schweißbarkeit	Polierbarkeit	Beständigkeit	Eigenschaften, Verwendung
EN AC-Al Si2(a), -44200 (G-AlSi12)	S K	F F	150 170	70 80	5 6	50 55	A	A	D	B	eutektische Legierung, für dünnwandige, stoßfeste Teile aller Art
-Al Si12(Cu), -47000 (G-AlSi12)	K	F	170	90	2	55	A	A	C	C	weniger zäh, höhere Festigkeit
-Al Si9Mg, -43300 (G-AlSi9Mg)	S K	T6 T64	230 250	190 180	2 6	75 80	A	A	D		Kfz.-Bremszylinder, -Bremssättel, Beschläge zum Anschweißen
-Al Si12CuNiMg, -48000	K	T5	200	185	<1	90	A	A	C	C	erhöhte Warmfestigkeit bis 200°
-Al Mg3, -51000 (G-AlMg3)	S K	F F	140 150	70 70	3 5	50 50	C/D	C	A	A	Beschlagteile für Bautechnik, Fahrzeuge, Schiffbau
-Al Cu4MgTi, -21000 (G-AlCu4TiMg)	F K	T4 T4	300 320	220 200	5 8	90 90	C/D	D	B	D	einfache Gussstücke höchster Festigkeit und Zähigkeit

Gießart S: Sandguss, K: Kokillenguss, F: Feinguss. Zustandsbezeichnungen → 4.3.4. Bewertungen: A ausgezeichnet, B gut, C annehmbar, D unzureichend, E nicht empfehlenswert, F ungeeignet

4.13. Kupferknetlegierungen, Auswahl

Kurzzeichen DIN-EN-	Zustand	Stoff.-Nr. [2] CW...	Werkstoffeigenschaften				Eigenschaften	Verwendung
			$R_{p0,2}$	R_m	A	HB		
CuSn6	R420	452K	—	420	20	—	Chemisch beständig,	Federn, Membranen,
	Y360		360	—	20	—	stark kaltverfestigend	Drahtgewebe, Schläuche
CuAl8Fe3	R480	303G	210	480	30	(140)	Noch kaltformbar, warmfest bis 300 °C	Blechkonstruktionen für chem. Apparate-Bau
CuZn37	R300	508L	180	300	48	(70)	Gut kaltform-, löt- und schweißbar	Hauptlegierung für spanlose Verarbeitung
CuZn40	R340	509L	240	340	43	(80)	Warm- und kaltumformbar	Drehteile mit Staucharbeiten, Beschlagteile
CuZn39Pb2	R360	612N	270	360	40	(85)	Gut stanz- und spanbar, nur gering kaltformbar	Uhrenteile
CuZn40Pb2	R430	617N	(200)	430	(15)	—	Gut warm-, kaum kaltformbar	Formdrehteile
CuZn39Mn1AlPb	R440	618R	(200)	440	(12)	—	Witterungsbeständig, zäh, Gleiteigenschaften	Strangpressprofile, Schmiedestücke
CuNi12Zn30Pb1	R420	406J		420	20		Gut kaltformbar und spanbar	Sicherheitsschlüssel, Drehteile für optische Industrie
CuNi18Zn20	R380	409J	250	380	37	(140)	Sehr gut kaltformbar, anlaufbeständig	Kontaktfedern, Membranen, Brillengestelle
	R520		430	520	6	(160)		

Zustandszeichen angehängt z. B.: R420 Mindestzugfestigkeit; Y360 Mindeststreckgrenze in MPa; HB Anhaltswerte

Gusslegierungen DIN EN 1982

Kurzzeichen DIN-EN- (ältere Normen)	Stoff.-Nr. [2] CC...	Werkstoffeigenschaften					Eigenschaften	Verwendung
		Gieß-Art [1]	$R_{p0,2}$	R_m	A	HB		
CuAl10Ni3Fe2-C (G-CuAl9Ni)	332G	-GS	180	500	18	100	Sehr gut schweißgeeignet, chemisch beständig	Gussteile für Nahrungsmittelmaschinen und chemische Apparate
		-GM	250	600	20	130		
CuAl10Fe5Ni5-C (G-CuAl10Ni)	333G	-GS	250	600	13	140	Dauerschwingfest, meerwasserbeständig	Verbunde aus Guss- und Knetlegierungen
		-GZ	280	650	13	150		
CuSn3Zn8Pb5-C (CuSn2ZnPb)	490K	-GS	85	180	15	60	Brauchwasserbeständig	für dünnwandige (<12 mm) Armaturen bis 225 °C
		-GC	100	220	12	70		
CuSn5Zn5Pb5-C (CuSn5Zn, Rg 5)	491K	-GS	90	200	13	60	lötbar, meerwasserbeständig	Armaturen für Wasser und Dampf bis 225 °C
		-GC	110	250	13	65		
CuZn33Pb2-C- (G-CuZn33Pb)	750S	-GS	70	180	12	45	Hohe elektrische Leitfähigkeit, beständig gegen Brauchwasser	
CuZn16Si4-C (G-CuZn15Si4)	761S	-GS	230	400	10	100	Gut dünnwandig vergießbar, meerwasserbeständig	Beschlagteile, Armaturengehäuse
		-GM	300	500	8	130		

[1] Gießart: (GS-) Sandguss -GS; (GK-) Kokillenguss -GM; (GZ-) Schleuderguss -GZ; (GC-) Strangguss -GC; (GD-) Druckguss -GP (in Klammern bisherige Bezeichnung).

[2] Nummernsystem für Kupfer und Kupferlegierungen nach DIN EN 1412 Reihenfolge: C für Cu, Buchstabe W Kneterzeugnis, C Gusserzeugnis, 3 Zählziffern, Buchstaben für Legierungssystem.

Symbol	System	Symbol	System
A, B	Kupfer	J	CuNiZn
C, D	Cu, niedriglegiert, Σ LE < 5 %	K	CuSn
E, F	Legierungen, Σ LE > 5 %	L, M	CuZn-Zweistofflegierungen
G	CuAl	N, P	CuZnPb
H	CuNi	R, S	CuZn-Mehrstofflegierungen

4.14. Lagermetalle und Gleitwerkstoffe auf Cu-Basis (DKI)

Kurzname W.-Nummer	Kurzname nach zurückgezogenen DIN-Normen	Gieß-art [2]	Festigkeiten [1] R_m MPa	$R_{p0,2}$ MPa	Härte A %	HB min	Bemerkungen	Anwendungsbeispiele
CuSn8P	CuSn8	R390	390	260	45	—	P-legiert, korrosionsbeständig, verschleiß- und dauerschwingfest, sehr gute Gleiteigenschaften, bis 70 Mpa zulässig	Gerollte und gedrehte Buchsen für Lager aller Art, Pleuel- und Kolben-
CW459K		R620	620	550	—	—		bolzenlager (Carobronze®)
CuSn12-C	G-CuSn12	-GS	260	140	12	80	Sorten mit 2 % Pb für Lager mit verbesserten	Schneckenräder und -kränze, Gelenk-
		-GM	270	150	5	80	Notlaufeigenschaften, dafür sind gehärtete Wellen	steine, unter Last bewegte Spindeln,
CC483K	DIN 1705 Z	-GZ	280	150	5	95	zweckmäßig, in GZ- oder GC-Ausführung sind	Lager mit hohen Lastspitzen
		-GC	280	140	8	90	Lastspitzen bis max. 120 MPa zul.	
CuSn12Ni2-C	G-CuSn12Ni	-GS	280	160	14	90	Wie oben mit erhöhter Zähigkeit und Verschleiß-	Schneckenradkränze mit Stoßbean-
		-GZ	300	180	8	100	festigkeit	spruchungen
CC484K	DIN 1705 Z	-GC	300	170	10	90		
CuSn7Zn4Pb7-C	G-CuSn7ZnPb	-GS	240	120	15	65	Preisgünstig, für normale Gleitbeanspruchung,	Lager im Werkzeugmaschinenbau
		-GM	230	120	12	60	gute Notlaufeigenschaften durch 5...8 %Pb.	in Baumaschinen, Schiffswellen-
CC493K	DIN 1705 Z	-GZ	270	130	13	75	In -GZ oder -GC-Ausführung sind bis zu 40 MPa	bezüge
		-GC	270	130	16	70	zulässig (Alter Name Rg7)	
CuSn7Pb15-C	G-CuPb15Sn	-GS	180	90	8	60	Beste Notlaufeigenschaften bei Mangel- bzw.	Lager mit höchsten Flächendrücken,
		-GZ	220	110	7	65	Wasserschmierung. In GC-Ausführung sind bis	Lager von Kaltwalzwerken, mit
CC496K	DIN 1716 Z	-GC	220	110	8	65	zu 70 MPa Flächenpressung zulässig	Kantenpressung, Motorenhauptlager
CuZn25Al5Mn4Fe3-C	G-CuZn25Al5	-GS	750	450	8	180	Preisgünstig, für besonders hohe statische Belas-	Gelenksteine, Spindelmuttern,
		-GM	750	480	8	180	tungen geeignet, weniger für dynamische und	die nicht unter Last verstellt werden,
		-GZ	750	480	5	190	hohe Gleitgeschwindigkeiten. Schlechte Notlauf-	langsam laufende Schneckenrad-
CC762S	DIN 1709 Z	-GC	750	480	3	190	eigenschaft, gute Schmierung erforderlich	kränze
CuAl11Fe5Ni6-C	G-CuAl11Ni	-GS-	680	320		170	Für höchste Stoß-und Wechselbelastung bis zu 25	Stoßbeanspruchte Gleitlager in
		-GM	680	400	5	200	MPa Flächenpressung, mäßige Notlaufeigenschaf-	Schmiedemaschinen und Kniehebel-
CC344G	DIN 1714 Z	-GZ	750	400		185	ten, hohe Dauerschwingfestigkeit in Meerwasser	pressen, Gelenkbacken, Druckmuttern

[1] Mittelwerte   [2] Gießart siehe Tabelle 4.13 unten

4.15. Druckgusswerkstoffe

Kurzzeichen (Handelsbez.)	Dichte ρ g/cm³	Dehn- grenze $R_{p0.2}$	Zug- festigkeit R_m	Bruch- dehnung A %	Härte HB10	Schmelz- Temperatur °C	Gieß- barkeit	Span- barkeit	Stand- menge ca.10³	Wand- dicke s_{min}	Masse m_{max} kg	Anwendung	Eigenschaften
Zink-Legierungen DIN EN 1774 (Auswahl aus 8 Sorten)													
ZnAl4 ZL0400 (Z400)	6,70	160...170	250...300	1,5...3	70...90	380...386	1	1	500	0,6 bis 2	20	Plattenteller, Vergasergehäuse, PkW-Scheinwerferrahmen,	Dekorativ galvanisierbar, wenig kaltzäh,
ZnAl4Cu ZL0410 (Z410)	6,70	180...240		2...3	80...100	380...386	1	1	500		20	PkW-Türschlösser, -griffe	Basis Feinzink 99,99
Aluminium-Legierungen DIN EN 1706 (Auswahl aus 9 Sorten)													
AC-Al Si12(Fe) (230)	2,55	140...180	230...280	1...3	60...100	575	2	2...3	80	1 bis 3	25	Hydraulische Getriebeteile, druckdichte Gehäuse.	Eutektische Legierung, keine Warmrisse. korr.-beständig.
AC-Al Si9Cu3(Fe) (226)	2,75	160...240	240...320	0,5...3	80...110	510...620	2	2	80		25	Trittstufen für Rolltreppen, E-Motorengehäuse.	Billig, z.T. aus Umschmelz- metall, viel verwendet.
AC-Al Si12CuNi (239)	2,65	190...230	260...320	1...3	90...120	570...585	2	2...3	80		25	Kolben, Zylinderköpfe. Nähmaschinen.	Warmfest, Gleiteigenschaften
AC-Al Mg9 (349)	2,60	140...220	200...300	1...5	70...100	520...620	3...4	1	80		25	Gehäuse für Haushalts-, Büro- und optische Geräte	Dekorativ anodisierbar, korrosionsbeständig
Magnesium-Legierungen DIN EN 1753 (Auswahl aus 8 Sorten													
MCMgAl9Zn1 (AZ 91)	1,80	140...170	200...260	1...6	65...85	470...600	1...2	1	100	1 bis 3	15	Rahmen f. Schreibmaschinen u. Tonbandgeräte, Mobiltelefone.	sehr leicht, Oberflächenschutz erforderlich
MCMgAl6Mn (AM 60	1,80	120...150	190...250	4...14	55...70	470...620	1...2	1	100		15	Gehäuse f. tragbare Werkzeuge u. Motoren. Sitzrahmen für Kfz.	
MCMgAl4Si (AS 41)	1,80	120...150	200...250	3...12	55...60	580...620	2	1	100		15	Gehäuse für Kfz. Getriebe, Radfelgen	
Kupfer-Legierungen DIN EN 1982													
CuZn39Pb1Al-C	8,50	(250)	(350)	(4)	(110)	880...900	3	3	10	2 bis 4	5	Armaturen f. Warm- u. Kalt- wasser	Höhere Festigkeit und Zähig- keit, hoher Formverschleiß durch hohe Gießtemperatur
CuZn16Si4-C	8,60	(370)	(530)	(5)	(150)	850	2	3	10		5		
Zinn Legierungen DIN 1742													
GD-Sn80Sb	7,10		115	2,5	30	250...320	1	2				Teile von Messgeräten	Höchste Maßbeständigkeit, kaltformbar, korr.-beständig

4.16. Auswahl thermoplastischer Kunststoffe (Plastomere)

chem. Bezeichnung und Kurzzeichen DIN 7728	Handelsnamen (Auswahl)	Dichte g/cm³	Gebrauchstemperatur 0°C dauernd/kurz	Kugeldruckhärte N/mm²	E-Modul N/mm²	Zeitstandfestigkeit in N/mm² 20°C/10³h	Längenausdehnungskoeffizient 10⁻⁵/°C	unbeständig gegen (bedingt)	Eigenschaften, Verwendungsbeispiele
Polyvinylchlorid PVC hart schlagzäh	Hostalit Vestolit Trovidur	1,36	− 30/60/70	115	3 000	40	7	Tri[1] Tetra[2]	hart, zäh, korrosionsbeständig, selbstlöschend, Rohre, Fittings für Frisch- und Abwasser
Polytetrafluoräthylen PTFE	Teflon Hostaflon	2,2	− 100/280	32	350		8		korrosionsbest., klebwidrig, geringste Reibung, hohe Konstanz elektrischer Eigensch. zwischen − 150...300 °C
Polyäthylen PE	Hostalen Lupolen Vestolen Baylon	0,92 bis 0,96	− 50/60/80 − 50/80/100	16 bis 64	140 bis 1 000	7 20	23 13	Tri[1] Tetra[2]	biegsam bis hart, teilkristallin, korrosionsbeständig, kaltzäh Wasserleitungsrohre, Galvanikbehälter, Batteriekästen, Folien f. Verpackung
Polypropylen PP	Hostalen PP Novolen Vestolen P	0,9	± 0/100/140	75	500	25	11...17	Halogene Tetra[2] starke Säuren	wie PE, temperaturstandfester, weniger kaltzäh, kochfest, hochkristallin
Polystyrol PS	Polystyrol Vestyron Hostyren	1,05	− 50/80/95	155	3 300	35	7	Benzin Tetra[2] Tri[1]	glasklar, hart, spröde, geringste elektrische Verluste, geschäumt: Wärmeisolator
schlagfestes PS: SB Styrol-Butadien SAN Styrol-Acrylnitril	Luran	1,05 1,08	− 50/80/90 − 50/85/95	100 170	2 400 3 700	21 45	9 7	(min. Öl) (und Fett) (Tri[1]), Tetra[2]	Gehäuse für Feingeräte, Tiefziehplatten, Lager und Transportbehälter, Batteriekästen, benzinfest
ABS Acrylnitril-Butadien-Styrol-Copolymerisat	Terluran Novodur Vestodur	1,08	− 50/85/105	95	2 400	28	9	wie SAN	Karosserie-Innenausbau Schutzhelme, galvanisierbare Beschlagteile
glasfaserverstärkt	Luran	1,36	− 50/95/105	250	10 000	80	2,4	wie SAN	geringeres Kriechen und Dehnen bei Erwärmung
Polycarbonat PC	Makrolon	1,2	− 100/100/135	100	2 200	48	6...7	Benzol Alkalien Org. Lösgs.-mittel	glasklar, kaltzäh-warmhart, maßbeständig Trägerteile und Gehäuse für Beleuchtungskörper und Messgeräte, Schrauben für E-Technik
glasfaserverstärkt	Makrolon GV	1,4	− 100/110/145	150	6 000	58	2,5		
Polyoxymethylen POM	Delrin Hostaform Dynal Ultraform	1,41	− 40/100/140	140	3 000	40	9	starke Säuren	kristallin, geringe Wasseraufnahme und Kaltfluss, sonst ähnl. PA, auch in Anwendung; auch glasfaserverstärkt
Polyamide PA	Durethan Trogamid Vestamid Ultramid Degamid	1,01 bis 1,14	− 40/100/160 bis − 30/120/160	40 bis 100	1 000 bis 2 000	42 bis 55	7 bis 8	(Säuren) Tri[1]	teilkristallin, zähhart, abriebfest, geräuschdämpfend, wasseraufnehmend, dadurch Maßänderungen und Abfall der Festigkeit; Zahnräder, Laufrollen, Lagerbuchsen
glasfaserverstärkt		1,4	− 40/120/200	120	5 000	65	2,5		erhöhte Maßhaltigkeit und Steifigkeit, Gehäuse für Handbohrmaschinen, Gebläseräder

[1]) Tri Trichloräthylen   [2]) Tetra Tetrachlorkohlenstoff

5.1. Freimachen der Bauteile

Alle am freizumachenden Körper K angreifenden Bauteile B_1, B_2, B_3 ... gedanklich nacheinander wegnehmen und deren Aktionskräfte F_1, F_2, F_3 ... an K antragen. Gewichtskraft F_G des Körpers K wirkt stets lotrecht nach unten und greift im Schwerpunkt S an. Angreifende Bauteile in diesem Sinne sind auch Gase, Flüssigkeiten usw. F_R ist Reibkraft.

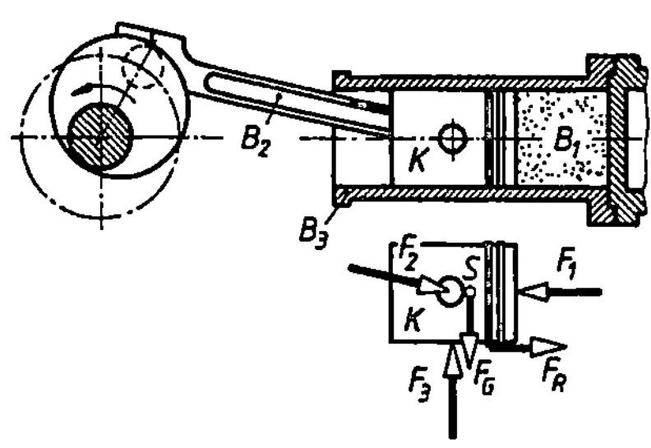

Seile, Ketten, Bänder, Riemen übertragen nur *Zug*kräfte in Richtung ihrer Schwerachse.

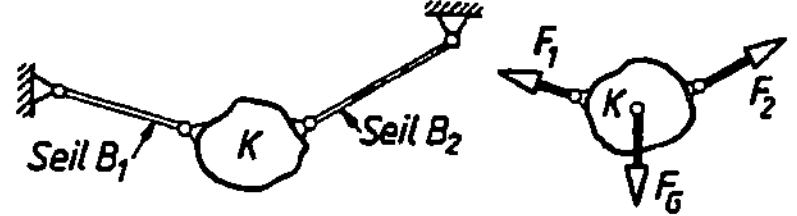

Zweigelenkstäbe (Pendelstützen) übertragen ohne Rücksicht darauf, ob die Stäbe gerade oder gekrümmt sind, nur *Zug*- oder *Druck*kräfte (Axialkräfte), deren Wirklinie durch beide Gelenkpunkte verläuft. Dies gilt jedoch nur dann exakt, wenn das Eigengewicht vernachlässigt wird.

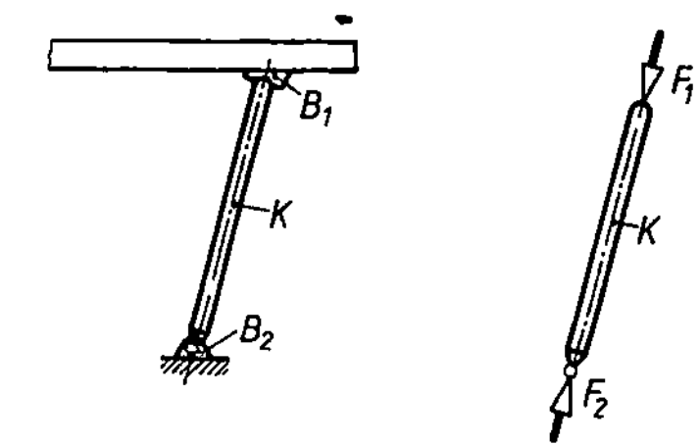

Stützflächen, auch gekrümmte, übertragen je eine Normalkraft F_N und eine Tangentialkraft (Reibkraft) F_R. F_N wirkt stets normal zur Auflagefläche. Bei gekrümmten Flächen geht die Wirklinie (WL) von F_N durch Krümmungsmittelpunkt T. Bei ebenen Flächen liegt dieser im Unendlichen. F_R versucht den langsameren Körper zu beschleunigen, den schnelleren zu verlangsamen. F_N und F_R stehen stets rechtwinklig aufeinander.

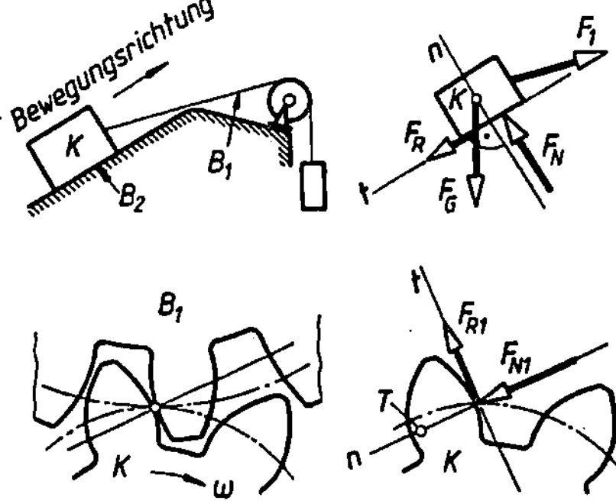

Rollen, Kugeln haben gekrümmte Stützflächen mit Krümmungsradius = Kreisradius. Normalkraft F_N geht durch Berührungspunkt und Kreismittelpunkt, WL der Reibkraft ist Kreistangente.

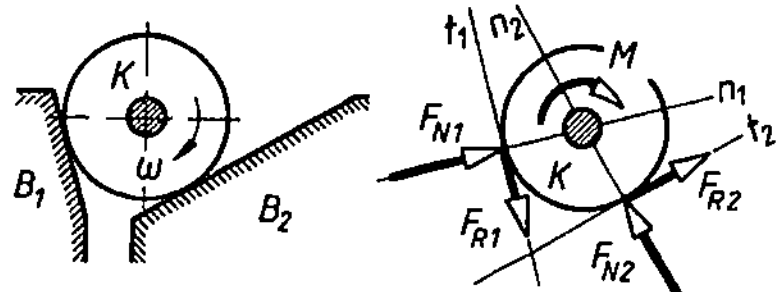

5. Statik

5.2. Zeichnerische Bestimmung der Resultierenden F_r (zeichnerische Ersatzaufgabe)

Beim zentralen ebenen Kräftesystem:
Kräfte in beliebiger Reihenfolge maßstabgerecht aneinanderreihen, so dass sich fortlaufender Kräftezug ergibt.

F_r ist Verbindungslinie *vom* Anfangspunkt A der zuerst gezeichneten *zum* Endpunkt E der zuletzt gezeichneten Kraft.

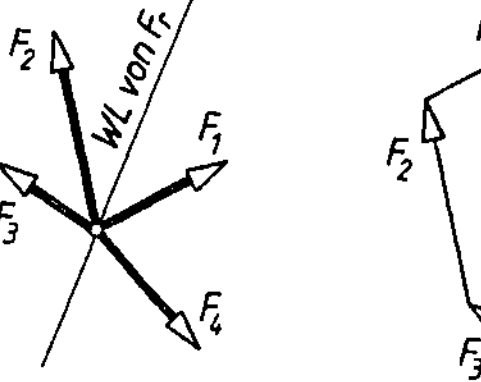

Beim zentralen räumlichen Kräftesystem:
Nach den Gesetzen der darstellenden Geometrie Kraftecke im Grund- und Aufriss zeichnen, daraus wahre Größe und wahre Winkel bestimmen.

Beim allgemeinen ebenen Kräftesystem:
Bei *schrägen* Kräften durch wiederholte Parallelogrammzeichnung: F_1 und F_2 auf WL verschieben und zum Schnitt bringen ergibt $F_{r1,2}$, diese mit F_3 zum Schnitt bringen ergibt WL von F_r.

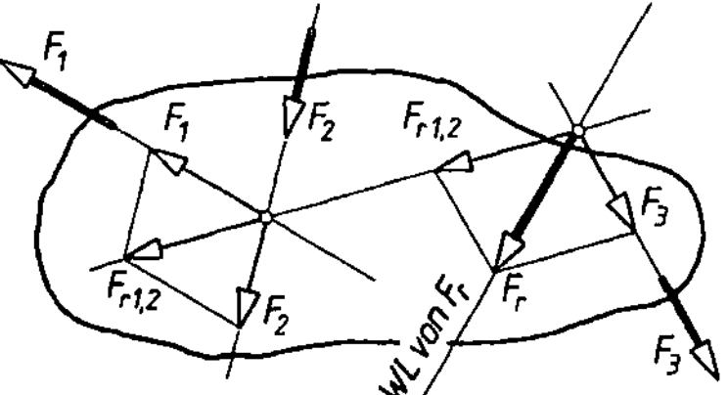

Bei *parallelen* oder annähernd parallelen Kräften durch **Seileckverfahren.** Kräfteplan der gegebenen Kräfte durch Parallelverschiebung der WL aus dem Lageplan in den Kräfteplan; F_r als Verbindungslinie *vom* Anfangspunkt A *zum* Endpunkt E des Kräftezuges; Polpunkt P beliebig wählen und Polstrahlen ziehen; durch Parallelverschiebung in den Lageplan Seilstrahlen zeichnen; Anfangs- und Endseilstrahl zum Schnitt S bringen, womit ein Punkt der WL von F_r gefunden ist.

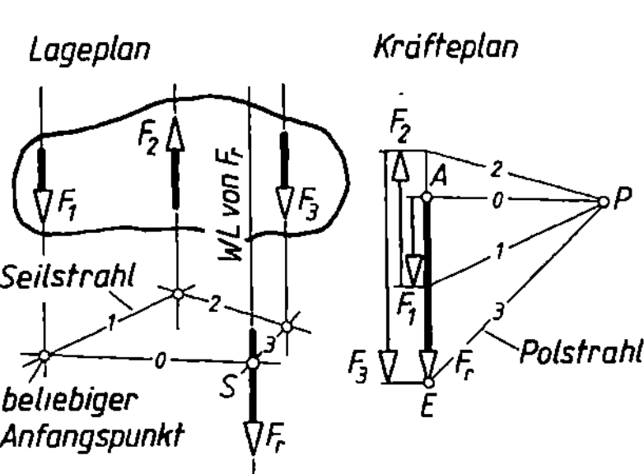

Beim allgemeinen räumlichen Kräftesystem:
Besser die rechnerische Lösung anwenden.

5.3. Rechnerische Bestimmung der Resultierenden F_r (rechnerische Ersatzaufgabe)

Beim zentralen ebenen Kräftesystem:
Zwei Kräfte, die den Winkel α einschließen, haben die Resultierende

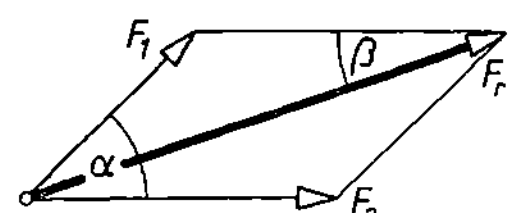

$$F_r = \sqrt{F_1^2 + F_2^2 + 2\,F_1 F_2 \cos \alpha}$$

$$\sin\beta = \frac{F_1 \sin\alpha}{F_r}\; ; \quad \beta = \arcsin \frac{F_1 \sin\alpha}{F_r}$$

oder, besonders bei mehreren Kräften, durch Zerlegen aller gegebenen Kräfte in Komponenten

$$F_{nx} = F_n \cdot \cos \alpha_n \; ; \quad F_{ny} = F_n \cdot \sin \alpha_n \quad \text{(Buchstabe } „n" \text{ steht für Zahlen } 1, 2, 3 \ldots)$$

nach Lageskizze.

Teilresultierende F_{rx} und F_{ry} berechnen aus:

$$F_{rx} = F_{1x} + F_{2x} + F_{3x} + \ldots F_{nx} = \Sigma F_{nx}$$

$$F_{ry} = F_{1y} + F_{2y} + F_{3y} + \ldots F_{ny} = \Sigma F_{ny}$$

Gesamtresultierende:

$$F_r = \sqrt{F_{rx}{}^2 + F_{ry}{}^2}$$

deren Winkel zur positiven x-Achse (Richtungswinkel):

$$\tan \alpha_r = \frac{F_{ry}}{F_{rx}} \; ; \quad \alpha_r = \arctan \frac{F_{ry}}{F_{rx}}$$

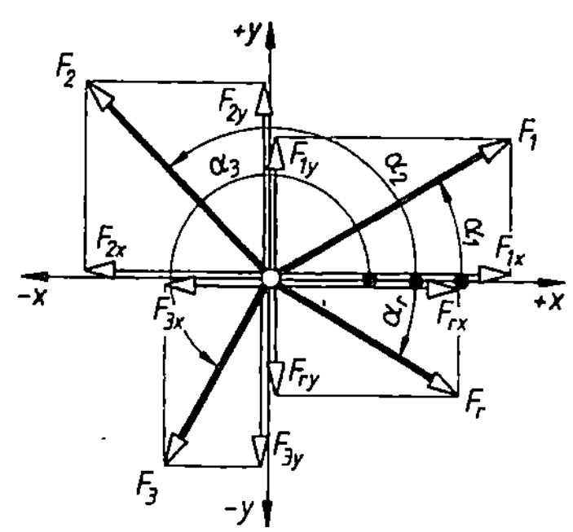

Beim zentralen räumlichen Kräftesystem:

Wie beim zentralen ebenen Kräftesystem, mit zusätzlich dritter (z-)Richtung:

$$F_{nx} = F_n \cos \alpha_n;$$

$$F_{ny} = F_n \cos \beta_n; \qquad F_{nz} = F_n \cos \gamma_n$$

$$F_{rx} = \Sigma F_n \cos \alpha_n;$$

$$F_{ry} = \Sigma F_n \cos \beta_n; \qquad F_{rz} = \Sigma F_n \cos \gamma_n$$

$$F_r = \sqrt{F_{rx}{}^2 + F_{ry}{}^2 + F_{rz}{}^2}$$

$$\alpha_r = \arccos \frac{F_{rx}}{F_r} \; ; \quad \beta_r = \arccos \frac{F_{ry}}{F_r} \; ; \quad \gamma_r = \arccos \frac{F_{rz}}{F_r}$$

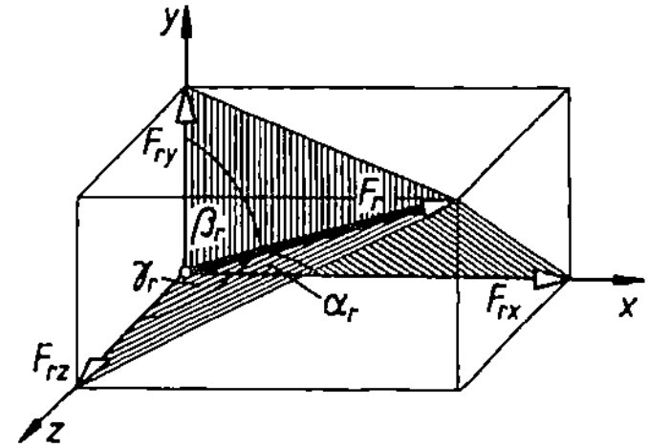

Beim allgemeinen ebenen Kräftesystem:

Betrag und Richtung der Resultierenden F_r wie beim zentralen ebenen Kräftesystem, zusätzlich *Lage* von F_r durch

Momentensatz

Wirken mehrere Kräfte drehend auf einen Körper, so ist die algebraische Summe ihrer Momente gleich dem Moment der Resultierenden in bezug auf gleichen Drehpunkt.

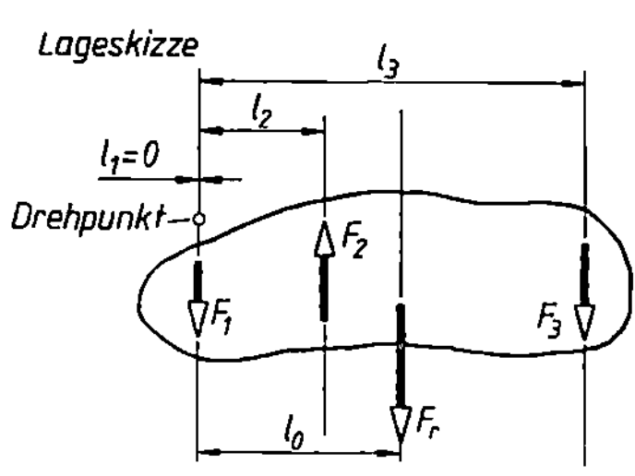

$$F_r l_0 = F_1 l_1 + F_2 l_2 + \ldots + F_n l_n$$

$F_1, F_2 \ldots F_n$ gegebene Kräfte oder deren Komponenten F_x, F_y

$l_0, l_1, l_2 \ldots l_n$ deren Wirkabstände ($\perp$) vom gewählten (beliebigen) Drehpunkt

$F_1 l_1, F_2 l_2 \ldots F_n l_n$ die statischen Momente der gegebenen Kräfte in bezug auf gewählten Drehpunkt (Vorzeichen beachten!)

5. Statik

5.4. Zeichnerische Bestimmung unbekannter Kräfte (zeichnerische Gleichgewichtsaufgabe)

Beim zentralen ebenen Kräftesystem:

Krafteck muss sich schließen!

Gegebene Kräfte in beliebiger Reihenfolge maßstäblich aneinanderreihen; gesuchte Gleichgewichtskraft F_g (oder zwei Kräfte F_{g1}, F_{g2}) bekannter Wirklinie schließen das Krafteck.

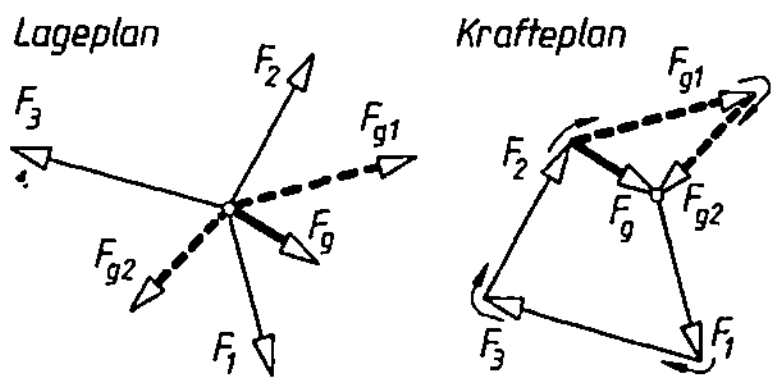

Beim zentralen räumlichen Kräftesystem:

Räumliches Krafteck muss sich schließen! Nach den Gesetzen der darstellenden Geometrie Kraftecke im Grund- und Aufriss konstruieren.

Beim allgemeinen ebenen Kräftesystem:

Kraft- und Seileck müssen sich schließen! Oder je nach Anzahl der beteiligten Kräfte:

Zwei-Kräfteverfahren

Zwei Kräfte stehen im Gleichgewicht, wenn sie gleichen Betrag und Wirklinie, jedoch entgegengesetzten Richtungssinn haben.

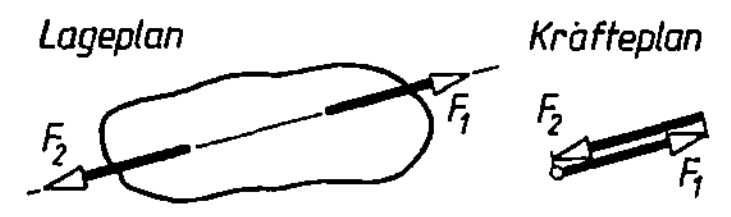

Drei-Kräfteverfahren

Drei nicht parallele Kräfte sind im Gleichgewicht, wenn das Krafteck geschlossen ist und die Wirklinien sich in einem Punkt schneiden. WL der gegebenen Kraft F_1 mit der bekannten WL der gesuchten Kraft schneiden. Verbindungslinie vom Schnittpunkt S mit dem Angriffspunkt der gesuchten Kraft F_3 ist deren WL. Kräfteplan mit gegebener Kraft F_1 beginnen und mit F_2 und F_3 schließen. Zweiwertige Lager können eine beliebig gerichtete Lagerkraft aufnehmen (F_3), also zwei rechtwinklig aufeinander stehende Komponenten (F_{3x} und F_{3y}).

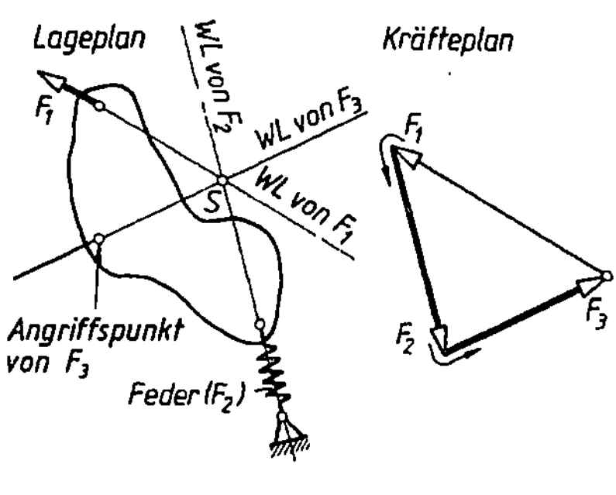

Vier-Kräfteverfahren

Vier nicht parallele Kräfte sind im Gleichgewicht, wenn die Resultierenden je zweier Kräfte ein geschlossenes Krafteck bilden und eine gemeinsame Wirklinie haben (die Culmann'sche Gerade).

WL je zweier Kräfte zum Schnitt I und II bringen; Kräfteplan mit der bekannten Kraft beginnen; dann mit Culmann'scher Geraden und den WL der anderen Kräfte schließen. Voraussetzung: Alle WL sind bekannt.

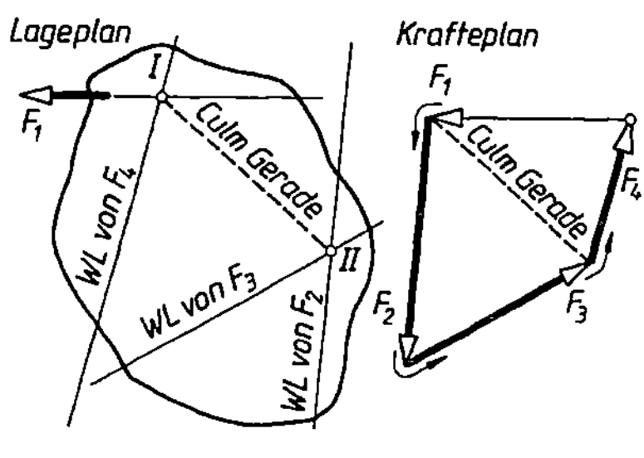

Schlusslinien-Verfahren

Kraft- und Seileck müssen sich schließen! Für parallele oder nahezu parallele Kräfte, die sich nicht auf der Zeichenebene zum Schnitt bringen lassen.

Krafteck und Seileck zeichnen, dabei ersten Seilstrahl (0) durch zweiwertigen Lagerpunkt legen und Endseilstrahl (3) mit der WL der einwertigen Stützkraft zum Schnitt bringen, ergibt „Schlusslinie *S*" im Seileck, die im Krafteck (übertragen!) Teilpunkt *T* festlegt. Stützkräfte nach zugehörigen Seilstrahlen ins Krafteck einzeichnen.

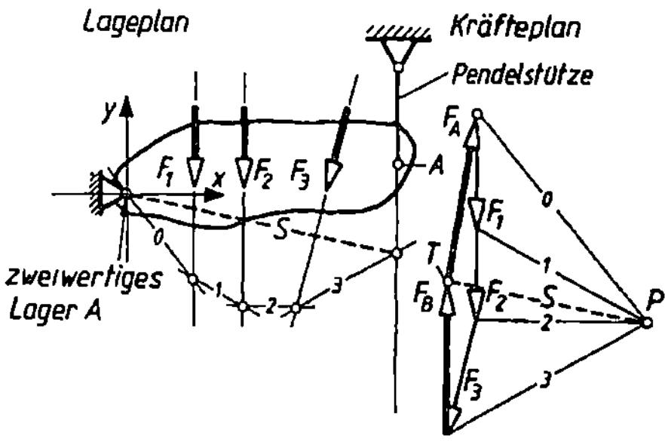

5.5. Rechnerische Bestimmung unbekannter Kräfte (rechnerische Gleichgewichtsaufgabe)

Beim zentralen ebenen Kräftesystem:

Zerlegen aller gegebenen und gesuchten Kräfte (diese mit angenommenem Richtungssinn) in ihre Komponenten in x- und y-Richtung mit

$$F_{nx} = F_n \cos \alpha_n ; \qquad F_{ny} = F_n \sin \alpha_n$$

Algebraische Summe aller Komponentenbeträge muss null sein. Damit stehen *zwei Gleichungen* zur Verfügung:

$$\Sigma F_x = 0 = F_{1x} + F_{2x} + \ldots F_{nx}; \qquad \Sigma F_y = 0 = F_{1y} + F_{2y} + \ldots F_{ny}$$

Beim zentralen räumlichen Kräftesystem:

Wie beim zentralen ebenen Kräftesystem, zusätzlich dritte Richtung (z-Achse) damit auch dritte *Gleichung:*

$$\Sigma F_z = 0 = F_{1z} + F_{2z} + \ldots F_{nz}$$

Beim allgemeinen ebenen Kräftesystem:

Wie beim zentralen ebenen Kräftesystem; zusätzlich muss Summe aller Momente der Komponenten um beliebigen Drehpunkt *D* null sein; damit stehen bei diesem hauptsächlichen Fall *drei Gleichungen* zur Verfügung:

$$\Sigma F_x = 0; \qquad \Sigma F_y = 0; \qquad \Sigma M_{(D)} = 0$$

Beim allgemeinen räumlichen Kräftesystem:

Es stehen drei Kräfte- und drei Momentgleichungen zur Verfügung.

5.6. Fachwerke

Jeder Knotenpunkt stellt ein zentrales Kräftesystem dar.

s Anzahl der Stäbe, k Anzahl der Knoten.

Bei $s = 2k - 3$ ist Fachwerk innerlich statisch bestimmt, bei $s > 2k - 3$ ist es innerlich statisch unbestimmt, bei $s < 2k - 3$ ist es kinematisch unbestimmt (beweglich).

5. Statik

Cremonaplan (zeichnerische Bestimmung der Stabkräfte)

Lageplan des Fachwerkes zeichnen; Stützkräfte zeichnerisch oder rechnerisch bestimmen; Kraftecke der äußeren Kräfte zeichnen; Kraftecke der Stäbe anbauen, für jeden Knoten eines; mit Knoten beginnen, an dem nicht mehr als zwei unbekannte Kräfte und mindestens eine bekannte Kraft angreifen, dabei an jedem Knoten den gewählten Kraftfolgesinn beibehalten; Reihenfolge der Knoten beliebig; nach jeder Krafteckzeichnung sofort Richtungssinn der Stabkräfte durch Pfeile im Lageplan kennzeichnen (in Bezug auf den Knoten!). Im Kräfteplan Stabkräfte durch (+) oder (−) als Zug- oder Druckkräfte kennzeichnen.

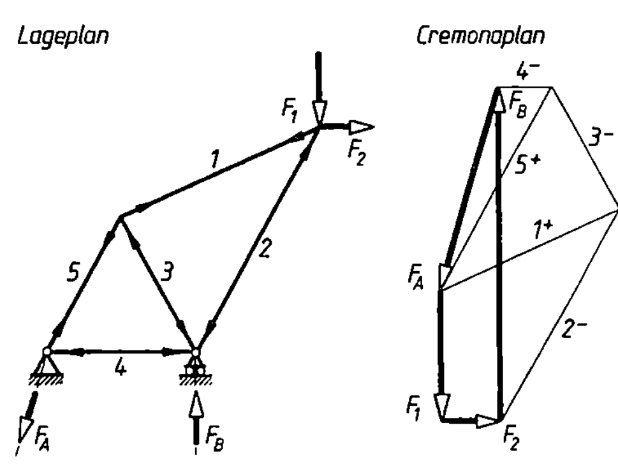

Culmann'sches Schnittverfahren (zeichnerische Bestimmung einzelner Stabkräfte)

Lageplan des Fachwerkes zeichnen; Stützkräfte bestimmen; Fachwerk durch Schnitt in zwei Teile (A) und (B) zerlegen: Schnitt darf höchstens drei unbekannte Stabkräfte treffen (4, 5, 6), die nicht zum selben Knoten gehören; für einen Schnittteil (B) Resultierende (F) der äußeren Kräfte (einschl. Stützkräfte) bestimmen; Resultierende (F) mit einer der gesuchten Stabkräfte zum Schnitt (II) bringen; Verbindungslinie zwischen diesem und dem Schnittpunkt (I) der beiden anderen gesuchten Stabkräfte ist Culmann'sche Gerade *l*, nach „Vier-Kräfteverfahren" das Krafteck zeichnen.

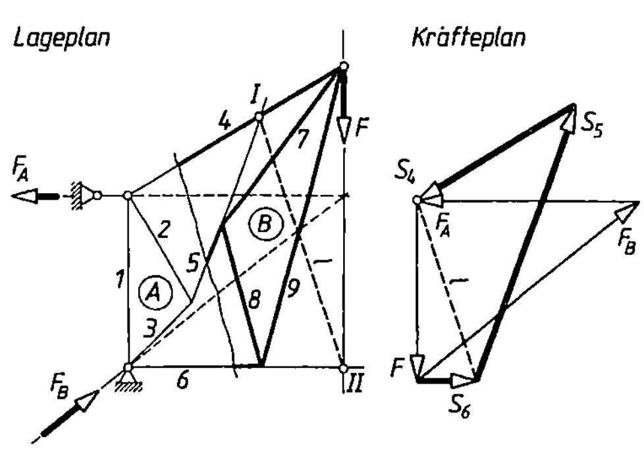

Ritter'sches Schnittverfahren (rechnerische Bestimmung einzelner Stabkräfte)

Lageskizze des Fachwerkes zeichnen; Stützkräfte bestimmen; Fachwerk wie bei „Culmann" zerlegen und die drei unbekannten Stabkräfte als Zugkräfte annehmen; Stäbe, für die die Rechnung *negative* Beträge ergibt, sind *Druck*stäbe. Wirkabstände l_1, l_2, ... berechnen oder aus dem Lageplan abgreifen: Momentengleichgewichtsbedingungen für ein Schnittteil (B) ansetzen (mit den gesuchten drei Stabkräften und den äußeren Kräften am Schnittteil), z. B. um Drehpunkt D für Fachwerkteil B:

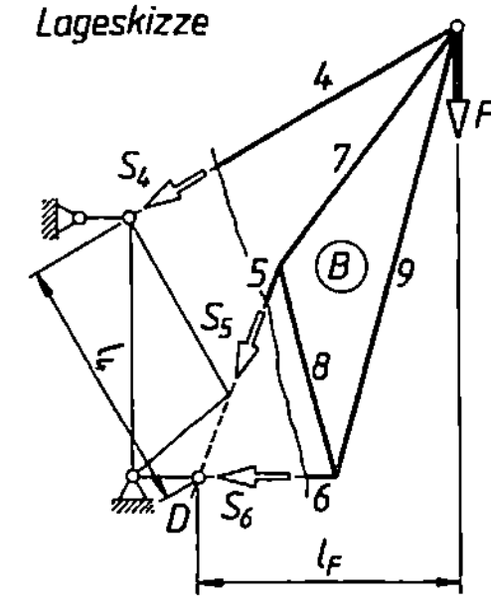

$$\Sigma M_{(D)} = + F\, l_F - S_4\, l_4 \quad \text{und daraus} \quad S_4 = \frac{F\, l_F}{l_4}$$

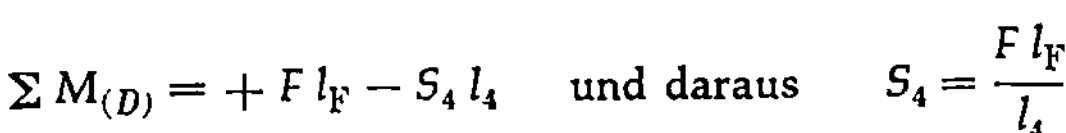

5.7. Schwerpunkt

Dreiecksumfang

Dreieckseiten halbieren, Mittelpunkte A, B, C verbinden. S ist Mittelpunkt des dem Dreieck A,B,C einbeschriebenen Kreises.

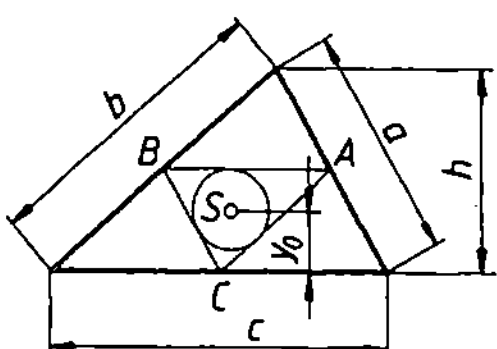

$$y_0 = \frac{h}{2} \cdot \frac{a+b}{a+b+c}$$

Parallelogrammumfang und -fläche: S ist Schnittpunkt der Diagonalen.

Kreisbogen

S liegt auf der Winkelhalbierenden des Zentriwinkels 2α (Symmetrielinie).

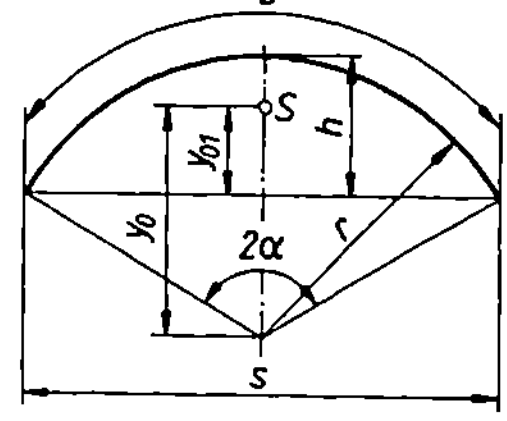

$$y_0 = \frac{r\,s}{b} \; ; \qquad y_{01} \approx \frac{2}{3}\,h \text{ für flache Bögen}$$

$$y_0 = \frac{2\,r}{\pi} = 0{,}637\,r \text{ für } 2\alpha = 180°$$

$$y_0 = \frac{2\,r}{\pi}\,\sqrt{2} = 0{,}9\,r \text{ für } 2\alpha = 90° \; ; \qquad y_0 = \frac{3\,r}{\pi} = 0{,}955\,r \text{ für } 2\alpha = 60°$$

Dreieckfläche

S liegt im Schnittpunkt der Seitenhalbierenden.

$$y_0 = \tfrac{1}{3}h$$

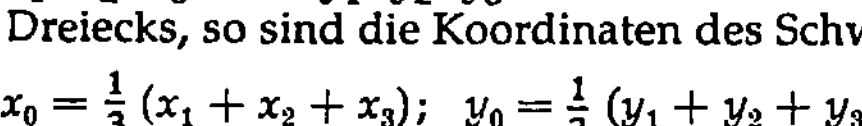

Liegt eine Dreiecksfläche im ebenen Achsenkreuz und sind x_1, x_2, x_3 bzw. y_1, y_2, y_3 die Koordinaten der Eckpunkte des Dreiecks, so sind die Koordinaten des Schwerpunktes S:

$$x_0 = \tfrac{1}{3}(x_1 + x_2 + x_3); \quad y_0 = \tfrac{1}{3}(y_1 + y_2 + y_3)$$

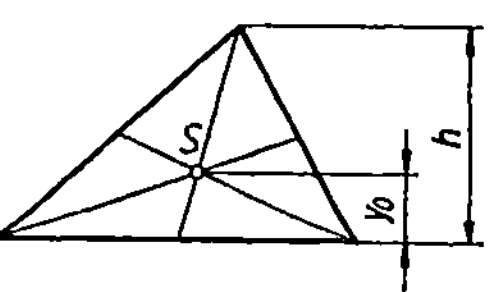

Trapezfläche

Grundseiten a und b wechselseitig antragen und Endpunkte dieser Strecken verbinden, ebenso Mitten der Seiten a und b verbinden. S liegt im Schnittpunkt beider Verbindungslinien.

$$y_0 = \frac{h}{3} \cdot \frac{a+2b}{a+b} \; ; \quad y_{01} = \frac{h}{3} \cdot \frac{2a+b}{a+b}$$

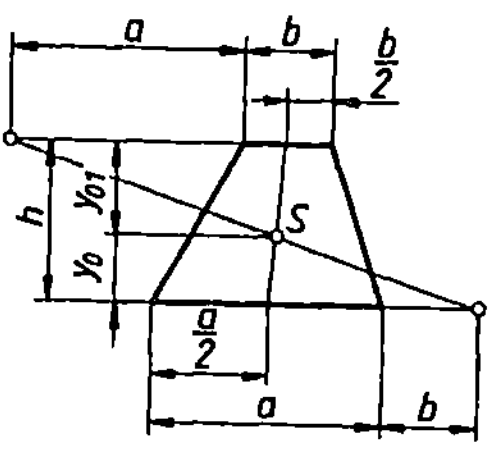

Kreisausschnittfläche

S liegt auf der Winkelhalbierenden des Zentriwinkels $2\,\alpha$.

$$y_0 = \frac{2}{3} \cdot \frac{r\,s}{b}$$

$$y_0 = \frac{4\,r}{3\,\pi} = 0{,}424\,r \text{ für } 2\alpha = 180°$$

$$y_0 = \frac{4\,r}{3\,\pi}\,\sqrt{2} = 0{,}6\,r \text{ für } 2\alpha = 90° \; ; \qquad y_0 = \frac{2\,r}{\pi} = 0{,}637\,r \text{ für } 2\alpha = 60°$$

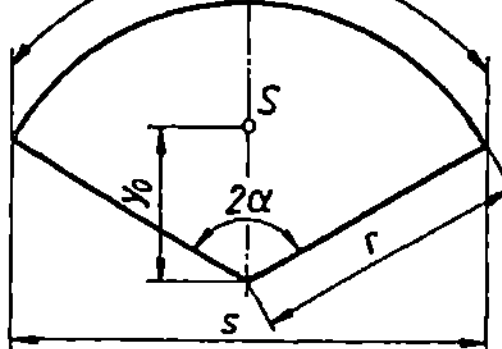

5. Statik

Kreisringstück-Fläche

S liegt auf der Winkelhalbierenden des Zentriwinkels $2\,\alpha$.

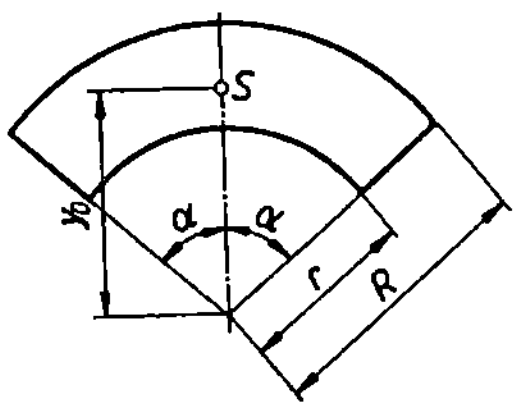

$$y_0 = 38{,}197\ \frac{(R^3 - r^3)\sin\alpha}{(R^2 - r^2)\,\alpha^\circ}$$

Kreisabschnittsfläche

S liegt auf der Winkelhalbierenden des Zentriwinkels $2\,\alpha$.

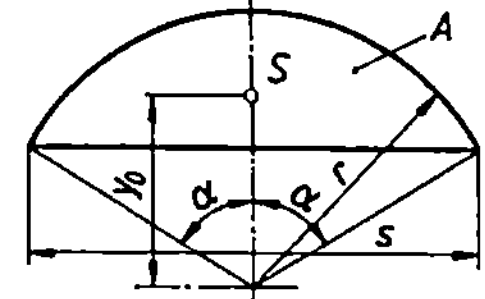

$$y_0 = \frac{2}{3}\cdot\frac{r\sin^3\alpha}{\mathrm{arc}\,\alpha - \sin\alpha\cos\alpha} = \frac{s^3}{12\,A}$$

Parabelfläche

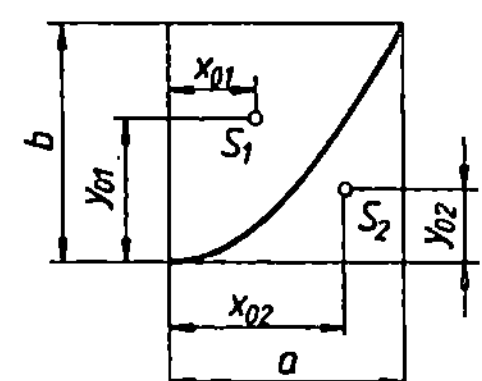

$$x_{01} = \frac{3}{8}\cdot a\,; \qquad y_{01} = \frac{3}{5}\,b$$

$$x_{02} = \frac{3}{4}\,a\,; \qquad y_{02} = \frac{3}{10}\,b$$

Mantel der Kugelzone und der Kugelhaube

Verbinde die Mittelpunkte beider Stirnflächen miteinander durch eine Gerade. Der Mantelschwerpunkt liegt auf der Mitte der Verbindungsstrecke. Bei der Kugelhaube tritt an die Stelle der kleinen Stirnfläche der Kugelpol.

Kegelmantel und Pyramidenmantel

Verbinde Kegel- oder Pyramidenspitze mit dem Schwerpunkt des Umfanges der Grundfläche. Auf dieser Schwerlinie liegt der Mantelschwerpunkt. Sein Abstand beträgt ein Drittel der Kegel(Pyramiden-)höhe.

Mantel des abgestumpften Kreiskegels

Verbinde die Mitten beider Stirnflächen (Schwerlinie). Der Schwerpunktsabstand von der Grundfläche beträgt:

$$y_0 = \frac{h}{3}\cdot\frac{R + 2\,r}{R + r}$$

h Höhe des Kegelstumpfes, R Radius der unteren, r Radius der oberen Stirnfläche.

Normalprofile

siehe Schwerpunktsabstände e in Tafel 9.9 und folgende

gerades und schiefes Prisma (und Zylinder) mit parallelen Stirnflächen

Körperschwerpunkt S liegt in der Mitte der Verbindungslinie der Flächenschwerpunkte S_0, also

$$y_0 = \frac{h}{2}$$

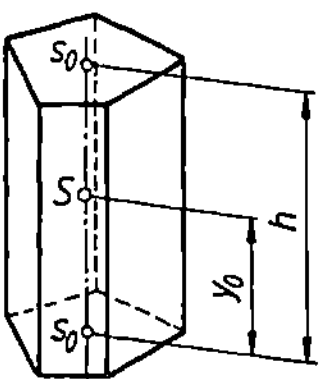

abgeschrägter gerader Kreiszylinder

Körperschwerpunkt S liegt auf der x, y-Ebene als Symmetrieebene mit den Abständen:

$$x_0 = \frac{r^2 \tan \alpha}{4\,h} \quad ; \quad y_0 = \frac{h}{2} + \frac{r^2 \tan^2 \alpha}{8\,h}$$

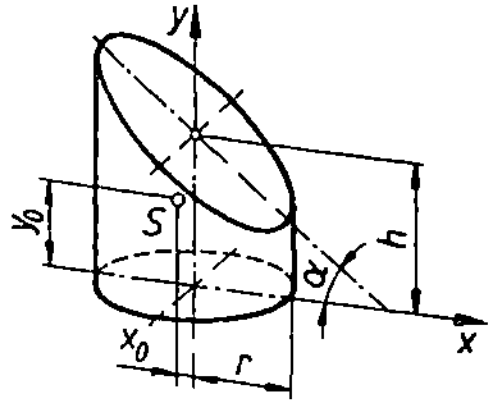

gerade und schiefe Pyramide und Kegel

Verbinde die Spitze mit dem Schwerpunkt der Grundfläche. Körperschwerpunkt liegt auf dieser Schwerlinie. Sein Abstand von der Grundfläche beträgt ein Viertel der Pyramiden-(Kegel-)höhe.

Pyramidenstumpf mit beliebiger Grundfläche

Der Körperschwerpunkt liegt auf der Verbindungslinie der Schwerpunkte beider Stirnflächen. Sind A_1, A_2 die Stirnflächen, h die Höhe des Stumpfes, so ist der Abstand des Schwerpunktes von der unteren Stirnfläche A_1:

$$y_0 = \frac{h}{4} \cdot \frac{A_1 + 2\,\sqrt{A_1 A_2} + 3\,A_2}{A_1 + \sqrt{A_1 A_2} + A_2}$$

gerader und schiefer Kegelstumpf

Der Körperschwerpunkt liegt auf der Verbindungslinie der Schwerpunkte beider Stirnflächen. Ist h Höhe des Kegelstumpfes, R der Radius der unteren Stirnfläche, r der Radius der oberen Stirnfläche, so ist der Abstand des Schwerpunktes von der unteren Stirnfläche

$$y_0 = \frac{h}{4} \cdot \frac{R^2 + 2\,R\,r + 3\,r^2}{R^2 + R\,r + r^2}$$

Keil

$$y_0 = \frac{h}{2} \cdot \frac{a + a_1}{2\,a + a_1}$$

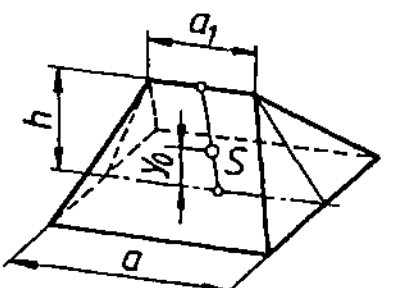

Umdrehungsparaboloid

$$y_0 = \frac{2}{3}\,b$$

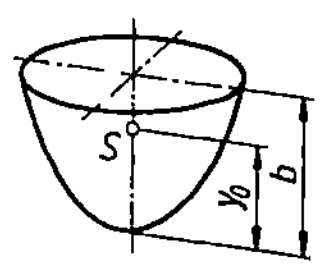

5. Statik

Kugelabschnitt

Der Körperschwerpunkt liegt auf der Symmetrieachse. Ist R der Kugelradius, und h die Abschnittshöhe, so ist der Abstand des Schwerpunktes vom Kugelmittelpunkt

$$y_0 = \frac{3}{4} \cdot \frac{(2R-h)^2}{3R-h} \qquad\qquad y_0 = \frac{3}{8}\,R \qquad\qquad y_0 = \frac{3}{8} \cdot \frac{R^4 - r^4}{R^3 - r^3}$$

$$\text{für Halbkugel} \qquad\qquad \text{für halbe Hohlkugel}$$

Kugelausschnitt

Der Körperschwerpunkt liegt auf der Symmetrieachse. Sein Abstand vom Kugelmittelpunkt ist

$$y_0 = \frac{3}{8}\,r\,(1 + \cos\alpha) \qquad\qquad y_0 = \frac{3}{8}\,(2r - h)$$

zeichnerische Schwerpunktsbestimmung

Zeichne das gegebene Gebilde (Fläche oder Linienzüge, z. B. Schnittplatte) maßstäblich auf (bei räumlichen Gebilden Vorderansicht und Draufsicht). Zerlege gegeb. Fläche (den Linienzug) in Teilflächen bekannter Schwerpunktlage (Rechteck, Dreieck usw.). Betrachte Teilflächen (Teillinienzuglängen) als Parallelkräfte, die im Teilschwerpunkt angreifen. Zeichne Krafteck und Seileck für zwei senkrecht aufeinander stehende Richtungen und bestimme die Wirklinien der Resultierenden nach 5.2. Schnittpunkt der beiden WL ist gesuchter Schwerpunkt S

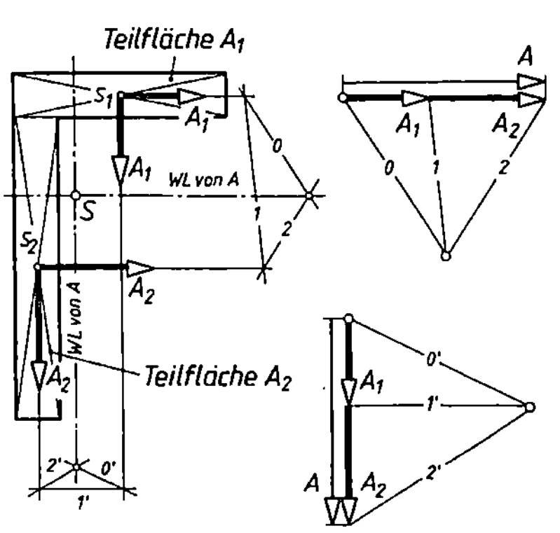

rechnerische Schwerpunktsbestimmung

Rechentafel (Zahlenwerte nach Bild)

Querschnitt	Fläche ΔA	Schwerpunktsabstand	Flächenmoment ΔAx	Schwerpunktsabstand y	Flächenmoment ΔAy
mm	cm²	cm	cm³	cm	cm³
90 × 10	9,0	0,5	4,5	4,5	40,5
50 × 10	5,0	3,5	17,5	0,5	2,5
Summe:	14,0		22,0		43,0

$$x_0 = \frac{\Sigma \Delta A x}{\Sigma \Delta A} = \frac{22\ \text{cm}^3}{14\ \text{cm}^2} = 1{,}57\ \text{cm}$$

$$y_0 = \frac{\Sigma \Delta A y}{\Sigma \Delta A} = \frac{43\ \text{cm}^3}{14\ \text{cm}^2} = 3{,}07\ \text{cm}$$

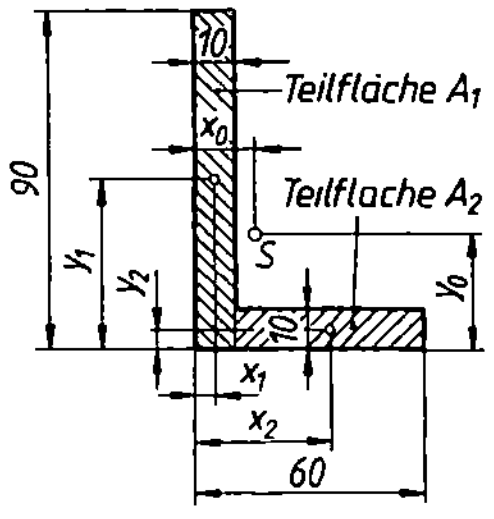

5.8. Guldin'sche Regeln

Oberfläche

A Flächeninhalt der Umdrehungsfläche in cm²
x_0 Schwerpunktsabstand von Drehachse in cm
l Länge der Profillinie in cm

$$A = 2 \pi x_0 \, l$$

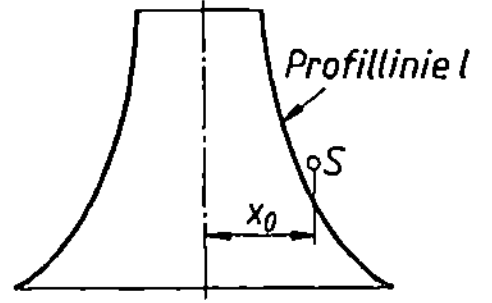

Rauminhalt

V Rauminhalt der Umdrehungsfläche in cm³
x_0 Schwerpunktabstand von Drehachse in cm
A Flächeninhalt der Profilfläche in cm²

$$V = 2 \pi x_0 \, A$$

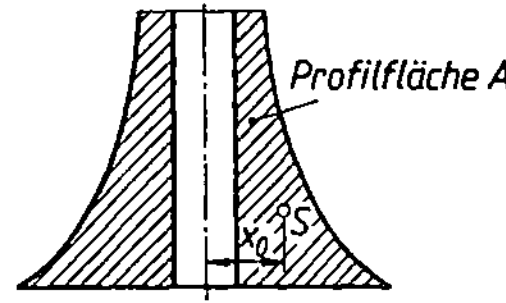

5.9. Reibung

Gleitreibung und Haftreibung

F_R Gleitreibkraft (F_{R0} Haftreibkraft), F_N Normalkraft, F_e Ersatzkraft (Resultierende aus Normalkraft und Reibkraft), μ Reibzahl (μ_0 Haftreibzahl), ρ Reibwinkel (ρ_0 Haftreibwinkel)

$$F_R = F_N \, \mu \qquad F_{R0\,max} = F_N \, \mu_0$$

$$\tan \rho = \mu = F_R/F_N \qquad \tan \rho_0 = \mu_0 = F_{R0\,max}/F_N$$

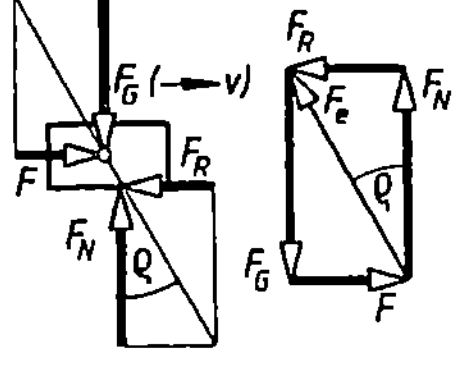

Reibung auf schiefer Ebene

F_G Gewichtskraft des Körpers, F Verschiebe- oder Haltekraft, F_R Reibkraft, F_{R0} Haftreibkraft, F_N Normalkraft, F_e Ersatzkraft aus F_N und F_R (F_{R0}),
Neigungswinkel $\alpha >$ Reibwinkel ρ (ρ_0).

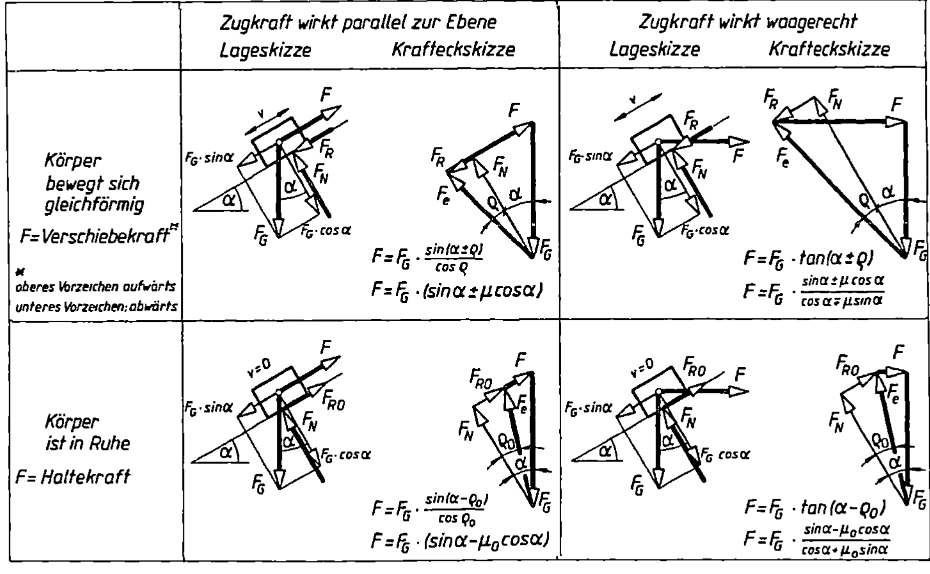

	Zugkraft wirkt parallel zur Ebene		Zugkraft wirkt waagerecht	
	Lageskizze	Krafteckskizze	Lageskizze	Krafteckskizze
Körper bewegt sich gleichförmig F = Verschiebekraft[*] [*] oberes Vorzeichen aufwärts unteres Vorzeichen: abwärts		$F = F_G \cdot \dfrac{\sin(\alpha \pm \rho)}{\cos \rho}$ $F = F_G \cdot (\sin\alpha \pm \mu\cos\alpha)$		$F = F_G \cdot \tan(\alpha \pm \rho)$ $F = F_G \cdot \dfrac{\sin\alpha \pm \mu\cos\alpha}{\cos\alpha \mp \mu\sin\alpha}$
Körper ist in Ruhe F = Haltekraft		$F = F_G \cdot \dfrac{\sin(\alpha - \rho_0)}{\cos \rho_0}$ $F = F_G \cdot (\sin\alpha - \mu_0\cos\alpha)$		$F = F_G \cdot \tan(\alpha - \rho_0)$ $F = F_G \cdot \dfrac{\sin\alpha - \mu_0\cos\alpha}{\cos\alpha + \mu_0\sin\alpha}$

5. Statik

Selbsthemmungsbedingung

Körper bleibt auf schiefer Ebene solange in Ruhe, d. h. es liegt Selbsthemmung vor, solange der Neigungswinkel α einen Grenzwinkel ϱ_0 nicht überschreitet (z. B. bei Befestigungsgewinde mit $\alpha \approx 3°$).

$$\tan \alpha \leq \tan \varrho_0 ; \quad \tan \alpha \leq \mu_0$$

(Selbsthemmungsbedingung)

5.10. Reibung in Maschinenelementen

Schraube

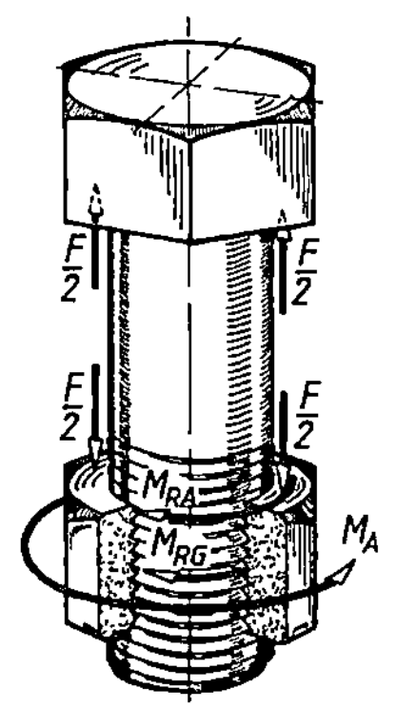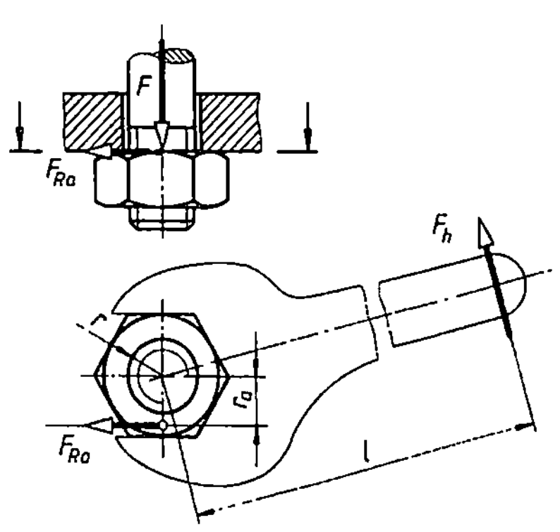

F	Schraubenlängskraft (z.B. Vorspannkraft)	
M_{RG}	Gewindereibmoment	$M_{RG} = Fr_2 \tan (\alpha \pm \rho')$
M_{RA}	Auflagereibmoment (F_{Ra} Auflagereibkraft)	$M_{RA} = F_{Ra}r_a = F \mu_a r_a$
M_A	Anziehdrehmoment	$M_A = M_{RG} + M_{RA} = F_h l$
α	Steigungswinkel am Flankenradius r_2	$M_A = F [r_2 \tan (\alpha \pm \rho') + \mu_a r_a]$
	$\tan\alpha = P/2r_2 \pi; \quad \alpha = \arctan (P/2r_2 \pi)$	
ρ'	Reibwinkel im Gewinde	$\mu' = \tan \rho' = \dfrac{\mu}{\cos (\beta/2)}$
μ'	Reibzahl im Gewinde	
μ	Reibzahl nach 5.12	
P	Steigung des Gewindes	
r_2	Flankenradius	
$r_a = 1{,}4\,r$	Wirkabstand der Auflagereibung	$\eta = \dfrac{\tan \alpha}{\tan (\alpha + \rho')}$
r	Nennradius (z. B. bei M 12: $r = 6$ mm)	
μ_a	Reibzahl der Mutterauflage, vom Werkstoff abhängig nach 5.12	$\eta = \dfrac{\tan (\alpha - \rho')}{\tan \alpha}$
η	Wirkungsgrad des Schraubgetriebes	(+) für Anziehen (Heben)
β	Spitzenwinkel des Gewindes ($\beta = 30°$ für Trapezgewinde, $\beta = 60°$ für Spitzgewinde)	(−) für Lösen (Senken der Last)
		Selbsthemmung bei $\alpha \leq \rho'$

Zylinderführung

F resultierende Verschiebekraft aus Gewichtskraft und äußerer Belastung

Führungsbuchse klemmt sich fest, solange die Wirklinie von F durch Überdeckungsfläche der beiden Reibkegel geht.

Führungslänge l: $l = 2 \mu l_a$

Bei $l < 2 \mu l_a$ klemmt Buchse fest, bei $l > 2 \mu l_a$ gleitet sie.

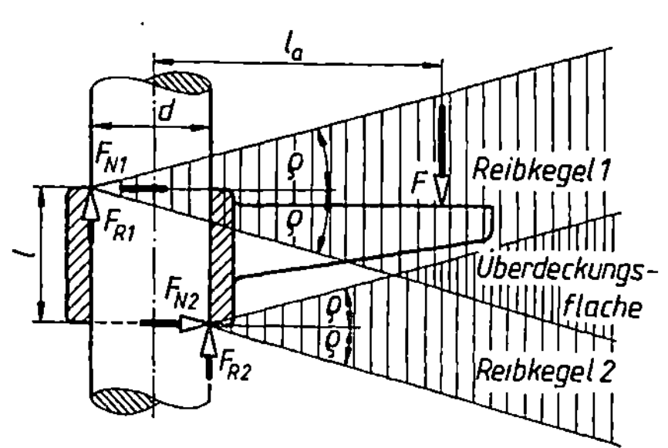

Keilgetriebe

Verschiebekraft:

$$F = F_1 \frac{\sin (\alpha + \varrho_2 + \varrho_3) \cos \varrho_1}{\cos (\alpha + \varrho_1 + \varrho_2) \cos \varrho_3}$$

Bei $\varrho_1 = \varrho_2 = \varrho_3 = \varrho$ ist

$$F = F_1 \frac{\sin (\alpha + 2\varrho) \cos \varrho}{\cos (\alpha + 2\varrho) \cos \varrho} = F_1 \tan (\varrho + 2\varrho)$$

Wirkungsgrad η bei Lastheben:

$$\eta = \frac{\tan \alpha}{\tan (\alpha + 2\varrho)}$$

Selbsthemmung bei $\alpha < 2 \varrho_0$

Haltekraft, die Herausdrücken des Keiles verhindert:

$$F' = F_1 \tan (\alpha - 2\varrho_0)$$

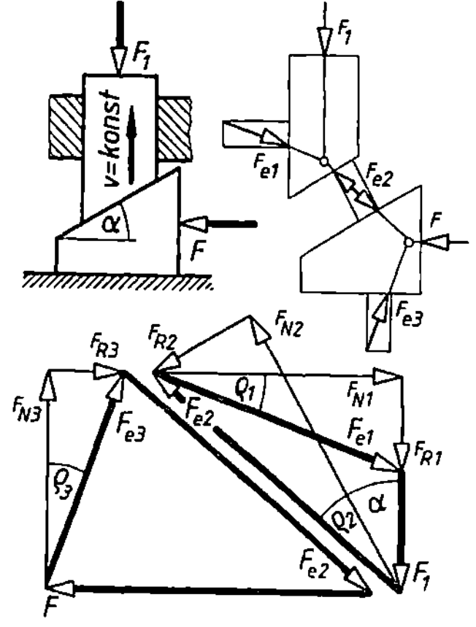

Querlager (Tragzapfen)

mittlere Flächenpressung:

$$p_m = F/d\,l$$

Mit Zapfenreibzahl μ, Zapfenradius r wird das Reibmoment:

$$M_R = F r \mu$$

Mit Winkelgeschwindigkeit $\omega = 2 \pi n$ oder mit Drehzahl n wird die Reibleistung:

$$P_R = M_R \omega = 2 F r \mu \pi n$$

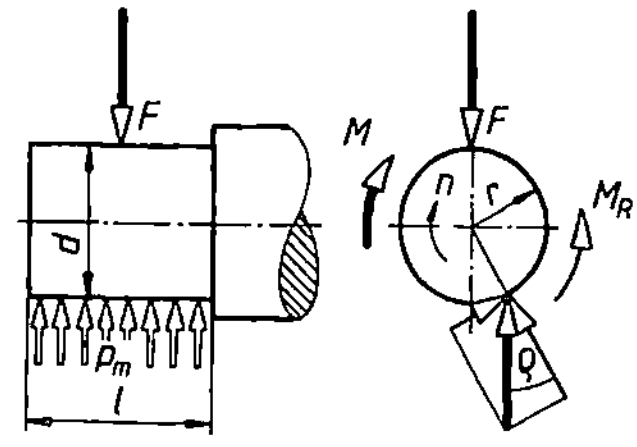

Längslager (Spurzapfen)

für Hohlzapfen ist Reibmoment $M_R = \dfrac{2}{3} \mu F \dfrac{r_2^3 - r_1^3}{r_2^2 - r_1^2}$

Reibleistung $P_R = M_R \omega$

Für Vollzapfen ist $M_R = \dfrac{2}{3} \mu F r_2$

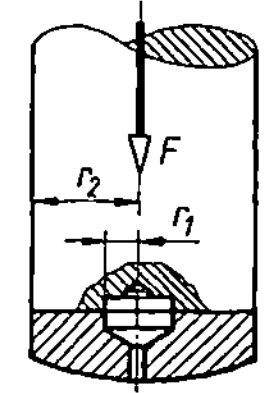

5. Statik

Rollreibung

Rollkraft: Rollbedingung:

$$F = F_1 \, \frac{f}{r} \qquad\qquad F_R < \mu_0 F_N \quad \text{oder} \quad \frac{f}{r} < \mu_0$$

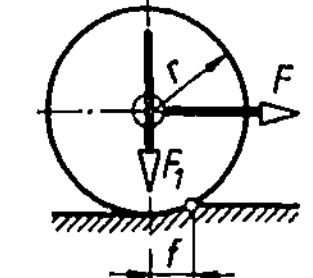

f Hebelarm der Rollreibung: Stahlräder auf Stahlschienen $f \approx 0{,}05$ cm

Fahrwiderstand

Wird ein Fahrzeug mit konstanter Geschwindigkeit v auf horizontaler Bahn bewegt, so ist, abgesehen vom Luftwiderstand, außer dem Rollwiderstand noch der durch Lagerreibung entstehende Widerstand zu überwinden. Beide werden zusammengefasst zum Fahrwiderstand F_f.

$$F_f = F_N \, \mu f$$

F_N gesamte Normalkraft (Anpresskraft) des Fahrzeugs, bei horizontaler Bahn ist F_N = Gewichtskraft des Fahrzeuges;

μf Fahrwiderstandszahl:

Eisenbahn 0,0025;

Straßenbahn mit Wälzlagern 0,005;

Straßenbahn mit Gleitlagern 0,018;

Kraftfahrzeuge auf Asphalt 0,025;

Drahtseilbahn 0,01.

Seilreibung

Durch Reibung F_R zwischen Zugmittel und Scheibe wird Spannkraft F_1 größer als Gegenkraft F_2. Bei Gleichgewicht ist

$$F_1 = F_2 \, e^{\mu\alpha}$$

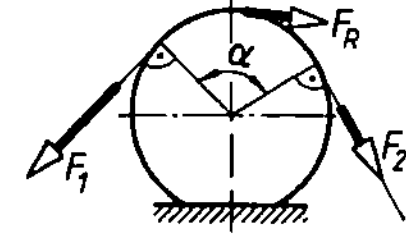

$e = 2{,}71828\dots$ heißt Euler'sche Zahl

μ Reibzahl zwischen Zugmittel und Scheibe: $\alpha = \dfrac{\alpha° \cdot \pi \ \text{rad}}{180°}$

Umschlingungswinkel α im Bogenmaß (rad). (Werte für $e^{\mu\alpha}$ in 5.13)
Seilreibung F_R ist größte Umfangskraft, die eine Seil-, Band- oder Riemenscheibe übertragen kann:

$$F_R = F_1 - F_2 = F_2 \, (e^{\mu\alpha} - 1) = F_1 \, \frac{(e^{\mu\alpha} - 1)}{e^{\mu\alpha}}$$

Rollen- und Flaschenzüge

F Zugkraft, F_1 Last, s_1 Kraftweg, s_2 Lastweg, η Wirkungsgrad der festen und der losen Rolle, η_r des Rollenzuges, n Anzahl der tragenden Seilstränge.

Feste Rolle (Leit- oder Umlenkrolle)

$$F = \frac{F_1}{\eta} \qquad \eta \ \text{für Ketten und Seile} \approx 0{,}96$$

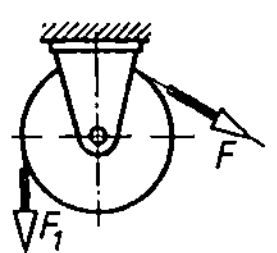

Lose Rolle

$$F = \frac{F_1}{2\,\eta} \qquad s_1 = 2\,s_2$$

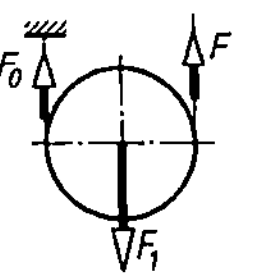

Flaschenzug (Rollenzug)

$$F = \frac{F_1}{n\,\eta_r} = F_1\,\frac{1-\eta}{\eta\,(1-\eta^n)}$$

$$\eta_r = \frac{\eta\,(1-\eta^n)}{n\,(1-\eta)}$$

$$s_1 = n\,s_2$$

$(\eta_r$ nach 5.14)

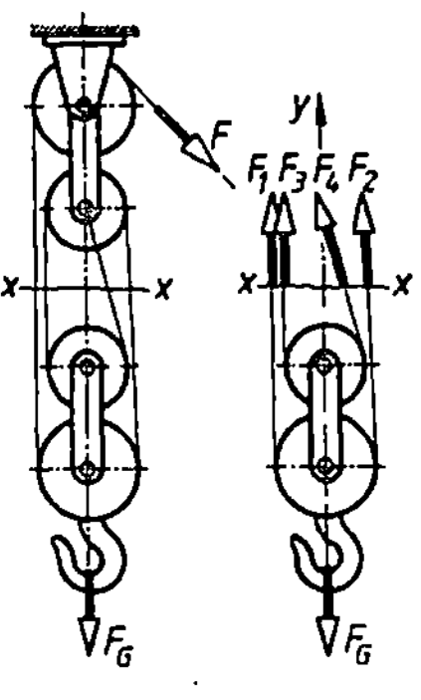

Rollenzug mit
$n = 4$ tragenden Seilsträngen

5.11. Bremsen

F Bremskraft in N, M Bremsmoment in Nm, P Wellenleistung in kW, μ Reibzahl, sämtliche Längen l und r in m, Umschlingungswinkel in rad.

Backenbremse mit überhöhtem Drehpunkt D

$$F = F_N\,\frac{(l_1 \pm \mu\,l_2)}{l} \qquad \begin{array}{l} (+)\ \text{bei Rechtslauf} \\ (-)\ \text{bei Linkslauf} \end{array}$$

Selbsthemmung bei Linkslauf, wenn $l_1 < \mu\,l_2$.

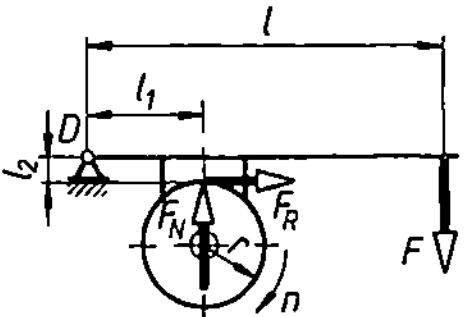

Backenbremse mit unterzogenem Drehpunkt D

$$F = F_N\,\frac{(l_1 \mp \mu\,l_2)}{l} \qquad \begin{array}{l} (-)\ \text{bei Rechtslauf} \\ (+)\ \text{bei Linkslauf} \end{array}$$

Selbsthemmung bei Rechtslauf, wenn $l_1 < \mu\,l_2$.

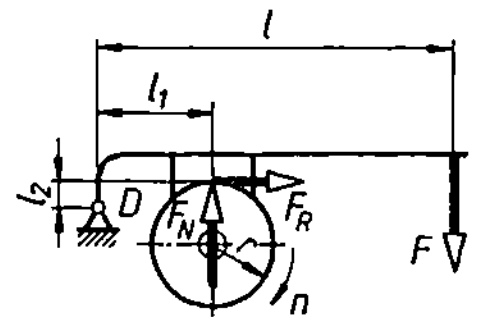

Backenbremse mit tangentialem Drehpunkt D

$$F = F_N\,\frac{l_1}{l}$$

Selbsthemmung tritt nicht auf.

Die Normalkraft F_N ergibt sich bei den drei Backenbremsarten aus dem Bremsmoment M:

$$M = F_R\,r = F_N\,\mu\,r$$

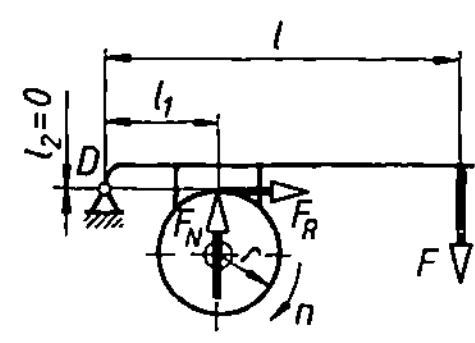

Einfache Bandbremse

$$M = F_R\,r = F\,r\,\frac{l}{l_1}\,(e^{\mu\alpha} - 1)$$

$(e^{\mu\alpha}$ nach 5.13)

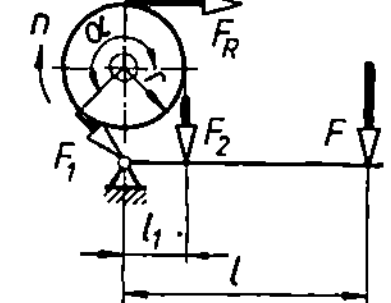

5. Statik

Summenbremse

$$M = F_R\, r = F r\, \frac{l}{l_1} \cdot \frac{e^{\mu\alpha} - 1}{e^{\mu\alpha} + 1}$$

($e^{\mu\alpha}$ nach 5.13)

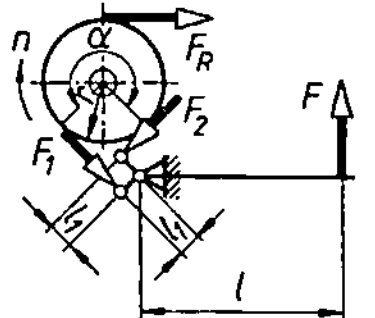

Differenzbremse

$$M = F_R\, r = F r l\, \frac{e^{\mu\alpha} - 1}{l_2 - l_1\, e^{\mu\alpha}}$$

($e^{\mu\alpha}$ nach 5.13)

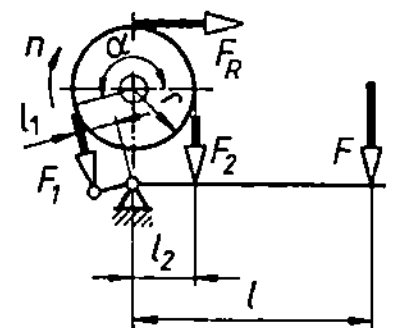

Bremszaum

$$P = \frac{F_G\, l n}{9550} \quad \text{Einheiten siehe Bandbremszaum}$$

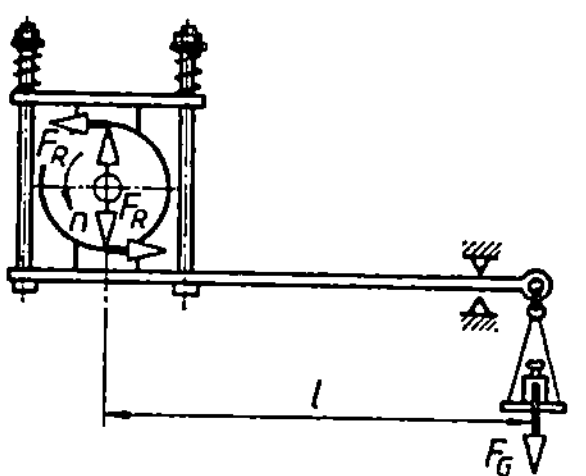

Bandbremszaum

$$P = \frac{(F_G - F)\, r n}{9550}$$

P	F_G	F	r, l	n
kW	N	N	m	min^{-1}

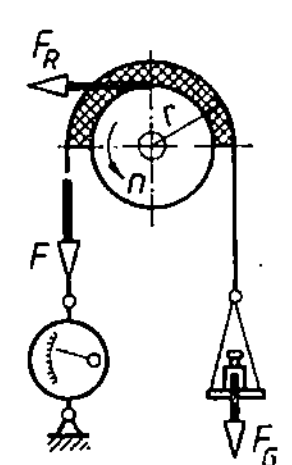

5.12. Gleitreibzahl μ und Haftreibzahl μ_0 (Klammerwerte sind die Gradzahlen für den Reibwinkel ϱ bzw. ϱ_0)

Werkstoff	Haftreibzahl μ_0 trocken		Haftreibzahl μ_0 gefettet		Gleitreibzahl μ trocken		Gleitreibzahl μ gefettet	
Stahl auf Stahl	0,5	(8,5)	0,1	(5,7)	0,15	(8,5)	0,01	(0,6)
Stahl auf Gusseisen oder Bronze	0,19	(10,8)	0,1	(5,7)	0,18	(10,2)	0,01	(0,6)
Gusseisen auf Gusseisen			0,16	(9,1)			0,1	(5,7)
Holz auf Holz	0,5	(26,6)	0,16	(9,1)	0,3	(16,7)	0,08	(4,6)
Holz auf Metall	0,7	(35)	0,11	(6,3)	0,5	(26,6)	0,1	(5,7)
Lederriemen auf Gusseisen			0,3	(16,7)				
Gummiriemen auf Gusseisen					0,4	(21,8)		
Textilriemen auf Gusseisen					0,4	(21,8)		
Bremsbelag auf Stahl					0,5	(26,6)	0,4	(21,8)
Lederdichtungen auf Metall	0,6	(31)	0,2	(11,3)	0,2	(11,3)	0,12	(6,8)

5.13. Werte für $e^{\mu\alpha}$ in Abhängigkeit vom Umschlingungswinkel α und von der Reibzahl μ

$\alpha°$	α	Reibzahlen μ									
		0,05	0,1	0,15	0,2	0,25	0,3	0,35	0,4	0,45	0,5
36	0,2 π	1,032	1,065	1,099	1,134	1,170	1,207	1,246	1,286	1,327	1,369
72	0,4 π	1,065	1,134	1,207	1,286	1,369	1,458	1,552	1,653	1,760	1,874
108	0,6 π	1,099	1,207	1,327	1,458	1,602	1,760	1,934	2,125	2,336	2,566
144	0,8 π	1,134	1,286	1,458	1,653	1,874	2,125	2,410	2,733	3,099	3,514
180	1,0 π	1,170	1,369	1,602	1,874	2,193	2,566	3,003	3,514	4,111	4,810
216	1,2 π	1,207	1,458	1,760	2,125	2,566	3,099	3,741	4,518	5,455	6,586
252	1,4 π	1,246	1,552	1,934	2,410	3,003	3,741	4,662	5,808	7,237	9,017
288	1,6 π	1,286	1,653	2,125	2,733	3,514	4,518	5,808	7,468	9,602	12,35
324	1,8 π	1,327	1,760	2,336	3,099	4,111	5,455	7,237	9,602	12,74	16,90
360	2,0 π	1,369	1,874	2,566	3,514	4,810	6,586	9,017	12,35	16,90	23,14
540	3 π	1,602	2,566	4,111	6,586	10,55	16,90	27,08	43,38	69,49	111,3
720	4 π	1,874	3,514	6,586	12,35	23,14	43,38	81,31	152,1	285,7	535,5
900	5 π	2,193	4,810	10,55	23,14	50,75	111,3	244,2	535,5	1 174	2 576
1080	6 π	2,566	6,586	16,90	43,38	111,3	285,7	733,1	1 881	4 829	12 390
1260	7 π	3,003	9,017	27,08	81,31	244,2	733,1	2 202	6 611	19 850	59 610
1440	8 π	3,514	12,35	43,38	152,4	535,5	1 881	6 611	23 230	81 610	286 800
1620	9 π	4,111	16,90	69,49	285,7	1 174	4 829	19 850	81 610	335 500	1 379 000
1800	10 π	4,810	23,14	111,3	535,5	2 576	12 390	59 610	286 800	1 379 000	6 636 000

Beachte: Für beliebige Werte von α (im Bogenmaß) und μ lässt sich $e^{\mu\alpha}$ leicht mit dem Taschenrechner bestimmen (e^x- oder ln-Taste).

Zum Beispiel ist für $\alpha = 1080° = 3 \cdot 360° = 3 \cdot 2\,\pi\,\text{rad} = 6\,\pi\,\text{rad}$ und $\mu = 0,1$ der Wert
$e^{\mu\alpha} = e^{0,1 \cdot 6\,\pi} = 6,586.$

5.14. Wirkungsgrad η_r des Rollenzuges in Abhängigkeit von der Anzahl n der tragenden Seilstränge ($\eta = 0,96$ angenommen)

n	1	2	3	4	5	6	7	8	9	10
η_r	0,960	0,941	0,922	0,904	0,886	0,869	0,852	0,836	0,820	0,804

6. Dynamik

6.1. Geradlinige gleichmäßig beschleunigte (verzögerte) Bewegung

Die Gleichungen gelten auch für den *freien Fall* und für den *senkrechten Wurf* mit Fall- oder Steig-
höhe h = Weg s und Fallbeschleunigung g = Beschleunigung oder Verzögerung a; g = 9,81 m/s^2.

Beschleunigung a	Die Beschleunigung a ist konstant. Die rechnerische Behandlung beginnt mit dem Aufzeichnen des v,t-Diagramms, weil stets die Fläche unter der Geschwindigkeitslinie dem zurückgelegten Weg s entspricht. $a = \dfrac{\text{Geschwindigkeitsänderung } \Delta v}{\text{Zeitabschnitt } t} \quad \text{in } \dfrac{\text{m}}{\text{s}^2}$
Umrechnung von $\dfrac{\text{km}}{\text{h}}$ in $\dfrac{\text{m}}{\text{s}}$	$A\,\dfrac{\text{km}}{\text{h}} = \dfrac{A}{3,6}\,\dfrac{\text{m}}{\text{s}} \qquad A, B \;\;\text{Zahlenwert}$ $B\,\dfrac{\text{m}}{\text{s}} = B \cdot 3,6\,\dfrac{\text{km}}{\text{h}} \qquad \textit{Beispiel:} \quad 72\,\dfrac{\text{km}}{\text{h}} = \dfrac{72}{3,6}\,\dfrac{\text{m}}{\text{s}} = 20\,\dfrac{\text{m}}{\text{s}}$ $20\,\dfrac{\text{m}}{\text{s}} = 20 \cdot 3,6\,\dfrac{\text{km}}{\text{h}} = 72\,\dfrac{\text{km}}{\text{h}}$
Endgeschwindigkeit v_e (bei $v_a = 0$)	$v_e = at = \sqrt{2as}$
Endgeschwindigkeit v_e (bei $v_a \neq 0$)	$v_e = v_a + \Delta v = v_a + at$ $v_e = \sqrt{v_a^2 + 2as}$
Weg s (bei $v_a = 0$)	$s = \dfrac{v_e t}{2} = \dfrac{at^2}{2} = \dfrac{v_e^2}{2a}$
Weg s (bei $v_a \neq 0$)	$s = \dfrac{v_a + v_e}{2}\,t = v_a t + \dfrac{at^2}{2} = \dfrac{v_e^2 - v_a^2}{2a}$
Zeit t (bei $v_a = 0$)	$t = \dfrac{v_e}{a} = \sqrt{\dfrac{2s}{a}}$
Zeit t (bei $v_a \neq 0$)	$t = \dfrac{v_e - v_a}{a} = -\dfrac{v_a}{a} \pm \sqrt{\left(\dfrac{v_a}{a}\right)^2 + \dfrac{2s}{a}}$
Beschleunigung a (bei $v_a = 0$)	$a = \dfrac{v_e^2}{2s} = \dfrac{v_e}{t} = \dfrac{2s}{t^2}$
Beschleunigung a (bei $v_a \neq 0$)	$a = \dfrac{v_e - v_a}{t} = \dfrac{v_e^2 - v_a^2}{2s}$

v,t-Diagramm bei $v_a = 0$

v,t-Diagramm bei $v_a \neq 0$

6. Dynamik

Anfangsgeschwindigkeit v_a (bei $v_e = 0$)	$v_a = at = \sqrt{2as}$
Anfangsgeschwindigkeit v_a (bei $v_e \neq 0$)	$v_a = v_e + \Delta v = v_e + at$ $v_a = \sqrt{v_e^2 + 2as}$
Weg s (bei $v_e = 0$)	$s = \dfrac{v_a t}{2} = \dfrac{at^2}{2} = \dfrac{v_a^2}{2a}$
Weg s (bei $v_e \neq 0$)	$s = \dfrac{v_a + v_e}{2}\, t = v_a t - \dfrac{at^2}{2}$
Zeit t (bei $v_e = 0$)	$t = \dfrac{v_a}{a} = \sqrt{\dfrac{2s}{a}}$
Zeit t (bei $v_e \neq 0$)	$t = \dfrac{v_a - v_e}{a} = \dfrac{v_a}{a} \pm \sqrt{\left(\dfrac{v_a}{a}\right)^2 - \dfrac{2s}{a}}$
Verzögerung a (bei $v_e = 0$)	$a = \dfrac{v_a}{t} = \dfrac{v_a^2}{2s} = \dfrac{2s}{t^2}$
Verzögerung a (bei $v_e \neq 0$)	$a = \dfrac{v_a - v_e}{t} = \dfrac{v_a^2 - v_e^2}{2s}$

v, t-Diagramm bei $v_e = 0$

v, t-Diagramm bei $v_e \neq 0$

6.2. Wurfgleichungen

6.2.1. Horizontaler Wurf (ohne Luftwiderstand)

Geschwindigkeit v in einem Bahnpunkt	$v = \sqrt{v_x^2 + v_y^2} = \sqrt{v_a^2 + (gt)^2}$
Geschwindigkeit v nach Fallhöhe h	$v = \sqrt{v_a^2 + 2gh}$
Fallhöhe h nach Wurfweite w	$h = \dfrac{gw^2}{2v_a^2}$ Gleichung der Wurfbahn
Wurfweite w	$w = v_a \sqrt{\dfrac{2h}{g}}$

6.2.2. Wurf schräg nach oben (ohne Luftwiderstand)

Wurfweite w (Größtwert bei $\alpha = 45°$)	$w = \dfrac{v_a^2 \sin 2\alpha}{g}$

Wurfdauer t	$t = \dfrac{w}{v_a \cos\alpha} = \dfrac{2\,v_a \sin\alpha}{g}$	
Wurfhöhe h	$h = \dfrac{v_a^2 \sin^2\alpha}{2g}$	
Geschwindigkeit v_x in x-Richtung	$v_x = v_a \cos\alpha$	
Geschwindigkeit v_y in y-Richtung	$v_y = v_a \sin\alpha - g\,t$	

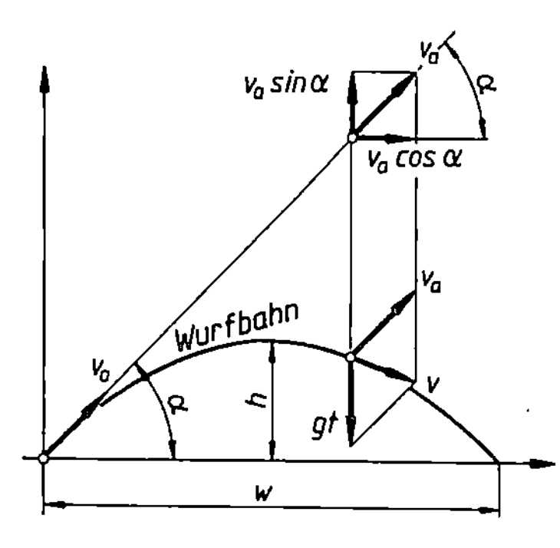

6.3. Gleichförmige Drehbewegung

Winkelgeschwindigkeit ω	$\omega = 2\pi n = \dfrac{\varphi}{t} = \dfrac{v_u}{r}$	
Schieberweg s (Hub)	$s = r\,(1 - \cos\varphi)$	
Umfangsgeschwindigkeit v_u	$v_u = \dfrac{\varphi}{t}\,r = \omega r = \mathrm{d}\pi n = 2\pi r n$	
Schiebergeschwindigkeit v	$v = r\omega \sin\varphi$ $v_{max} = v_u$	

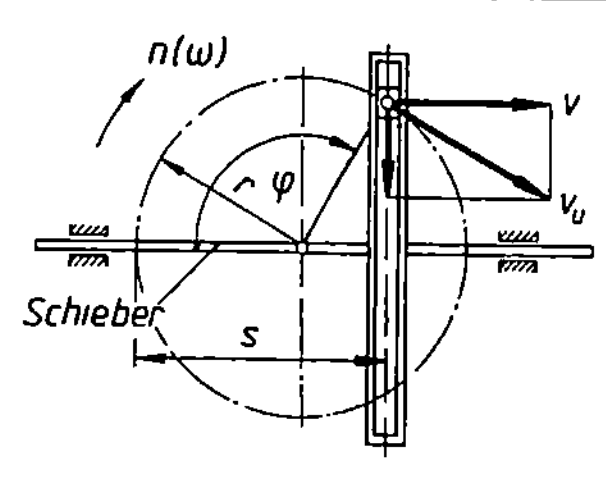

Drehwinkel φ (z Anzahl der Umdrehungen)	$\varphi = \omega t = 2\pi z$

v_u, v	ω, n	t	r, s	φ	z
$\dfrac{m}{s}$	$\dfrac{rad}{s}$	s	m	rad	1

In der Technik sind als Zahlenwertgleichungen gebräuchlich:

Umfangsgeschwindigkeit v_u	$v_u = \dfrac{\pi d n}{1000}$

v_u	d	n
$\dfrac{m}{min}$	mm	min^{-1}

	$v_u = \dfrac{\pi d n}{60\,000}$

v_u	d	n
$\dfrac{m}{s}$	mm	min^{-1}

Winkelgeschwindigkeit ω	$\omega = \dfrac{\pi n}{30} \approx 0,1\,n$

ω	n
$\dfrac{rad}{s}$	min^{-1}

6.4. Gleichmäßig beschleunigte (verzögerte) Kreisbewegung

Winkelbeschleunigung α	Die Winkelbeschleunigung α ist konstant. Die rechnerische Behandlung beginnt mit dem Aufzeichnen des ω, t-Diagramms (ω Winkelgeschwindigkeit), weil stets die Fläche unter der Winkelgeschwindigkeitslinie dem überstrichenen Drehwinkel φ entspricht.
	$\alpha = \dfrac{\text{Winkelgeschwindigkeitsänderung } \Delta\omega}{\text{Zeitabschnitt } t} \quad \text{in } \dfrac{rad}{s^2}$

6. Dynamik

Endwinkel-geschwindigkeit ω_e (bei $\omega_a = 0$)	$\omega_e = \alpha t = \sqrt{2\alpha\varphi}$	
Endwinkel-geschwindigkeit ω_e (bei $\omega_a \neq 0$)	$\omega_e = \omega_a + \Delta\omega = \omega_a + \alpha t$ $\omega_e = \sqrt{\omega_a^2 + 2\alpha\varphi}$	ω, t-Diagramm bei $\omega_a = 0$
Drehwinkel φ (bei $\omega_a = 0$)	$\varphi = \dfrac{\omega_e t}{2} = \dfrac{\alpha t^2}{2} = \dfrac{\omega_e^2}{2\alpha}$	
Drehwinkel φ (bei $\omega_a \neq 0$)	$\varphi = \dfrac{\omega_a + \omega_e}{2} t = \omega_a t + \dfrac{\alpha t^2}{2} = \dfrac{\omega_e^2 - \omega_a^2}{2\alpha}$	
Zeit t (bei $\omega_a = 0$)	$t = \dfrac{\omega_e}{\alpha} = \sqrt{\dfrac{2\varphi}{\alpha}}$	
Zeit t (bei $\omega_a \neq 0$)	$t = \dfrac{\omega_e - \omega_a}{\alpha} = -\dfrac{\omega_a}{\alpha} \pm \sqrt{\left(\dfrac{\omega_a}{\alpha}\right)^2 + \dfrac{2\varphi}{\alpha}}$	ω, t-Diagramm bei $\omega_a \neq 0$
Winkelbeschleunigung α (bei $\omega_a = 0$)	$\alpha = \dfrac{\omega_e}{t} = \dfrac{\omega_e^2}{2\varphi} = \dfrac{2\varphi}{t^2}$	
Winkelbeschleunigung α (bei $\omega_a \neq 0$)	$\alpha = \dfrac{\omega_e - \omega_a}{t} = \dfrac{\omega_e^2 - \omega_a^2}{2\varphi}$	
Anfangswinkel-geschwindigkeit ω_a (bei $\omega_e = 0$)	$\omega_a = \alpha t = \sqrt{2\alpha\varphi}$	
Anfangswinkel-geschwindigkeit ω_a (bei $\omega_e \neq 0$)	$\omega_a = \omega_e + \Delta\omega = \omega_e + \alpha t$ $\omega_a = \sqrt{\omega_e^2 + 2\alpha\varphi}$	ω, t-Diagramm bei $\omega_e = 0$
Drehwinkel φ (bei $\omega_e = 0$)	$\varphi = \dfrac{\omega_a t}{2} = \dfrac{\alpha t^2}{2} = \dfrac{\omega_a^2}{2\alpha}$	
Drehwinkel φ (bei $\omega_e \neq 0$)	$\varphi = \dfrac{\omega_a + \omega_e}{2} t = \omega_a t - \dfrac{\alpha t^2}{2}$	
Zeit t (bei $\omega_e = 0$)	$t = \dfrac{\omega_a}{\alpha} = \sqrt{\dfrac{2\varphi}{\alpha}}$	
Zeit t (bei $\omega_e \neq 0$)	$t = \dfrac{\omega_a - \omega_e}{\alpha} = \dfrac{\omega_a}{\alpha} \pm \sqrt{\left(\dfrac{\omega_a}{\alpha}\right)^2 - \dfrac{2\varphi}{\alpha}}$	ω, t-Diagramm bei $\omega_e \neq 0$

Winkelverzögerung α (bei $\omega_e = 0$)	$\alpha = \dfrac{\omega_a}{t} = \dfrac{\omega_a^2}{2\varphi} = \dfrac{2\varphi}{t^2}$
Winkelverzögerung α (bei $\omega_e \neq 0$)	$\alpha = \dfrac{\omega_a - \omega_e}{t} = \dfrac{\omega_a^2 - \omega_e^2}{2\varphi}$
Tangentialbeschleunigung oder -verzögerung a_T	$a_T = \dfrac{\Delta\omega\, r}{t} = \alpha r = \dfrac{\Delta v_u}{t}$

6.5. Sinusschwingung (harmonische Schwingung)

Periodische Schwingung	liegt vor, wenn sich eine physikalische Größe (z. B. Auslenkung y eines Punktes) zeitlich so verändert, dass sich der Vorgang nach Periodendauer T (Schwingungsdauer) in genau gleicher Weise wiederholt.
Sinusschwingung (harmonische Schwingung)	ist Sonderfall einer periodischen Schwingung, z. B. eine lineare Schwingung, die sich als seitliche Projektion eines gleichförmig auf der Kreisbahn umlaufenden Punktes darstellen lässt.
Zusammenhang zwischen periodischer Schwingung und Sinusschwingung	Jede periodische Schwingung lässt sich durch eine Fourier-Entwicklung in Sinusschwingungen zerlegen: $$y(t) = \frac{A_0}{2} + \sum A_n \cos(n\omega t) + \sum B_n \sin(n\omega t)$$
Differenzialgleichung der freien ungedämpften Schwingung	$m\ddot{y} + Ry = 0$ für geradlinige Schwingbewegung $J\ddot{\varphi} + R\varphi = 0$ für Drehbewegung m Masse des Schwingers, y Auslenkung, R Federrate, J Trägheitsmoment, φ Drehwinkel
Phase	Phase ist der Winkel φ im Bogenmaß (rad), den der umlaufende Punkt im Zeitabschnitt t durchläuft: $$\varphi = \omega t = 2\pi f t = 2\pi z$$
Auslenkung y	y ist die momentane Entfernung des schwingenden Punktes von der Nulllage (Mittellage, Gleichgewichtslage)
Amplitude A	A (Schwingungsweite) ist die maximale Auslenkung y_{max} aus der Nulllage. Bei ungedämpfter Schwingung ist $A = $ konstant.

6. Dynamik

Periodendauer T (Schwingungsdauer)	$T = \dfrac{t}{z} = \dfrac{\text{gemessener Zeitabschnitt}}{\text{Anzahl der Schwingungen}}$; T ist die Zeit für eine volle Schwingung

Frequenz f

f (Schwingungszahl) ist der Quotient aus der Anzahl z der Schwingungen und dem zugehörigen Zeitabschnitt t:

$$f = \frac{z}{t} = \frac{1}{T} = \frac{\omega}{2\pi}$$

f	T, t	z	ω	φ	n	A, y	v_y	a_y
$\frac{1}{s}$	s	1	$\frac{1}{s}$	rad	$\frac{1}{s}$	m	$\frac{m}{s}$	$\frac{m}{s^2}$

Kreisfrequenz ω

$$\omega = 2\pi n = 2\pi \frac{z}{t} = 2\pi f = \frac{2\pi}{T}$$

Auslenkung y, Geschwindigkeit v_y und Beschleunigung a_y eines harmonisch schwingenden Punktes

$$y = A \sin(\omega t) = A \sin(2\pi f t) = A \sin\frac{2\pi t}{T}$$

$$v_y = A \omega \cos(\omega t) = A \omega \cos(2\pi f t) = A \omega \cos\frac{2\pi t}{T}$$

$$a_y = -A \omega^2 \sin(\omega t) = -A \omega^2 \sin(2\pi f t) = -A \omega^2 \sin\frac{2\pi t}{T} = -y \omega^2$$

Schwingungsbeginn bei Phasenwinkel $\Delta\varphi_0$

$$y = A \sin(\varphi + \Delta\varphi_0) = A \sin(\omega t + \Delta\varphi_0)$$

Auslenkung-Zeit-Diagramm

Geschwindigkeit-Zeit-Diagramm

Beschleunigung-Zeit-Diagramm

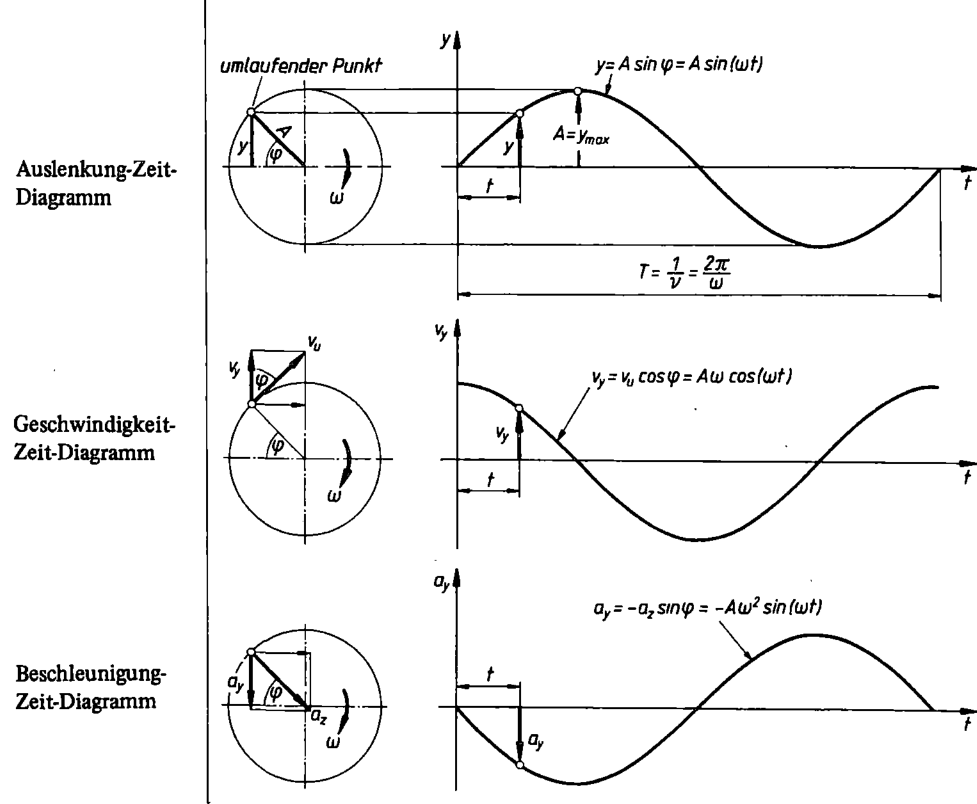

6.6. Pendelgleichungen

Pendelart	Schwerependel	Schraubenfederpendel	Torsionspendel
Rückstellkraft F_R **Rückstellmoment** M_R	$F_R = F_G \sin\alpha = mg\sin\alpha$ $F_R = \dfrac{mg}{l}\,s = Ds$	$F_R = R_F\,y = m\,\dfrac{4\pi^2}{T^2}\,y$	$M_R = R_T\,\varphi$
Richtgröße D **Federrate** R_F, R_T	$D = \dfrac{mg}{l}$	$R_F = m\,\dfrac{4\pi^2}{T^2}$	$R_T = \dfrac{M_R}{\Delta\varphi} = \dfrac{I_p\,G}{l}$ (G Schubmodul, I_p polares Flächenmoment 2. Grades)
Periodendauer T	$T = 2\pi\sqrt{\dfrac{l}{g}}$	$T = 2\pi\sqrt{\dfrac{m}{R_F}}$	$T = 2\pi\sqrt{\dfrac{J}{R_T}}$ J Trägheitsmoment
maximale Geschwindigkeit v_0 **maximale Winkelgeschwindigkeit** ω_0	$v_0 = \sqrt{2gl(1-\cos\alpha_{max})}$ gilt bis $\alpha_{max} < 14°$	$v_0 = A\sqrt{\dfrac{R_F}{m}}$	$\omega_0 = \varphi\sqrt{\dfrac{R_T}{J}}$ J Trägheitsmoment

experimentelle Bestimmung des Trägheitsmomentes J_2 eines Körpers

$$J_2 = J_1\,\frac{T_2^2 - T_1^2}{T_1^2}$$

J_1 bekanntes Trägheitsmoment
J_2 unbekanntes Trägheitsmoment

T_1 gemessene Schwingungsdauer bei Körper 1 allein

T_2 bei Körper 1 und 2 zusammen

Einheiten der vorkommenden physikalischen Größen	F_R, F_G	M_R	m	g	l, s, y, A	R_F	R_T	φ	T	ω	J	v_0	ω_0
	N	$\dfrac{\text{Nm}}{\text{rad}}$	kg	$\dfrac{\text{m}}{\text{s}^2}$	m	$\dfrac{\text{N}}{\text{m}}$	$\dfrac{\text{Nm}}{\text{rad}}$	rad	s	$\dfrac{1}{\text{s}}$	kgm²	$\dfrac{\text{m}}{\text{s}}$	$\dfrac{1}{\text{s}}$

6. Dynamik

6.7. Schubkurbelgetriebe (für ω = konstant = $\pi n/30$)

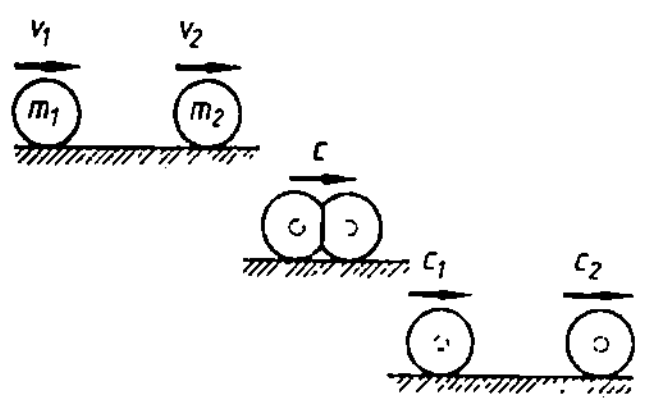

Umfangsgeschwindigkeit v_u	$v_u = \omega r = \dfrac{\pi h n}{60}$
Kolbenweg s (+) für Hingang (−) für Rückgang	$s = r(1 - \cos\varphi) \pm l(1 - \cos\beta)$ $s \approx r(1 - \cos\varphi \pm 0{,}5\,\lambda\sin^2\varphi)$
Schubstangenverhältnis λ	$\lambda = \dfrac{\text{Kurbelradius } r}{\text{Länge der Schubstange } l}$
Kolbengeschwindigkeit v (+) für Hingang (−) für Rückgang	$v = v_u(\sin\varphi \pm 0{,}5\,\lambda\sin 2\varphi)$ $v = \omega r(\sin\omega t \pm 0{,}5\,\lambda\sin 2\omega t)$ $v_{max} = v_u(1 + 0{,}5\,\lambda^2) = \omega r(1 + 0{,}5\,\lambda^2)$
mittlere Geschwindigkeit v_m	$v_m = \dfrac{h n}{30}$
Kolbenbeschleunigung a (+) für Hingang (−) für Rückgang	$a = \dfrac{v_u^2}{r}(\cos\varphi \pm \lambda\cos 2\varphi)$ $a = \omega^2 r(\cos\omega t \pm \lambda\cos 2\omega t)$ $a_{max} = \omega^2 r(1 \pm \lambda)$ in den Totlagen

v_u, v_m, v	ω	a	h, r, s, l	λ	n
$\dfrac{m}{s}$	$\dfrac{1}{s}$	$\dfrac{m}{s^2}$	m	1	$\min^{-1}$

6.8. Gerader zentrischer Stoß

Zwei Körper der Masse m_1, m_2 bewegen sich vor dem Stoß
in Richtung der Stoßlinie mit den Geschwindigkeiten $v_1 > v_2$.
Gemeinsamer Berührungspunkt und die Schwerpunkte beider
Körper liegen auf der Stoßlinie. Nach erstem Stoßabschnitt
(Stoßkraft $F = F_{max}$) haben beide Körper die Geschwindigkeit c, nach zweitem Stoßabschnitt ($F = 0$) die Geschwindigkeiten c_1, c_2.

Stoßzahl k	$k = \dfrac{c_2 - c_1}{v_1 - v_2}$ $k = \tfrac{15}{16}$ für Glas, $\tfrac{8}{9}$ für Elfenbein, $\tfrac{5}{9}$ für Stahl und Kork, $\tfrac{1}{2}$ für Holz $k = 0$ vollkommen unelastischer Stoß; $\Delta W = 0$ (ΔW Energieverlust) $k = 1$ vollkommen elastischer Stoß allgemeiner Fall: $0 < k < 1$
Stoßzahlbestimmung	$k = \sqrt{\dfrac{h_1}{h}}$ h freie Fallhöhe einer Kugel auf waagerechte Platte aus gleichem Material h_1 Rücksprunghöhe der Kugel

gemeinsame Geschwindigkeit c	$c = \dfrac{m_1 v_1 + m_2 v_2}{m_1 + m_2}$ $\begin{array}{c\|c\|c\|c} c,\,v & m & k & W \\ \hline \frac{m}{s} & kg & 1 & J \end{array}$
Geschwindig- keiten c_1, c_2 nach dem Stoß	$c_1 = \dfrac{m_1 v_1 + m_2 v_2 - m_2(v_1 - v_2)\,k}{m_1 + m_2}$ $c_2 = \dfrac{m_1 v_1 + m_2 v_2 + m_1(v_1 - v_2)\,k}{m_1 + m_2}$
Energieverlust ΔW beim Stoß	$\Delta W = \dfrac{m_1 m_2}{2(m_1 + m_2)}\,(v_1 - v_2)^2 (1 - k^2)$
Energieverlust ΔW beim vollkommen unelastischen Stoß	$k = 0;\quad c_1 = c_2 = c$ Für Schmieden und Nieten muß ΔW möglichst groß sein $(m_2 \gg m_1)$ $\Delta W = \dfrac{m_1 m_2}{2(m_1 + m_2)}\,(v_1 - v_2)^2$
Geschwindigkei- ten c_1, c_2 nach dem vollkommen elastischen Stoß	$k = 1;\quad \Delta W = 0$ $c_1 = \dfrac{(m_1 - m_2)v_1 + 2 m_2 v_2}{m_1 + m_2}$ $c_2 = \dfrac{(m_2 - m_1)v_2 + 2 m_1 v_1}{m_1 + m_2}$
Sonderfälle	bei $m_1 = m_2$ wird $c_1 = v_2$ und $c_2 = v_1$ bei $m_2 = \infty$ und $v_2 = 0$ wird $c_1 = -v_1$ bei $m_1 = \infty$ und $v_2 = 0$ wird $c_2 = 2v_1$

6.9. Mechanische Arbeit W

Die mechanische Teilarbeit ΔW einer den Körper bewegenden Kraft F ist das Produkt aus dem Weg-abschnitt Δs und der Kraftkomponente F in Weg-richtung. Die Gesamtarbeit W ist die Summe aller Teilarbeiten ΔW:

$$W = \sum \Delta W = \sum F \Delta s = F_1 \Delta s_1 + F_2 \Delta s_2 + \dots F_n \Delta s_n$$

Die von der Kraft F oder dem Drehmoment M ver-richtete Arbeit W entspricht stets der Fläche unter der Kraft- oder Momentenlinie im Kraft-Weg-Schau-bild oder im Moment-Drehwinkel-Schaubild.

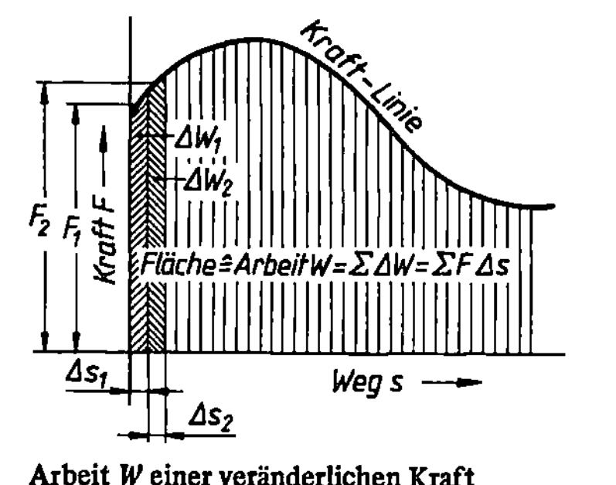

Arbeit W einer veränderlichen Kraft

kohärente Einheit (gesetzliche Einheit, zugleich SI-Einheit)	1 Joule (J) = 1 Wattsekunde (Ws) $1\,J = 1\,\dfrac{kgm}{s^2}\,m = 1\,\dfrac{kgm^2}{s^2}$ $1\,J = 1\,Nm = 1\,Ws$
Arbeit W der kon-stanten Kraft F	$W = Fs \cos\alpha$ $W = Fs$ (für $\alpha = 0°$)

6. Dynamik

Arbeit W der Gewichtskraft F_G (Hubarbeit)	$W = F_G\,h = mgh$						F_G Gewichtskraft des Körpers m Masse des Körpers h Hubhöhe

		W	F_G	m	g	h
		$J = Nm$	N	kg	$\frac{m}{s^2}$	m

Reibungsarbeit W_R auf schiefer Ebene mit Winkel α, Kraft F parallel zur Bahn

$$W_R = F_R\,s \qquad \mu \text{ Reibzahl nach 5.12}$$

$$W_R = F_G\,\mu s \cos\alpha = mg\,\mu s \cos\alpha$$

W_R	F_R, F_G	m	g	s
$J = Nm$	N	kg	$\frac{m}{s^2}$	m

Kraft F waagerecht

$$W_R = F_R\,s$$

$$W_R = \mu s\,(F_G \cos\alpha + F \sin\alpha)$$

Formänderungsarbeit W_f

R Federrate

(Federsteifigkeit)

$$W_f = \frac{F_1 + F_2}{2}\,\Delta s; \quad R = \frac{F_2 - F_1}{\Delta s} = \frac{F_2}{s_2} = \frac{F_1}{s_1}$$

$$W_f = \frac{R}{2}\,(s_2^2 - s_1^2)$$

W_f	F_1, F_2	s_1, s_2	R
$J = Nm$	N	m	$\frac{N}{m}$

Arbeit W eines konstanten Drehmomentes M

F_T Tangentialkraft

z Anzahl der Umdrehungen

$$W = M\varphi$$

$$W = F_T\,2\pi r z$$

W	M	φ	F_T	r	z
$J = Nm$	$\frac{Nm}{rad}$	rad	N	m	1

Beschleunigungsarbeit W_b eines konstanten Kraftmomentes M

$$W = \frac{J}{2}\,(\omega_2^2 - \omega_1^2)$$

W_b	J	ω
$J = Nm$	kgm^2	$\frac{1}{s}$

ω_1, ω_2 Winkelgeschwindigkeit vor oder nach dem Beschleunigungs- oder Verzögerungsvorgang

6.10. Leistung P, Übersetzung i und Wirkungsgrad η

P_{trans} bei geradliniger Bewegung

$$P_{trans} = \frac{W}{t} = \frac{Fs}{t} = Fv$$

P_{trans}	F	v
$\frac{J}{s} = \frac{Nm}{s} = W$	N	$\frac{m}{s}$

P_{rot} bei Drehbewegung

$$P_{rot} = M\omega = 2\pi Mn$$

P_{rot}	M	n, ω
$\frac{Nm}{s} = W$	Nm	$\frac{1}{s}$

Zahlenwertgleichungen für Leistung P und Drehmoment M	$P = \dfrac{Mn}{9550}$ $M = 9550\dfrac{P}{n}$	$\begin{array}{c\|c\|c} P & M & n \\ \hline \text{kW} & \text{Nm} & \text{min}^{-1} \end{array}$
Wirkungsgrad η M_1 Antriebsmoment M_2 Abtriebsmoment i Übersetzung	$\eta = \dfrac{\text{Nutzarbeit } W_\text{n}}{\text{zugeführte Arbeit } W_\text{z}} = \dfrac{\text{Nutzleistung } P_\text{n}}{\text{zugeführte Leistung } P_\text{z}} < 1$ $\eta = \dfrac{M_2}{M_1} \cdot \dfrac{1}{i} \qquad M_2 = M_1\, \eta_\text{ges}\, i_\text{ges}$	
Gesamtwirkungsgrad η_ges	$\eta_\text{ges} = \eta_1 \eta_2 \eta_3 \dots \eta_\text{n} < 1$	
Übersetzung i	$i = \dfrac{n_1}{n_2} = \dfrac{\omega_1}{\omega_2} = \dfrac{d_2}{d_1} = \dfrac{d_{02}}{d_{01}} = \dfrac{z_2}{z_1}$ $i = \dfrac{M_2}{M_1}$ (ohne Reibung) $\qquad i = \dfrac{M_2}{M_1} \cdot \dfrac{1}{\eta_\text{res}}$ (mit Reibung)	

6.11. Dynamik der Verschiebebewegung (Translation)

Dynamisches Grundgesetz, allgemein	$F_\text{res} = ma$ $\begin{array}{c\|c\|c} F_\text{res}, F_\text{G} & m & a, g \\ \hline \text{N} = \frac{\text{kgm}}{\text{s}^2} & \text{kg} & \frac{\text{m}}{\text{s}^2} \end{array}$	F_res ist Resultierende der Kräftegruppe in Beschleunigungsrichtung m Masse des Körpers a Beschleunigung g Fallbeschleunigung
Dynamisches Grundgesetz für freien Fall	$F_\text{G} = mg$ $F_\text{Gn} = mg_\text{n}$	g_n Normfallbeschleunigung $= 9{,}80665\,\frac{\text{m}}{\text{s}^2}$ F_Gn Normgewichtskraft des Körpers, also bei g_n
Dynamisches Grundgesetz für Tangenten- und Normalenrichtung F_N Zentripetalkraft ρ Krümmungsradius für Kreisbogen ist $\rho = r$	$F_\text{N} = ma_\text{N} = m\dfrac{v^2}{\rho} = m\rho\,\omega^2$ $F_\text{T} = ma_\text{T}$ $\begin{array}{c\|c\|c\|c\|c\|c} F_\text{N}, F_\text{T} & m & a_\text{N}, a_\text{T} & v & \rho & \omega \\ \hline \text{N} = \frac{\text{kgm}}{\text{s}^2} & \text{kg} & \frac{\text{m}}{\text{s}^2} & \frac{\text{m}}{\text{s}} & \text{m} & \frac{1}{\text{s}} \end{array}$	
Energieerhaltungssatz	$E_\text{E} \quad = \quad E_\text{A} \quad + \quad W_\text{z} \quad - \quad W_\text{a}$ Energie am Ende des Vorganges $=$ Energie am Anfang des Vorganges $+$ zugeführte Arbeit $-$ abgeführte Arbeit (meist Reibarbeit W_R)	

6. Dynamik

potenzielle Energie E_p (Energie der Lage)	$E_\mathrm{p} = F_\mathrm{G}\,h = mgh$						

		E	m	g	h	F_G	v_1, v_2
kinetische Energie E_k (Bewegungsenergie)	$E_\mathrm{k} = \dfrac{m}{2}\,(v_2^2 - v_1^2)$ $E_\mathrm{k} =$ Beschleunigungs- arbeit W_b	$J = \mathrm{Nm} = \mathrm{Ws}$ (siehe 6.9)	kg	$\dfrac{\mathrm{m}}{\mathrm{s}^2}$	m	N	$\dfrac{\mathrm{m}}{\mathrm{s}}$

		F_res	t	m	v
Impulserhaltungssatz (Antriebssatz)	$F_\mathrm{res}(t_2 - t_1) = m\,(v_2 - v_1)$ für den „kräftefreien" Körper ($F_\mathrm{res} = 0$) gilt $m\,v_2 - m\,v_1 = 0$ $m\,v_1 = m\,v_2 =$ konstant (siehe 6.8. Stoß)	$\mathrm{N} = \dfrac{\mathrm{kgm}}{\mathrm{s}^2}$	s	kg	$\dfrac{\mathrm{m}}{\mathrm{s}}$

		T	m	a
d'Alembert'scher Satz	Körper freimachen, Beschleunigungsrichtung eintragen, Trägheitskraft $T = ma$ entgegengesetzt zur Beschleunigungsrichtung eintragen, Gleichgewichtsbedingungen unter Einschluss der Trägheitskraft (oder -kräfte) ansetzen.	$\mathrm{N} = \dfrac{\mathrm{kgm}}{\mathrm{s}^2}$	kg	$\dfrac{\mathrm{m}}{\mathrm{s}^2}$

6.12. Dynamik der Drehung (Rotation)

Dynamisches Grundgesetz, allgemein	$M_\mathrm{res} = J\,\alpha$	M_res: $\mathrm{Nm} = \dfrac{\mathrm{kgm}^2}{\mathrm{s}^2}$; J: kgm^2 ; α: $\dfrac{1}{\mathrm{s}^2}$	M_res resultierendes Drehmoment	J Trägheitsmoment nach 6.13	α Winkelbeschleunigung nach 6.4
Trägheitsmoment J Definitionsgleichung	$J = \Sigma\,\Delta m\,r^2$ $J = \displaystyle\int \mathrm{d}m\,\rho^2$	Berechnungsgleichungen in 6.13			
Verschiebesatz (Steiner)	$J_0 = J_\mathrm{s} + m\,l^2$ J_0 Trägheitsmoment für gegebene parallele Drehachse $0-0$ J_s Trägheitsmoment für parallele Schwerachse $S-S$ ml^2 Masse m mal Abstandsquadrat der beiden Achsen				

			i, D_i	J	m
Trägheitsradius i	$i = \sqrt{\dfrac{J}{m}}$	$i = \dfrac{D_\mathrm{i}}{2}$	m	kgm^2	kg

Reduktion der Trägheitsmomente $J_1, J_2 \ldots$ bei Getrieben	$J_{\text{red}} = J_1 + J_2 \left(\dfrac{n_2}{n_1}\right)^2 + J_3 \left(\dfrac{n_3}{n_1}\right)^2 + \ldots$	n Drehzahl
resultierendes Beschleunigungsmoment M_{res} der Antriebsachse 1	$M_{\text{res}} = J_{\text{red}}\,\alpha_1$	α_1 Winkelbeschleunigung
Drehenergie E (Drehwucht)	$E = \dfrac{J}{2}\,(\omega_2^2 - \omega_1^2) = $ Beschleunigungsarbeit W_b	

Energieerhaltungssatz der Drehung	$\dfrac{J}{2}\,\omega_2^2 \qquad = \qquad \dfrac{J}{2}\,\omega_1^2 \qquad \pm \qquad M_{\text{res}}\,\varphi$
	Drehwucht am Ende $=$ Drehwucht am Anfang $\pm$ zu- oder abgeführter Arbeit des des Vorganges $\quad$ des Vorganges $\quad$ resultierenden Moments aller Kräfte

Impulserhaltungssatz (Antriebssatz)	$M_{\text{res}}\,(t_2 - t_1) = J(\omega_2 - \omega_1)$

für den „kräftefreien" Körper ($M_{\text{res}} = 0$) gilt	$J\omega_2 - J\omega_1 = 0$ $J\omega_1 = J\omega_2 = $ konstant

M_{res}	t	J	ω
$J = \text{Nm} = \text{Ws}$	s	kgm²	$\dfrac{1}{s}$

Fliehkraft F_z	$F_z = mr_s\,\omega^2 = m\dfrac{v^2}{r_s}$	r_s Abstand des Körperschwerpunktes S von Drehachse

F_z	m	r_s	ω	v
$N = \dfrac{\text{kgm}}{s^2}$	kg	m	$\dfrac{1}{s}$	$\dfrac{m}{s}$

ω Winkelgeschwindigkeit
v Umfangsgeschwindigkeit des Schwerpunktes um die Drehachse

6.13. Gleichungen für Trägheitsmomente J (Massenmomente 2. Grades)

Art des Körpers	Trägheitsmoment J (J_x um die x-Achse; J_z um die z-Achse); ρ Dichte
Rechteck, Quader	$J_x = \tfrac{1}{12}m\,(b^2 + h^2) = \tfrac{1}{12}\rho\,hbs\,(b^2 + h^2)$ bei geringer Plattendicke s ist $J_z = \tfrac{1}{12}mh^2 = \tfrac{1}{12}\rho\,b\,h^3 s; \quad J_0 = \tfrac{1}{3}mh^2 = \tfrac{1}{3}\rho\,b\,h^3 s$ Würfel mit Seitenlänge a: $\quad J_x = J_z = m\dfrac{a^2}{6}$
Kreiszylinder	$J_x = \tfrac{1}{2}mr^2 = \tfrac{1}{8}md^2 = \tfrac{1}{32}\rho\,\pi\,d^4 h = \tfrac{1}{2}\rho\,\pi\,r^4 h$ $J_z = \tfrac{1}{16}m\,(d^2 + \tfrac{4}{3}h^2) = \tfrac{1}{64}\rho\,\pi\,d^2 h\,(d^2 + \tfrac{4}{3}h^2)$

6. Dynamik

Art des Körpers	Trägheitsmoment J (J_x um die x-Achse; J_z um die z-Achse); ρ Dichte
Hohlzylinder	$J_x = \frac{1}{2} m (R^2 + r^2) = \frac{1}{8} m (D^2 + d^2) = \frac{1}{32} \rho \pi h (D^4 - d^4)$ $J_x = \frac{1}{2} \rho \pi h (R^4 - r^4)$; $J_z = \frac{1}{4} m (R^2 + r^2 + \frac{1}{3} h^2) = \frac{1}{16} m (D^2 + d^2 + \frac{4}{3} h^2)$
Kreiskegel	$J_x = \frac{3}{10} m r^2$ Kreiskegelstumpf: $J_x = \frac{3}{10} m \dfrac{R^5 - r^5}{R^3 - r^3}$
Zylindermantel	$J_x = \frac{1}{4} m d_m^2 = \frac{1}{4} \rho \pi d_m^3 h s$ $J_z = \frac{1}{8} m (d_m^2 + \frac{2}{3} h^2) = \frac{1}{8} \rho \pi d_m h s (d_m^2 + \frac{2}{3} h^2)$ Hohlzylinder mit Wanddicke $s = \frac{1}{2} (D - d)$ sehr klein im Verhältnis zum mittleren Durchmesser $d_m = \frac{1}{2} (D + h)$
Kugel	$J_x = \frac{2}{5} m r^2 = \frac{1}{10} m d^2 = \frac{1}{60} \rho \pi d^5 = \frac{8}{15} \rho \pi r^5$
Hohlkugel (Kugelschale)	$J_x = J_z = \frac{1}{6} m d_m^2 = \frac{1}{6} \rho \pi d_m^4 s$ Wanddicke $s = \frac{1}{2} (D - d)$ sehr klein im Verhältnis zum mittleren Durchmesser $d_m = \frac{1}{2} (D + d)$
Ring	$J_z = m (R^2 + \frac{3}{4} r^2) = \frac{1}{4} m (D^2 + \frac{3}{4} d^2)$ $\qquad m = 2 \pi^2 r^2 R \rho$ $J_z = \frac{1}{16} \rho \pi^2 D d^2 (D^2 + \frac{3}{4} d^2) = \frac{1}{4} m D^2 \left[1 + \frac{3}{4} \left(\dfrac{d}{D} \right)^2 \right]$
	$J_x = \frac{1}{20} m (a^2 + b^2)$

6.14. Gegenüberstellung einander entsprechender Größen und Definitionsgleichungen für Schiebung und Drehung

Geradlinige (translatorische) Bewegung **Drehende (rotatorische) Bewegung**

Größe	Definitionsgleichung	Einheit	Größe	Definitionsgleichung	Einheit
Weg s	Basisgröße	m	Drehwinkel φ	$\dfrac{\text{Bogen } b}{\text{Radius } r}$	rad = 1
Zeit t	Basisgröße	s	Zeit t	Basisgröße	s
Masse m	Basisgröße	kg	Trägheits-moment J	$J = \int dm\, \rho^2$	kgm^2
Geschwin-digkeit v	$v = \dfrac{ds}{dt}\ \left(= \dfrac{\Delta s}{\Delta t}\right)$	$\dfrac{m}{s}$	Winkelgeschwin-digkeit ω	$\omega = \dfrac{d\varphi}{dt}\ \left(= \dfrac{\Delta\varphi}{\Delta t}\right)$	$\dfrac{\text{rad}}{s} = \dfrac{1}{s}$
Beschleu-nigung a	$a = \dfrac{dv}{dt}\ \left(= \dfrac{\Delta v}{\Delta t}\right)$	$\dfrac{m}{s^2}$	Winkelbeschleu-nigung α	$\alpha = \dfrac{d\omega}{dt}\ \left(= \dfrac{\Delta\omega}{\Delta t}\right)$	$\dfrac{\text{rad}}{s^2} = \dfrac{1}{s^2}$
Beschleuni-gungskraft F_{res}	$F_{\text{res}} = ma$	$N = \dfrac{\text{kgm}}{s^2}$	Beschleunigungs-moment M_{res}	$M_{\text{res}} = J\alpha$	$Nm = \dfrac{\text{kgm}^2}{s^2}$
Arbeit W_{trans}	$W_{\text{trans}} = Fs$	$J = Nm = Ws$	Arbeit W_{rot}	$W_{\text{rot}} = M\varphi$	$J = Nm = Ws$
Leistung P_{trans}	$P_{\text{trans}} = \dfrac{W_{\text{trans}}}{t} = Fv$	$\dfrac{J}{s} = \dfrac{Nm}{s} = W$	Leistung P_{rot}	$P_{\text{rot}} = \dfrac{W_{\text{rot}}}{t} = M\omega$	$\dfrac{J}{s} = \dfrac{Nm}{s} = W$
Wucht W_{trans}	$W_{\text{trans}} = \dfrac{m}{2}v^2$	$Nm = \dfrac{\text{kgm}^2}{s^2}$	Drehwucht W_{rot}	$W_{\text{rot}} = \dfrac{J}{2}\omega^2$	$Nm = \dfrac{\text{kgm}^2}{s^2}$
Arbeitssatz (Wuchtsatz)	$W_{\text{trans}} = \dfrac{m}{2}(v_2^2 - v_1^2)$	$Nm = \dfrac{\text{kgm}^2}{s^2}$	Arbeitssatz (Wuchtsatz)	$W_{\text{rot}} = \dfrac{J}{2}(\omega_2^2 - \omega_1^2)$	$Nm = \dfrac{\text{kgm}^2}{s^2}$
Impuls-erhaltungs-satz	$F_{\text{res}}(t_2 - t_1) = m(v_2 - v_1)$ Kraftstoß = Impulsänderung		Impuls-erhaltungs-satz	$M_{\text{res}}(t_2 - t_1) = J(\omega_2 - \omega_1)$ Momentenstoß = Drehimpuls-änderung	

7.1. Statik der Flüssigkeiten

Druck p auf ebene und gewölbte Flächen	$p = \dfrac{F}{A}$	$\begin{array}{c\|c\|c} p & F & A \\ \hline \frac{N}{m^2} = Pa & N & m^2 \end{array}$	

Der Druck, der von außen auf irgendeinen Teil der abgesperrten Flüssigkeit ausgeübt wird (z.B. durch Kolbenkraft), pflanzt sich auf alle Teile nach allen Richtungen hin unverändert fort.
(1 Pascal (Pa) = 1 Newton durch Quadratmeter (N/m^2).

Triebkraft F_1 (Kolbenkraft)	$F_1 = \dfrac{\pi d_1^2}{4}\, p$	
Last F_2 (Kolbenkraft)	$F_2 = \dfrac{\pi d_2^2}{4}\, p$ $F_2 = F_1\left(\dfrac{d_2}{d_1}\right)^2 \eta$	Hydraulische Presse
Wirkungsgrad η, μ Reibzahl zwischen Kolben und Dichtung	$\eta = \dfrac{1 - 4\mu\frac{h_2}{d_2}}{1 + 4\mu\frac{h_1}{d_1}}$	$\begin{array}{c\|c\|c\|c} F_1,F_2 & p & d,h,s & \eta,\mu \\ \hline N & \frac{N}{m^2}=Pa & m & 1 \end{array}$
Kolbenwege s_1, s_2	$s_2 = s_1\left(\dfrac{d_1}{d_2}\right)^2$	
Druckübersetzung	$\dfrac{p_2}{p_1} = \dfrac{d_1^2}{d_1^2 - d_2^2}$ $\dfrac{p_2}{p_1} = \dfrac{d_1^2}{d_2^2}$	

hydrostatischer Druck p infolge der Schwerkraft (Schweredruck)	$p = \rho g h$ $p_{abs} = \rho g h + p_{amb}$	ρ Dichte g Fallbeschleunigung p_{abs} absoluter Druck p_{amb} umgebender Atmosphärendruck
Bodenkraft F_b	$F_b = \rho g h A$	$\begin{array}{c\|c\|c\|c\|c} F_b & p & \rho & g & h \\ \hline N & \frac{N}{m^2}=Pa & \frac{kg}{m^3} & \frac{m}{s^2} & m \end{array}$

7. Hydrostatik

Seitenkraft F_s I_s Flächenmoment 2. Grades der gedrückten Fläche A bezogen auf Schwerachse S–S	$F_s = \rho g h_s A = \rho g y_s \sin\alpha\, A$ $h_s = y_s \sin\alpha; \quad y_s = \dfrac{h_s}{\sin\alpha}$ $y_D = y_s + e = y_s + \dfrac{I_s}{A\,y_s}; \quad e = \dfrac{I_s}{A\,y_s}$	
Abstand e	$e = \dfrac{h^2}{12\,y_s}$ für Rechteckfläche $e = \dfrac{d^2}{16\,y_s}$ für Kreisfläche	

F_s	ρ	g	A	I	V_v	h, y, e, d
N	$\dfrac{kg}{m^3}$	$\dfrac{m}{s^2}$	m^2	m^4	m^3	m

Auftrieb F_a	$F_a = V_v\,\rho\,g$ V_v verdrängtes Flüssigkeits- volumen

8. Hydrodynamik

8.1. Strömungsgleichungen

Mach'sche Zahl Ma	$Ma = \dfrac{w}{c}$	w Strömungsgeschwindigkeit c Schallgeschwindigkeit

Bis $Ma < 0{,}3$ können die Strömungen von Gasen als inkompressibel angesehen werden.

Reynolds'sche Zahl Re	$Re = \dfrac{wd\rho}{\eta} = \dfrac{wd}{v}$	w mittlere Durchflussgeschwindigkeit d Durchmesser bei Kreisröhren ρ Dichte v kinematische Zähigkeit η dynamische Zähigkeit

kritische Strömungsgeschwindigkeit w_{kr}

$$w_{kr} = \frac{Re\,\eta}{d\,\rho}$$

Re	w	d	ρ	η	v
1	$\dfrac{m}{s}$	m	$\dfrac{kg}{m^3}$	$\dfrac{Ns}{m^2}$	$\dfrac{m^2}{s}$

kinematische Zähigkeit v

$$v = \frac{\eta}{\rho}$$

Umrechnungen der Zähigkeit

für die dynamische Zähigkeit η das Poise (P):

$1\ Ns/m^2 = 10\ P\ (Poise) = 1000\ cP\ (Zentipoise)$

$1\ P\quad = 0{,}1\ Ns/m^2 = 100\ cP\ (Zentipoise)$

für die kinematische Zähigkeit v das Stokes (St):

$1\ m^2/s = 10^4\ St\ (Stokes)$

$1\ St\quad = 10^{-4}\ m^2/s = 100\ cSt\ (Zentistokes)$

Umrechnung aus Englergraden in m^2/s:

$v = (7{,}32\ E - 6{,}31/°E)\,10^{-6}\quad$ in m^2/s

Umrechnungen °E in cSt

°E	cSt	°E	cSt
1	1	4,5	33,4
1,5	6,25	5	37,4
2	11,8	5,5	41,4
2,5	16,7	6	45,2
3	21,2	6,5	49,0
3,5	25,4	8	60,5
4	29,6	10	76,0

Strömungsgeschwindigkeit w_x im Abstand x von der Rohrachse

$$w_x = 2w\left[1 - \left(\frac{2x}{d}\right)^2\right]$$

$$w = \frac{q_V}{A}$$

q_V Volumenstrom in m^3/s
A Querschnitt in m^2

turbulente und laminare Strömung wird durch die kritische Reynoldszahl bestimmt; für Kreisrohr ist $Re_{kr} = 2300$

bei $Re < 2300$:

laminare Strömung, stellt sich auch nach Störung wieder ein

bei $Re > 2300$:

bleibt einmal gestörte Strömung turbulent

Bei $Re > 3000$ stets turbulente Strömung

Kontinuitätsgleichung

q_V Volumenstrom
q_m Massenstrom

$$q_V = A_1 w_1 = A_2 w_2 = \text{konstant}$$

$$q_m = A_1 w_1 \rho_1 = A_2 w_2 \rho_2$$

q_V	A	w	q_m	ρ
$\dfrac{m^3}{s}$	m^2	$\dfrac{m}{s}$	$\dfrac{kg}{s}$	$\dfrac{kg}{m^3}$

8. Hydrodynamik

Bernoulli'sche Druckgleichung $\dfrac{\rho}{2}\,w^2$ Geschwindigkeitsdruck $\rho g h$ Schweredruck (7.1)	$p_1 + \rho g h_1 + \dfrac{\rho}{2}\,w_1^2 = p_2 + \rho g h_2 + \dfrac{\rho}{2}\,w_2^2 = \text{konstant}$ <table><tr><td>p</td><td>ρ</td><td>g</td><td>h</td><td>w</td></tr><tr><td>$\dfrac{\text{N}}{\text{m}^2} = \text{Pa}$</td><td>$\dfrac{\text{kg}}{\text{m}^3}$</td><td>$\dfrac{\text{m}}{\text{s}^2}$</td><td>$\text{m}$</td><td>$\dfrac{\text{m}}{\text{s}}$</td></tr></table>	
für Leitungen ohne Höhenunterschied	$p_1 + \dfrac{\rho}{2}\,w_1^2 = p_2 + \dfrac{\rho}{2}\,w_2^2$	Der Gesamtdruck (statischer Druck p + Geschwindigkeitsdruck $\rho w^2/2$ = Staudruck q) der Flüssigkeit ist an jeder Stelle einer Horizontalleitung gleich groß.
Messung des statischen Drucks p_s	$p_s = p_1 = p_2 + \rho g h$ (siehe auch 7.1) p_2 Luftdruck	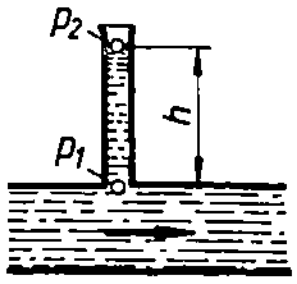
Messung des Gesamtdrucks p_g	$p_g = p_s + \dfrac{\rho}{2}\,w^2 = p_s + q$ q Staudruck	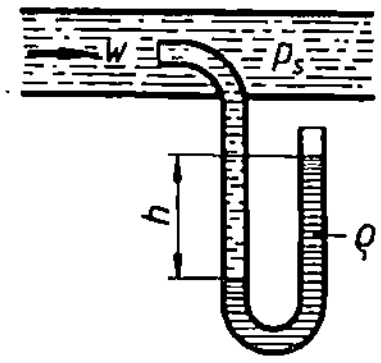
Messung des Staudrucks q (Prandtl'sches Staurohr)	$q = p_g - p_s = \beta\,\dfrac{\rho}{2}\,w^2$ $\beta \approx 1°$ bis ca. $17°$ Anströmwinkel zwischen Rohrachse und Strömungsrichtung	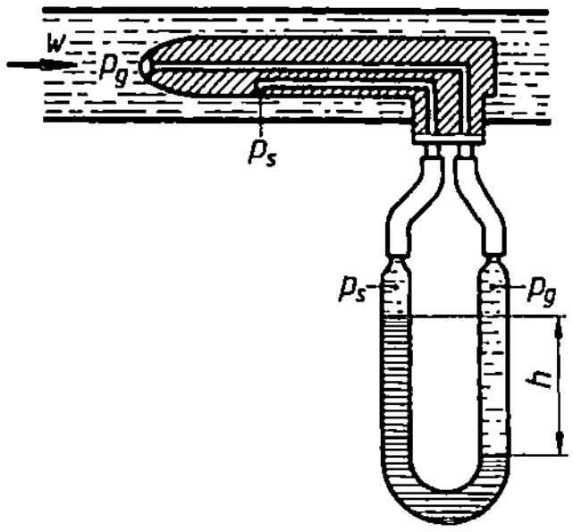
Volumenstrom q_V (theoretischer)	$q_V = \sqrt{\dfrac{2(p_1 - p_2)}{\rho\left(\dfrac{1}{A_2^2} - \dfrac{1}{A_1^2}\right)}}$ $p_1 - p_2 = \Delta p \qquad \Delta p$ Wirkdruck	<table><tr><td>q_V</td><td>p</td><td>ρ</td><td>A</td></tr><tr><td>$\dfrac{\text{m}^3}{\text{s}}$</td><td>$\dfrac{\text{N}}{\text{m}^2} = \text{Pa}$</td><td>$\dfrac{\text{kg}}{\text{m}^3}$</td><td>$\text{m}^2$</td></tr></table>
Massenstrom q_m (praktischer)	$q_m = \alpha\,\dfrac{A_2}{\sqrt{1 - m^2}}\,\sqrt{2\rho(p_1 - p_2)}$ Für Staurand (Blende) nach Prandtl: $\alpha = 0{,}598 + 0{,}395\ m^2$ α Durchflusszahl (DIN 1952) m Querschnittsverhältnis $= A_2/A_1$ (Einheiten siehe folgende Seite)	

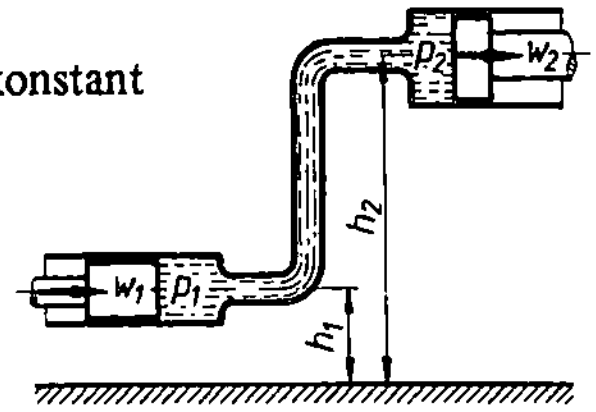

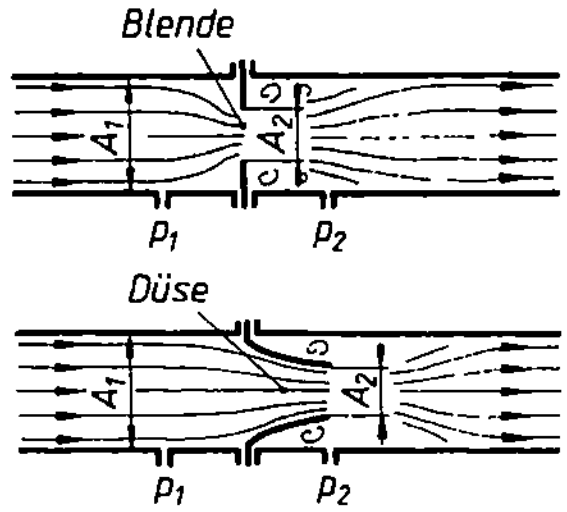

praktischer Volumen-strom q_V und Massen-strom q_m bei Gasen und Flüssigkeiten	$q_V = 0{,}04\,\alpha\,\epsilon\,m\,D_t^2\,\sqrt{\dfrac{\Delta p}{\rho_1}}$ $q_m = 0{,}04\,\alpha\,\epsilon\,m\,D_t^2\,\sqrt{\Delta p\,\rho_1}$

q_V	α, ϵ, m	D_t	Δp	ρ_1
$\dfrac{m^3}{h}$	1	mm	$\dfrac{N}{m^2}=\text{Pa}$	$\dfrac{kg}{m^3}$

q_m	α, ϵ, m	D_t	Δp	ρ_1
$\dfrac{kg}{h}$	1	mm	$\dfrac{N}{m^2}=\text{Pa}$	$\dfrac{kg}{m^3}$

Durchflusszahl α (DIN 1952) ist oberhalb bestimmter Re-Zahlen konstant; Expansionszahl ϵ berücksichtigt Dichteänderung des Mediums infolge des Druckabfalls ($\epsilon = 1$ für inkompressible Medien); Dichte $\rho 1$ ist auf statischen Druck $p1$ vor Drosselstelle bezogen; D_t lichte Weite der Rohrleitung bei Betriebstemperatur; $\Delta p = p_1 - p_2$ Wirkdruck.

8.2. Ausflussgleichungen

Geschwindigkeits-zahl φ	abhängig von Zähigkeit der Flüssigkeit $\varphi_{\text{Wasser}} = 0{,}97 \ldots 0{,}99$
Kontraktionszahl α	berücksichtigt Einschnürung des Flüssigkeits-strahles und dadurch Verringerung der Ausfluss-menge $\alpha \approx 0{,}6$ bei scharfer Kante $\alpha \approx 0{,}75$ bei gebrochener Kante $\alpha \approx 0{,}9$ bei kleinem Abrundungsradius
Ausflusszahl μ	$\mu = \alpha\,\varphi$ μ ist abhängig von Form der Öffnung $\mu=0{,}62\ldots0{,}64$ $\mu=0{,}82$ bei $l\approx2{,}5d$ $\mu=0{,}97\ldots0{,}99$
offenes Gefäß, konstante Druck-höhe h q_V Volumenstrom	$w = \varphi\sqrt{2gh}$ $q_V = \mu A\sqrt{2gh}$

geschlossenes Gefäß, konstante Druck-höhe h q_V Volumenstrom q_m Massenstrom $p_{ü}$ Überdruck über dem Flüssigkeits-spiegel	$w = \varphi\,\sqrt{2\left(gh + \dfrac{p_{ü}}{\rho}\right)}$ $q_V = \mu A\,\sqrt{2\left(gh + \dfrac{p_{ü}}{\rho}\right)}$ $q_m = q_V\,\rho$ $gh + p_{ü}/\rho = \Delta p_{ü}$ = Überdruck, mit Manometer in Austrittshöhe gemessen

w	g	h	q_V	q_m	A	p	ρ	V	t	μ, φ
$\dfrac{m}{s}$	$\dfrac{m}{s^2}$	m	$\dfrac{m^3}{s}$	$\dfrac{kg}{s}$	m^2	$\dfrac{N}{m^2}=\text{Pa}$	$\dfrac{kg}{m^3}$	m^3	s	1

8. Hydrodynamik

Dichtebestimmung von Gasen	Fließen unter gleichen Bedingungen zwei Flüssigkeiten oder Gase mit den Dichten ρ_1, ρ_2 aus gleichen Gefäßen, so gilt $\dfrac{t_1}{t_2} = \dfrac{w_2}{w_1} = \sqrt{\dfrac{\rho_1}{\rho_2}}$ (Einheiten siehe oben)
offenes Gefäß mit sinkendem Flüssigkeitsspiegel	$V = \mu A w_m t$ $V = \mu A t \dfrac{\sqrt{2g h_1} + \sqrt{2g h_2}}{2}$
bei völliger Entleerung	$V = \dfrac{1}{2} \mu A t \sqrt{2g h_1}$
Ausflusszeit t	$t = \dfrac{2V}{\mu A \sqrt{2g h_1}}$ (Einheiten siehe oben)
mittlere Geschwindigkeit w_m	$w_m = \dfrac{(w_1 + w_2)}{2}$
Ausfluss unter Gegendruck q_V = Volumenstrom	$w = \varphi \sqrt{2g(h_1 - h_2)}$ $q_V = \mu A \sqrt{2g(h_1 - h_2)}$

8.3. Widerstände in Rohrleitungen

Druckabfall Δp in kreisförmigen Rohren	$\Delta p = \lambda \dfrac{l \rho}{2d} w^2$	$\lambda = 0{,}015 \ldots 0{,}02$ für überschlägige Berechnungen für Luft, Wasser, Dampf

d Rohrdurchmesser
l Rohrlänge
λ Rohrreibungszahl

p	l, d	ρ	w	λ	η
$\dfrac{N}{m^2} = Pa$	m	$\dfrac{kg}{m^3}$	$\dfrac{m}{s}$	1	$\dfrac{Ns}{m^2}$

Rohrreibungszahl λ für glattes Kreisrohr und laminare Strömung $(Re \leqslant 2300)$	$\lambda = \dfrac{64}{Re} = \dfrac{\Delta p \, 2d}{w^2 \rho l}$	
Druckabfall Δp	$\Delta p = 32 \eta w \dfrac{l}{d^2}$	η dynamische Zähigkeit (8.1)
für turbulente Strömung	$\lambda = 0{,}3164 \, Re^{-0{,}25}$ $\lambda = 0{,}0054 + 0{,}396 \, Re^{-0{,}3}$ $\lambda = 0{,}0032 + 0{,}221 \, Re^{-0{,}237}$	bis $Re = 100\,000$ bis $Re = 2\,000\,000$ für $Re = 10^5 \ldots 3{,}23 \cdot 10^6$
Rohrreibungszahl λ für raues Kreisrohr für körnige Rauigkeiten	$\lambda = \dfrac{1}{[2 \lg (d/k) + 1{,}14]^2}$	$\dfrac{k}{d}$ relative Wandrauigkeit d Rohrdurchmesser in mm k absolute Wandrauigkeit nach 8.6

Rohrreibungszahl λ für Stahlrohrleitungen	$\lambda = \lambda_{glatt} + \dfrac{0{,}86 \cdot 10^{-3}}{d^{0,28}} \left(\lg \dfrac{Re}{(10^5\,d)^{1,1}} \right)^{7/4}$ λ_{glatt} wie für turbulente Strömung
unrunde Querschnitte	Es gelten die Gleichungen für Kreisrohre mit $d = 4a$, mit $a = \dfrac{\text{Querschnittsfläche } A}{\text{benetzter Umfang } U}$ Umstellung auch bei Re-Zahl: $Re = \dfrac{4\,w\,A}{U\nu}$ ν kinematische Zähigkeit (8.1)
Druckabfall Δp für Krümmer und Ventile	$\Delta p = \zeta \dfrac{\rho}{2} w^2$ ζ Widerstandszahl nach 8.7 bis 8.9
Druckabfall Δp in einer Abzweigung	$\Delta p = \zeta_a \dfrac{\rho}{2} w^2$
Druckabfall Δp im Gesamtstrom nach der Abzweigung	$\Delta p = \zeta_g \dfrac{\rho}{2} w^2$

Δp	ζ	ρ	w
$\dfrac{\text{N}}{\text{m}^2} = \text{Pa}$	1	$\dfrac{\text{kg}}{\text{m}^3}$	$\dfrac{\text{m}}{\text{s}}$

ζ_a, ζ_g Widerstandszahlen nach 8.9

8.4. Dynamische Zähigkeit η, kinematische Zähigkeit ν und Dichte ρ von Wasser

Temperatur in °C	0	10	20	30	40	50	60	70	80	90	100
$10^{-6}\,\eta$ in Ns/m²	1780	1300	1000	805	658	560	470	403	353	314	285
$10^{-6}\,\nu$ in m²/s	1,78	1,31	1,01	0,81	0,66	0,56	0,48	0,42	0,37	0,33	0,3
ρ in kg/m³	1000	1000	998		992		983		972		958

8.5. Staudruck q in N/m² und Geschwindigkeit w in m/s für Luft und Wasser

Luft 15 °C, 1,013 bar = $1{,}013 \cdot 10^5$ N/m²

q	9,8	39	49	88	98	157	196	245	294	390	490
w	4	8	8,95	12	12,65	16	17,9	20	21,9	25,3	28,3

Wasser

q	9,8	20	29	69	98	128	177	245	490	980
w	0,14	0,2	0,28	0,4	0,447	0,5	0,6	0,7	1	1,4

Wasser

q	1960	2940	3920	4900	7840	9800	19 600	29 400	39 200
w	2	2,45	2,83	3,16	4	4,47	6,33	7,73	8,95

8. Hydrodynamik

8.6. Absolute Wandrauigkeit k

Wandwerkstoff	absolute Rauigkeit k mm
Gezogene Rohre aus Buntmetallen, Glas, Kunststoffen, Leichtmetallen	0 ... 0,0015
Gezogene Stahlrohre	0,01 ... 0,05
feingeschlichtete, geschliffene Oberfläche	bis 0,010
geschlichtete Oberfläche	0,01 ... 0,040
geschruppte Oberfläche	0,05 ... 0,1
Geschweißte Stahlrohre handelsüblicher Güte	
neu	0,05 ... 0,10
nach längerem Gebrauch, gereinigt	0,15 ... 0,20
mäßig verrostet, leicht verkrustet	bis 0,40
schwer verkrustet	bis 3
Gusseiserne Rohre	
inwendig bitumiert	0,12
neu, nicht ausgekleidet	0,25 ... 1
angerostet	1 ... 1,5
verkrustet	1,5 ... 3
Betonrohre	
Glattstrich	0,3 ... 0,8
roh	1 ... 3
Asbestzementrohre	0,1

8.7. Widerstandszahlen ζ für plötzliche Rohrverengung

Querschnittsverhältnis	$\dfrac{A_2}{A_1} = 0,1$	0,2	0,3	0,4	0,6	0,8	1,0
	$\zeta = 0,46$	0,42	0,37	0,33	0,23	0,13	0

8.8. Widerstandszahlen ζ für Ventile

Ventilart	DIN-Ventil	Reform-Ventil	Rhei-Ventil	Koswa-Ventil	Freifluss-Ventil	Schieber
$\zeta =$	4,1	3,2	2,7	2,5	0,6	0,05

8.9. Widerstandszahlen ζ von Leitungsteilen

	$\dfrac{d}{r}$	1	2	4	6	10
Krümmer						
glatt	$\delta = 15°$	0,03	0,03	0,03	0,03	0,03
	$\delta = 22,5°$	0,045	0,045	0,045	0,045	0,045
	$\delta = 45°$	0,14	0,09	0,08	0,075	0,07
	$\delta = 60°$	0,19	0,12	0,10	0,09	0,07
	$\delta = 90°$	0,21	0,14	0,11	0,09	0,11
rauh	$\delta = 90°$	0,51	0,30	0,23	0,18	0,20

Gusskrümmer 90°	NW	50	100	200	300	400	500
	$\zeta =$	1,3	1,5	1,8	2,1	2,2	2,2

scharfkantiges Knie						
	$\delta =$	22,5°	30°	45°	60°	90°
glatt	$\zeta =$	0,07	0,11	0,24	0,47	1,13
rauh	$\zeta =$	0,11	0,17	0,32	0,68	1,27

Kniestück

		50	100	200	300	400	500	
	$\frac{l}{d} =$	0,71	0,943	1,174	1,42	1,86	2,56	6,28
glatt	$\zeta =$	0,51	0,35	0,33	0,28	0,29	0,36	0,40
rauh	$\zeta =$	0,51	0,41	0,38	0,38	0,39	0,43	0,45

Kniestück 30° 30°

	$\frac{l}{d} =$	1,23	1,67	2,37	3,77
glatt	$\zeta =$	0,16	0,16	0,14	0,16
rauh	$\zeta =$	0,30	0,28	0,26	0,24

Stromabzweigung (Trennung)

	$\dfrac{\dot{V}_a}{\dot{V}} =$	0	0,2	0,4	0,6	0,8	1
$\delta = 90°$	$\zeta_a =$	0,95	0,88	0,89	0,95	1,10	1,28
	$\zeta_g =$	0,04	−0,08	−0,05	0,07	0,21	0,35
$\delta = 45°$	$\zeta_a =$	0,9	0,66	0,47	0,33	0,29	0,35
	$\zeta_g =$	0,04	−0,06	−0,04	0,07	0,20	0,33

Zusammenfluss (Vereinigung)

	$\dfrac{\dot{V}_a}{\dot{V}} =$	0	0,2	0,4	0,6	0,8	1
$\delta = 90°$	$\zeta_a =$	−1,1	−0,4	0,1	0,47	0,72	0,9
	$\zeta_g =$	0,04	0,17	0,3	0,4	0,5	0,6
$\delta = 45°$	$\zeta_a =$	0,9	−0,37	0	0,22	0,37	0,38
	$\zeta_g =$	0,05	0,17	0,18	0,05	−0,2	−0,57

für Warmwasserheizungen	Durchmesser $d =$	14 mm	20	25	34	39	49
Bogenstück 90°	$\zeta =$	1,2	1,1	0,86	0,53	0,42	0,51
Knie 90°	$\zeta =$	1,7	1,7	1,3	1,1	1,0	0,83

9.1. Grundlagen

Normalspannung σ	$\sigma = \dfrac{\Delta F_N}{\Delta S}$		
Schubspannung τ	$\tau = \dfrac{\Delta F_T}{\Delta S}$		

σ, τ	F	S
$\dfrac{N}{mm^2}$	N	mm^2

S Querschnittsfläche

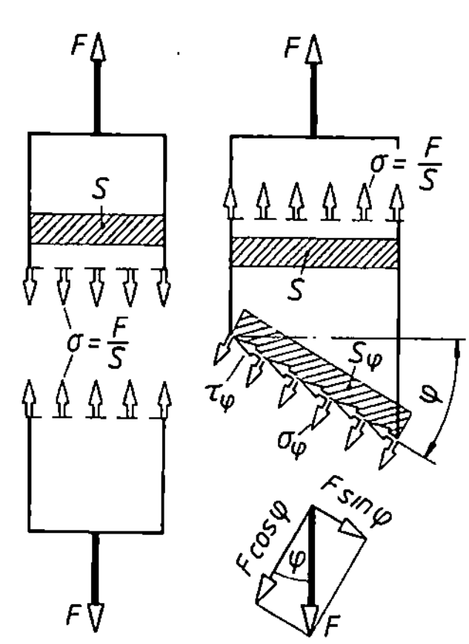

Formänderung	zur Normalspannung σ gehört eine Dehnung ε, zur Schubspannung τ eine Gleitung γ

Einachsiger Spannungszustand

Schnitt rechtwinklig zur Achse	$\sigma = \dfrac{F}{S}$
Schnitt schräg zur Achse	$\sigma_\varphi = \dfrac{\sigma}{2}\,(1 + \cos 2\varphi)$ $\tau_\varphi = \dfrac{\sigma}{2}\,\sin 2\varphi$

Ebener Spannungszustand

Bedingung	Scheibe konstanter Dicke, sämtliche Komponenten der angreifenden Spannungen liegen in Scheibenebene. Wegen Momentengleichgewichts am Flächenteilchen muss $\tau_{xy} = \tau_{xy} = \tau$ sein
Normalspannung σ_φ	$\sigma_\varphi = \dfrac{\sigma_y + \sigma_x}{2} + \dfrac{\sigma_y - \sigma_x}{2}\cos 2\varphi - \tau \sin 2\varphi$
Schubspannung τ_φ	$\tau_\varphi = \dfrac{\sigma_y - \sigma_x}{2}\sin 2\varphi + \tau \cos 2\varphi$

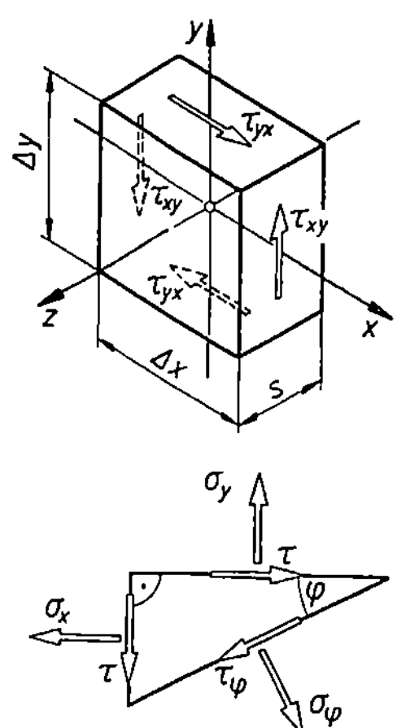

9. Festigkeitslehre

Haupt- spannungen σ_1, σ_2	$\sigma_{1,2} = \dfrac{\sigma_y + \sigma_x}{2} \pm \sqrt{\left(\dfrac{\sigma_y - \sigma_x}{2}\right)^2 + \tau^2}$
Schnittwinkel φ_1, φ_2	$\tan 2\varphi_1 = -\dfrac{2\tau}{\sigma_y - \sigma_x}$ $\varphi_2 = \varphi_1 + \dfrac{\pi}{2}$
maximale Schub- spannung τ_{max} (in Schnittebene, die gegen Hauptrichtun- gen 1,2 um 45° gedreht sind)	$\tau_{max} = \pm \sqrt{\left(\dfrac{\sigma_y - \sigma_x}{2}\right)^2 + \tau^2} = \pm \dfrac{\sigma_1 - \sigma_2}{2}$
Spannungssumme	$\sigma_\varphi + \sigma_{\varphi + (\pi/2)} = \sigma_x + \sigma_y = \sigma_1 + \sigma_2$
Mohr'scher Spannungskreis	Kreis mit Radius $\tau_{max} = (\sigma_1 - \sigma_2)/2$ um Punkt $[\sigma = (\sigma_x + \sigma_y)/2;\ \tau = 0]$ ergibt zeichnerisch die Spannungen in den verschiedenen Schnittebenen. σ_1 und σ_y sind relative Größtwerte (z.B. können σ_2 und σ_x negativ und absolut größer sein als σ_1 und σ_y)

Formänderung

Verlängerung Δl	$\Delta l = l - l_0$	l_0 Ursprungslänge
Dehnung ϵ	$\epsilon = \dfrac{\Delta l}{l_0} = \dfrac{l - l_0}{l_0}$ (bei Druck: Stauchung)	
Hooke'sches Gesetz für Normalspannung	$\dfrac{\sigma}{\epsilon} = E = \text{konstant}$ E Elastizitätsmodul (9.5)	
Bruchdehnung δ_0 beim Zerreißversuch	$\delta = \dfrac{\Delta l_B}{l_0} \cdot 100 \text{ in } \%$	Δl_B nach Zerreißen gebliebene Verlängerung
Querdehnung ϵ_y in y-Richtung	$\epsilon_y = \epsilon_z = -\mu \epsilon_x$	μ Poisson-Zahl

164

Poisson-Zahl μ	$\mu = \dfrac{\text{Querdehnung } \epsilon_y}{\text{Dehnung } \epsilon}$	$\mu_{\text{Stahl}} = 0,3$ (auch für Leichtmetall) $\mu_{\text{GG}} = 0,25$ $\mu_{\text{Gummi}} = 0,5$
Dehnung ϵ_x infolge sämtlicher Normalspannungen	$\epsilon_x = \dfrac{1}{E}\left[\sigma_x - \mu(\sigma_y + \sigma_z)\right]$	ϵ_y und ϵ_z durch zyklisches Vertauschen von x, y und z
Volumendehnung e	$e = \epsilon_x + \epsilon_y + \epsilon_z = \dfrac{1-2\mu}{E}(\sigma_x + \sigma_y + \sigma_z)$	
Hooke'sches Gesetz für Schubspannungen	$\dfrac{\tau}{\gamma} = G = \text{konstant}$ $\quad$ γ Schiebung $\qquad\qquad\qquad\qquad\quad G$ Schubmodul (9.5, 9.28, 9.29)	
Modulverhältnis	$\dfrac{G}{E} = \dfrac{1}{2(1+\mu)}$	

9.2. Zug- und Druckbeanspruchung (siehe auch 9.33)

vorhandene Zug- oder Druckspannung $\sigma_{z,d}$	$\sigma_{z,d\,\text{vorh}} = \dfrac{F_{\max}}{S} \leqslant \sigma_{\text{zul}}$ (Spannungsnachweis)	Bei *Zug:* Bohrungen und Nietlöcher vom tragenden Querschnitt abziehen. Bei *Druck:* Schlanke Stäbe auf Knickung nachrechnen.
erforderlicher Querschnitt S_{erf}	$S_{\text{erf}} = \dfrac{F_{\max}}{\sigma_{\text{zul}}}$ (Querschnittsnachweis)	Bei Querschnittsänderungen gehört zum kleineren Querschnitt die größere Spannung und umgekehrt.
zulässige Belastung $F_{\max}$	$F_{\max} = S\,\sigma_{\text{zul}}$ (Belastungsnachweis)	
Verlängerung Δl	$\Delta l = l - l_0 = \epsilon\, l_0 = \dfrac{\sigma l_0}{E} = \dfrac{F l_0}{E S}$	
Formänderungsarbeit W	$W = \dfrac{F \Delta l}{2} = \dfrac{\sigma^2 V}{2E} = \dfrac{R}{2}\Delta l^2 = \dfrac{R}{2} f^2$ $R = \dfrac{F}{\Delta l} = \dfrac{F}{f} \triangleq \tan\alpha$	V Volumen in mm³ R Federrate in N/mm f Federweg in mm
Stäbe gleicher Spannung (σ_{zul}) in jedem Querschnitt	$S_{x\,\text{erf}} = S_0\, e^{m} = \dfrac{F}{\sigma_{\text{zul}}}\, e^{m}$ $m = \dfrac{10^{-9}\varrho g x}{\sigma_{\text{zul}}}$	$e = 2,71828\ldots$ Basis des natürlichen Logarithmus $g = 9,81$ m/s² Fallbeschleunigung

$\sigma_{z,d}, E$	F	S	$\Delta l, l, l_0, f$	ϵ	W
$\dfrac{\text{N}}{\text{mm}^2}$	N	mm²	mm	1	Nmm

S_x, S_0	F	σ_{zul}	ϱ	g	x
mm²	N	$\dfrac{\text{N}}{\text{mm}^2}$	$\dfrac{\text{kg}}{\text{m}^3}$	$\dfrac{\text{m}}{\text{s}^2}$	mm

9. Festigkeitslehre

größte Spannung σ_{dyn} bei dynamischer Belastung $F_{G\,dyn}$	$\sigma_{dyn} = \sigma_0 + \sqrt{\sigma_0^2 + 2\,\sigma_0\,E\,\dfrac{h}{l}}$	$F_{G\,dyn}$ Gewichtskraft eines plötzlich frei am Seil fallenden Körpers
größte Dehnung ϵ_{dyn} bei dynamischer Belastung $F_{G\,dyn}$	$\epsilon_{dyn} = \epsilon_0 + \sqrt{\epsilon_0^2 + 2\,\epsilon_0\,\dfrac{h}{l}}$	E Elastizitätsmodul h Fallhöhe l Seillänge S Seilquerschnitt
bei plötzlich aufgebrachter Last ohne vorherigen freien Fall ($h = 0$) ist	$\sigma_{dyn} = 2\,\sigma_0$ $\epsilon_{dyn} = 2\,\epsilon_0$	$\sigma_0 = \dfrac{F_{G\,dyn}}{S}$
größte Verlängerung Δl_{dyn}	$\Delta l_{dyn} = \dfrac{\sigma_{dyn}}{E}\,l$	

σ, E	$h, l, \Delta l$	ϵ	$F_{G\,dyn}$	S
$\dfrac{\text{N}}{\text{mm}^2}$	mm	1	N	mm^2

Verlängerung Δl_t bei Temperaturänderung ΔT	$\Delta l_t = l_0\,\alpha_l\,\Delta T$	α_l Längenausdehnungskoeffizient (10.16) ΔT Temperaturdifferenz E E-Modul (9.5, 9.28, 9.29)
Länge l_t nach Temperaturänderung ΔT	$l_t = l_0\,(1 + \alpha_l\,\Delta T)$	
Wärmespannung σ_t	$\sigma_t = \alpha_l\,\Delta T E$	

$\Delta l_t, l_0, l_t$	α_l	ΔT	σ_t, E
mm	$\dfrac{1}{\text{K}}$	K	$\dfrac{\text{N}}{\text{mm}^2}$

9.3. Biegebeanspruchung (siehe auch 9.34)

vorhandene Biegespannung $\sigma_{b\,vorh}$	$\sigma_{b\,vorh} = \dfrac{M_{b\,max}}{W} \leqslant \sigma_{b\,zul}$ (Spannungsnachweis)	Diese Gleichung nur anwenden, wenn $e_1 = e_2 = e$ ist! Sonst Gleichung für unsymmetrischen Querschnitt benutzen! W axiales Widerstandsmoment nach 9.8 I axiales Flächenmoment 2. Grades nach 9.8
erforderliches Widerstandsmoment W_{erf}	$W_{erf} = \dfrac{M_{b\,max}}{\sigma_{b\,zul}}$ (Querschnittsnachweis)	

σ_b	M_b	W	I	e
$\dfrac{\text{N}}{\text{mm}^2}$	Nmm	mm^3	mm^4	mm

zulässige Belastung $M_{b\,max}$	$M_{b\,max} = W\,\sigma_{b\,zul}$ (Belastungsnachweis)
größte Zugspannung $\sigma_{z\,max}$	$\sigma_{z\,max} = \sigma_{b2} = \dfrac{M_b\,e_2}{I} = \dfrac{M_b}{W_2} \leqslant \sigma_{z\,zul}$
größte Druckspannung $\sigma_{d\,max}$	$\sigma_{d\,max} = \sigma_{b1} = \dfrac{M_b\,e_1}{I} = \dfrac{M_b}{W_1} \leqslant \sigma_{d\,zul}$

Bestimmung des maximalen Biegemomentes $M_{b\,max}$

Stützkräfte bestimmen, rechnerisch ($\Sigma F_y = 0$, $\Sigma M = 0$) oder zeichnerisch (Seileckfläche $\hat{=}$ Biegemomentenfläche), worin

$$\boxed{M_b = H y\, m_K m_L}$$

	M_b	H, y	m_K	m_L
	Nmm	mm	$\dfrac{N}{mm}$	$\dfrac{mm}{mm}$

H Polabstand in mm
$m_K = a$ N/mm   Kräftemaßstab
$m_L = b$ mm/mm Längenmaßstab

Querkraftfläche zeichnen und Nulldurchgänge festlegen.

$M_{b\,max}$ entweder aus Querkraftfläche links oder rechts vom Nulldurchgang ($M_b \hat{=} A_q$) berechnen,
oder: In den Querschnitt x stellen und die Momente rechts oder links vom Querschnitt addieren, Summe ist $M_{b(x)}$.

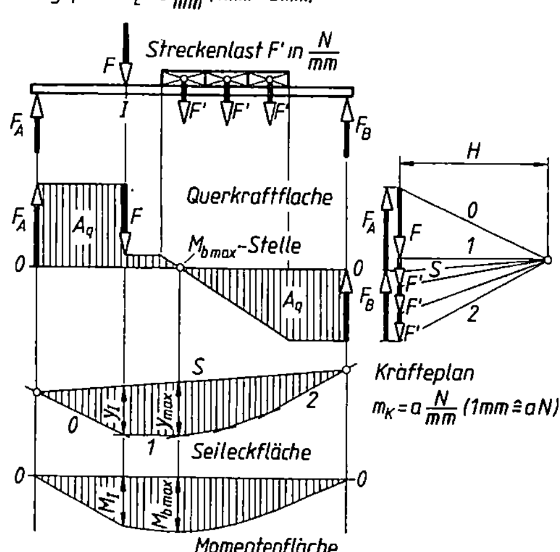

Bestimmung der Durchbiegung f
(siehe auch 9.7)

Stützkräfte und tabellierte Größen bestimmen (Mohr'sches Verfahren)

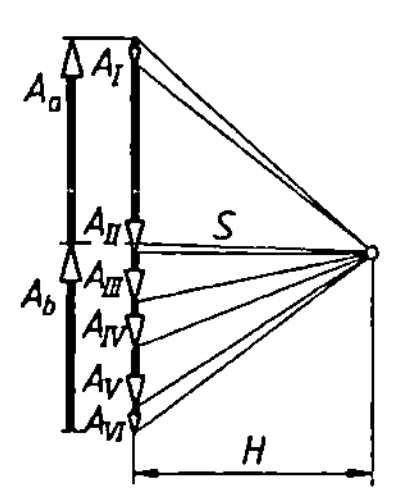

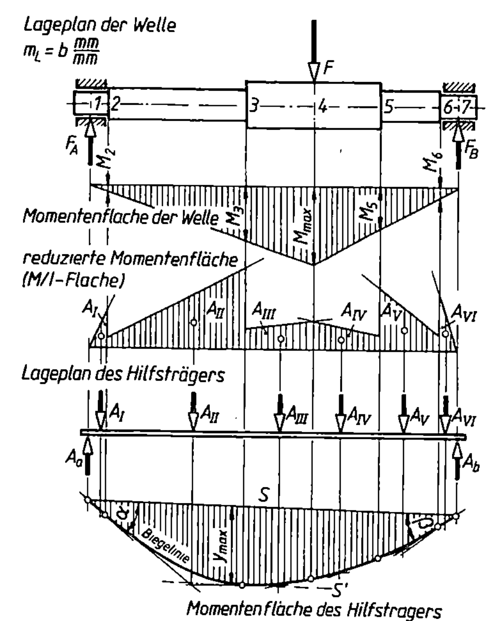

Querschnitts-stelle	Durch-messer d in mm	Flächen-moment I in mm^4	Biege-moment M in Nmm	Quotient M/I in N/mm^3	Fläche A mit Flächeninhalt (Hilfskräfte) in N/mm^2

9. Festigkeitslehre

Mit den nach Tabelle berechneten Größen wird:

$$f_{max} = \frac{1}{E}\, y_{max} H m_L m_K$$

$$\tan\alpha = \frac{A_a}{E} \qquad \tan\beta = \frac{A_b}{E}$$

$$m_K = a\,\frac{N/mm^2}{mm} \qquad \text{Kräftemaßstab}$$

$$m_L = b\,\frac{mm}{mm} \qquad \text{Längenmaßstab}$$

H Polabstand in mm
A_a, A_b Hilfsstützkräfte
E Elastizitätsmodul in N/mm² (9.5, 9.28, 9.29)

Hat der Träger gleichbleibenden Querschnitt (I = konstant), wird statt M/I-Fläche nur M-Fläche aufgezeichnet.

$$f_{max} = \frac{1}{EI}\, y_{max} H m_L m_K$$

$$\tan\alpha = \frac{A_a}{EI} \qquad \tan\beta = \frac{A_b}{EI}$$

9.4. Flächenmomente 2. Grades I, Widerstandsmomente W, Trägheitsradius i
(siehe auch 9.8, 9.9, 9.10)

axiales Flächenmoment I_x	$I_x = \Sigma y^2 \Delta A$ (bezogen auf x-Achse)	
axiales Flächenmoment I_y	$I_y = \Sigma x^2 \Delta A$ (bezogen auf y-Achse)	
polares Flächenmoment I_p	$I_p = \Sigma r^2 \Delta A = I_x + I_y$	
Zentrifugalmoment I_{xy}	$I_{xy} = \Sigma xy\, \Delta A$	
Trägheitsradius i	$i = \sqrt{\dfrac{I}{A}}$	für I kann I_x, I_y, I_p eingesetzt werden, ergibt dann i_x, i_y, i_p A Flächeninhalt
bezogen auf Achsen, parallel zu den Schwerachsen A–A oder B–B	$I_A = I_x + A l_a^2$ $I_B = I_y + A l_b^2$ $I_{AB} = I_{xy} + A\, l_a l_b$ (Verschiebesatz von Steiner)	axiales Flächenmoment bezogen auf A–A axiales Flächenmoment bezogen auf B–B Zentrifugalmoment
bei Drehung um Winkel α	$I_u = \dfrac{I_x + I_y}{2} + \dfrac{I_x - I_y}{2}\cos 2\alpha - I_{xy}\sin 2\alpha$ $I_v = \dfrac{I_x + I_y}{2} + \dfrac{I_x - I_y}{2}\cos 2\alpha + I_{xy}\sin 2\alpha$ $I_{uv} = \dfrac{I_x - I_y}{2}\sin 2\alpha + I_{xy}\cos 2\alpha$	

Hauptflächen- momente I_I, I_{II} (zeichnerisch mit Trägheitskreis)	$I_I = I_{max} = \dfrac{I_x - I_y}{2} + \dfrac{1}{2}\sqrt{(I_y - I_x)^2 + 4I_{xy}^2}$ $I_{II} = I_{min} = \dfrac{I_x + I_y}{2} - \dfrac{1}{2}\sqrt{(I_y - I_x)^2 + 4I_{xy}^2}$	
Lage der Haupt- achsen $(I_{uv} = 0)$	$\tan 2\alpha_0 = \dfrac{2I_{xy}}{I_y - I_x}$	
axiales Widerstands- moment W_x, W_y	$W_x = \dfrac{I_x}{e_x}$; $\quad W_y = \dfrac{I_y}{e_y}$	
polares Widerstands- moment W_p	$W_p = \dfrac{I_p}{r}$	
axiales Widerstands- moment bei unsym- metrischem Quer- schnitt	$W_{x1} = \dfrac{I_x}{e_1}$; $\quad W_{x2} = \dfrac{I_x}{e_2}$	

Flächenmomente 2. Grades zusammengesetzter Flächen unsymmetrischer Querschnitte:

1. Querschnitt in Teilflächen bekannter Schwerpunktslage zerlegen,
2. Schwerpunkte der Teilflächen bestimmen (5.7),
3. Flächenmomente der Teilflächen, bezogen auf ihre eigene Schwerachse nach 9.8 berechnen,
4. Lage des Gesamtschwerpunktes bestimmen, wenn Gesamtschwerachse Bezugsachse ist,
5. Flächenmoment nach Verschiebesatz von Steiner bestimmen.

9.5. Elastizitätsmodul E und Schubmodul G verschiedener Werkstoffe in N/mm^2

Werkstoff	E	G
Stahl und Stahlguss	200 000 ... 210 000	80 000 ... 83 000
Gusseisen	75 000 ... 105 000	30 000 ... 60 000
Temperguss	90 000 ... 100 000	50 000 ... 60 000
Messing	100 000 ... 110 000	35 000 ... 42 000
Zinnbronze	110 000 ... 115 000	40 000
Al Cu Mg	72 000	—
Kunstharz	4 000 ... 16 000	—
Fichte ($\parallel/\perp$) [1]	11 000/ 550	—
Buche ($\parallel/\perp$) [1]	16 000/1 500	—
Esche ($\parallel/\perp$) [1]	13 400/1 100	28 000

[1] parallel/senkrecht zur Faserrichtung

9. Festigkeitslehre

9.6. Träger gleicher Biegebeanspruchung

Die Last F greift am Ende des
Trägers an:

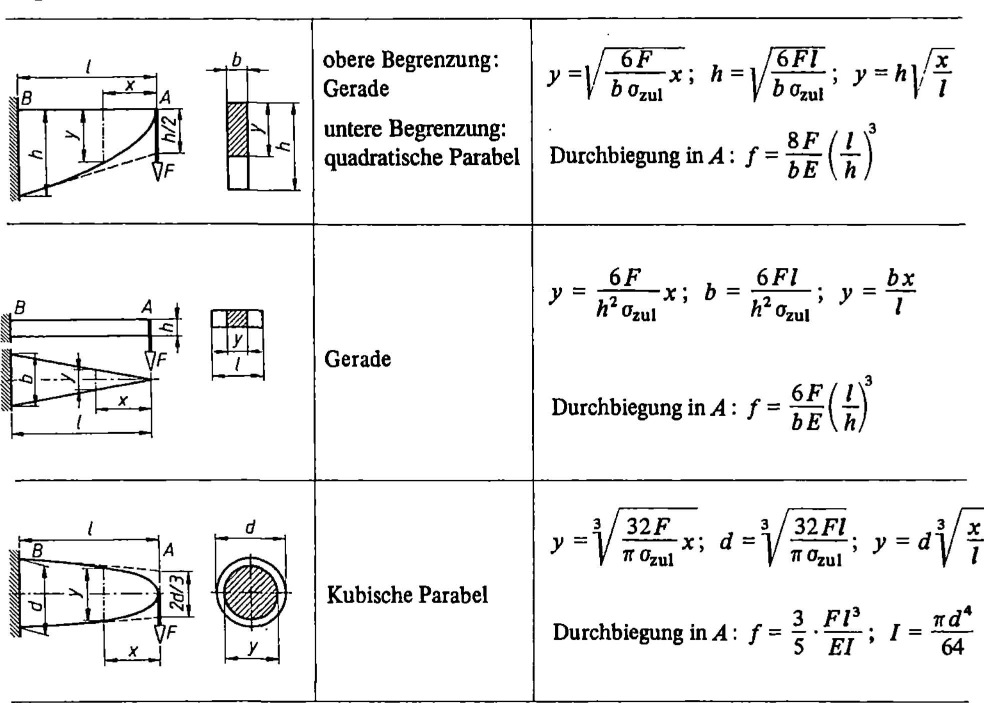

Längs- und Querschnitt des Trägers	Begrenzung des Längsschnittes	Gleichungen zur Berechnung der Querschnitts-Abmessungen
	obere Begrenzung: Gerade untere Begrenzung: quadratische Parabel	$y = \sqrt{\dfrac{6F}{b\,\sigma_{zul}}}\,x;\quad h = \sqrt{\dfrac{6Fl}{b\,\sigma_{zul}}};\quad y = h\sqrt{\dfrac{x}{l}}$ Durchbiegung in A: $f = \dfrac{8F}{bE}\left(\dfrac{l}{h}\right)^3$
	Gerade	$y = \dfrac{6F}{h^2\,\sigma_{zul}}\,x;\quad b = \dfrac{6Fl}{h^2\,\sigma_{zul}};\quad y = \dfrac{bx}{l}$ Durchbiegung in A: $f = \dfrac{6F}{bE}\left(\dfrac{l}{h}\right)^3$
	Kubische Parabel	$y = \sqrt[3]{\dfrac{32F}{\pi\,\sigma_{zul}}}\,x;\quad d = \sqrt[3]{\dfrac{32Fl}{\pi\,\sigma_{zul}}};\quad y = d\sqrt[3]{\dfrac{x}{l}}$ Durchbiegung in A: $f = \dfrac{3}{5}\cdot\dfrac{Fl^3}{EI};\quad I = \dfrac{\pi d^4}{64}$

Die Last F ist gleichmäßig
über den Träger verteilt:

Längs- und Querschnitt des Trägers	Begrenzung des Längsschnittes	Gleichungen zur Berechnung der Querschnitts-Abmessungen
	Gerade	$y = x\sqrt{\dfrac{3F}{b\,l\,\sigma_{zul}}};\quad h = \sqrt{\dfrac{3Fl}{b\,\sigma_{zul}}};\quad y = \dfrac{hx}{l}$ $F = F'l \qquad F'$ Streckenlast in $\dfrac{N}{m}$
	Quadratische Parabel	$y = \dfrac{3F}{l\,\sigma_{zul}}\left(\dfrac{x}{h}\right)^2;\quad b = \dfrac{3Fl}{h^2\,\sigma_{zul}};\quad y = \dfrac{bx^2}{l^2}$ Durchbiegung in A: $f = \dfrac{3F}{bE}\left(\dfrac{l}{h}\right)^3$

Die Last F wirkt in C:

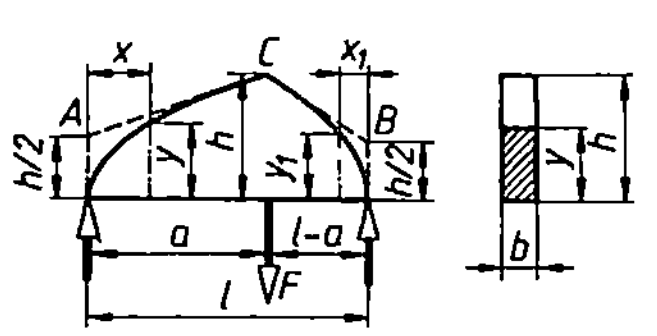

	obere Begrenzung: zwei quadratische Parabeln	$y = \sqrt{\dfrac{6F(l-a)}{b\,l\,\sigma_{zul}}}\,x = h\sqrt{\dfrac{x}{a}}$
		$y_1 = \sqrt{\dfrac{6Fa}{b\,l\,\sigma_{zul}}}\,x_1 = h\sqrt{\dfrac{x_1}{l-a}}$
		$h = \sqrt{\dfrac{6F(l-a)a}{b\,l\,\sigma_{zul}}}$

Die Last F ist gleichmäßig über den Träger verteilt:

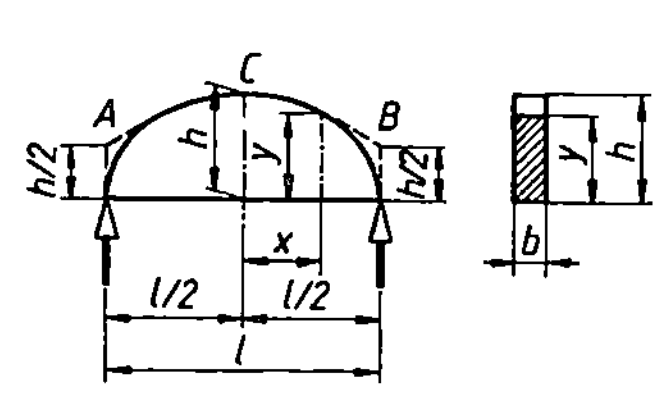

	obere Begrenzung: Ellipse	$\dfrac{x^2}{\left(\frac{l}{2}\right)^2} + \dfrac{y^2}{h^2} = 1\,;\quad h = \sqrt{\dfrac{3Fl}{4\,b\,\sigma_{zul}}}$
		Durchbiegung in C:
		$f = \dfrac{1}{64}\cdot\dfrac{Fl^3}{EI} = \dfrac{3}{16}\cdot\dfrac{F}{bE}\left(\dfrac{l}{h}\right)^3$

9.7. Stützkräfte, Biegemomente und Durchbiegungen bei Biegeträgern von gleich bleibendem Querschnitt

F	Einzellast oder Resultierende der Streckenlast
F'	auf die Längeneinheit bezogene Streckenlast
F_A, F_B	Stützkräfte in den Lagerpunkten A und B
M_{max}	maximales Biegemoment
I	axiales Flächenmoment 2. Grades
E	Elastizitätsmodul des Werkstoffes
f	Durchbiegung

Die strichpunktierte Linie gibt den Momentenverlauf über der Balkenlänge an. Positive Momentenlinien laufen nach oben, negative nach unten.

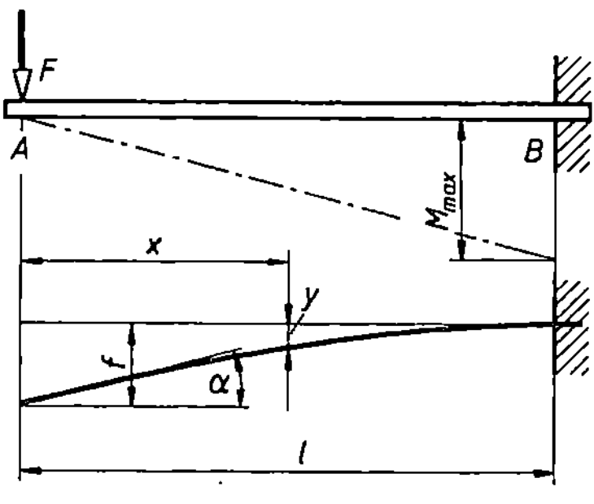

$$F_B = F$$

$$M_{max} = Fl$$

$$f = \frac{Fl^3}{3EI}$$

$$\tan\alpha = \frac{Fl^2}{2EI} = \frac{3f}{2l}$$

$$y = \frac{Fl^3}{6EI}\left(2 - \frac{3x}{l} + \frac{x^3}{l^3}\right)$$

9. Festigkeitslehre

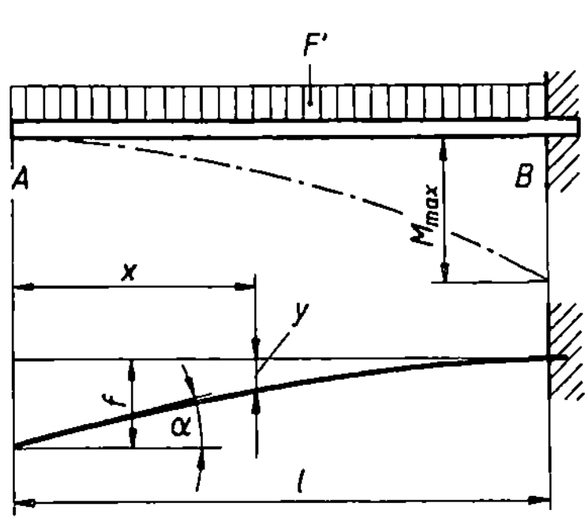

$$F_B = F = F'l \qquad f = \frac{Fl^3}{8\,EI} = \frac{F'l^4}{8\,EI}$$

$$M_{\max} = \frac{Fl}{2} \qquad \tan\alpha = \frac{Fl^2}{6\,EI} = \frac{4f}{3l}$$

$$y = \frac{F'l^4}{24\,EI}\left(\frac{x^4}{l^4} - 4\,\frac{x}{l} + 3\right)$$

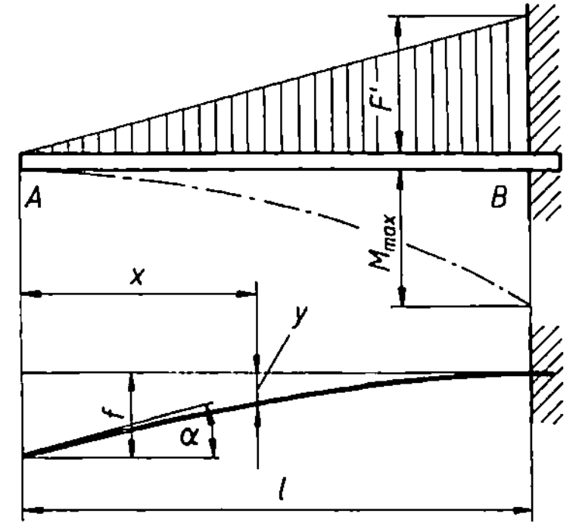

$$F_B = F = \frac{F'l}{2} \qquad f = \frac{Fl^3}{15\,EI}$$

$$M_{\max} = \frac{Fl}{3} \qquad \tan\alpha = \frac{Fl^2}{12\,EI} = \frac{5f}{4l}$$

$$y = \frac{F'l^4}{120\,EI}\left(\frac{x^5}{l^5} - 5\,\frac{x}{l} + 4\right)$$

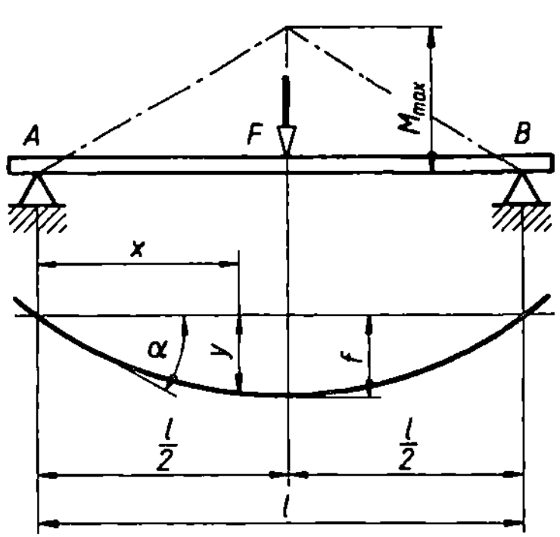

$$F_A = F_B = \frac{F}{2} \qquad f = \frac{Fl^3}{48\,EI}$$

$$M_{\max} = \frac{Fl}{4} \qquad \tan\alpha = \frac{Fl^2}{16\,EI} = \frac{3f}{l}$$

$$y = \frac{Fl^2 x}{16\,EI}\left(1 - \frac{4x^2}{3l^2}\right) \quad \text{für } x \leqslant \frac{l}{2}$$

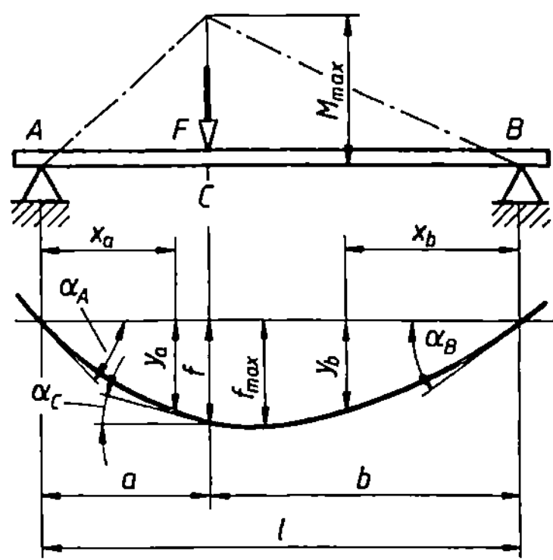

$$F_A = F\,\frac{b}{l} \qquad F_B = F\,\frac{a}{l} \qquad M_{\max} = F\,\frac{ab}{l}$$

$$f = \frac{Fa^2 b^2}{EI\,3l} \qquad f_{\max} = f\,\frac{l+a}{3a}\,\sqrt{\frac{l+a}{3b}}$$

$$\tan\alpha_A = f\left(\frac{1}{a} + \frac{1}{2b}\right) \qquad \tan\alpha_B = f\left(\frac{1}{b} + \frac{1}{2a}\right)$$

$$y_a = \frac{Fab^2 x_a}{6\,EIl}\left(1 + \frac{l}{b} - \frac{x_a^2}{ab}\right)$$

$$y_b = \frac{Fa^2 b x_b}{6\,EIl}\left(1 + \frac{l}{a} - \frac{x_b^2}{ab}\right)$$

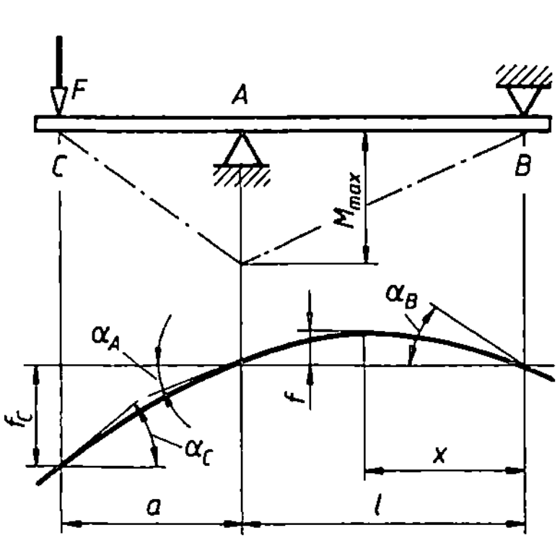

$$F_A = F\left(1 + \frac{a}{l}\right) \qquad\qquad F_B = F\frac{a}{l}$$

$$M_{\max} = Fa = M_A$$

$$f = \frac{Fl^3 a}{EI\,9\sqrt{3}\,l} \qquad\qquad \tan\alpha_A = \frac{Fal}{3EI}$$

für $x = 0{,}577\,l$ $\qquad\qquad \tan\alpha_B = \frac{Fal}{6EI}$

$$f_C = \frac{Fl^3 a^2}{3EIl^2}\left(1 + \frac{a}{l}\right) \qquad \tan\alpha_C = \frac{Fa(2l + 3a)}{6EI}$$

$$F_A = F_B = F \qquad\qquad M_{\max} = Fa$$

$$f = \frac{Fl^3 a^2}{2EIl^2}\left(1 - \frac{4a}{3l}\right)$$

$$f_{\max} = \frac{Fl^3 a}{8EIl}\left(1 - \frac{4a^2}{3l^2}\right)$$

$$\tan\alpha_A = \frac{Fa(a+c)}{2EI}$$

$$\tan\alpha_C = \tan\alpha_D = \frac{Fac}{2EI}$$

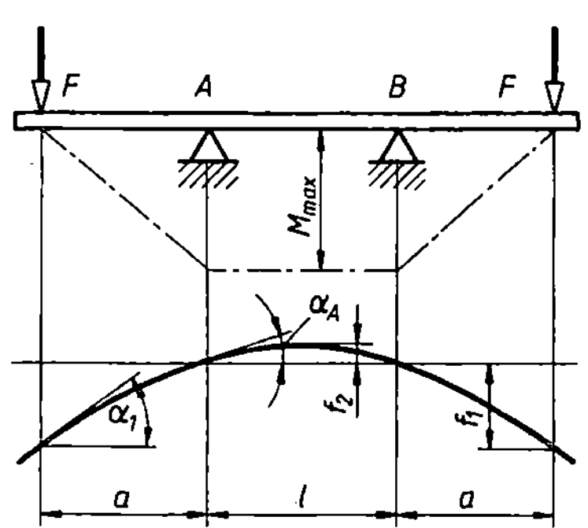

$$F_A = F_B = F$$

$$M_{\max} = Fa$$

$$f_1 = \frac{Fa^2}{EI}\left(\frac{a}{3} + \frac{l}{2}\right) \qquad\qquad f_2 = \frac{Fal^2}{8EI}$$

$$\tan\alpha_1 = \frac{Fa(l+c)}{2EI} \qquad\qquad \tan\alpha_A = \frac{Fal}{2EI}$$

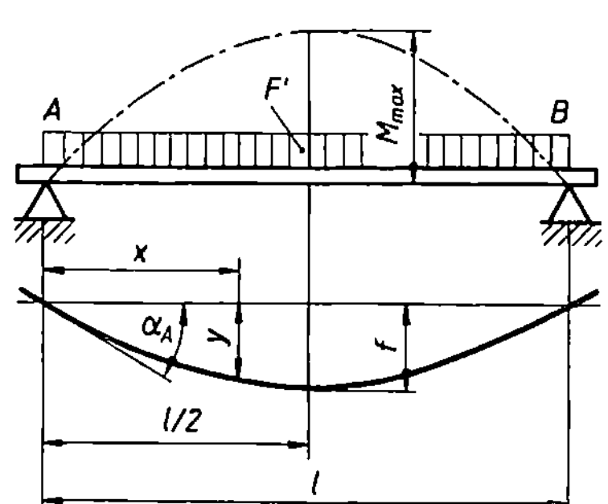

$$F_A = F_B = \frac{F'l}{2}$$

$$M_{\max} = \frac{F'l^2}{8}$$

$$f \approx 0{,}013\frac{F'l^4}{EI} \qquad \tan\alpha_A = \frac{F'l^3}{24EI} = \frac{16f}{5l}$$

$$y = \frac{F'l^3 x}{24EI}\left(1 - \frac{x}{l}\right)\left(1 + \frac{x}{l} - \frac{x^2}{l^2}\right)$$

173

9. Festigkeitslehre

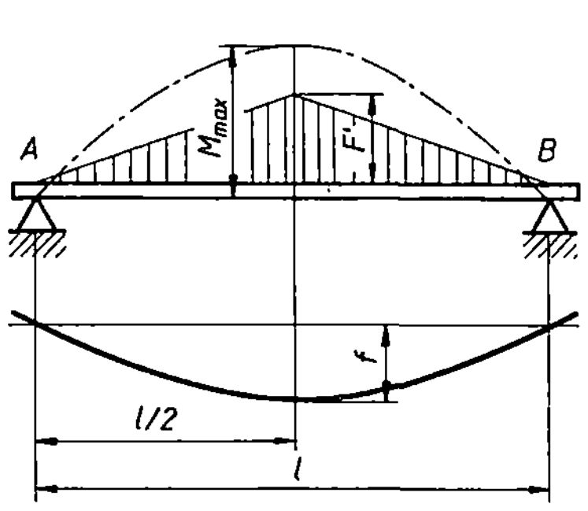

$$F_A = F_B = \frac{F'l}{4}$$

$$M_{max} = \frac{Fl}{6} = \frac{F'l^2}{12}$$

$$f = \frac{Fl^3}{60\,EI} = \frac{F'l^4}{120\,EI}$$

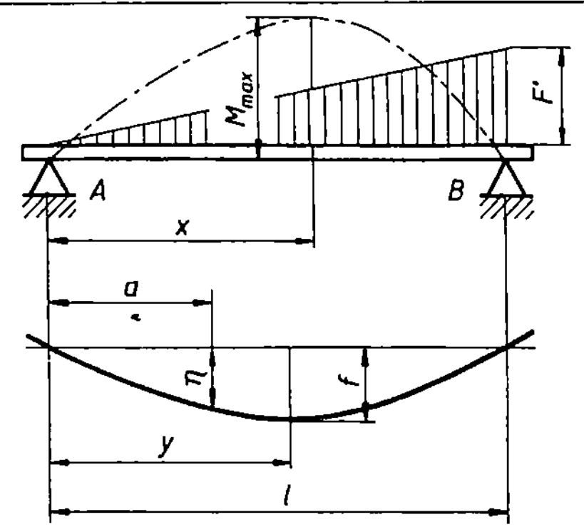

$$F_A = \frac{F'l}{6} \qquad\qquad F_B = \frac{F'l}{3}$$

$$M_{max} = 0{,}064\,F'l^2 \quad \text{bei } x = 0{,}5774\,l$$

$$f = \frac{F'l^4}{153{,}4\,EI} \qquad \text{bei } y = 0{,}5193\,l$$

$$\eta = \frac{F'l^3 a}{360\,EI}\left(1 - \frac{a^2}{l^2}\right)\left(7 - 3\,\frac{a^2}{l^2}\right)$$

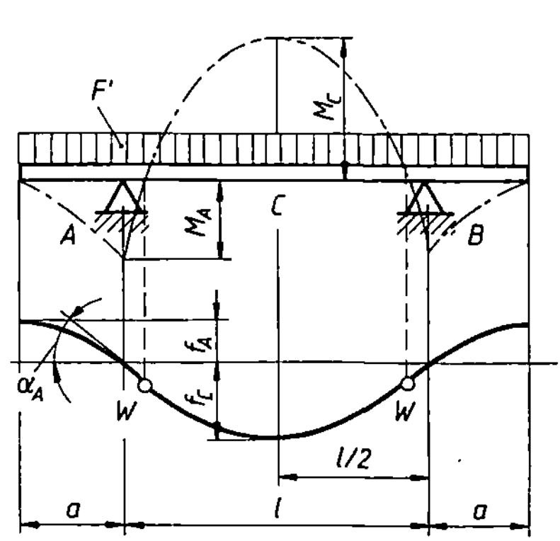

$$F_A = F_B = F'\left(\frac{l}{2} + a\right)$$

$$M_A = \frac{F'a^2}{2} \qquad M_C = \frac{F'l^2}{2}\left[\frac{1}{4} - \left(\frac{a}{l}\right)^2\right]$$

$$f_A = \frac{F'l^4}{4\,EI}\left[\frac{a}{6l} - \left(\frac{a}{l}\right)^3 - \frac{1}{2}\left(\frac{a}{l}\right)^4\right]$$

$$f_C = \frac{F'l^4}{16\,EI}\left[\frac{5}{24} - \left(\frac{a}{l}\right)^2\right]$$

$$\tan\alpha_A = \frac{F'l^3}{4\,EI}\left[\frac{1}{6} - \left(\frac{a}{l}\right)^2\right]$$

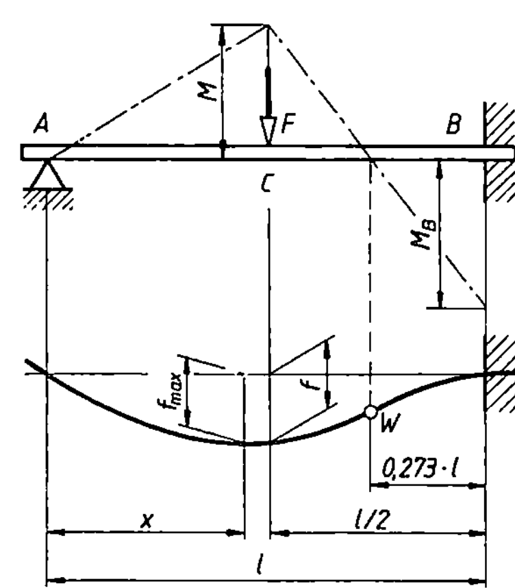

F in Stabmitte

$$F_A = \frac{5}{16}\,F \qquad\qquad F_B = \frac{11}{16}\,F$$

$$M = \frac{5}{32}\,Fl \qquad\qquad M_B = \frac{3}{16}\,Fl$$

$$f = \frac{7Fl^3}{768\,EI}$$

$$f_{max} = \frac{Fl^3}{48\sqrt{5}\,EI} \qquad \text{bei } x = 0{,}447\,l$$

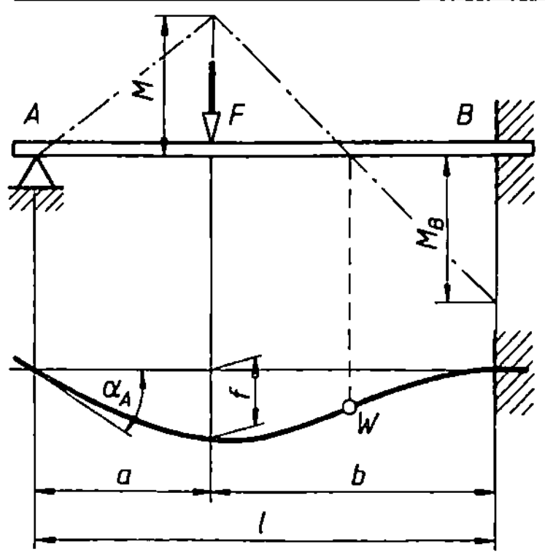

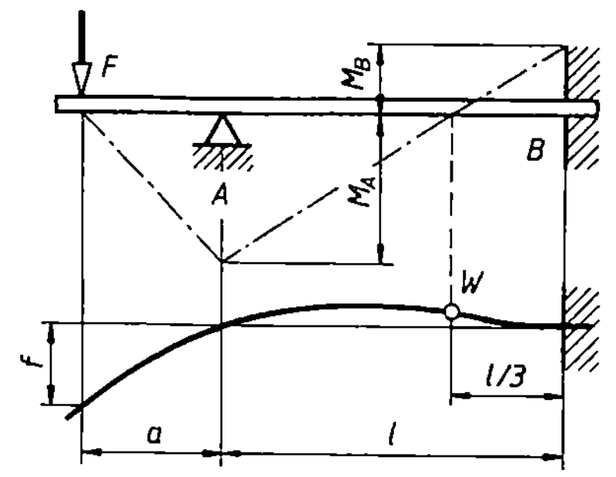

$$F_A = F\frac{b}{l^2}\left(1+\frac{a}{2l}\right) \qquad F_B = F - F_A$$

$$M = Fa\left[1+\frac{1}{2}\left(\frac{a}{b}\right)^3 - \frac{3a}{2l}\right]$$

$$M_B = \frac{Fl}{2}\left[\frac{a}{l}-\left(\frac{a}{l}\right)^3\right]$$

$$f = \frac{Fa^2 b^3}{4EIl^2}\left(1+\frac{a}{3l}\right) \qquad \tan\alpha_A = \frac{Fab^2}{4EIl}$$

$$F_A = F\left(1+\frac{3a}{2l}\right) \qquad F_B = F\frac{3a}{2l}$$

$$M_A = Fa \qquad M_B = \frac{Fa}{2}$$

$$f = \frac{Fl^3}{EI}\left[\frac{1}{3}\left(\frac{a}{l}\right)^3 + \frac{1}{4}\left(\frac{a}{l}\right)^2\right]$$

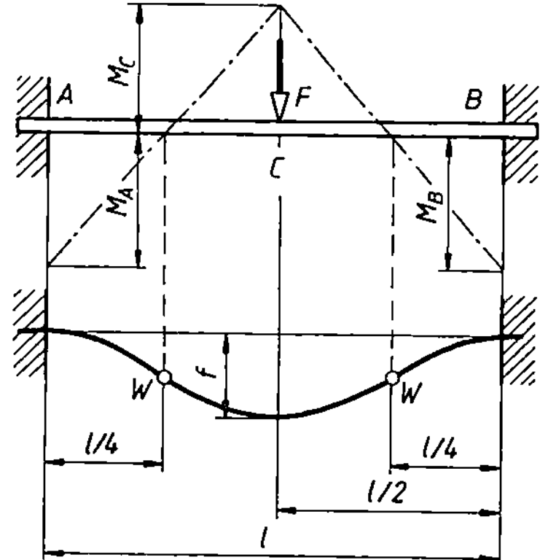

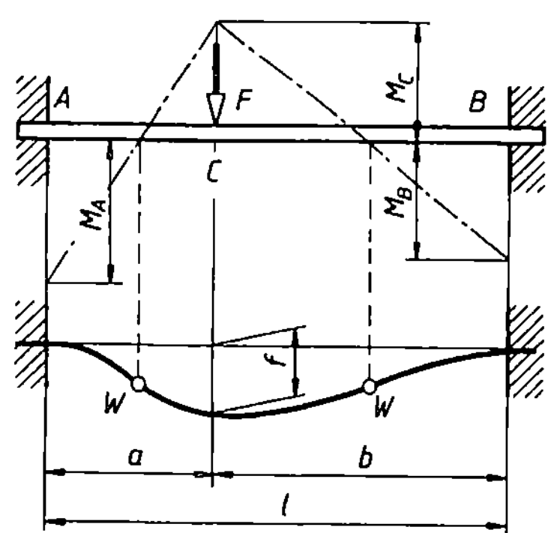

F in Stabmitte

$$F_A = F_B = \frac{F}{2}$$

$$M_C = \frac{Fl}{8} = M_A = M_B$$

$$f = \frac{Fl^3}{192\,EI}.$$

$$F_A = F\left(\frac{b}{l}\right)^2\left(3-2\frac{b}{l}\right)$$

$$F_B = F\left(\frac{a}{l}\right)^2\left(3-2\frac{a}{l}\right)$$

$$M_A = Fa\left(\frac{b}{l}\right)^2$$

$$M_B = Fb\left(\frac{a}{l}\right)^2$$

$$f = \frac{Fa^3 b^3}{3\,EIl^3}$$

$$M_C = 2Fb\left(\frac{a}{l}\right)^2\left(1-\frac{a}{l}\right)$$

9. Festigkeitslehre

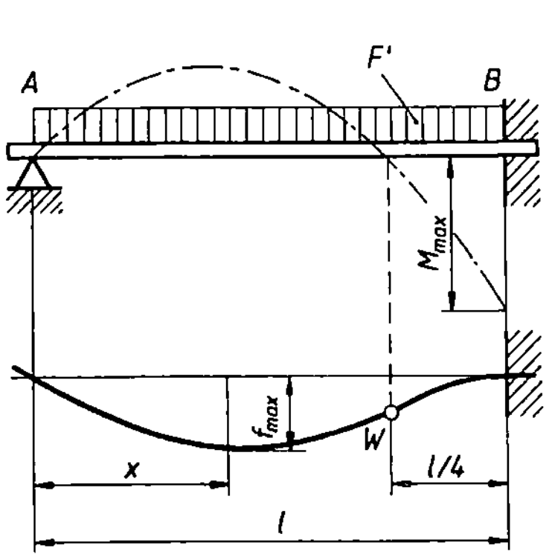

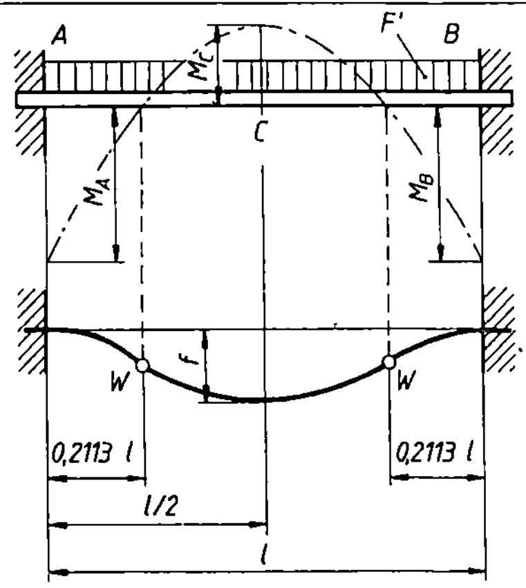

$$F_A = \frac{3}{8} F'l \qquad F_B = \frac{5}{8} F'l$$

$$M_{\max} = \frac{F'l^2}{8}$$

$$f_{\max} = \frac{F'l^4}{185\,EI} \qquad \text{bei } x = 0{,}4215\,l$$

$$F_A = F_B = \frac{F'l}{2}$$

$$M_A = M_B = \frac{F'l^2}{12} = M_{\max} \qquad M_C = \frac{F'l^2}{24}$$

$$f = \frac{F'l^4}{384\,EI}$$

9.8. Axiale Flächenmomente 2. Grades I, Widerstandsmomente W und Trägheitsradius i verschieden gestalteter Querschnitte für Biegung und Knickung

(die Gleichungen gelten für die eingezeichneten Achsen)

	$I_x = \dfrac{bh^3}{12} \qquad I_y = \dfrac{hb^3}{12}$	
	$W_x = \dfrac{bh^2}{6} \qquad W_y = \dfrac{hb^2}{6}$	$i = 0{,}289\,h$
	$i_x = 0{,}289\,h \qquad i_y = 0{,}289\,b$	
	$I_x = I_y = I_D = \dfrac{h^4}{12}$	$i = 0{,}289\,h$
	$W_x = W_y = \dfrac{h^3}{6}$	$W_D = \sqrt{2}\,\dfrac{h^3}{12}$
	$I = \dfrac{ah^3}{36}$	$e = \dfrac{2}{3}\,h$
	$W = \dfrac{ah^2}{24}$	$i = 0{,}236\,h$

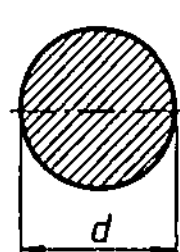

$$I = \frac{6\,b^2 + 6\,b\,b_1 + b_1^2}{36\,(2\,b + b_1)}\,h^3$$

$$W = \frac{6\,b^2 + 6\,b\,b_1 + b_1^2}{12\,(3\,b + 2\,b_1)}\,h^2$$

$$e = \frac{1}{3}\,\frac{3\,b + 2\,b_1}{2\,b + b_1}\,h$$

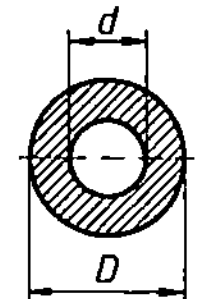

$$I = \frac{\pi\,d^4}{64} \approx \frac{d^4}{20}$$

$$W = \frac{\pi\,d^3}{32} \approx \frac{d^3}{10}$$

$$i = \frac{d}{4}$$

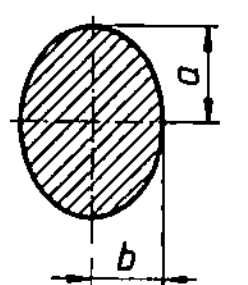

$$I = \frac{\pi}{64}\,(D^4 - d^4)$$

$$W = \frac{\pi}{32}\,\frac{D^4 - d^4}{D}$$

$$i = 0{,}25\,\sqrt{D^2 + d^2}$$

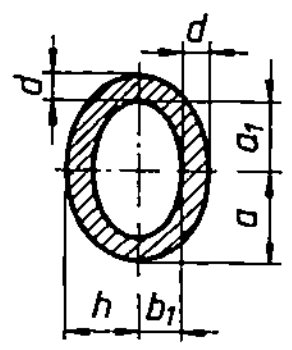

$$I_x = \frac{\pi\,a^3 b}{4} \qquad I_y = \frac{\pi\,b^3 a}{4} \qquad i_x = \frac{a}{2}$$

$$W_x = \frac{\pi\,a^2 b}{4} \qquad W_y = \frac{\pi\,b^2 a}{4} \qquad i_y = \frac{b}{2}$$

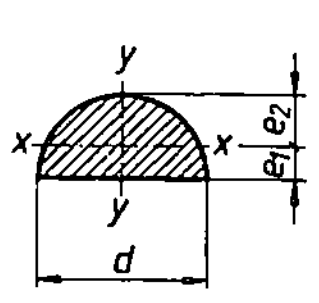

$$I_x = \frac{\pi}{4}\,(a^3 b - a_1^3 b_1) \approx \frac{\pi}{4}\,a^2 d\,(a + 3\,b)$$

$$W_x = \frac{I_x}{a} \approx \frac{\pi}{4}\,ad\,(a + 3\,b)$$

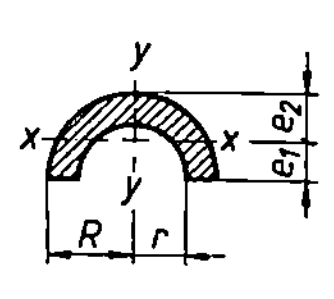

$$I_x = 0{,}0068\,d^4 \qquad I_y = 0{,}0245\,d^4$$
$$W_{x1} = 0{,}0238\,d^3 \qquad W_{x2} = 0{,}0323\,d^3$$
$$W_y = 0{,}049\,d^3 \qquad i_x = 0{,}132\,d$$
$$e_1 = \frac{4\,r}{3\,\pi} = 0{,}4244\,r$$

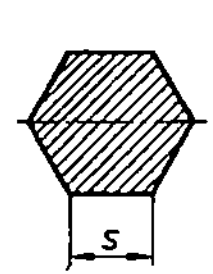

$$I_x = 0{,}1098\,(R^4 - r^4) - 0{,}283\,R^2 r^2\,\frac{R - r}{R + r}$$

$$I_y = \pi\,\frac{R^4 - r^4}{8} \qquad W_y = \frac{\pi\,(R^4 - r^4)}{8\,R}$$

$$W_{x1} = \frac{I_x}{e_1} \qquad W_{x2} = \frac{I_x}{e_2} \qquad e_1 = \frac{2\,(D^3 - d^3)}{3\,\pi\,(D^2 - d^2)}$$

$$I = \frac{5\,\sqrt{3}}{16}\,s^4 = 0{,}5413\,s^4$$

$$W = \frac{5}{8}\,s^3 = 0{,}625\,s^3 \qquad i = 0{,}456\,s$$

9. Festigkeitslehre

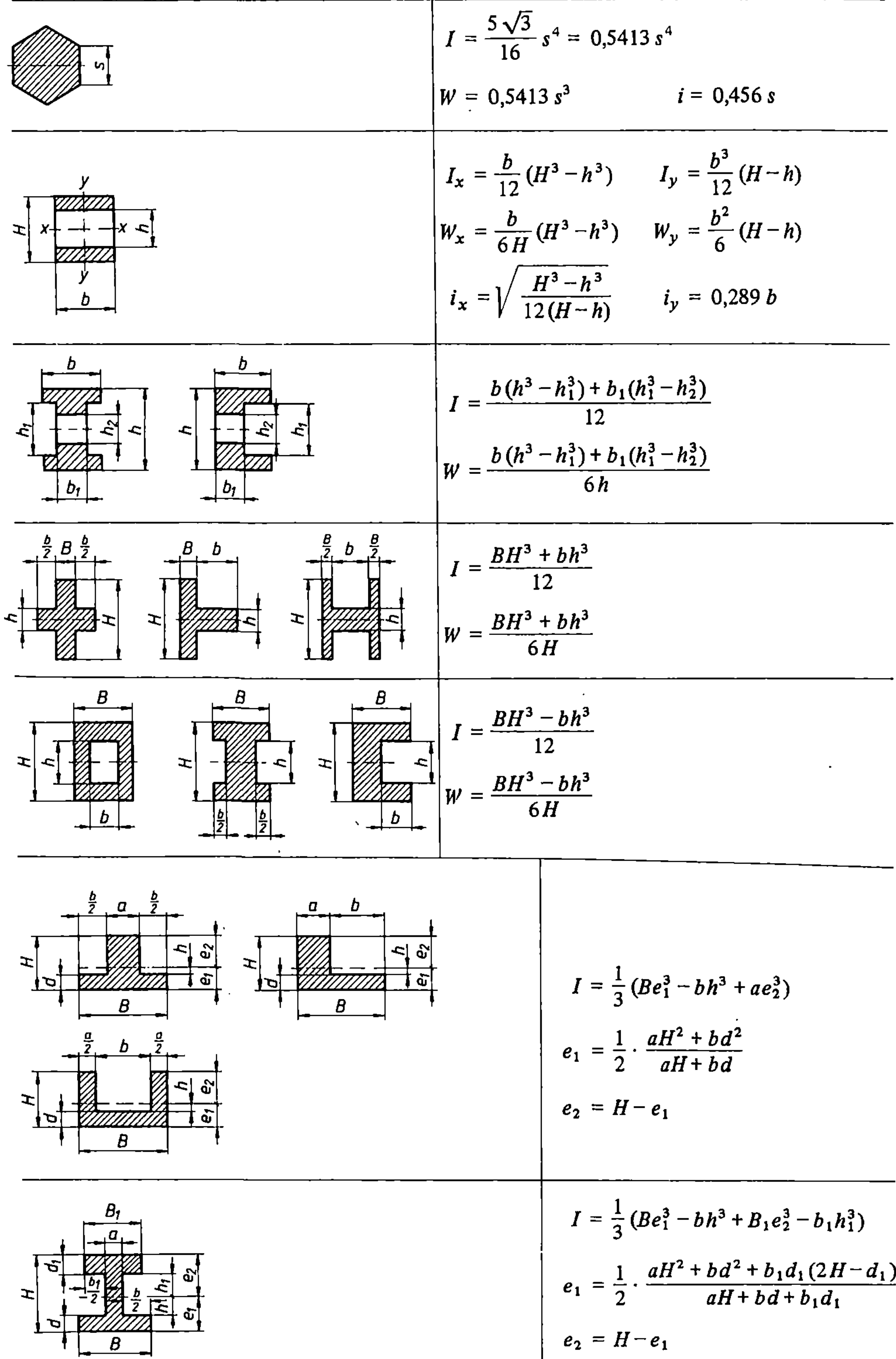

$$I = \frac{5\sqrt{3}}{16}\, s^4 = 0,5413\, s^4$$

$$W = 0,5413\, s^3 \qquad\qquad i = 0,456\, s$$

$$I_x = \frac{b}{12}\,(H^3 - h^3) \qquad I_y = \frac{b^3}{12}\,(H - h)$$

$$W_x = \frac{b}{6H}\,(H^3 - h^3) \qquad W_y = \frac{b^2}{6}\,(H - h)$$

$$i_x = \sqrt{\frac{H^3 - h^3}{12\,(H - h)}} \qquad i_y = 0,289\, b$$

$$I = \frac{b\,(h^3 - h_1^3) + b_1\,(h_1^3 - h_2^3)}{12}$$

$$W = \frac{b\,(h^3 - h_1^3) + b_1\,(h_1^3 - h_2^3)}{6h}$$

$$I = \frac{BH^3 + bh^3}{12}$$

$$W = \frac{BH^3 + bh^3}{6H}$$

$$I = \frac{BH^3 - bh^3}{12}$$

$$W = \frac{BH^3 - bh^3}{6H}$$

$$I = \frac{1}{3}\,(Be_1^3 - bh^3 + ae_2^3)$$

$$e_1 = \frac{1}{2}\cdot\frac{aH^2 + bd^2}{aH + bd}$$

$$e_2 = H - e_1$$

$$I = \frac{1}{3}\,(Be_1^3 - bh^3 + B_1 e_2^3 - b_1 h_1^3)$$

$$e_1 = \frac{1}{2}\cdot\frac{aH^2 + bd^2 + b_1 d_1\,(2H - d_1)}{aH + bd + b_1 d_1}$$

$$e_2 = H - e_1$$

9.9. Warmgewalzter rundkantiger U-Stahl nach DIN 1026

Beispiel für die Bezeichnung eines warmgewalzten
U-Stahls und für das Auswerten der Tabelle:

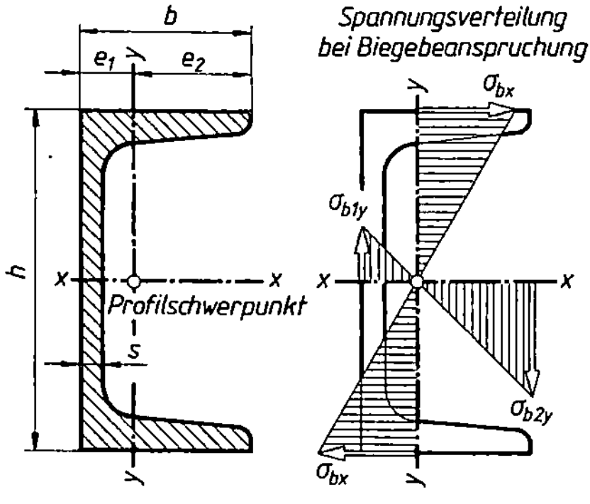

U-Profil DIN 1026 – S235JR – U100

Höhe	$h = 100$ mm
Breite	$b = 50$ mm
Flächenmoment 2. Grades	$I_x = 206 \cdot 10^4\,\text{mm}^4$
Widerstandsmoment	$W_x = 41{,}2 \cdot 10^3\,\text{mm}^3$
Flächenmoment 2. Grades	$I_y = 29{,}3 \cdot 10^4\,\text{mm}^4$
Widerstandsmoment	$W_{y1} = 18{,}9 \cdot 10^3\,\text{mm}^3$
	$W_{y2} = 8{,}49 \cdot 10^3\,\text{mm}^3$
Oberfläche je Meter Länge	$A_0' = 0{,}372\ \text{m}^2/\text{m}$
Profilumfang	$U = 0{,}372$ m
Trägheitsradius	$i_x = \sqrt{I_x/S} = 39{,}1$ mm

Kurz-zeichen U	h mm	b mm	s mm	Quer-schnitt S mm²	e_1/e_2 mm	I_x ·10⁴ mm⁴	W_x ·10³ mm³	I_y ·10⁴ mm⁴	W_{y1} ·10³ mm³	W_{y2} ·10³ mm³	Oberfläche je Meter Länge A_0' m²/m ¹)	Gewichtskraft je Meter Länge F_G N/m
30 × 15	30	15	4	221	5,2/ 9,8	2,53	1,69	0,38	0,73	0,39	0,103	17,0
30	30	33	5	544	13,1/19,9	6,39	4,26	5,33	4,07	2,68	0,174	41,9
40 × 20	40	20	5	366	6,7/13,3	7,58	3,79	1,14	1,70	0,86	0,142	28,2
40	40	35	5	621	13,3/21,7	14,1	7,05	6,68	5,02	3,08	0,200	47,8
50 × 25	50	25	5	492	8,1/16,9	16,8	6,73	2,49	3,07	1,47	0,181	37,9
50	50	38	5	712	13,7/24,3	26,4	10,6	9,12	6,66	3,75	0,232	54,8
60	60	30	6	646	9,1/20,9	31,6	10,5	4,51	4,98	2,16	0,215	49,7
65	65	42	5,5	903	14,2/27,8	57,5	17,7	14,1	9,93	5,07	0,273	69,5
80	80	45	6	1100	14,5/30,5	106	26,5	19,4	13,4	6,36	0,312	84,7
100	100	50	6	1350	15,5/34,5	206	41,2	29,3	18,9	8,49	0,372	104,0
120	120	55	7	1700	16,0/39,0	364	60,7	43,2	27,0	11,1	0,434	130,9
140	140	60	7	2040	17,5/42,5	605	86,4	62,7	35,8	14,8	0,489	157,1
160	160	65	7,5	2400	18,4/46,6	925	116	85,3	46,4	18,3	0,546	184,8
180	180	70	8	2800	19,2/50,8	1350	150	114	59,4	22,4	0,611	215,6
200	200	75	8,5	3220	20,1/54,9	1910	191	148	73,6	27,0	0,661	248,0
220	220	80	9	3740	21,4/58,6	2690	245	197	92,1	33,6	0,718	288,0
240	240	85	9,5	4230	22,3/62,7	3600	300	248	111	39,6	0,775	325,7
260	260	90	10	4830	23,6/66,4	4820	371	317	134	47,7	0,834	372
280	280	95	10	5330	25,3/69,7	6280	448	399	158	57,3	0,890	410,5
300	300	100	10	5880	27,0/73,0	8030	535	495	183	67,8	0,950	452,8
320	320	100	14	7580	26,0/74,0	10870	679	597	230	80,7	0,982	583,7
350	350	100	14	7730	24,0/76,0	12840	734	570	238	75,0	1,05	595,3
380	380	102	13,5	8040	23,8/78,2	15760	829	615	258	78,6	1,11	619,1
400	400	110	14	9150	26,5/83,5	20350	1020	846	355	101	1,18	704,6

¹) Die Zahlenwerte geben zugleich den Profilumfang U in m an.

9.10. Warmgewalzter gleichschenkliger rundkantiger Winkelstahl nach EN 10056-1

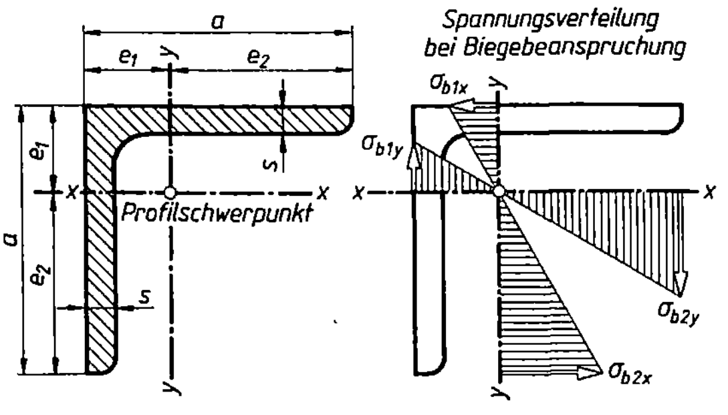

Beispiel für die Bezeichnung eines gleichschenkligen Winkelstahls und für das Auswerten der Tabelle:

L EN 10056-1 – 40 X 40 X 6

Schenkelbreite	$a = 40$ mm
Schenkeldicke	$s = 6$ mm
Flächenmoment 2. Grades	$I_x = 6{,}33 \cdot 10^4$ mm^4
Widerstandsmoment	$W_{x1} = 5{,}28 \cdot 10^3$ mm^3
	$W_{x2} = 2{,}26 \cdot 10^3$ mm^3
Oberfläche je Meter Länge	$A'_0 = 0{,}16$ m^2/m
Profilumfang	$U = 0{,}16$ m
Trägheitsradius	$i_x = \sqrt{I_x/S} = 11{,}9$ mm

Kurzzeichen	a/s mm	Querschnitt S mm^2	e_1/e_2 mm	$I_x = I_y$ $\cdot 10^4$ mm^4	$W_{x1} = W_{y1}$ $\cdot 10^3$ mm^3	$W_{x2} = W_{y2}$ $\cdot 10^3$ mm^3	Oberfläche je Meter Länge A'_0 m^2/m [1]	Gewichtskraft je Meter Länge G N/m
20 X 4	20/ 4	145	6,4/ 13,6	0,48	0,75	0,35	0,08	11,2
25 X 5	25/ 5	226	8 / 17	1,18	1,48	0,69	0,10	17,4
30 X 5	30/ 5	278	9,2/ 20,8	2,16	2,35	1,04	0,12	21,4
35 X 5	35/ 5	328	10,4/ 24,6	3,56	3,42	1,45	0,14	25,3
40 X 6	40/ 6	448	12 / 28	6,33	5,28	2,26	0,16	34,5
45 X 6	45/ 6	509	13,2/ 31,8	9,16	6,94	2,88	0,17	39,2
50 X 6	50/ 6	569	14,5/ 35,5	12,8	8,83	3,61	0,19	43,8
50 X 8	50/ 8	741	15,2/ 34,8	16,3	10,7	4,68	0,19	57,1
55 X 8	55/ 8	823	16,4/ 38,6	22,1	13,5	5,73	0,21	63,4
60 X 6	60/ 6	691	16,9/ 43,1	22,8	13,5	5,29	0,23	53,2
60 X 10	60/10	1110	18,5/ 41,5	34,9	18,9	8,41	0,23	85,2
65 X 8	65/ 8	985	18,9/ 46,1	37,5	19,8	8,13	0,25	75,9
70 X 7	70/ 7	940	19,7/ 50,3	42,4	21,5	8,43	0,27	72,4
70 X 9	70/ 9	1190	20,5/ 49,5	52,6	25,7	10,6	0,27	91,6
70 X 11	70/11	1430	21,3/ 48,7	61,8	29,0	12,7	0,27	110,1
75 X 8	75/ 8	1150	21,3/ 53,7	58,9	27,7	11,0	0,29	88,6
80 X 8	80/ 8	1230	22,6/ 57,4	72,3	32,0	12,6	0,31	94,7
80 X 10	80/10	1510	23,4/ 56,6	87,5	37,4	15,5	0,31	116,7
80 X 12	80/12	1790	24,1/ 55,9	102	42,3	18,2	0,31	138,3
90 X 9	90/ 9	1550	25,4/ 64,6	116	45,7	18,0	0,35	119,4
90 X 11	90/11	1870	26,2/ 63,8	138	52,7	21,6	0,36	144,0
100 X 10	100/10	1920	28,2/ 71,8	177	62,8	24,7	0,39	147,9
100 X 14	100/14	2620	29,8/ 70,2	235	78,9	33,5	0,39	201,8
110 X 12	110/12	2510	31,5/ 78,5	280	88,9	35,7	0,43	193,3
120 X 13	120/13	2970	34,4/ 85,6	394	115	46,0	0,47	228,7
130 X 12	130/12	3000	36,4/ 93,6	472	130	50,4	0,51	231,0
130 X 16	130/16	3930	38,0/ 92	605	159	65,8	0,51	302,6
140 X 13	140/13	3500	39,2/100,8	638	163	63,3	0,55	269,5
140 X 15	140/15	4000	40,0/100,0	723	181	72,3	0,55	308,0
150 X 12	150/12	3480	41,2/108,8	737	179	67,7	0,59	268,0
150 X 16	150/16	4570	42,9/107,1	949	221	88,7	0,59	351,9
150 X 20	150/20	5630	44,4/105,6	1150	259	109	0,59	433,6
160 X 15	160/15	4610	44,9/115,1	1100	245	95,6	0,63	355,0
160 X 19	160/19	5750	46,5/113,5	1350	290	119	0,63	442,8
180 X 18	180/18	6190	51,0/129,0	1870	367	145	0,71	476,7
180 X 22	180/22	7470	52,6/127,4	2210	420	174	0,71	575,3
200 X 16	200/16	6180	55,2/144,8	2340	424	162	0,79	475,9
200 X 20	200/20	7640	56,8/143,2	2850	502	199	0,79	588,3
200 X 24	200/24	9060	58,4/141,6	3330	570	235	0,79	697,7
200 X 28	200/28	10500	59,9/140,1	3780	631	270	0,79	808,6

[1] Die Zahlenwerte geben zugleich den Profilumfang U in m an.

9.11. Warmgewalzter ungleichschenkliger rundkantiger Winkelstahl nach EN 10056-1

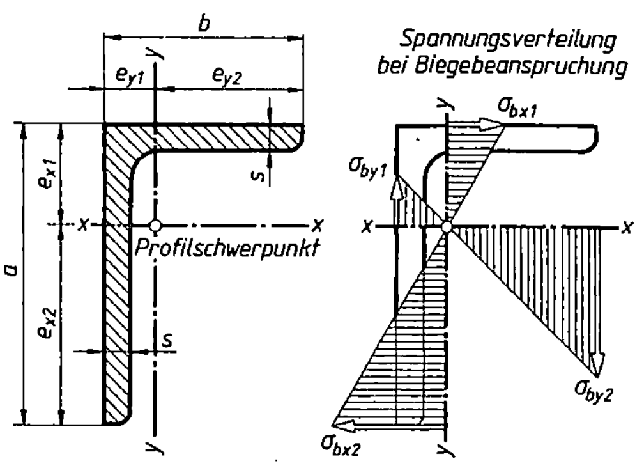

Beispiel für die Bezeichnung eines ungleichschenkligen Winkelstahls und für das Auswerten der Tabelle:

L EN 10056-1 – 30 X 20 X 4

Schenkelbreite	$a = 30$ mm, $b = 20$ mm
Schenkeldicke	$s = 4$ mm
Flächenmoment 2. Grades	$I_x = 1{,}59 \cdot 10^4$ mm^4
Widerstandsmoment	$W_{x1} = 1{,}54 \cdot 10^3$ mm^3
Widerstandsmoment	$W_{x2} = 0{,}81 \cdot 10^3$ mm^3
Oberfläche je Meter Länge	$A'_0 = 0{,}097$ m^2/m
Profilumfang	$U = 0{,}097$ m
Gewichtskraft je Meter Länge	$G' = 14{,}2$ N/m
Trägheitsradius	$i_x = \sqrt{I_x/S} = 9{,}27$ mm

Kurzzeichen	a mm	b mm	s mm	Quer-schnitt S mm^2	e_{x1}/e_{y1} mm	I_x 10^4mm^4	W_{x1} 10^3mm^3	W_{x2} 10^3mm^3	I_y 10^4mm^4	W_{y1} 10^3mm^3	W_{y2} 10^3mm^3	Oberfläche je Meter Länge A'_0 m^2/m [1]	Gewichtskraft je Meter Länge G' N/m
30X 20X 4	30	20	4	185	10,3/5,4	1,59	1,54	0,81	0,55	1,02	0,38	0,097	14,2
40X 20X 4	40	20	4	225	14,7/4,8	3,59	2,44	1,42	0,60	1,25	0,39	0,117	17,4
45X 30X 5	45	30	5	353	15,2/7,8	6,99	4,60	2,35	2,47	3,17	1,11	0,146	27,2
50X 40X 5	50	40	5	427	15,6/10,7	10,4	6,67	3,02	5,89	5,50	2,01	0,177	32,9
60X 30X 7	60	30	7	585	22,4/7,6	20,7	9,24	5,50	3,41	4,49	1,52	0,175	45,0
60X 40X 6	60	40	6	568	20,0/10,1	20,1	10,1	5,03	7,12	7,05	2,38	0,195	43,7
65X 50X 5	65	50	5	554	19,9/12,5	23,1	11,6	5,11	11,9	9,52	3,18	0,224	42,7
65X 50X 9	65	50	9	958	21,5/14,1	38,2	17,8	8,77	19,4	13,8	5,39	0,224	73,7
75X 50X 7	75	50	7	830	24,8/12,5	46,4	18,7	9,24	16,5	13,2	4,39	0,244	63,8
75X 55X 9	75	55	9	1090	24,7/14,8	59,4	24,0	11,8	26,8	18,1	6,66	0,254	84,2
80X 40X 6	80	40	6	689	28,5/8,8	44,9	15,8	8,73	7,59	8,63	2,44	0,234	53,1
80X 40X 8	80	40	8	901	29,4/9,5	57,6	19,6	11,4	9,68	10,2	3,18	0,234	69,3
80X 65X 8	80	65	8	1100	24,7/17,3	68,1	27,6	12,3	40,1	23,2	8,41	0,283	84,9
90X 60X 6	90	60	6	869	28,9/14,1	71,7	24,8	11,7	25,8	18,3	5,61	0,294	66,9
90X 60X 8	90	60	8	1140	29,7/14,9	92,5	31,1	15,4	33,0	22,0	7,31	0,294	87,9
100X 50X 6	100	50	6	873	34,9/10,4	87,7	25,1	13,8	15,3	14,7	3,86	0,292	67,2
100X 50X 8	100	50	8	1150	35,9/11,3	116	32,3	18,0	19,5	17,3	5,04	0,292	88,2
100X 50X 10	100	50	10	1410	36,7/12,0	141	38,4	22,2	23,4	19,5	6,17	0,292	108,9
100X 65X 9	100	65	9	1420	33,2/15,9	141	42,5	21,0	46,7	29,4	9,52	0,321	108,9
100X 75X 9	100	75	9	1510	31,5/19,1	148	47,0	21,5	71,0	37,0	12,7	0,341	115,7
120X 80X 8	120	80	8	1550	38,3/18,7	226	59,0	27,6	80,8	43,2	13,2	0,391	119,6
120X 80X 10	120	80	10	1910	39,2/19,5	276	70,4	34,1	98,1	50,3	16,2	0,391	147,1
120X 80X 12	120	80	12	2270	40,0/20,3	323	80,8	40,4	114	56,0	19,1	0,391	174,6
130X 65X 10	130	65	10	1860	46,5/14,5	321	69,0	38,4	54,2	37,4	10,7	0,381	143,2
130X 75X 10	130	75	10	1960	44,5/17,3	337	75,7	39,4	82,9	47,9	14,4	0,401	151,0
130X 75X 12	130	75	12	2330	45,3/18,1	395	87,2	46,6	96,5	53,3	17,0	0,401	179,5
130X 90X 10	130	90	10	2120	41,5/21,8	358	86,3	40,5	141	65,0	20,6	0,430	162,8
130X 90X 12	130	90	12	2510	42,4/22,6	420	99,1	48,0	165	73,0	24,4	0,430	193,2
150X 75X 9	150	75	9	1950	52,8/15,7	455	86,2	46,8	78,3	49,9	13,2	0,441	150,0
150X 75X 11	150	75	11	2360	53,7/16,5	545	101	56,6	93,0	56,0	15,9	0,441	182,4
150X 90X 10	150	90	10	2320	49,9/20,3	532	107	53,1	145	71,0	20,9	0,469	178,5
150X 90X 12	150	90	12	2750	50,8/21,1	626	123	63,1	170	81,0	24,7	0,469	211,8
150X 100X 10	150	100	10	2420	48,0/23,4	552	115	54,1	198	85,0	25,8	0,489	186,3
150X 100X 12	150	100	12	2870	48,9/24,2	650	133	64,2	232	96,0	30,6	0,489	221,6
150X 100X 14	150	100	14	3320	49,7/25,0	744	150	74,1	264	106	35,2	0,489	255,9
160X 80X 12	160	80	12	2750	57,2/17,7	720	126	70,0	122	69,0	19,6	0,469	211,8
200X 100X 10	200	100	10	2920	69,3/20,1	1220	176	93,2	210	104	26,3	0,587	225,6
200X 100X 14	200	100	14	4030	71,2/21,8	1650	232	128	282	129	36,1	0,587	309,9
250X 90X 10	250	90	10	3320	94,5/15,6	2170	230	140	161	103	21,7	0,667	255,9
250X 90X 14	250	90	14	4590	96,5/17,3	2960	307	192	216	125	29,7	0,667	353,0

[1] Die Zahlenwerte geben zugleich den Profilumfang U in m an.

9. Festigkeitslehre

9.12. Warmgewalzte schmale I-Träger nach DIN 1025-1 (Auszug)

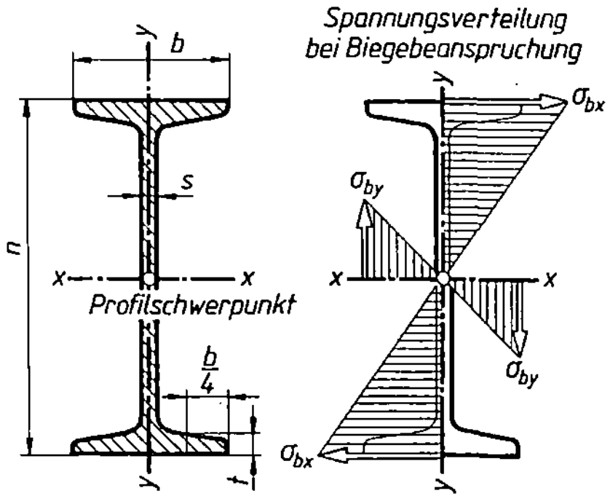

Beispiel für die Bezeichnung eines schmalen I-Trägers mit geneigten inneren Flanschflächen und für das Auswerten der Tabelle:

I-Profil DIN 1025 – S235JR – I 80

Höhe	$h = 80$ mm
Breite	$b = 42$ mm
Flächenmoment 2. Grades	$I_x = 77{,}8 \cdot 10^4\,\mathrm{mm}^4$
Widerstandsmoment	$W_x = 19{,}5 \cdot 10^3\,\mathrm{mm}^3$
Oberfläche je Meter Länge	$A'_0 = 0{,}304\ \mathrm{m}^2/\mathrm{m}$
Profilumfang	$U = 0{,}304$ m
Trägheitsradius	$i_x = \sqrt{I_x/S} = 32$ mm

Kurz-zeichen I	h mm	b mm	s mm	t mm	Quer-schnitt S mm^2	I_x $\cdot 10^4\,\mathrm{mm}^4$	W_x $\cdot 10^3\,\mathrm{mm}^3$	I_y $\cdot 10^4\,\mathrm{mm}^4$	W_y $\cdot 10^3\,\mathrm{mm}^3$	Oberfläche je Meter Länge A'_0 m^2/m [1]	Gewichtskraft je Meter Länge G' N/m
80	80	42	3,9	5,9	758	77,8	19,5	6,29	3,00	0,304	58,4
100	100	50	4,5	6,8	1060	171	34,2	12,2	4,88	0,370	81,6
120	120	58	5,1	7,7	1420	328	54,7	21,5	7,41	0,439	110
140	140	66	5,7	8,6	1830	573	81,9	35,2	10,7	0,502	141
160	160	74	6,3	9,5	2280	935	117	54,7	14,8	0,575	176
180	180	82	6,9	10,4	2790	1450	161	81,3	19,8	0,640	215
200	200	90	7,5	11,3	3350	2140	214	117	26,0	0,709	258
220	220	98	8,1	12,2	3960	3060	278	162	33,1	0,775	305
240	240	106	8,7	13,1	4610	4250	354	221	41,7	0,844	355
260	260	113	9,4	14,1	5340	5740	442	288	51,0	0,906	411
280	280	119	10,1	15,2	6110	7590	542	364	61,2	0,966	471
300	300	125	10,8	16,2	6910	9800	653	451	72,2	1,03	532
320	320	131	11,5	17,3	7780	12510	782	555	84,7	1,09	599
340	340	137	12,2	18,3	8680	15700	923	674	98,4	1,15	668
360	360	143	13,0	19,5	9710	19610	1090	818	114	1,21	746
380	380	149	13,7	20,5	10700	24010	1260	975	131	1,27	824
400	400	155	14,4	21,6	11800	29210	1460	1160	149	1,33	908
425	425	163	15,3	23,0	13200	36970	1740	1440	176	1,41	1020
450	450	170	16,2	24,3	14700	45850	2040	1730	203	1,48	1128
475	475	178	17,1	25,6	16300	56480	2380	2090	235	1,55	1256
500	500	185	18,0	27,0	18000	68740	2750	2480	268	1,63	1383
550	550	200	19,0	30,0	21300	99180	3610	3490	349	1,80	1638
600	600	215	21,6	32,4	25400	139000	4630	4670	434	1,92	1952

[1] Die Zahlenwerte geben zugleich den Profilumfang U in m an.

9.13. Warmgewalzte I-Träger, IPE-Reihe nach DIN 1025-2 (Auszug)

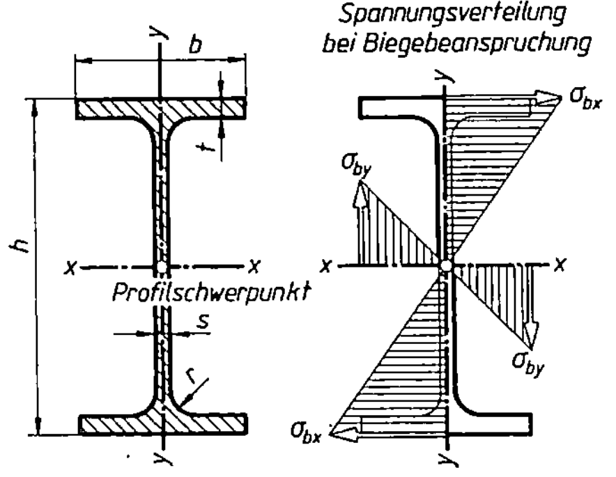

Beispiel für die Bezeichnung eines mittelbreiten I-Trägers mit parallelen Flanschflächen und für das Auswerten der Tabelle:

I-Profil DIN 1025 – S235JR – I 80

Höhe	$h = 80$ mm
Breite	$b = 46$ mm
Flächenmoment 2. Grades	$I_x = 80{,}1 \cdot 10^4$ mm^4
Widerstandsmoment	$W_x = 20{,}0 \cdot 10^3$ mm^3
Oberfläche je Meter Länge	$A_0' = 0{,}328$ m^2/m
Profilumfang	$U = 0{,}328$ m
Trägheitsradius	$i_x = \sqrt{I_x/S} = 32{,}4$ mm

Kurz-zeichen	b	t	h	s	r	Quer-schnitt S	I_x	W_x	I_y	W_y	Oberfläche je Meter Länge A_0'	Gewichtskraft je Meter Länge G'
IPE	mm	mm	mm	mm	mm	mm^2	$\cdot 10^4$ mm^4	$\cdot 10^3$ mm^3	$\cdot 10^4$ mm^4	$\cdot 10^3$ mm^3	m^2/m [1]	N/m
80	46	5,2	80	3,8	5	764	80,1	20,0	8,49	3,69	0,328	59
100	55	5,7	100	4,1	7	1030	171	34,2	15,9	5,79	0,400	79
120	64	6,3	120	4,4	7	1320	318	53,0	27,7	8,65	0,475	102
140	73	6,9	140	4,7	7	1640	541	77,3	44,9	12,3	0,551	126
160	82	7,4	160	5,0	9	2010	869	109	68,3	16,7	0,623	155
180	91	8,0	180	5,3	9	2390	1320	146	101	22,2	0,698	184
200	100	8,5	200	5,6	12	2850	1940	194	142	28,5	0,768	220
220	110	9,2	220	5,9	12	3340	2770	252	205	37,3	0,848	257
240	120	9,8	240	6,2	15	3910	3890	324	284	47,3	0,922	301
270	135	10,2	270	6,6	15	4590	5790	429	420	62,2	1,041	353
300	150	10,7	300	7,1	15	5380	8360	557	604	80,5	1,155	414
330	160	11,5	330	7,5	18	6260	11770	713	788	98,5	1,254	482
360	170	12,7	360	8,0	18	7270	16270	904	1040	123	1,348	560
400	180	13,5	400	8,6	21	8450	23130	1160	1320	146	1,467	651
450	190	14,6	450	9,4	21	9880	33740	1500	1680	176	1,605	761
500	200	16,0	500	10,2	21	11600	48200	1930	2140	214	1,738	893
550	210	17,2	550	11,1	24	13400	67120	2440	2670	254	1,877	1032
600	220	19,0	600	12,0	24	15600	92080	3070	3390	308	2,014	1200

[1] Die Zahlenwerte geben zugleich den Profilumfang U in m an.

9. Festigkeitslehre

9.14. Knickung im Maschinenbau (siehe auch 9.35)

1. Lösungsweg

Gegeben: Querschnittsabmessungen und damit axiales Flächenmoment I, Stablänge l, Belastungsfall

Gesucht: Zulässige Druckkraft F oder vorhandene Knicksicherheit v

Schlankheitsgrad λ	$\lambda = \dfrac{s}{i}$
Trägheitsradius i_{min}	$i_{min} = \sqrt{\dfrac{I_{min}}{S}}$

I_{min} kleinstes Flächenmoment 2. Grades des Querschnittes in mm^4 (9.8)

s freie Knicklänge in mm

i Trägheitsradius in mm (9.8)

$i = \dfrac{d}{4}$ für Kreisquerschnitt

S Querschnitt

Vergleich des Schlankheitsgrades λ mit Grenzschlankheitsgrad λ_0 nach 9.15

Beachte:

Meistens kann $s = l$ gesetzt werden (Fall 2)

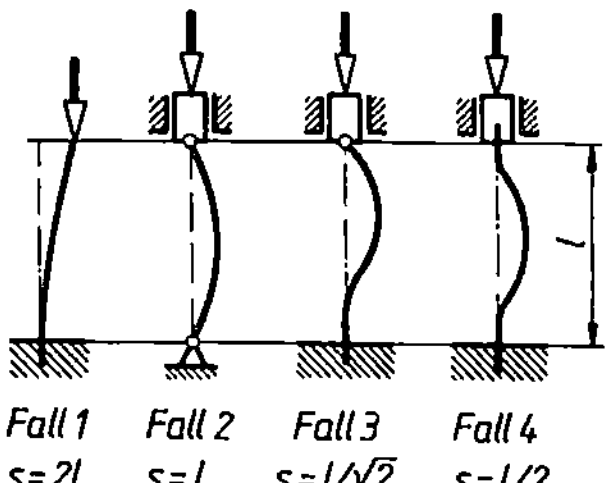

bei $\lambda > \lambda_0$ weiterrechnen nach Euler:

Knickkraft F_K nach Euler und Knickspannung σ_K

$$F_K = \frac{E I_{min}\, \pi^2}{s^2} \quad \text{oder} \quad \sigma_K = \frac{E\, \pi^2}{\lambda^2}$$

zulässige Druckkraft F oder Knicksicherheit v_{vorh}

$$F = \frac{F_K}{v} \quad \text{oder} \quad v_{vorh} = \frac{F_K}{F}$$

σ_K, σ_d, E	F_K, F	λ, v	s, i	I	S
$\dfrac{N}{mm^2}$	N	1	mm	mm^4	mm^2

bei $\lambda < \lambda_0$ weiterrechnen nach Tetmajer (9.15):

Knickspannung σ_K — mit Tetmajer-Gleichung aus 9.15 berechnen!

vorhandene Druckspannung σ_d oder Knicksicherheit v

$$\sigma_d = \frac{F}{S} \quad \text{oder} \quad \sigma_d = \frac{\sigma_K}{v} \quad \text{oder} \quad v = \frac{\sigma_K}{\sigma_d}$$

2. Lösungsweg

Gegeben: Druckkraft F, Knicksicherheit v, Stablänge l, Belastungsfall

Gesucht: Erforderlicher Durchmesser d

Knickkraft F_K

$$F_K = Fv$$

erforderliches Flächenmoment I_{min}

$$I_{min} = \frac{F_K\, s^2}{E\, \pi^2}$$

$I = \dfrac{d^4}{20}$ bei Kreisquerschnitt

erforderlicher Durchmesser d bei Kreisquerschnitt und Trägheitsradius i	$d_{erf} = \sqrt[4]{20\,I_{min}}$ $i = \sqrt{\dfrac{I_{min}}{S}} = \dfrac{d}{4}$
Schlankheitsgrad λ	$\lambda = \dfrac{s}{i}$

Vergleich des Schlankheitsgrades λ mit Grenzschlankheit λ_0 nach 9.15.

Ist $\lambda > \lambda_0$ war Annahme richtig, d.h. gefundener Durchmesser d kann ausgeführt werden.

Bei $\lambda < \lambda_0$ muss mit angenommenem Durchmesser d nach Tetmajer weitergerechnet werden; zweckmäßig wird d größer d_{erf} angenommen, dann Schlankheitsgrad $\lambda = 4\,s/d$ (bei Kreisquerschnitt!) *neu* berechnet, mit Tetmajer-Gleichung (9.15) die Knickspannung σ_K bestimmt, ebenso die vorhandene Druckspannung $\sigma_d = F/S$ und dann überprüft, ob

Knicksicherheit v	$v_{vorh} = \dfrac{\sigma_K}{\sigma_d} \geqslant v_{erf}$ ist. Ist $v_{vorh} < v_{erf}$; muss mit größerem d die Rechnung wiederholt werden!

9.15. Grenzschlankheitsgrad λ_0 für Euler'sche Knickung und Tetmajer-Gleichungen

Werkstoff	Elastizitätsmodul E in $\dfrac{N}{mm^2}$	Grenzschlankheitsgrad λ_0	Tetmajer-Gleichung für Knickspannung σ_K in $\dfrac{N}{mm^2}$
Nadelholz	10 000	100	$\sigma_K = 29,3 - 0,194 \cdot \lambda$
Gusseisen	100 000	80	$\sigma_K = 776 - 12 \cdot \lambda + 0,053 \cdot \lambda^2$
S235JR	210 000	105	$\sigma_K = 310 - 1,14 \cdot \lambda$
E295 und E355	210 000	89	$\sigma_K = 335 - 0,62 \cdot \lambda$
Vergütungsstahl z.B. 16NiCr4	210 000	86	$\sigma_K = 470 - 2,3 \cdot \lambda$

Beachte: Die Eulergleichung gilt nur, solange der errechnete Schlankheitsgrad λ gleich oder *größer* ist als der hier in der Tafel angegebene Grenzschlankheitsgrad λ_0.

Die Tetmajer-Gleichungen sind Zahlenwertgleichungen mit σ_K in N/mm² !

9. Festigkeitslehre

9.16. Abscheren und Torsion

Praktisches Beispiel für Abscherbeanspruchung ist das Scherschneiden. Die äußeren Kräfte F bilden ein Kräftepaar mit dem kleinen Wirkabstand u, dem so genannten Schneidspalt. Das entsprechend kleine Kraftmoment $M = Fu$ wird vernachlässigt. Die in der Schnittfläche auftretende Gleichgewichtskraft $F_q = F$ ist eine Tangentialkraft, die auftretende Tangentialspannung ist die Schubspannung τ. Zur Kennzeichnung der Beanspruchung nennt man sie die Abscherspannung τ_a.

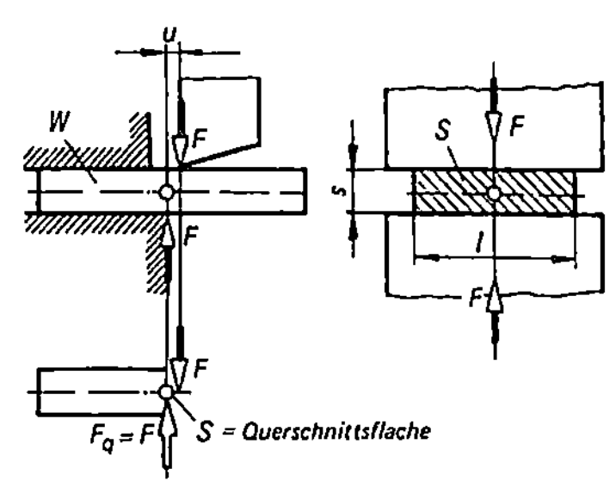

		τ_a	F	S
vorhandene Abscherspannung τ_a (Abscher-Hauptgleichung)	$\tau_{a\,vorh} = \dfrac{F}{S} \le \tau_{a\,zul}$ (Spannungsnachweis)	N/mm^2	N	mm^2

Diese Gleichungen gelten nur unter der Annahme einer gleichmäßigen Schubspannungsverteilung über der Querschnittsfläche S.

erforderlicher Querschnitt S	$S_{erf} = \dfrac{F}{\tau_{a\,zul}}$ (Querschnittsnachweis)
zulässige Belastung F_{max}	$F_{max} = S\,\tau_{a\,zul}$ (Belastungsnachweis)

Abscherfestigkeit τ_{aB}:
$\tau_{aB} = 0{,}85 \cdot R_m$ (für Flussstahl)
$\tau_{aB} = 1{,}1 \cdot R_m$ (für Gusseisen)

Untersuchungen am Rechteckquerschnitt ergeben eine parabolische Verteilung der Schubspannungen mit $\tau = 0$ in der Randfaser und $\tau = \tau_{max}$ in der mittleren Faserschicht.
Wird mit dem Mittelwert $\tau_{mittel} = \tau_a = F/S$ gerechnet, ergeben sich für verschiedene Querschnittsformen die folgenden Maximalwerte für die auftretende Schubspannung:

$\tau_{max} = (3/2) \cdot \tau_a$ für den Rechteckquerschnitt,
$\tau_{max} = (4/3) \cdot \tau_a$ für den Kreisquerschnitt,
$\tau_{max} = $ ca. $2 \cdot \tau_a$ für den Rohrquerschnitt.

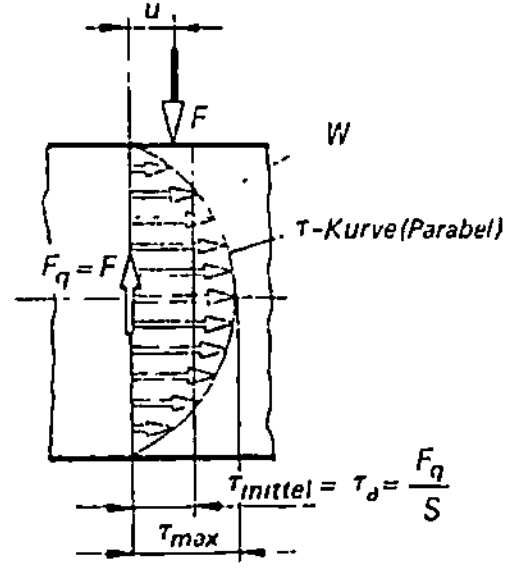

Niete und Bolzen werden mit der Abscher-Hauptgleichung $\tau_{a\,vorh} = F/S$ berechnet, obwohl keine gleichmäßige Spannungsverteilung vorliegt und der gefährdete Querschnitt neben der Querkraft $F_q = F$ noch ein Biegemoment M_b zu übertragen hat. In warm eingezogenen Nieten tritt gar keine Schubspannung auf, sie werden durch das Schrumpfen in Längsrichtung auf Zug beansprucht.
Die zulässigen Abscherspannungen für Nietverbindungen im Stahlhoch- und Kranbau sowie im Kesselbau sind vorgeschrieben (siehe Tafeln 9.30 und 9.31).

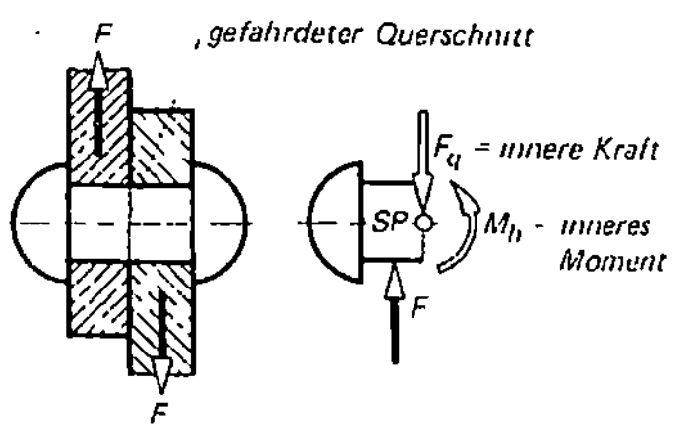

vorhandene Torsionsspannung τ_t	$\tau_{t\,vorh} = \dfrac{M_T}{W_p} \leqslant \tau_{t\,zul}$ (Spannungsnachweis)	$\begin{array}{c\|c\|c} \tau_t & M_T & W_p \\ \hline \dfrac{N}{mm^2} & Nmm & mm^3 \end{array}$ W_p polares Widerstandsmoment (9.20)
erforderliches polares Widerstandsmoment W_p	$W_{p\,erf} = \dfrac{M_T}{\tau_{t\,zul}}$ (Querschnittsnachweis)	
zulässiges Torsionsmoment $M_{T\,max}$	$M_{T\,max} = W_p\,\tau_{t\,zul}$ (Belastungsnachweis)	
erforderliches polares Widerstandsmoment W_p	$M_T = 9,55 \cdot 10^6 \dfrac{P}{n}$ (Zahlenwertgleichung)	$\begin{array}{c\|c\|c} M_T & P & n \\ \hline Nmm & kW & min^{-1} \end{array}$
Verdrehwinkel φ in Grad (°)	$\varphi = \dfrac{180°}{\pi}\dfrac{\tau_t\,l}{G\,r}$ $\varphi = \dfrac{180°}{\pi}\dfrac{M_T\,l}{W_p\,r\,G}$ $\varphi = \dfrac{180°}{\pi}\dfrac{M_T\,l}{I_p\,G}$	G Schubmodul in N/mm^2 nach 9.5 l Verdrehlänge in mm r Wellenradius in mm M_T Torsionsmoment in Nmm W_p polares Widerstandsmoment in mm^3 I_p polares Flächenmoment in mm^4 nach 9.20
Formänderungsarbeit W	$W = M_T\dfrac{\varphi}{2} = \dfrac{\tau_t^2\,V}{4\,G} = \dfrac{R}{2}\varphi^2$ $R = \dfrac{M_T}{\varphi} \mathrel{\hat=} \tan\alpha$ V Volumen in mm^3 R Federrate in N/mm φ Drehwinkel in rad G Schubmodul in N/mm^2	

9. Festigkeitslehre

9.17. Polare Flächenmomente I_p und Widerstandsmomente W_p

Form des Querschnittes	Widerstandsmoment W_p	Flächenmoment I_p	Bemerkungen
	$W_p = \dfrac{\pi}{16} d^3 \approx \dfrac{d^3}{5}$ $\approx 0{,}2\,d^3$	$I_p = \dfrac{\pi}{32} d^4 \approx \dfrac{d^4}{10}$ $\approx 0{,}1\,d^4$	τ_{max} am Umfang
	$W_p = \dfrac{\pi}{16} \cdot \dfrac{d_a^4 - d_i^4}{d_a}$	$I_p = \dfrac{\pi}{32} (d_a^4 - d_i^4)$	τ_{max} am Umfang
	$W_p = \dfrac{\pi}{16} n b^3$ $\dfrac{h}{b} = n > 1$	$I_p = \dfrac{\pi}{16} \cdot \dfrac{n^3 b^4}{n^2 + 1}$	τ_{max} an den Endpunkten der kleinen Achse
	$\dfrac{h_a}{b_a} = \dfrac{h_i}{b_i} = n > 1 \qquad \dfrac{h_i}{h_a} = \dfrac{b_i}{b_a} = \alpha < 1$ $I_p = \dfrac{\pi}{16} \cdot \dfrac{n^3}{n^2 + 1} \cdot b_a^4 (1 - \alpha^4)$ $W_p = \dfrac{\pi}{16} n b_a^3 (1 - \alpha^4)$		τ_{max} an den Endpunkten der kleinen Achse
	$W_p = 0{,}208\,a^3$	$I_p = 0{,}141\,a^4$	τ_{max} in der Mitte der Seiten
	$\dfrac{h}{b} = n > 1$ $W_p = c_1 b^3$	$I_p = c_2 b^4$	τ_{max} in der Mitte der langen Seiten

n	1	1,5	2	3	4	6	8	10
c_1	0,208	0,346	0,493	0,801	1,150	1,789	2,456	3,123
c_2	0,1404	0,2936	0,4572	0,7899	1,1232	1,789	2,456	3,123

9.18. Zusammengesetzte Beanspruchung bei gleichartigen Spannungen

Zug und Biegung

resultierende Zug-spannung $\sigma_{res\,Zug}$ und resultierende Druck-spannung $\sigma_{res\,Druck}$

$$\sigma_{res\,Zug} = \sigma_z + \sigma_{bz} \qquad c = \frac{i^2}{a} = \frac{I}{Sa}$$

$$\sigma_{res\,Zug} = \frac{F}{S} + \frac{Fae}{I} \leqslant \sigma_{z\,zul}$$

$$\sigma_{res\,Druck} = \sigma_{bz} - \sigma_z$$

$$\sigma_{res\,Druck} = \frac{Fae}{I} - \frac{F}{S} \leqslant \sigma_{d\,zul}$$

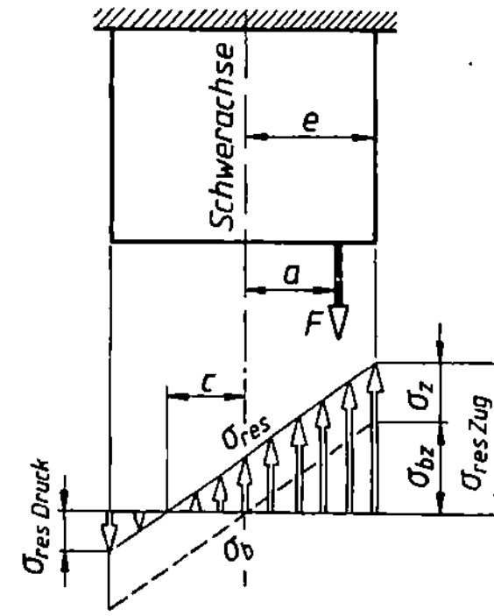

Druck und Biegung

resultierende Druck-spannung $\sigma_{res\,Druck}$ und resultierende Zug-spannung $\sigma_{res\,Zug}$

$$\sigma_{res\,Druck} = \sigma_d + \sigma_{bd} \qquad c = \frac{i^2}{a} = \frac{I}{Sa}$$

$$\sigma_{res\,Druck} = \frac{F}{S} + \frac{Fae}{I} \leqslant \sigma_{d\,zul}$$

$$\sigma_{res\,Zug} = \sigma_{bd} - \sigma_d$$

$$\sigma_{res\,Zug} = \frac{Fae}{I} - \frac{F}{S} \leqslant \sigma_{z\,zul}$$

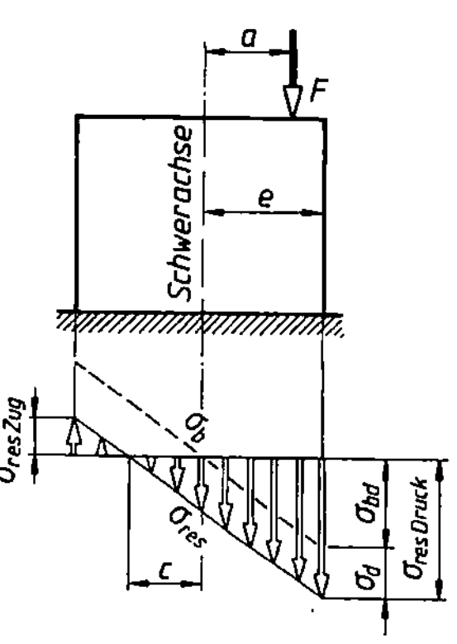

Torsion und Abscheren

maximale Schub-spannung τ_{max} in den Umfangs-punkten B

$$\tau_{max} = \tau_s + \tau_t = \frac{16\,F}{3\pi d^2} + \frac{8\,F}{\pi d^2}$$

$$\tau_{max} = 4{,}24\,\frac{F}{d^2}$$

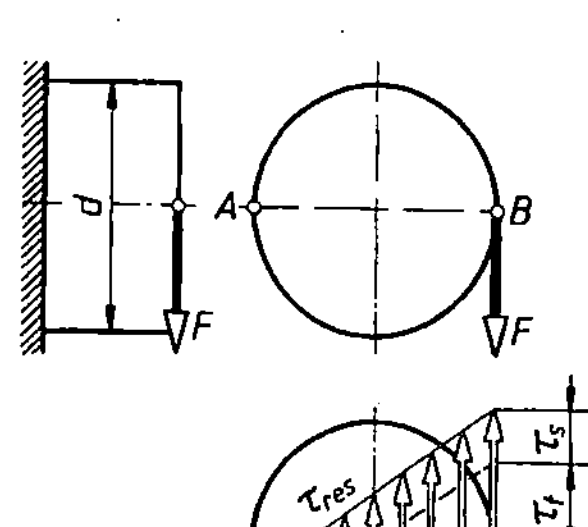

9. Festigkeitslehre

9.19. Zusammengesetzte Beanspruchung bei ungleichartigen Spannungen

Gleichzeitiges Auftreten von Normal- und Schubspannungen ergibt *mehrachsigen* Spannungszustand, so dass algebraische Addition (wie bei Zug/Druck und Biegung oder Torsion und Abscheren) nicht möglich ist. Es wird die *Vergleichsspannung* σ_v eingeführt, die unmittelbar mit dem Festigkeitskennwert des Werkstoffes bei einachsigem Spannungszustand verglichen wird und nach einer der aufgestellten *Festigkeitshypothesen* ermittelt werden kann.

Bei Biegung und Torsion z. B. besteht das innere Kräftesystem aus dem Biegemoment $M_b = Fx$, dem Torsionsmoment $M_T = Fr$ und der Querkraft $F_q = F$. Größte Normalspannung tritt in den Punkten A, B auf, größte Torsionsschubspannung am Kreisumfang. Querkraft-Schubspannung kann bei langen Stäben vernachlässigt werden.

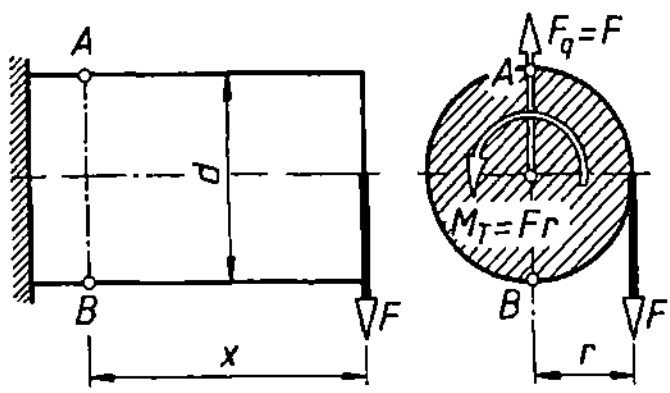

Maximalwerte σ und τ zur Bestimmung der Vergleichsspannung σ_v in Wellen von Kreisquerschnitt	$\sigma_{max} = \dfrac{M_b}{W} = \dfrac{32\,Fx}{\pi\,d^3} = \sigma$ und $\tau_{max} = \dfrac{M_T}{W_p} = \dfrac{16\,Fr}{\pi\,d^3} = \tau$	
Dehnungshypothese (C. Bach)	$\sigma_v = 0{,}35\,\sigma + 0{,}65\,\sqrt{\sigma^2 + 4\tau^2}$	
Schubspannungshypothese (Mohr)	$\sigma_v = \sqrt{\sigma^2 + 4\,\tau^2}$	Diese Gleichungen gelten nur, wenn σ und τ durch gleichen Belastungsfall entstehen (z.B. beide durch wechselnde Belastung), sonst ist mit dem „Anstrengungsverhältnis α_0" zu rechnen!
Hypothese der größten Gestaltänderungsenergie	$\sigma_v = \sqrt{\sigma^2 + 3\,\tau^2}$	
Anstrengungsverhältnis α_0	$\alpha_0 = \dfrac{\sigma_{zul}}{\varphi\,\tau_{zul}}$	φ ist für jede Hypothese verschieden, siehe folgende α_0-Werte
Dehnungshypothese	$\sigma_v = 0{,}35\,\sigma + 0{,}65\,\sqrt{\sigma^2 + 4(\alpha_0\tau)^2}$	$\alpha_0 = \dfrac{\sigma_{zul}}{1{,}3\,\tau_{zul}}$
Schubspannungshypothese	$\sigma_v = \sqrt{\sigma^2 + 4(\alpha_0\tau)^2}$	$\alpha_0 = \dfrac{\sigma_{zul}}{2\,\tau_{zul}}$
Hypothese der größten Gestaltänderungsenergie	$\sigma_v = \sqrt{\sigma^2 + 3(\alpha_0\tau)^2}$	$\alpha_0 = \dfrac{\sigma_{zul}}{1{,}73\,\tau_{zul}}$

Zug/Druck und Torsion

Normalspannung σ	$\sigma = \pm \dfrac{F}{A}$	Beide Spannungen zur Vergleichs-spannung σ_v zusammensetzen
Schubspannung τ	$\tau = \dfrac{M_T}{W_p}$	

Zug/Druck und Schub

Normalspannung σ	$\sigma = \pm \dfrac{F}{A}$	Beide Spannungen zur Vergleichs-spannung σ_v zusammensetzen
Schubspannung τ	$\tau = \dfrac{F_q}{A}$	

Biegung und Torsion

Normalspannung σ	$\sigma = \dfrac{M_b}{W}$	Beide Spannungen zur Vergleichs-spannung σ_v zusammensetzen
Schubspannung τ	$\tau = \dfrac{M_T}{W_p}$	
Vergleichsmomente M_v und d_{erf} für Wellen mit Kreis-querschnitt	$M_v = \sqrt{M_b^2 + 0{,}75\,(\alpha_0\,M_T)^2}$ $d_{erf} = \sqrt[3]{\dfrac{32\,M_v}{\pi\,\sigma_{b\,zul}}}$ (Hypothese der größten Gestaltänderungsenergie)	$\alpha_0 \approx 1{,}0$ – wenn σ_b und τ_t im gleichen Belastungsfall $\alpha_0 \approx 0{,}7$ – wenn σ_b wechselnd (III) und τ_t schwellend (II) oder ruhend (I)

9.20. Beanspruchung durch Fliehkraft

umlaufender Ring Zugspannung in Umfangsrichtung σ_t (Tangential-spannung)	$\sigma_t = \rho\,\omega^2\,r_m^2$

σ_t	ρ	ω	r	E	μ
$\dfrac{N}{m^2}$	$\dfrac{kg}{m^3}$	$\dfrac{1}{s}$	m	$\dfrac{N}{m^2}$	1

Vergrößerung des Radius Δr_m	$\Delta r_m = \dfrac{\rho\,\omega^2\,r_m^3}{E}$ $r_m = \dfrac{r_a + r_i}{2}$

ρ Dichte des Werkstoffes
ω Winkelgeschwindigkeit
E E-Modul (9.5)
r_m mittlerer Radius
s Dicke $\ll r_m$
μ Poissonzahl (9.1)

9. Festigkeitslehre

Umlaufende zylindrische Scheibe gleicher Dicke, Einheiten siehe umlaufender Ring

Tangentialspannung σ_t	$\sigma_t = \rho\omega^2 r_a^2 \dfrac{3+\mu}{8} \left[1 + \dfrac{r_i^2}{r_a^2} + \dfrac{r_i^2}{r_m^2} - \dfrac{(1+3\mu)r_m^2}{(3+\mu)r_a^2}\right]$	μ Poissonzahl (9.1)
Radialspannung σ_r	$\sigma_r = \rho\omega^2 r_a^2 \dfrac{3+\mu}{8} \left[1 + \dfrac{r_i^2}{r_a^2} - \dfrac{r_i^2}{r_m^2} - \dfrac{r_m^2}{r_a^2}\right]$	

Umlaufender Hohlzylinder, Einheiten siehe umlaufender Ring

μ Poissonzahl (9.1)

Tangentialspannung σ_t	$\sigma_t = \rho\omega^2 r_m \dfrac{3-2\mu}{8(1-\mu)} \left[1 + \dfrac{r_i^2}{r_a^2} + \dfrac{r_i^2}{r_m^2} - \dfrac{(1+2\mu)r_m^2}{(3-2\mu)r_a^2}\right]$
Radialspannung σ_r	$\sigma_r = \rho\omega^2 r_a^2 \dfrac{3-2\mu}{8(1-\mu)} \left[1 + \dfrac{r_i^2}{r_a^2} - \dfrac{r_i^2}{r_m^2} - \dfrac{r_m^2}{r_a^2}\right]$
Axialspannung σ_x	$\sigma_x = \rho\omega^2 r_a^2 \dfrac{2\mu}{8(1-\mu)} \left[1 + \dfrac{r_i^2}{r_a^2} - 2\dfrac{r_m^2}{r_a^2}\right]$

9.21. Flächenpressung, Lochleibungsdruck, Hertz'sche Pressung

Einheiten: Kraft F in N; Flächenpressung p in N/mm^2; Längen und Durchmesser in mm

Flächenpressung p ebener Flächen	$p = \dfrac{\text{Normalkraft } F_N}{\text{Berührungsfläche } A}$	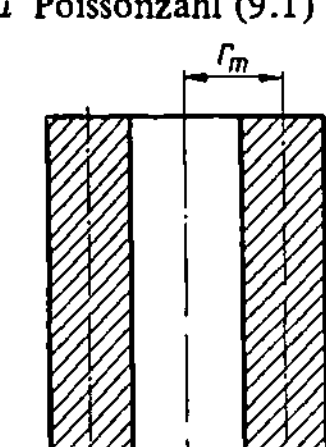
Flächenpressung p der Prismenführung	$p = \dfrac{F}{(B-b)l} = \dfrac{F}{2\,lT\tan\alpha}$	
Flächenpressung p im Kegelzapfen	$p = \dfrac{4F}{\pi(D^2 - d^2)} = \dfrac{F}{\pi l d_m \tan\alpha}$	
Flächenpressung p in Kegelkupplung	$p = \dfrac{F}{\pi d_m B \sin\alpha}$	
Flächenpressung p im Gewinde	$p = \dfrac{FP}{\pi d_2 H_1 m}$ m Mutterhöhe P Steigung eines Ganges	

"

Flächenpressung p im Gleitlager	$p = \dfrac{F}{d\,l}$	F Radialkraft d Lagerdurchmesser l Lagerlänge
Lochleibungsdruck σ_l = Flächenpressung am Nietschaft	$\sigma_l = \dfrac{F_1}{d_1 s}$	$s = 2s_1 \qquad s = 3s_2$

F_1 Kraft, die ein Niet zu übertragen hat; d_1 Lochdurchmesser = Durchmesser des geschlagenen Nietes (9.38); s kleinste Summe aller Blechdicken in *einer* Kraftrichtung!

Pressung p_{max} Kugel gegen Ebene	$p_{max} = \dfrac{1{,}5\,F}{\pi\,a^2} = \dfrac{1}{\pi}\sqrt[3]{\dfrac{1{,}5\,F E^2}{r^2(1-\mu^2)^2}}$ $a = \sqrt[3]{\dfrac{1{,}5\,(1-\mu^2)\,Fr}{E}} = 1{,}11\sqrt[3]{\dfrac{Fr}{E}}$ $\delta = \sqrt[3]{\dfrac{2{,}25\,(1-\mu^2)^2 F^2}{r E^2}} = 1{,}23\sqrt[3]{\dfrac{F^2}{r E^2}}$

μ Poisson-Zahl (9.1); $E = 2E_1 E_2/(E_1 + E_2)$ bei unterschiedlichen Werkstoffen (9.5)
δ gesamte Annäherung beider Körper

Pressung p_{max} Kugel gegen Kugel	Gleichungen wie Kugel gegen Ebene, mit $1/r = (1/r_1) + (1/r_2)$. Für Hohlkugel ist $1/r_2$ negativ einzusetzen
Pressung p_{max} Walze gegen Ebene	$p_{max} = \dfrac{2\,F}{\pi\,b\,l} = \sqrt{\dfrac{F E}{2\pi\,l\,r\,(1-\mu^2)}}$ $b = \sqrt{\dfrac{8\,Fr(1-\mu^2)}{\pi E l}} = 1{,}52\sqrt{\dfrac{Fr}{E l}}$
Pressung p_{max} Walze gegen Walze (parallele Achsen)	Gleichungen wie Walze gegen Ebene, mit $1/r = (1/r_1) + (1/r_2)$. Für Hohlzylinder ist $1/r_2$ negativ einzusetzen

9.22. Hohlzylinder unter Druck

Radialspannung σ_r im Abstand r	$\sigma_r = \dfrac{r_i^2}{r_a^2 - r_i^2}\left[p_i\left(1 - \dfrac{r_a^2}{r^2}\right) + p_a\,\dfrac{r_a^2}{r_i^2}\left(-1 + \dfrac{r_i^2}{r^2}\right)\right]$
Tangentialspannung σ_t im Abstand r	$\sigma_t = \dfrac{r_i^2}{r_a^2 - r_i^2}\left[p_i\left(1 + \dfrac{r_a^2}{r^2}\right) - p_a\,\dfrac{r_a^2}{r_i^2}\left(1 + \dfrac{r_i^2}{r^2}\right)\right]$

p_i Innenpressung, p_a Außenpressung

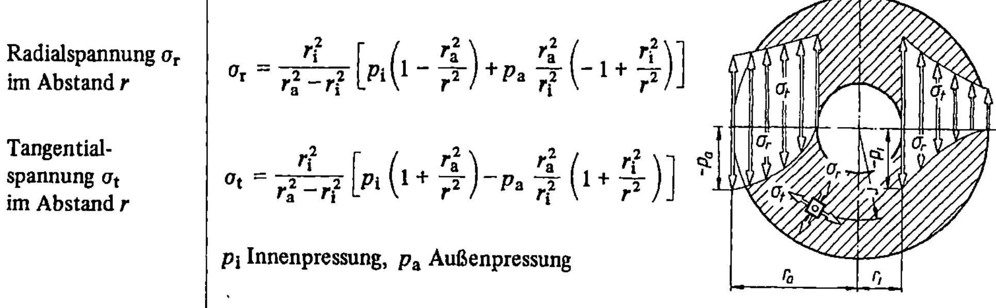

9. Festigkeitslehre

Spannung am Innenrand	$\sigma_r = -p_i$; $\sigma_t = \dfrac{p_i(r_a^2 + r_i^2) - 2p_a r_a^2}{r_a^2 - r_i^2}$
Spannung am Außenrand	$\sigma_r = -p_a$; $\sigma_t = \dfrac{2p_i r_i^2 - p_a(r_a^2 + r_i^2)}{r_a^2 - r_i^2}$
Schrumpfmaß für Pressverbindung	$\dfrac{r_{a1} - r_{i2}}{r_i} = p\,\dfrac{1}{E}\left(\dfrac{r_i^2 + r_{a2}^2}{r_{a2}^2 - r_i^2} + \dfrac{r_i^2 + r_{i1}^2}{r_i^2 - r_{i1}^2}\right)$ 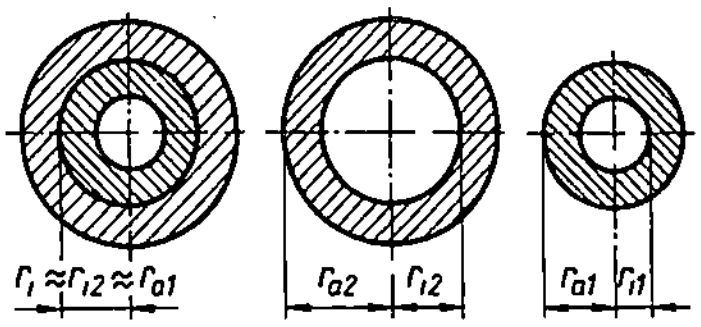 p erforderliche Pressung

9.23. Dauerfestigkeit, Gestaltfestigkeit, zulässige Spannung, Sicherheit

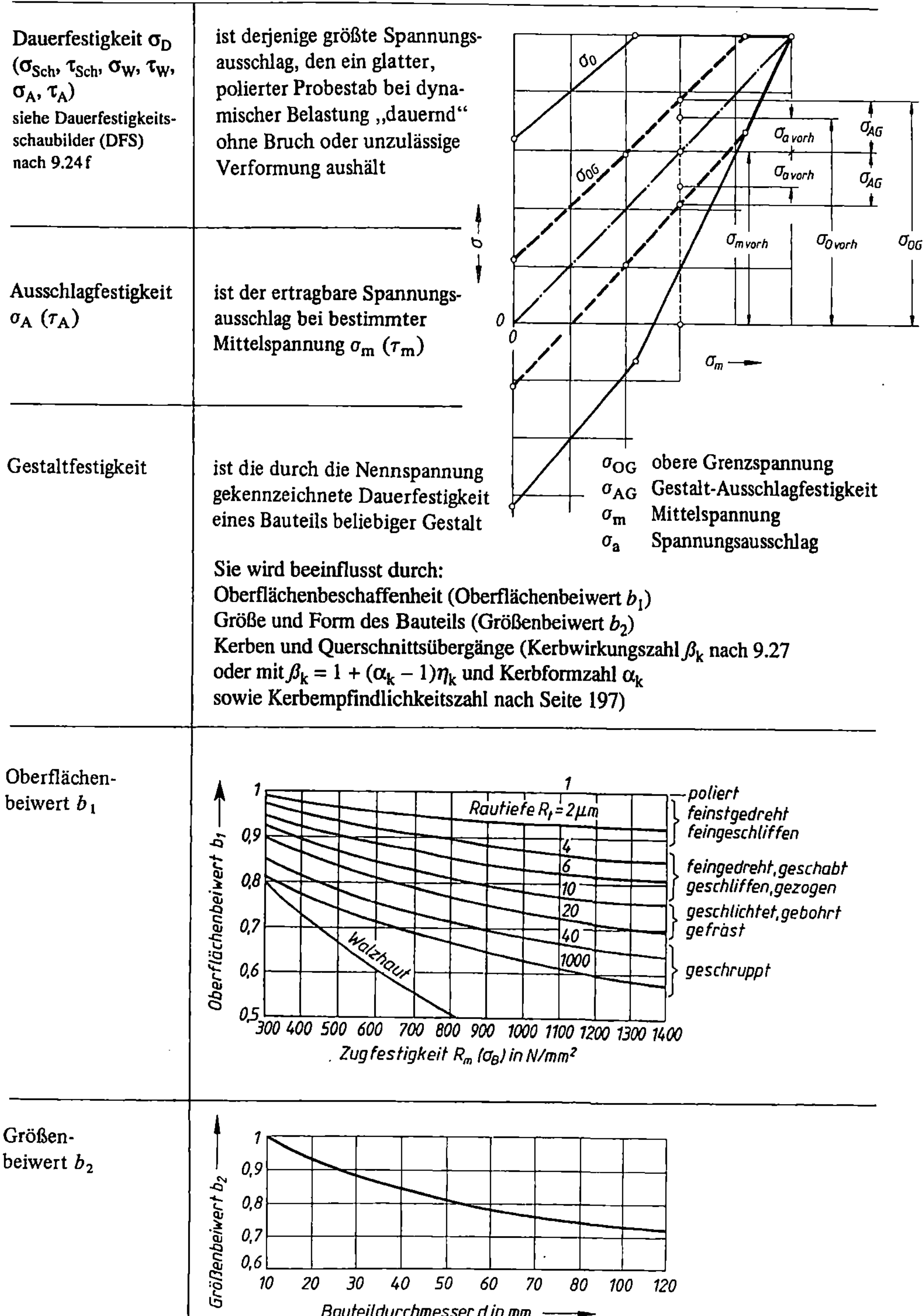

Dauerfestigkeit σ_D (σ_{Sch}, τ_{Sch}, σ_W, τ_W, σ_A, τ_A) siehe Dauerfestigkeits-schaubilder (DFS) nach 9.24 f	ist derjenige größte Spannungs-ausschlag, den ein glatter, polierter Probestab bei dyna-mischer Belastung „dauernd" ohne Bruch oder unzulässige Verformung aushält
Ausschlagfestigkeit σ_A (τ_A)	ist der ertragbare Spannungs-ausschlag bei bestimmter Mittelspannung σ_m (τ_m)
Gestaltfestigkeit	ist die durch die Nennspannung gekennzeichnete Dauerfestigkeit eines Bauteils beliebiger Gestalt

Sie wird beeinflusst durch:
Oberflächenbeschaffenheit (Oberflächenbeiwert b_1)
Größe und Form des Bauteils (Größenbeiwert b_2)
Kerben und Querschnittsübergänge (Kerbwirkungszahl β_k nach 9.27
oder mit $\beta_k = 1 + (\alpha_k - 1)\eta_k$ und Kerbformzahl α_k
sowie Kerbempfindlichkeitszahl nach Seite 197)

Oberflächen-beiwert b_1	
Größen-beiwert b_2	

9. Festigkeitslehre

zulässige Spannung bei dynamisch belasteten Bauteilen	$\sigma_{zul} = \dfrac{\sigma_D\, b_1\, b_2}{\nu\, \beta_k}$ Sicherheit $\nu = 1,2 \dots 2$ für gekerbte Bauteile	σ_D steht für alle Dauerfestigkeitswerte: $\sigma_{Sch},\ \tau_{Sch},\ \sigma_W,\ \tau_W,\ \sigma_A,\ \tau_A$ σ_{zul} steht auch für τ_{zul} oder $\sigma_{a\,zul}$
Kerbwirkungszahl β_k (9.27)	$\beta_k = 1 + (\alpha_k - 1)\,\eta_k$ $\alpha_k > \beta_k > 1$	α_k Kerbformzahl η_k Kerbempfindlichkeitszahl
Sicherheit ν allgemein	$\nu = \dfrac{\text{Grenzspannung (Festigkeitswert)}}{\text{vorhandene Spannung (Nennspannung } \sigma_n)}$	
Grenzspannungen	Zugfestigkeit R_m Schwellfestigkeit $\sigma_{Sch},\ \tau_{Sch}$ Streckgrenze R_e Wechselfestigkeit $\sigma_W,\ \tau_W$ 0,2-Dehngrenze $R_{p0,2}$ Ausschlagfestigkeit $\sigma_A,\ \tau_A$ Die Festigkeitswerte können den Dauerfestigkeitsschaubildern 9.27, 9.28, 9.29 entnommen werden. Ausgewählte Festigkeitswerte stehen in den Tafeln 9.28 und 9.29.	
Sicherheit ν gegen Gewaltbruch	$\nu = \dfrac{\text{Bruchfestigkeit } (R_m,\, \tau_B)}{\text{vorhandene Maximalspannung } (\sigma_{vorh},\, \tau_{vorh})}$	
Sicherheit ν gegen elastische Verformung	$\nu = \dfrac{\text{Streckgrenze oder 0,2-Dehngrenze } (R_e,\, \tau_S,\, R_{p0,2},\, \tau_{0,2})}{\text{vorhandene Maximalspannung } (\sigma_{vorh},\, \tau_{vorh})}$	
Sicherheit ν gegen Dauerbruch, allgemein	$\nu = \dfrac{\text{Dauerfestigkeit } (\sigma_D,\, \tau_D,\, \sigma_{Sch},\, \tau_{Sch},\, \sigma_W,\, \tau_W,\, \sigma_A,\, \tau_A)}{\text{vorhandene Maximalspannung } (\sigma_{vorh},\, \tau_{vorh},\, \sigma_a,\, \tau_a)}$	
Sicherheit ν gegen Dauerbruch von Bauteilen, allgemein	$\nu = \dfrac{\sigma_D\, b_1\, b_2}{\sigma_{vorh}\, \beta_k}$	$\begin{array}{c\|c} \sigma_D, \sigma_{vorh} & b_1, b_2, \beta_k, \nu \\ \hline \dfrac{N}{mm^2} & \text{Einheit Eins} \end{array}$
Sicherheit ν gegen Dauerbruch von Bauteilen bei Grundbeanspruchung σ_m mit überlagertem Spannungsausschlag σ_a	$\nu = \dfrac{\sigma_A\, b_1\, b_2}{\sigma_{a\,vorh}\, \beta_k} = \dfrac{\sigma_{AG}}{\sigma_{a\,vorh}}$	σ_a ist der vorhandene Spannungsausschlag bei bestimmter Mittelspannung σ_m, zu berechnen aus Ausschlagkraft oder Ausschlagmoment

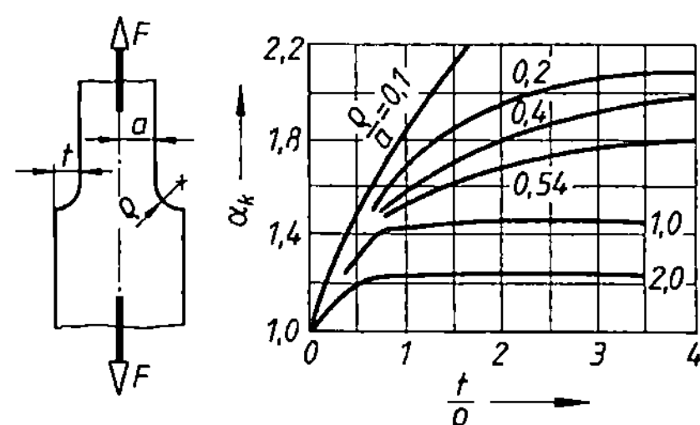

Formzahlen α_k zugbeanspruchter Flachstäbe mit
Hohlkehlen in Abhängigkeit von der Kerbschärfe t/ρ

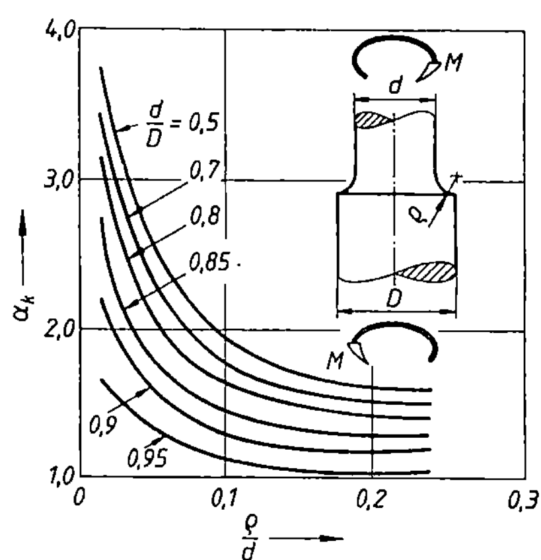

Formzahlen α_k für abgesetzte Wellen bei Torsion

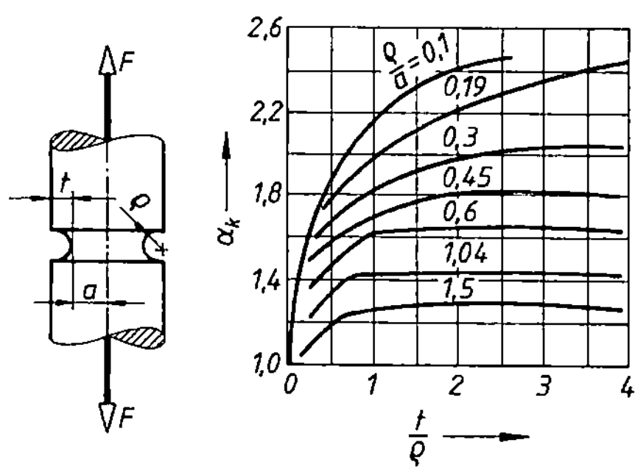

Formzahlen α_k zugbeanspruchter Rundstäbe
mit Umlaufkerbe in Abhängigkeit von der
Kerbschärfe t/ρ

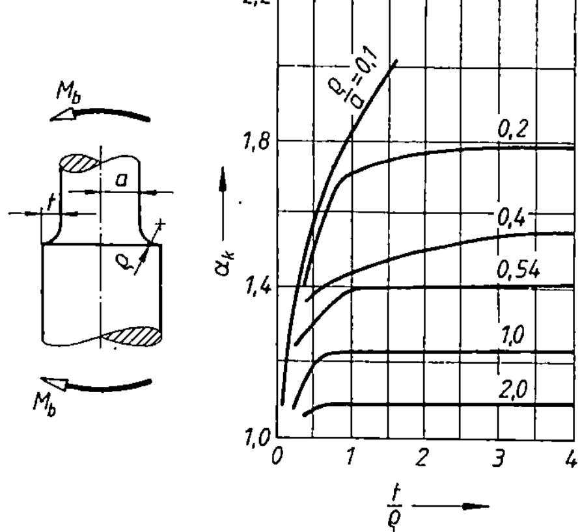

Formzahlen α_k für abgesetzte Wellen bei Biegung

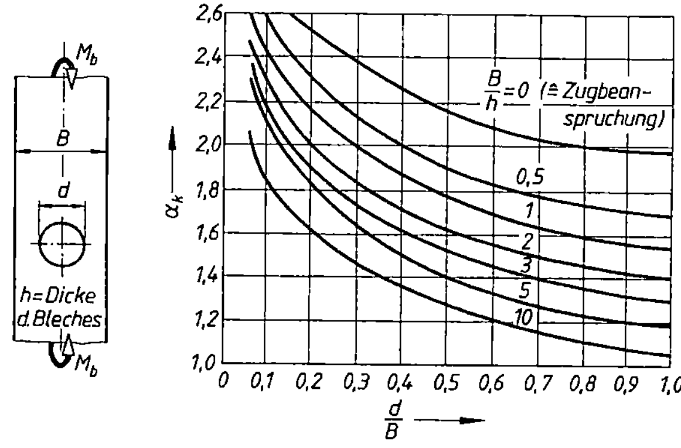

Formzahlen α_k biegebeanspruchter Flachstäbe, quer gebohrt,
in Abhängigkeit vom Bohrungsverhältnis d/B ($B/h = 0$ entspricht der Zugbeanspruchung)

Kerbempfindlichkeitszahlen η_k

Werkstoff	η_k
S235JR	0,30...0,50
E295	0,35...0,60
E335	0,40...0,60
E360	0,55...0,65
25 CrMo 4	0,85
30 CrNiMo 8	0,93
Federstahl	0,90...1,00
EN-GJL-250	0,20
Leichtmetalle	0,30...0,70

9. Festigkeitslehre

9.24 Zug-Druck-Dauerfestigkeitsschaubilder für verschiedene Werkstoffe

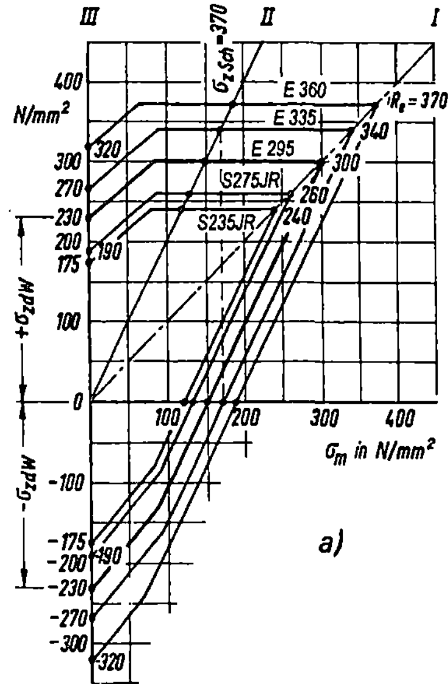

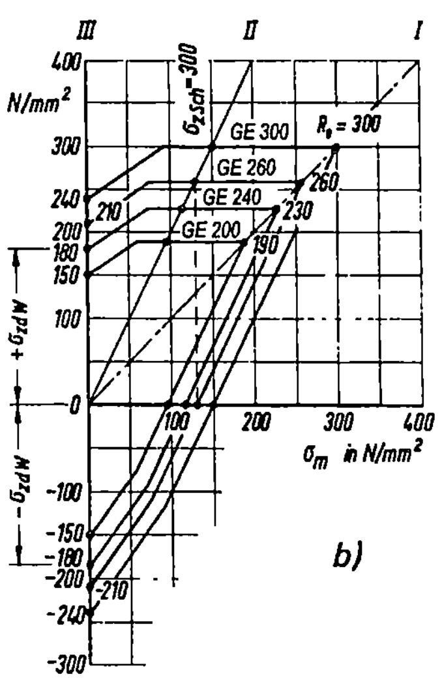

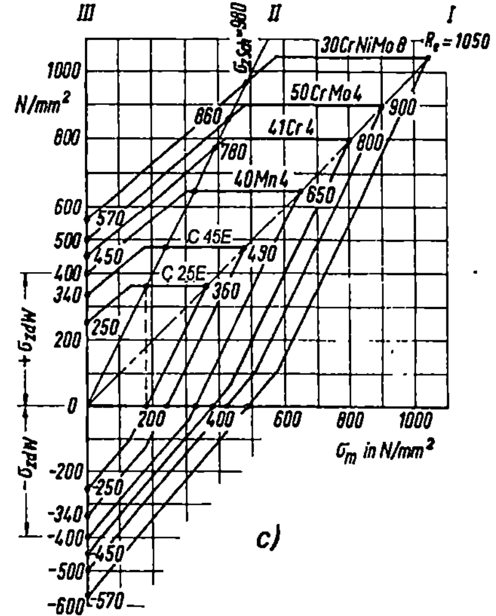

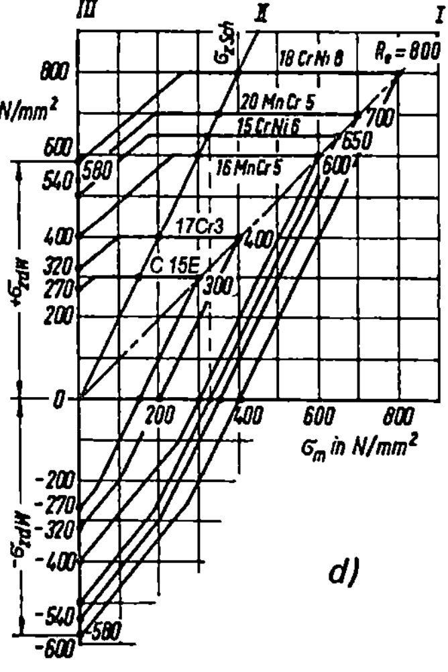

a) Baustähle nach EN 10025	c) Vergütungsstähle nach EN 10083
b) Stahlguss nach DIN 1681	d) Einsatzstähle nach EN 10084

9.25 Biege-Dauerfestigkeitsschaubilder für verschiedene Werkstoffe

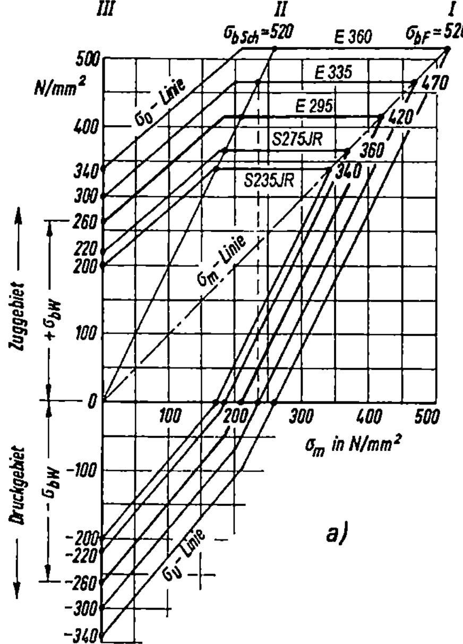

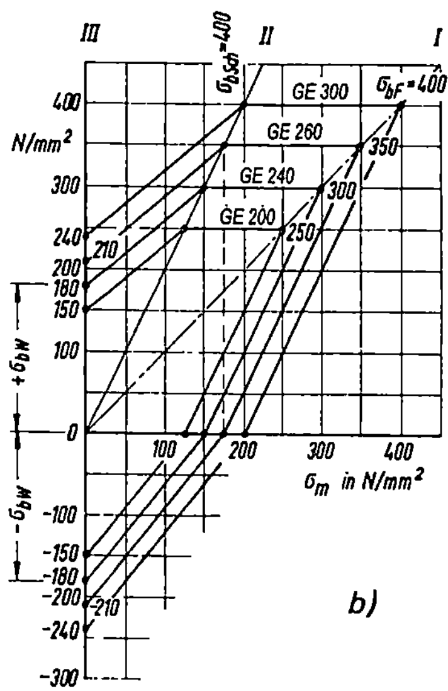

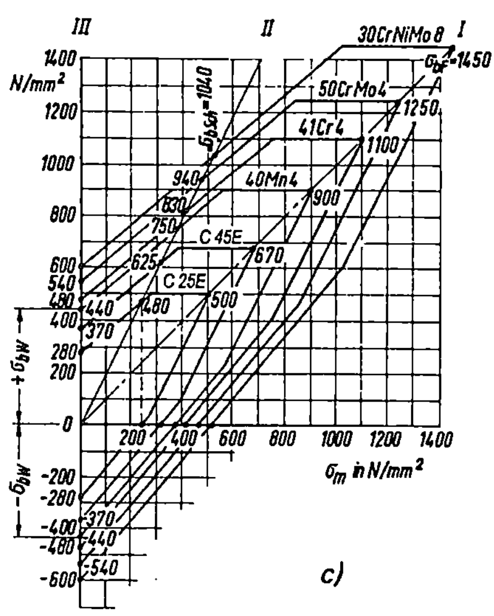

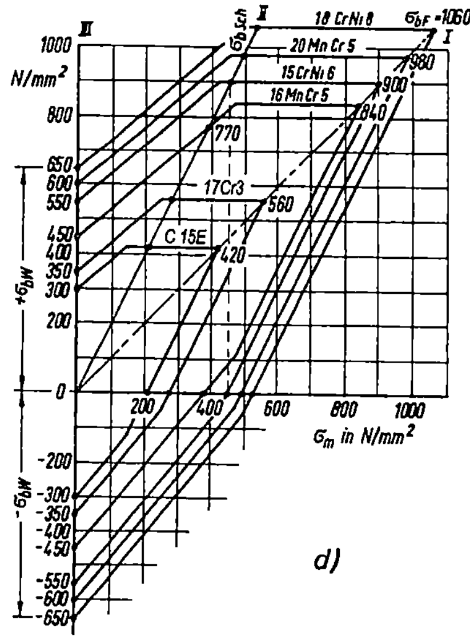

a) Baustähle nach EN 10025

b) Stahlguss nach DIN 1681

c) Vergütungsstähle nach EN 10083

d) Einsatzstähle nach EN 10084

9. Festigkeitslehre

9.26 Torsions (Verdreh)-Dauerfestigkeitsschaubilder für verschiedene Werkstoffe

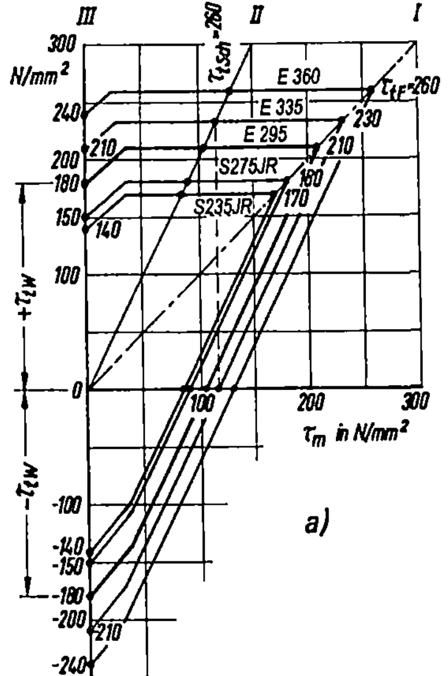

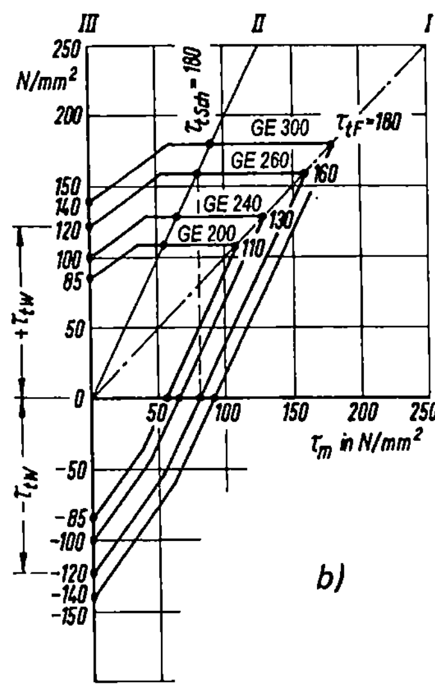

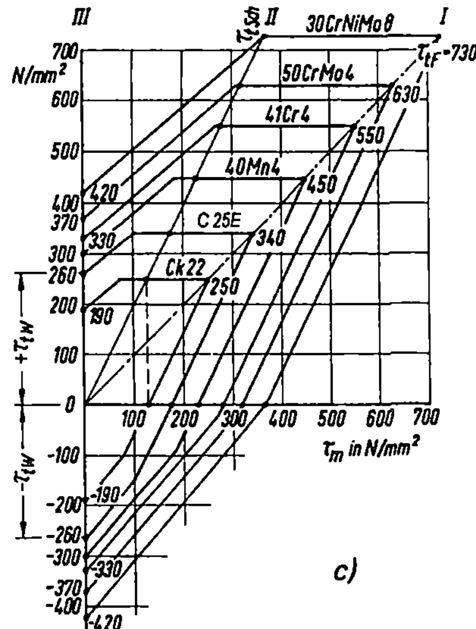

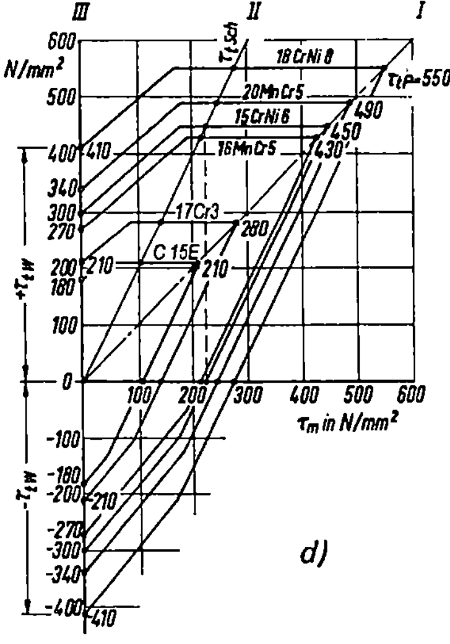

a) Baustähle nach EN 10025

b) Stahlguss nach DIN 1681

c) Vergütungsstähle nach EN 10083

d) Einsatzstähle nach EN 10084

"""

9.27 Richtwerte für Kerbwirkungszahl β_k

Kerbform	Beanspruchung	Werkstoff	β_k
Hinterdrehung in Welle (Rundkerbe)	Biegung		1,5 ... 2,2
Hinterdrehung in Welle (Rundkerbe)	Verdrehung		1,3 ... 1,8
Eindrehung für Sicherungsring in Welle	Biegung und Verdrehung	S235JR-E335	3 ... 4
abgesetzte Welle (Lagerzapfen)	Biegung		1,5 ... 2,0
abgesetzte Welle (Lagerzapfen)	Verdrehung		1,3 ... 1,8
Passfedernut in Welle	Biegung		1,5
Passfedernut in Welle	Biegung	CrNiSt	1,8
Passfedernut in Welle	Verdrehung	S235JR-E335	2,3
Passfedernut in Welle	Verdrehung	CrNiSt	2,8
Querbohrung in Achse (Schmierloch)	Biegung und Verdrehung		1,4 ... 1,7
Bohrung in Flachstab	Zug	S235JR-E335	1,6 ... 1,8
Bohrung in Flachstab	Biegung		1,3 ... 1,5
Welle an Übergangsstelle zu festsitzender Nabe	Biegung und Verdrehung		2

9.28 Festigkeitswerte zum Ansatz der zulässigen Spannung (alle Werte in N/mm²)

Werkstoff	R_m	$R_e,$ $R_{p\,0,2}$	$\sigma_{z\,Sch}$	$\sigma_{z\,W}$	$\sigma_{b\,Sch}$	$\sigma_{b\,W}$	$\tau_{t\,Sch}$	$\tau_{t\,W}$	Elastizitäts-modul E	Schub-modul G
S235JR	340	220	210	160	330	190	150	115	210 000	80 000
S275JO	410	260	240	170	350	210	165	130	210 000	80 000
E295	470	280	295	180	365	240	190	140	210 000	80 000
E335	570	320	335	220	430	280	220	160	210 000	80 000
E360	670	360	365	250	500	300	250	190	210 000	80 000
50CrMo4	1100	790	720	460	865	570	540	340	210 000	80 000
20MnCr5	1080	650	615	370	725	460	470	280	210 000	80 000
AlCuMgPbF37	370	250	180	100	255	135	120	80	72 000	28 000

9.29. Festigkeitswerte für Gusseisen zum Ansatz der zulässigen Spannung (alle Werte in N/mm²)

Werkstoff	R_m	$R_e,$ $R_{p\,0,2}$	$\sigma_{d\,B}$	$\sigma_{b\,B}$	$\sigma_{z\,dW}$	$\sigma_{b\,W}$	$\tau_{t\,W}$	Elastizitäts-modul E	Schub-modul G
GJL-150	150	90	600	250	40	70	60	82 000	35 000
GJL-200	200	130	720	290	50	90	75	100 000	40 000
GGJL-250	250	165	840	340	60	120	100	110 000	43 000
GJL-300	300	195	960	390	75	140	120	120 000	49 000
GJL-350	350	228	1080	490	85	145	125	130 000	52 000
GJMW-400-5	400	220	1000	800	120	140	115	175 000	67 000
GJMB-350-10	350	200	1200	700	1000	120	100	175 000	67 000

Diese Werte gelten für 15 – 30 mm Wanddicke; für 8 – 15 mm 10 % höher, für > 30 mm 10 % niedriger; Dauerfestigkeitswerte im bearbeiteten Zustand; für Gusshaut 20 % Abzug.

9. Festigkeitslehre

9.30 Zulässige Spannungen im Stahlhochbau

a) Zulässige Spannungen in N/mm² für Bauteile

Spannungsart	Werkstoff					
	S235		S355		S360	
	Lastfall[1]					
	H	HZ	H	HZ	H	HZ
Druck und Biegedruck, wenn Stabilitätsnachweis nach DIN erforderlich ist.	140	160	210	240	410	460
Zug und Biegezug, Biegedruck, wenn Stabilitätsnachweis nach DIN erforderlich ist.	160	180	240	270	410	460
Schub	92	104	139	156	240	270

b) Zulässige Spannungen in N/mm² für Verbindungsmittel

Spannungsart	Niete (DIN 124 und DIN 302)				Passschrauben (DIN 7986)			
	Ust 36-1 für Bauteile aus S235		RSt 44-2 für Bauteile aus S355		4.6 für Bauteile aus S235		5.6 für Bauteile aus S355	
	Lastfall[1]							
	H	HZ	H	HZ	H	HZ	H	HZ
Abscheren $\tau_{a\,zul}$	140	160	210	240	140	160	210	240
Lochleibungsdruck $\sigma_{l\,zul}$	280	320	420	480	280	320	420	480
Zug $\sigma_{z\,zul}$	48	54	72	81	112	112	150	150

9.31 Zulässige Spannungen im Kranbau für Stahlbauteile und ihre Verbindungsmittel

a) Zulässige Spannungen in N/mm² für Bauteile

Spannungsart	Werkstoff				Außer dem allgemeinen Spannungsnachweis auf Sicherheit gegen Erreichen der Fließgrenze ist für Krane mit mehr als 20 000 Spannungsspielen noch ein *Betriebsfestigkeitsnachweis* auf Sicherheit gegen Bruch bei zeitlich veränderlichen, häufig wiederholten Spannungen für die Lastfälle H zu führen. Zulässige Spannungen beim Betriebsfestigkeitsnachweis siehe Normblatt.
	S235		S355		
	Lastfall[1]				
	H	HZ	H	HZ	
Zug- und Vergleichsspannung	160	180	240	270	
Druckspannung, Nachweis auf Knicken	140	160	210	240	
Schubspannung	92	104	138	156	

b) Zulässige Spannungen in N/mm² für Verbindungsmittel

Spannungsart		Passschrauben (DIN 7986).				Rohe Schrauben (DIN 7900)				Niete (DIN 124)	
		4.6 für Bauteile aus S235		5.6 für Bauteile aus S355		4.6 für Bauteile aus S235		5.6 für Bauteile aus S355		für Bauteile aus S235	
		Lastfall[1]									
		H	HZ	H	HZ	H	HZ	H	HZ	H	HZ
Abscheren	einschnittig	84	96	126	144	70	80	70	80	84	96
	zweischnittig	112	128	168	192					112	128
Lochleibungsdruck	einschnittig	210	240	315	360	160	180	160	180	210	240
	zweischnittig	280	320	420	480					280	320
Zug	einschnittig	100	110	140	154	100	110	140	154	30	30
	zweischnittig	100	110	140	154					30	30

[1] Einteilung nach DIN 18801 in Hauptlasten (H), Zusatzlasten (Z) und Sonderlasten (S). Hauptlasten (H) sind alle planmäßigen äußeren Lasten und Einwirkungen, die nicht nur kurzzeitig auftreten wie ständige Last, planmäßige Verkehrslast, Schneelast, sonstige Massenkräfte. Zusatzlasten (Z) sind alle übrigen bei der planmäßigen Nutzung auftretenden Lasten und Einwirkungen wie Windlast, Bremslast, Seitenstoßlast, nur kurzzeitig auftretende Massenkräfte, Wärmewirkungen. Sonderlasten (Z) sind nicht planmäßig mögliche Lasten und Einwirkungen aus möglichen Baugrundbewegungen.

9.32. Stahlbaugrundlagen

a) Allgemeines

Druckstäbe (Stützen) im Stahlbau sind nach den Vorschriften der seit November 1990 geltenden Norm DIN 18 800 zu berechnen und zu gestalten. Die Norm besteht aus drei Teilen:

Teil 1, Bemessung und Konstruktion,
enthält u. a.: Bautechnische Unterlagen, Werkstoffe, Grundsätze der Konstruktion, Annahmen für die Einwirkungen, Nachweise (z. B. Verfahren beim Tragsicherheitsnachweis), Beanspruchungen der Verbindungen, Beanspruchbarkeit hochfester Zugglieder beim Nachweis der Tragsicherheit.

Teil 2, Stabilitätsfälle, Knicken von Stützen und Stabwerken,
enthält u. a.: Grundsätzliches zum Tragsicherheitsnachweis, Einteilige Stäbe (z. B. Einachsige Biegung mit Normalkraft), Mehrteilige einfeldrige Stäbe, Stabwerke (z. B. Fachwerke), Bogenträger.

Teil 3, Stabilitätsfälle, Plattenbeulen,
enthält u. a.: Spannungen infolge Einwirkungen, Konstruktive Forderungen und Hinweise.

b) Tragsicherheit

Nach DIN 18 800, Teil 2, muss die so genannte *Tragsicherheit* nachgewiesen werden. Tragsicherheit besteht dann, wenn in der Ausweichrichtung des Stabes bei planmäßig mittigem Druck die Tragsicherheits-Hauptgleichung erfüllt ist:

$$\frac{F}{\kappa\,F_{\mathrm{pl}}} \le 1$$

F	F_{pl}	κ
N	N	1

(Tragsicherheits-Hauptgleichung)

F Belastung (Normalkraft) in Richtung der Stabachse, F_{pl} Normalkraft im vollplastischen Zustand (Tafel 9.35.), κ Abminderungsfaktor (Abschnitt c), Arbeitsplan Nr. 8).

Eine Bemessung der Stabquerschnitte ist über den Tragsicherheitsnachweis nicht möglich, weil die Tragsicherheits-Hauptgleichung keine direkte Bezugsgröße für einen Stabquerschnitt enthält. Man nimmt daher versuchsweise einen Stabquerschnitt an und ermittelt damit der Reihe nach die im folgenden Arbeitsplan aufgeführten Größen. Ist am Ende die Bedingung $F/(\kappa\,F_{\mathrm{pl}}) \le 1$ nicht erfüllt, muss die Rechnung mit geänderten Annahmen wiederholt werden.

c) Arbeitsplan zum Tragsicherheitsnachweis für einteilige Knickstäbe

Gegeben: Querschnittsabmessungen (Profil), Werkstoff, Belastung F des Druckstabes
Gesucht: Tragsicherheitsnachweis

1. Knicklänge s_K	$s_\mathrm{K} = \beta\,l$	$\dfrac{s_\mathrm{K}}{\mathrm{mm}} \quad \dfrac{\beta}{1} \quad \dfrac{l}{\mathrm{mm}}$

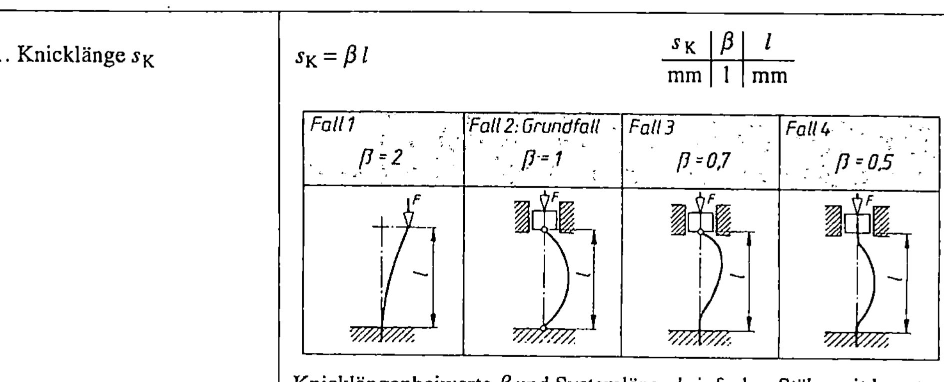

Knicklängenbeiwerte β und Systemlänge l einfacher Stäbe mit konstantem Querschnitt

9. Festigkeitslehre

2. Systemlänge l Für das Ausknicken in der Fachwerkebene ist die Systemlänge l der geschätzte Abstand der beiden Anschlussverbindungen an den Stabenden. Für das Ausknicken rechtwinklig zur Fachwerkebene ist l der Abstand der Netzlinien.	 Ausknicken in der Fachwerkebene · Ausknicken senkrecht zur Fachwerkebene
3. Trägheitsradius i	$i = \sqrt{\dfrac{I}{S}}$ $\begin{array}{c\|c\|c} i & I & S \\ \hline \mathrm{mm} & \mathrm{mm}^4 & \mathrm{mm}^2 \end{array}$ i Trägheitsradius, I Flächenmoment 2. Grades, S Querschnittsfläche (i, I und S nach den Tafeln 9.9 f.).
4. Schlankheitsgrad λ_K	$\lambda_K = \dfrac{s_K}{i}$ $\begin{array}{c\|c\|c} \lambda_K & s_K & \lambda_a \\ \hline 1 & 1 & 1 \end{array}$ s_K Knicklänge, i Trägheitsradius
5. bezogener Schlankheitsgrad $\bar\lambda_K$	$\bar\lambda_K = \dfrac{\lambda_K}{\lambda_a}$ $\begin{array}{c\|c\|c} \bar\lambda_K & \lambda_K & \lambda_a \\ \hline 1 & 1 & 1 \end{array}$ λ_K Schlankheitsgrad, λ_a Bezugsschlankheitsgrad
6. Bezugsschlankheitsgrad λ_a	$\lambda_a = \pi \sqrt{\dfrac{E}{R_e}}$ $\begin{array}{c\|c\|c} \lambda_a & E & R_e \\ \hline 1 & \mathrm{N/mm^2} & \mathrm{N/mm^2} \end{array}$ E Elastizitätsmodul = 210 000 N/mm², R_e Streckgrenze im Abschnitt Werkstofftechnik, auch in DIN 18 800, Teil 1, Tabelle 1. (siehe Tafeln 9.28, 9.29). Danach ergibt sich λ_a für die im Stahlbau verwendeten Werkstoffe: S235JR mit R_e = 240 N/mm² und einer Erzeugnisdicke $t \le 40$ mm zu λ_a = 92,9, S355J2G3 mit R_e = 360 N/mm² und einer Erzeugnisdicke $t \le 40$ mm zu λ_a = 75,9.
7. Ermittlung einer Knickspannungslinie	Die Knickspannungslinie muss Tafel 9.34. in Abhängigkeit vom gewählten Stabquerschnitt entnommen werden.

8. Abminderungsfaktor κ	Der Abminderungsfaktor κ für die Knickspannungslinien a, b, c und d wird mit den folgenden Formeln berechnet:

Bereich $\bar{\lambda}_K \leq 0,2$	Bereich $\bar{\lambda}_K > 0,2$	Bereich $\bar{\lambda}_K > 3,0$
$\kappa = 1$	$\kappa = \dfrac{1}{k + \sqrt{k^2 - \bar{\lambda}_K^2}}$ mit $k = 0,5 \left[1 + \alpha(\bar{\lambda}_K - 0,2) + \bar{\lambda}_K^2 \right]$	$\kappa = \dfrac{1}{\left[\bar{\lambda}_K (\bar{\lambda}_K + \alpha) \right]}$

9. Der Parameter α ist abhängig von den Knickspannungslinien:	

Knickspannungslinie	a	b	c	d
α	0,21	0,34	0,49	0,76

10. Normalkraft F_{pl}	$F_{pl} = R_e\, S$

F_{pl}	R_e	S
N	N/ mm^2	mm^2

F_{pl} ist diejenige Druckkraft, bei der im Werkstoff des Stabes vom Querschnitt S vollplastischer Zustand erreicht wird. Als Widerstandsgröße kann die Streckgrenze R_e oder die obere Streckgrenze R_{eH} eingesetzt werden (Tafel n 9.28, 9.29 und Abschnitt Werkstofftechnik).

11. Tragsicherheits-nachweis	Zum Abschluss der Rechnung ist mit der Tragsicherheits-Hauptgleichung $F/(\kappa\, F_{pl}) \leq 1$ die zulässige Querschnittswahl nachzuweisen oder es ist mit einem anderen Profil oder mit einem anderen Stabquerschnitt die Prüfung zu wiederholen.

d) Beispiel zum Tragfähigkeitsnachweis

Ein planmäßig mittig gedrückter Stab nach Fall 2 (Arbeitsplan c) Nr. 1) mit der Systemlänge $s_K = 1,750$ m wird durch die Druckkraft $F = 240$ kN belastet.

Querschnittsform: Doppel T-Träger IPE 200 nach DIN 1025 (Tafel 9.13.)

Werkstoff: S235JR

Lösung:

Knicklänge $s_K = \beta\, l$; mit $\beta = 1$ nach Arbeitsplan c) Nr. 1 wird $s_K = 1,75$ m $= 1750$ mm

$$\text{Trägheitsradius } i = \frac{I_y}{S} = \frac{142 \cdot 10^4 \text{ mm}^4}{2850 \text{ mm}^2} = 22,321 \text{ mm}$$

$$\text{Schlankheitsgrad } \lambda_K = \frac{s_K}{i} = \frac{1750 \text{ mm}}{22,321 \text{ mm}} = 78,402$$

bezogener Schlankheitsgrad $\bar{\lambda}_K$ mit $\lambda_a = 92,9$ für S235JR bei $t \leq 40$ mm

$$\bar{\lambda}_K = \frac{78,402}{92,9} = 0,844$$

Die Knickspannungslinie wird Tafel 9.34. entnommen.

Für $h/b = 200$ mm/100 mm $= 2 > 1,2$ und $t = 8,5$ mm < 40 mm wird in Tafel 9.34. für das rechtwinklige Ausknicken und die y-Achse die Knickspannungslinie b vorgeschrieben.

9. Festigkeitslehre

Abminderungsfaktor κ nach Arbeitsplan c) Nr. 8 mit $\bar{\lambda}_K = 0,844 > 0,2$ und $\alpha = 0,34$: wird

$$k = 0,5 \cdot (1 + \alpha(\bar{\lambda}_K - 0,2) + \bar{\lambda}_K{}^2)$$

$$k = 0,5 \cdot (1 + 0,34 \cdot (0,844 - 0,2) + 0,844^2) = 0,966$$

Abminderungsfaktor $\kappa = \dfrac{1}{k + \sqrt{k^2 - \bar{\lambda}_K^2}} = \dfrac{1}{0,966 + \sqrt{0,966^2 - 0,844^2}} = 0,696$

Normalkraft F_{pl} im plastischen Zustand nach Tafel 9.35.: $F_{pl} = 613$ kN

Tragsicherheit $\dfrac{F}{\kappa F_{pl}} = \dfrac{240 \text{ kN}}{0,696 \cdot 613 \text{ kN}} = 0,563 < 1$

Die Bedingung der Tragsicherheits-Hauptgleichung ist erfüllt.

e) Tragsicherheit mehrteiliger Knickstäbe

Auch mehrteilige aus Walzprofilen zusammengesetzte Stäbe können wie einteilige berechnet werden, wenn deren Querschnitte senkrecht zur Ausweichrichtung eine Stoffachse haben.

Die Einzelprofile sind durch Nieten oder Schweißen so verbunden, dass der Stab als ein Bauglied angesehen werden kann.

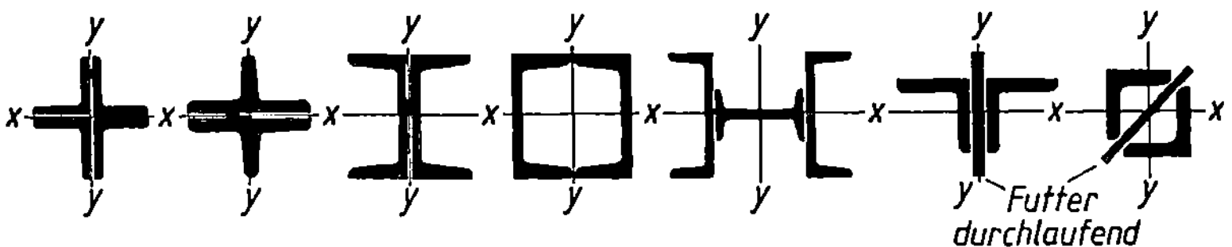

Mehrteilige Stäbe mit zwei Stoffachsen x-x und y-y

Mehrteilige Querschnitte mit einer Stoffachse x-x und einer stofffreien Achse y-y können senkrecht zur Stoffachse x-x wie einteilige Stäbe berechnet werden.

In Ausweichrichtung senkrecht zur stofffreien Achse y-y gelten andere Rechenvorschriften nach DIN 18 800, Teil 2, Abschnitt 4.

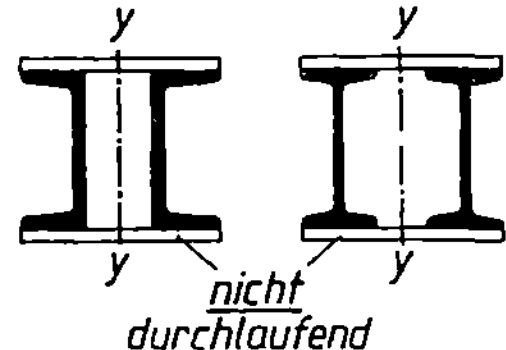

Mehrteilige Querschnitte mit stofffreier Biegeachse y-y

Der knickgünstigste Querschnitt ist der Rohrquerschnitt, jedoch soll die Wanddicke δ nicht kleiner als D/10 sein, weil eine dünnere Wand durch „Beulen" der Belastung ausweichen könnte.

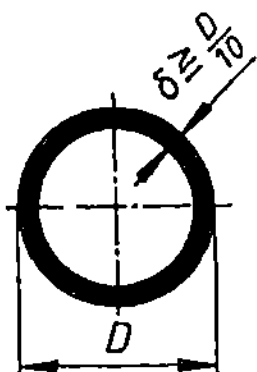

Günstigster Querschnitt für Knickstäbe

9.33. Festigkeitswerte für Walzstahl (Bau- und Feinkornbaustahl)

Werkstoff	Bezeichnung	Erzeugnisdicke t mm	Streckgrenze R_e N/mm^2	Zugfestigkeit R_m N/mm^2
Baustahl	S235JR	$t \leq 40$	240	360
	S235JRG1 S235JRG2 S235JO	$40 < t \leq 80$	215	
Baustahl	E295	$t \leq 40$	360	510
		$40 < t \leq 80$	325	
Feinkornbaustahl[1]	E355	$t \leq 40$	360	700
		$40 < t \leq 80$	325	

9.34. Zuordnung der Profilquerschnitte zu den Knickspannungslinien[1]

Querschnittsformen		Ausknicken rechtwinklig zur Achse	Knickspannungslinie
Gewalzte Doppel-T-Profile (siehe Tafeln 9.13., 9.14.)	$h/b > 1{,}2$ und $t \leq 40$ mm	x y	a b
	$h/b > 1{,}2$ und $40 < t \leq 80$ mm $h/b \leq 1{,}2$ und $t \leq 80$ mm	x y	b c
	$t > 80$ mm	x und y	d
U-, L-, T-Querschnitte		x und y	c

[1] nach DIN 18 800, Teil 2, Tabelle 5

9.35. Normalkraft $F_{pl} = R_e\,S$ in kN

Profil	S mm^2	F_{pl}[1] kN	F_{pl}[2] kN	Profil	S mm^2	F_{pl}[1] kN	F_{pl}[2] kN	Profil	S mm^2	F_{pl}[1] kN	F_{pl}[2] kN
L 40 x 6	448	96	105	IPE 80	764	164	180	U 50	712	153	167
L 50 x 6	569	122	134	IPE 100	1000	215	235	U 80	1100	237	259
L 60 x 6	691	149	162	IPE 120	1320	284	310	U 100	1350	290	317
L 70 x 7	940	202	221	IPE 140	1640	353	385	U 140	2040	439	479
L 80 x 8	1230	264	289	IPE 160	2010	432	472	U 160	2400	516	564
L 80 x 10	1510	325	355	IPE 180	2390	514	562	U 180	2800	602	658
L 90 x 9	1550	333	364	IPE 200	2850	613	670	U 200	3220	692	757
L 100 x 10	1920	413	451	IPE 220	3340	718	785	U 220	3740	804	879
L 120 x 13	2970	639	698	IPE 240	3910	841	919	U 240	4230	909	994
L 140 x 15	4000	860	940	IPE 270	4590	987	1079	U 260	4830	1038	1135
L 150 x 16	4570	983	1074	IPE 300	5380	1157	1264	U 280	5330	1146	1253
L 160 x 19	5750	1236	1351	IPE 360	7270	1563	1708	U 300	5880	1264	1382
L 180 x 18	6190	1331	1455	IPE 400	8450	1817	1986	U 350	7730	1662	1817
L 200 x 20	7640	1643	1795	IPE 500	11600	2494	2726	U 400	9150	1967	2150

[1] mit $R_e = 215$ N/mm^2 gerechnet,   [2] mit $R_e = 235$ N/mm^2 gerechnet

9. Festigkeitslehre

9.36. Metrisches ISO-Gewinde

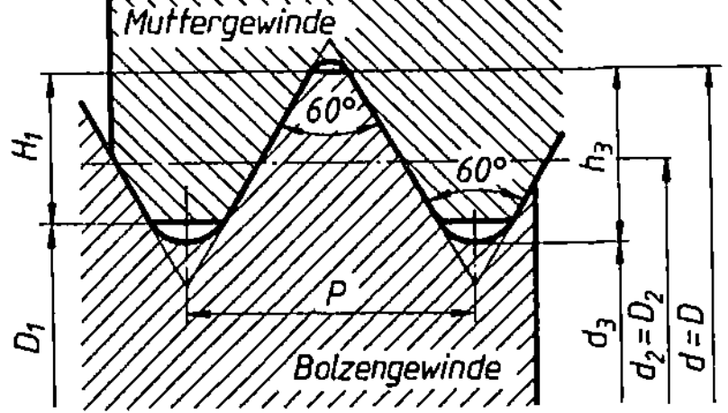

Bezeichnung des Metrischen Regelgewindes z.B.

$\boxed{\text{M 12}}$ Gewinde-Nenndurchmesser
$d = D = 12$ mm

Maße in mm

Gewinde-Nenndurchmesser $d = D$		Steigung P	Steigungs-winkel α in Grad	Flanken-durchmesser $d_2 = D_2$	Kerndurchmesser		Gewindetiefe[1]		Spannungs-querschnitt A_s mm^2	polares Wider-standsmoment W_{ps} mm^3
Reihe 1	Reihe 2				d_3	D_1	h_3	H_1		
3		0,5	3,40	2,675	2,387	2,459	0,307	0,271	5,03	3,18
	3,5	0,6	3,51	3,110	2,764	2,850	0,368	0,325	6,78	4,98
4		0,7	3,60	3,545	3,141	3,242	0,429	0,379	8,73	7,28
	4,5	0,75	3,40	4,013	3,580	3,688	0,460	0,406	11,3	10,72
5		0,8	3,25	4,480	4,019	4,134	0,491	0,433	14,2	15,09
6		1	3,40	5,350	4,773	4,917	0,613	0,541	20,1	25,42
8		1,25	3,17	7,188	6,466	6,647	0,767	0,677	36,6	62,46
10		1,5	3,03	9,026	8,160	8,376	0,920	0,812	58,0	124,6
12		1,75	2,94	10,863	9,853	10,106	1,074	0,947	84,3	218,3
	14	2	2,87	12,701	11,546	11,835	1,227	1,083	115	347,9
16		2	2,48	14,701	13,546	13,835	1,227	1,083	157	554,9
	18	2,5	2,78	16,376	14,933	15,294	1,534	1,353	192	750,5
20		2,5	2,48	18,376	16,933	17,294	1,534	1,353	245	1082
	22	2,5	2,24	20,376	18,933	19,294	1,534	1,353	303	1488
24		3	2,48	22,051	20,319	20,752	1,840	1,624	353	1871
	27	3	2,18	25,051	23,319	23,752	1,840	1,624	459	2774
30		3,5	2,30	27,727	25,706	26,211	2,147	1,894	561	3748
	33	3,5	2,08	30,727	28,706	29,211	2,147	1,894	694	5157
36		4	2,18	33,402	31,093	31,670	2,454	2,165	817	6588
	39	4	2,00	36,402	34,093	34,670	2,454	2,165	976	8601
42		4,5	2,10	39,077	36,479	37,129	2,760	2,436	1120	10574
	45	4,5	1,95	42,077	39,479	40,129	2,760	2,436	1300	13222
48		5	2,04	44,752	41,866	42,587	3,067	2,706	1470	15899
	52	5	1,87	48,752	45,866	46,587	3,067	2,706	1760	20829
56		5,5	1,91	52,428	49,252	50,046	3,374	2,977	2030	25801
	60	5,5	1,78	56,428	53,252	54,046	3,374	2,977	2360	32342
64		6	1,82	60,103	56,639	57,505	3,681	3,248	2680	39138
	68	6	1,71	64,103	60,639	61,505	3,681	3,248	3060	47750

[1] H_1 ist die Tragtiefe (siehe Festigkeitslehre: Flächenpressung im Gewinde)

9.37. Metrisches ISO-Trapezgewinde

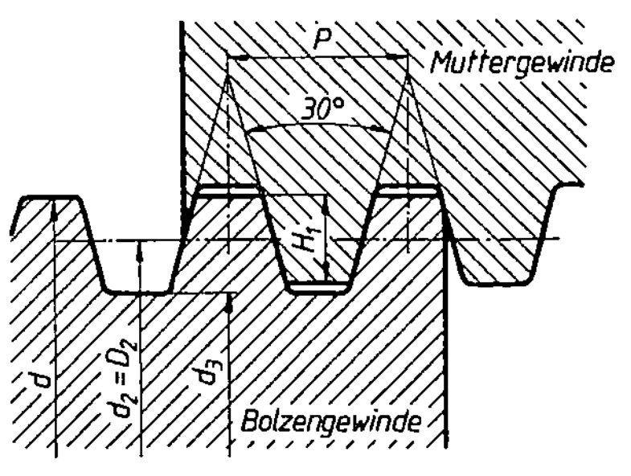

Bezeichnung für

a) eingängiges Gewinde z.B.

| Tr 75 x 10 |

Gewindedurchmesser d = 75 mm,
Steigung P = 10 mm = Teilung

b) zweigängiges Gewinde z.B.

| Tr 75 x 20 P 10 |

Gewindedurchmesser d = 75 mm,
Steigung P_h = 20 mm, Teilung P = 10 mm

$$\text{Gangzahl } z = \frac{\text{Steigung } P_h}{\text{Teilung } P} = \frac{20 \text{ mm}}{10 \text{ mm}} = 2$$

Maße in mm

Gewindedurchmesser d	Steigung P	Steigungswinkel α in Grad	Tragtiefe H_1 $H_1 = 0{,}5\,P$	Flankendurchmesser $D_2 = d_2$ $D_2 = d - H_1$	Kerndurchmesser d_3	Kernquerschnitt $A_3 = \frac{\pi}{4}\,d_3^2$ mm²	polares Widerstandsmoment $W_p = \frac{\pi}{16}\,d_3^3$ mm³
8	1,5	3,77	0,75	7,25	6,2	30,2	46,8
10	2	4,05	1	9	7,5	44,2	82,8
12	3	5,20	1,5	10,5	9	63,6	143
16	4	5,20	2	14	11,5	104	299
20	4	4,05	2	18	15,5	189	731
24	5	4,23	2,5	21,5	18,5	269	1243
28	5	3,57	2,5	25,5	22,5	398	2237
32	6	3,77	3	29	25	491	3068
36	6	3,31	3	33	29	661	4789
40	7	3,49	3,5	36,5	32	804	6434
44	7	3,15	3,5	40,5	36	1018	9161
48	8	3,31	4	44	39	1195	11647
52	8	3,04	4	48	43	1452	15611
60	9	2,95	4,5	55,5	50	1963	24544
65	10	3,04	5	60	54	2290	30918
70	10	2,80	5	65	59	2734	40326
75	10	2,60	5	70	64	3217	51472
80	10	2,43	5	75	69	3739	64503
85	12	2,77	6	79	72	4071	73287
90	12	2,60	6	84	77	4656	89640
95	12	2,46	6	89	82	5281	108261
100	12	2,33	6	94	87	5945	129297
110	12	2,10	6	104	97	7390	179203
120	14	2,26	7	113	104	8495	220867

9.38. Niete und Schrauben für Stahl- und Kesselbau

Rohnietdurchmesser d mm	10	12	(14)	16	(18)	20	22	24	27	30	(33)	36
Nietlochdurchmesser d_1 mm	11	13	15	17	19	21	23	25	28	31	34	37
Nietquerschnitt $A_1 = \dfrac{d_1^2\,\pi}{4}$ mm²	95	133	177	227	284	346	415	491	616	755	908	1075
Sechskantschraube	M10	M12	—	M16	—	M20	M22	M24	M27	M30	M33	M36
Blechdicken s mm	4 ...6	> 6...8		> 8...12		> 12...18			> 18			

d_1 Durchmesser des geschlagenen Nietes   Größen in ( ) möglichst vermeiden

9. Festigkeitslehre

9.39. Metrisches ISO-Feingewinde

Maße in mm

Gewinde-Nenn-durch-messer $d = D$	Steigung P	Steigungs-winkel α	Flanken-durch-messer $d_2 = D_2$	Kerndurchmesser d_3	Kerndurchmesser D_1	Gewindetiefe[1] h_3	Gewindetiefe[1] H_1	Span-nungs-quer-schnitt A_s mm²	polares Wider-stands-moment W_{ps} mm²
8	1	2,48	7,35	6,773	6,917	0,614	0,542	39,2	69,15
12	1	1,61	11,35	10,773	10,917	0,614	0,542	96,1	265,8
16	1	1,19	15,35	14,773	14,917	0,614	0,542	178	670,9
20	1	0,94	19,35	18,773	18,917	0,614	0,542	285	1360
12	1,5	2,48	11,026	10,16	10,376	0,92	0,812	88,1	233,4
20	1,5	1,44	19,026	18,16	18,376	0,92	0,812	272	1262
30	1,5	0,94	29,026	28,16	28,376	0,92	0,812	642	4590
42	1,5	0,67	41,026	40,16	40,376	0,92	0,812	1294	13134
56	1,5	0,50	55,026	54,16	54,376	0,92	0,812	2341	31948
20	2	1,95	18,701	17,546	17,835	1,227	1,083	258	1169
30	2	1,27	28,701	27,546	27,835	1,227	1,083	621	4368
42	2	0,90	40,701	39,546	39,835	1,227	1,083	1264	12684
56	2	0,67	54,701	53,546	53,835	1,227	1,083	2301	31132
72	2	0,52	70,701	69,546	69,835	1,227	1,083	3862	67706
90	2	0,41	88,701	87,546	87,835	1,227	1,083	6099	134373
100	2	0,37	98,701	97,546	97,835	1,227	1,083	7562	185505
30	3	1,95	28,051	26,319	26,752	1,841	1,624	580	3945
42	3	1,37	40,051	38,319	38,752	1,841	1,624	1206	11814
56	3	1,01	54,051	52,319	52,752	1,841	1,624	2222	29539
72	3	0,78	70,051	68,319	68,752	1,841	1,624	3759	65023
100	3	0,56	98,051	96,319	96,752	1,841	1,624	7418	180230
42	4	1,85	39,402	37,093	37,67	2,454	2,165	1149	10986
56	4	1,37	53,402	51,093	51,67	2,454	2,165	2144	28005
72	4	1,05	69,402	67,093	67,67	2,454	2,165	3658	62417
90	4	0,84	87,402	85,093	85,67	2,454	2,165	5842	125973
125	4	0,60	122,402	120,093	120,67	2,454	2,165	11546	349988
160	4	0,46	157,402	155,093	155,67	2,454	2,165	19174	748985
72	6	1,61	68,103	64,639	65,505	3,681	3,248	3460	57407
90	6	1,27	86,103	82,639	83,505	3,681	3,248	5591	117926
110	6	1,03	106,103	102,639	103,505	3,681	3,248	8556	223239
140	6	0,80	136,103	132,639	133,505	3,681	3,248	14181	476372
180	6	0,62	176,103	172,639	173,505	3,681	3,248	23880	1041005

[1] H_1 ist die Tragtiefe

9.40. Geometrische Größen an Sechskantschrauben

Bezeichnung einer Sechskantschraube M10, Länge l = 90 mm.
Festigkeitsklasse 8.8: Sechskantschraube M10 × 90 DIN 931−8.8

Maße in mm, Kopfauflagefläche A_p in mm²

Gewinde	$d_a \mathrel{\hat=} s$	k	l [1]	b [2]	b [3]	D_B fein	D_B mittel	A_p [4]	A_p [5]
M 5	8	3,5	18 ... 30	16	22	5,3	5,5	9,4	35
M 6	10	4	20 ... 50	18	24	6,4	6,6	24,6	41,8
M 8	13	5,5	25 ... 50	22	28	8,4	9	41,2	65,5
M 10	17	7	28 ... 50	26	32	10,5	11	83,2	102
M 12	19	8	30 ... 60	30	36	13	14	75	96
M 14	22	9	35 ... 70	34	40	15	16	112	171
M 16	24	10	40 ... 80	38	44	17	18	125	190
M 18	27	12	40 ... 80	42	48	19	20	176	251
M 20	30	13	40 ... 80	46	52	21	22	236	318
M 22	32	14	45 ... 80	50	56	23	24	249	392
M 24	36	15	50 ... 80	54	60	25	26	373	490
M 27	41	17	55 ... 80	60	66	28	30	485	535
M 30	46	19	60 ... 100	66	72	31	33	645	710

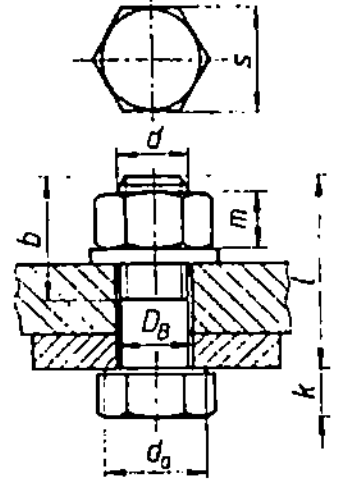

[1] gestuft: 18, 20, 25, 28, 30, 35, 40, ...
[2] für $l \leqslant$ 125 mm
[3] für $l >$ 125 ... 200 mm
[4] für Sechskantschrauben
[5] für Innen-Sechskant-schrauben

10. Wärmelehre

10.1. Grundbegriffe

absoluter Druck p_{abs}	$p_{abs} = p_{amb} + p_e$ (bei Überdruck) $\quad$ $p_{abs} = p_{amb} - p_e$ (bei Unterdruck)	p_e atmosphärische Druck-differenz, Überdruck $\quad$ p_{amb} umgebender Atmosphären-druck

Normvolumen V_n	ist das Volumen einer beliebigen Gasmenge im Normzustand. Einheit m³. Physikalischer Normzustand: $T = 273{,}15$ K; $\vartheta = 0\,°C$, $p = 101\,325$ N/m² $\approx 1{,}013$ bar Das molare Normvolumen des idealen Gases beträgt $V_{mn} = 22{,}415$ m³/kmol

spezifisches Volumen v (10.9)	$v = \dfrac{V}{m} = \dfrac{1}{\rho}$ v in m³/kg (10.9) $\quad$ m Masse in kg V Volumen in m³ $\quad$ ρ Dichte in kg/m³(10.9)	*Beachte:* v ist der Quotient aus Volumen V und Masse m; ρ ist der Quotient aus Masse m und Volumen V Die Wichte $\gamma = \rho g$ soll nicht mehr benutzt werden!

spezifisches Norm-volumen v_n (10.9)	$v_n = \dfrac{V_n}{m}$ $\quad$ ist das spezifische Volumen im Normzustand (siehe oben)

Wärme Q	$Q = mc\,\Delta T = mc\,(t_2 - t_1)$ 1 Joule (J) = 1 Nm = 1 Ws. Das J ist die gesetzliche Einheit der Energie, der Wärme und der Arbeit; das Kelvin (K) ist die gesetzliche Einheit der Tempe-ratur (1 K = 1 °C).	$\begin{array}{c\|c\|c\|c\|c} Q & m & c & \Delta T & t_2,\,t_1 \\ \hline J & kg & \dfrac{J}{kg\,K} & K & K \text{ oder } °C \end{array}$ m Masse c spezifische Wärmekapazität (10.10 und 10.11) K und °C siehe 10.7

spezifische Wärme q	$q = \dfrac{Q}{m}$	$\begin{array}{c\|c\|c} q & Q & m \\ \hline \dfrac{J}{kg} & J & kg \end{array}$

spezifische Wärme-kapazität c (10.10 und 10.11)	gibt die Wärme (Wärmemenge) in J an, die erforderlich ist, um 1 kg oder 1 g eines Stoffes um 1 Kelvin (1 K) zu erwärmen. c ist temperatur- und druckabhängig.

mittlere spezifische Wärmekapazität $c_{m\,12}$ zwischen t_1 und t_2 (10.10 und 10.11)	$c_{m12} = \dfrac{c_{m02}\,t_2 - c_{m01}\,t_1}{t_2 - t_1}$	c_{m02} ist mittlere spezifische Wärme-kapazität zwischen 0 °C und t_2, c_{m01} entsprechend zwischen 0 °C und t_1

Mischungs-temperatur t_g (Gemisch-temperatur)	$t_g = \dfrac{m_1 c_1 t_1 + m_2 c_2 t_2}{m_1 c_1 + m_2 c_2}$ K und °C siehe 10.7	$\begin{array}{c\|c\|c} t & m & c \\ \hline K \text{ oder } °C & kg & \dfrac{J}{kg\,K} \end{array}$

10. Wärmelehre

Schmelzenthalpie q_s (10.12)	gibt die Wärme in J an, die nötig ist, um die Stoffmenge 1 kg des Stoffes bei der jeweiligen Schmelztemperatur zu schmelzen.
Verdampfungsenthalpie q_v (10.13 und 10.15)	gibt die Wärme in J an, die nötig ist, um die Stoffmenge 1 kg des Stoffes bei der jeweiligen Siedetemperatur in den gasförmigen Zustand zu überführen.

Energieprinzip *(H. v. Helmholtz)*	Der Energieinhalt eines abgeschlossenen Systems kann bei irgendwelchen Veränderungen innerhalb des Systems weder zu- noch abnehmen:

$$\Delta U = \Delta Q + \Delta W$$

ΔU	ΔQ	ΔW
J	J	Nm = J

ΔU Zuwachs an innerer Energie

ΔW Arbeit

ΔQ Wärme

$$1\,J = 1\,Nm = 1\,Ws$$

thermischer Wirkungsgrad η_{th}	$\eta_{th} = \dfrac{\Delta W}{\Delta Q_1} = \dfrac{\Delta Q_1 - |\Delta Q_2|}{\Delta Q_1} = 1 - \dfrac{|\Delta Q_2|}{\Delta Q_1}$

10.2. Wärmeausdehnung

Wärmeausdehnung fester Körper (10.16)

Längenzunahme Δl nach Erwärmung	$\Delta l = l_1\,\alpha_l\,(t_2 - t_1)$		l
Länge l_2 nach Erwärmung	$l_2 = l_1\,[1 + \alpha_l\,(t_2 - t_1)]$		

l	V	α_l, α_V	t
m	m³	$\dfrac{1}{K}$	K oder °C

α_l Langenausdehnungskoeffizient (10.16)

α_V Volumenausdehnungskoeffizient (10.16): $\alpha_V \approx 3\,\alpha_l$ für feste Körper

V_1 Volumen vor Erwärmung

K und °C siehe 10.7

Volumenzunahme ΔV nach Erwärmung	$\Delta V \approx V_1\,\alpha_V\,(t_2 - t_1)$
Volumen V_2 nach Erwärmung	$V_2 \approx V_1\,[1 + \alpha_V\,(t_2 - t_1)]$

Wärmeausdehnung flüssiger Körper (10.17)

Volumenzunahme ΔV nach Erwärmung	$\Delta V = V_1\,\dfrac{\alpha_V\,(t_2 - t_1)}{1 + \alpha_V\,t_1}$
Volumen V_2 nach Erwärmung	$V_2 = V_1\,\dfrac{1 + \alpha_V\,t_2}{1 + \alpha_V\,t_1}$

V	α_V	t
m³	$\dfrac{1}{K}$	K oder °C

K und °C siehe 10.7

Wärmeausdehnung von Gasen

Vollkommene Gase dehnen sich bei Erwärmung um $1\,K = 1\,°C$ (bei gleich bleibendem Druck) um den 273,15 ten Teil des Volumens aus, das sie bei $0\,°C = 273,15\,K$ und $101325\,Pa$ (Normvolumen) einnehmen. $1\,Pa = 1\,N/m^2$. Temperatur-Umrechnung siehe 10.7.

Volumenausdehnungskoeffizient α_V (konstant für alle vollkommenen Gase)	$\alpha_V = \dfrac{1}{273,15}\,\dfrac{m^3}{m^3\,K} = \dfrac{1}{273,15}\,\dfrac{1}{K}$ oder $\alpha_V = \dfrac{1}{273,15}\,\dfrac{m^3}{m^3\,°C} = \dfrac{1}{273,15}\,\dfrac{1}{°C} = 0,00366\,\dfrac{1}{°C}$
Gesetz von Gay-Lussac	$\dfrac{V_1}{V_2} = \dfrac{T_1}{T_2}$ gilt bei t = konstant $\dfrac{p_1}{p_2} = \dfrac{T_1}{T_2}$ gilt bei V = konstant
Gesetz von Boyle-Mariotte	$\dfrac{V_1}{V_2} = \dfrac{p_2}{p_1}$ gilt bei t = konstant $\begin{array}{c\|c\|c} V & T & p \\ \hline m^3 & K & \frac{N}{m^2} = Pa \end{array}$
Volumenzunahme ΔV nach Erwärmung	$\Delta V = \dfrac{V_0}{273,15}(T_2 - T_1) = \dfrac{V_1}{T_1}(T_2 - T_1)$
Volumen V_2 nach Erwärmung	$V_2 = V_1\,\dfrac{T_2}{T_1}$

T Temperatur (thermodynamische Temperatur). Zwischen dieser und der Celsiustemperatur t eines Körpers gilt:
$T = t + 273,15\,K$
(siehe 10.7)

10.3. Wärmeübertragung

Wärmeleitung (10.18 bis 10.20)

Wärmeleitung	ist der Wärmetransport von Teilchen zu Teilchen innerhalb eines Stoffes.
Wärmeleitfähigkeit λ (10.18 bis 10.20)	gibt die Wärme in J an, die in 1 s bei einem Durchtrittsquerschnitt von $1\,m^2$ und einem Temperaturunterschied von $1\,K$ durch die Stoffdicke von $1\,m$ hindurchströmt. λ ändert sich mit der Temperatur und bei Gasen auch mit dem Druck.
Wärmestrom Φ_{th} bei ebener Wand und bei dünnwandigem Rohr	$\Phi_{th} = \lambda\dfrac{A}{s}(t_1 - t_2)$ $\Phi_{th} = \dfrac{\text{Wärme } Q}{\text{Zeit } t}$ $A = \pi d L$ innere Mantelfläche t_1, t_2 Oberflächentemperaturen s Wanddicke t Zeit

$\begin{array}{c\|c\|c\|c\|c} \Phi_{th} & \lambda & A & s, l, D, d & t \\ \hline W & \frac{J}{m\,sK} = \frac{W}{Km} & m^2 & m & °C \end{array}$

Beachte: Weil 1 Joule je Sekunde gleich 1 Watt ist $(1\,J/s = 1\,W)$, wird für die Einheit der Wärmeleitfähigkeit λ das Watt je Kelvin und Meter (W/Km) benutzt.

10. Wärmelehre

Wärmestrom Φ_{th} bei dickwandigem Rohr	$\Phi_{th} = \dfrac{2\pi\lambda l}{\ln\frac{D}{d}}(t_1 - t_2)$	l Rohrlänge in m D Außendurchmesser in m d Innendurchmesser in m s Wanddicke in m ln natürlicher Logarithmus Φ_{th} Wärmestrom in J/s = W *Beachte:* $1\dfrac{J}{s} = W$
Wärmestrom Φ_{th} bei ebener mehrschichtiger Wand	$\Phi_{th} = \dfrac{A(t_1 - t_2)}{\Sigma\frac{s}{\lambda}}$	
Wärmestrom Φ_{th} bei mehrschichtigem Hohlzylinder	$\Phi_{th} = \dfrac{2\pi l(t_1 - t_2)}{\Sigma\frac{1}{\lambda}\ln\frac{D}{d}}$	
Wärmestrom Φ_{th} bei mehrschichtiger Hohlkugel	$\Phi_{th} = \dfrac{2\pi(t_1 - t_2)}{\Sigma\frac{1}{\lambda}(\frac{1}{d} - \frac{1}{D})}$	

Wärmeübergang (10.21)

Wärmeübergang	ist die Wärmeübertragung durch Konvektion von einem flüssigen oder gasförmigen Medium an eine feste Wand und umgekehrt.
Wärmeübergangs-zahl α (Wärmeübergangs-koeffizient)	gibt die Wärme in J an, die bei einer Berührungsfläche von 1 m² und einer Temperaturdifferenz von 1 K in 1 s übergeht. Die große Zahl von Einflussgrößen macht die Bestimmung von α schwierig.

Wärmestrom Φ_{th}	$\Phi_{th} = \alpha A(t_{fl} - t_w)$	

Φ_{th}	α	A	t
W	$\dfrac{J}{m^2 sK} = \dfrac{W}{m^2 K}$	m^2	K

A wärmeübertragende Fläche

t_{fl} mittlere Temperatur des strömenden Mediums

t_w Wandtemperatur

Formeln für Wärmeübergangszahl $\alpha_{Luft,\,20\,°C}$ in $J/m^2\,sK = W/m^2\,K$ (nach *Jürges*)

für Luftgeschwindigkeit	$w < 5$ m/s	$w > 5$ m/s
glatte, polierte Wand	$\alpha = 5{,}6 + 3{,}9\,w$	$\alpha = 7{,}1\ w^{0{,}78}$
Wand mit Walzhaut	$\alpha = 5{,}8 + 3{,}9\,w$	$\alpha = 7{,}14\,w^{0{,}78}$
raue Wand	$\alpha = 6{,}2 + 4{,}2\,w$	$\alpha = 7{,}52\,w^{0{,}78}$

Wärmedurchgang	ist die Wärmeübertragung von einem flüssigen oder gasförmigen Körper durch eine Trennwand auf einen kälteren flüssigen oder gasförmigen Körper. Teilvorgänge: Wärmeübergang Flüssigkeit (t_1) → Wandoberfläche (t_{w1}) Wärmeleitung Wandoberfläche (t_{w1}) → Wandoberfläche (t_{w2}) Wärmeübergang Wandoberfläche (t_{w2}) → kältere Flüssigkeit (t_2)

Wärmedurchgangs- zahl k (10.22) (Wärmedurchgangs- koeffizient)	gibt die Wärme in J an, die bei einer Wandfläche von 1 m² und einer Temperaturdifferenz von 1 K in 1 s hindurchgeht

Wärmestrom Φ_{th}

$$\Phi_{th} = kA\,(t_1 - t_2)$$

A Durchgangsfläche
t Durchgangszeit

Φ_{th}	k	A	t
W	$\dfrac{J}{m^2 sK} = \dfrac{W}{m^2 K}$	m^2	K

Wärmedurchgangs- zahl k für ebene mehrschichtige Wand

$$k = \frac{1}{\dfrac{1}{\alpha_1} + \sum \dfrac{s}{\lambda} + \dfrac{1}{\alpha_1}}$$

k, α	λ	s, d, D	$\ln(D/d)$
$\dfrac{W}{K\,m^2}$	$\dfrac{W}{K\,m}$	m	1

für mehrschichtigen Hohlzylinder

$$k = \frac{1}{\dfrac{1}{\alpha_1} + \dfrac{d_i}{2} \sum \dfrac{1}{\lambda} \ln \dfrac{D}{d} + \dfrac{d_i}{\alpha_a D_a}}$$

d_i Innendurchmesser der innersten Schicht

D_a Außendurchmesser der äußersten Schicht

für mehrschichtige Hohlkugel

$$k = \frac{1}{\dfrac{1}{\alpha_i} + \dfrac{d_i}{2} \sum \dfrac{1}{\lambda} (\dfrac{1}{d} - \dfrac{1}{D}) + \dfrac{d_i^2}{\alpha_a D_a^2}}$$

$\dfrac{D}{d} > 1$ Durchmesserverhältnis einer Schicht

ln natürlicher Logarithmus

Wärmestrahlung (10.23)

Stefan-Boltzmann'- sches Gesetz

$$\Phi_s = C_s A T^4$$

Φ_s Strahlungsfluss

Φ	C	A	T	ϵ
W	$\dfrac{J}{m^2 sK^4} = \dfrac{W}{m^2 K^4}$	m^2	K	1

allgemeine Strahlungs- konstante

$$C_s = 5{,}67 \cdot 10^{-8} \, \frac{J}{m^2 sK^4} = 5{,}67 \cdot 10^{-8} \, \frac{W}{m^2 K^4}$$

Strahlungsfluss Φ des wirklichen Körpers

$$\Phi = C A T^4 = \epsilon C_s A T^4$$
$$\Phi = \epsilon Q_s$$

$\epsilon = C/C_s$ Emissionsverhältnis
C Strahlungszahl, beide nach 10.23
A parallel gegenüberstehende Flächen der Temperatur T_1, T_2
C_1, C_2 Strahlungszahlen der Körper
ϵ_1, ϵ_2 Emissionsverhältnis nach 10.23

Strahlungsfluss Φ

$$\Phi_{1,2} = C_{1,2} A\,(T_1^4 - T_2^4)$$

Strahlungs- austauschzahl $C_{1,2}$

$$C_{1,2} = \frac{1}{\dfrac{1}{C_1} + \dfrac{1}{C_2} - \dfrac{1}{C_s}} = \frac{C_s}{\dfrac{1}{\epsilon_1} + \dfrac{1}{\epsilon_2} - 1}$$

10. Wärmelehre

10.4. Gasmechanik

allgemeine Zustands-gleichung idealer Gase	$$\frac{p_1 v_1}{T_1} = \frac{p_2 v_2}{T_2} \; ; \quad \frac{p_1 V_1}{T_1} = \frac{p_2 V_2}{T_2}$$ $$\frac{p v}{T} = \frac{p_0 v_0}{273\ \text{K}} \; ; \quad \frac{p V}{T} = \frac{p_0 V_0}{273\ \text{K}}$$ $$p v = R_i T; \quad p V = m R_i T; \quad p = \rho R_i T$$	p Druck v spezifisches Volumen R_i spezifische Gaskonstante (individuelle Gaskonstante) T Temperatur V Volumen m Masse ρ Dichte

p	v	R_i	T	V	m	ρ
$\dfrac{\text{N}}{\text{m}^2} = \text{Pa}$	$\dfrac{\text{m}^3}{\text{kg}}$	$\dfrac{\text{J}}{\text{kg}\,\text{K}}$	K	m^3	kg	$\dfrac{\text{kg}}{\text{m}^3}$

spezifische Gaskonstante R_i (10.24)	ist eine Stoffkonstante, die durch Messung der zugehörigen Größen p, v, T bestimmt werden kann. Sie stellt die Raumschaffungsarbeit dar, die von 1 kg Gas verrichtet wird, wenn diese Gasmenge bei p = konstant um 1 K erwärmt wird: $R_i = c_p - c_v$ (c_p spezifische Wärmekapazität bei p = konstant, c_v bei V = konstant, Werte in 10.11) $R_i = \dfrac{R}{M}$ M molare Masse oder stoffmengenbezogene Masse (siehe 10.24)
universelle Gaskonstante R	$$R = 8315 \frac{\text{J}}{\text{kmol}\,\text{K}}$$ R ist von der chemischen Beschaffenheit eines Gases unabhängig
molares Normvolumen V_{mn}	$$V_{mn} = 22{,}415 \frac{\text{m}^3}{\text{kmol}} \text{ (bei 0 °C und 101\,325 Pa; 1\,Pa} = 1\,\text{N/m}^2)$$ v_0 ist (unabhängig von der Gasart) das von 1 kmol eingenommene Volumen beim physikalischen Normzustand (10.1)
spezifische Wärme-kapazitäten c_v und c_p bei konstantem Volumen und bei konstantem Druck (10.11)	$c_v = \dfrac{1}{\kappa - 1} R_i$ $c_p = \dfrac{\kappa}{\kappa - 1} R_i$ $R_i = c_p - c_v$ <table><tr><td>c_v, c_p</td><td>κ</td><td>R_i</td></tr><tr><td>$\frac{\text{J}}{\text{kg}\,\text{K}}$</td><td>1</td><td>$\frac{\text{J}}{\text{kg}\,\text{K}}$</td></tr></table> 1 Nm = 1 J = 1 Ws Verhältnis $\kappa = c_p/c_v$ (10.24)
innere Energie U	$U = m c_v \Delta T$
spezifische innere Energie u	$u = c_v \Delta T$ $u = \dfrac{U}{m}$ <table><tr><td>m</td><td>U</td><td>u</td><td>c_v</td><td>$\Delta T, t_1, t_2$</td></tr><tr><td>kg</td><td>J</td><td>$\frac{\text{J}}{\text{kg}}$</td><td>$\frac{\text{J}}{\text{kg}\,\text{K}}$</td><td>K</td></tr></table>
Änderung der spezifischen inneren Energie Δu	$\Delta u = u_2 - u_1 = c_v (t_2 - t_1)$

äußere Arbeit W (absolute) eines Gases (Volumenänderungsarbeit)	$W = \sum\limits_{v_1}^{v_2} \Delta W = \sum\limits_{v_1}^{v_2} p\,\Delta v$	
technische Arbeit W_t (Druckänderungsarbeit)	$W_t = \sum\limits_{p_1}^{p_2} \Delta W_t = \sum\limits_{p_1}^{p_2} v\,\Delta p$	

W, W_t	p	v
$\dfrac{\text{J}}{\text{kg}}$	$\dfrac{\text{N}}{\text{m}^2} = \text{Pa}$	$\dfrac{\text{m}^3}{\text{kg}}$

Enthalpie H	$H = m\,c_p\,\Delta T$
spezifische Enthalpie h	$h = c_p\,\Delta T$
Änderung der spezifischen Enthalpie Δh	$\Delta h = h_2 - h_1 = c_p\,(t_2 - t_1)$

H	h	m	c_p	$\Delta T, t_1, t_2$
J	$\dfrac{\text{J}}{\text{kg}}$	kg	$\dfrac{\text{J}}{\text{kg K}}$	K

10.5. Gleichungen für Zustandsänderungen und Carnot'scher Kreisprozess

Isochore (isovolume) Zustandsänderung

Das Gasvolumen v bleibt während der Zustandsänderung konstant (v = konstant); damit ist auch p/T = konstant:

$$\frac{p_1}{T_1} = \frac{p_2}{T_2} = \text{konstant}$$

$$\frac{p_1}{p_2} = \frac{T_1}{T_2} = \frac{273° + \vartheta_1}{273° + \vartheta_2}$$

$q(u)$	c	T	h	$\varkappa$
$\dfrac{\text{J}}{\text{kg}}$	$\dfrac{\text{J}}{\text{kg K}}$	K	$\dfrac{\text{J}}{\text{kg}}$	1

s	W	v	p
$\dfrac{\text{J}}{\text{kg K}}$	$\dfrac{\text{J}}{\text{kg}}$	$\dfrac{\text{m}^3}{\text{kg}}$	$\dfrac{\text{N}}{\text{m}^2} = \text{Pa}$

c_p, c_v nach 10.11

$\varkappa$ nach 10.24

10. Wärmelehre

zu- oder abgeführte Wärme Δq	$\Delta q = c_\mathrm{v}(T_2 - T_1) = \dfrac{R_\mathrm{i}}{\kappa - 1}(T_2 - T_1)$	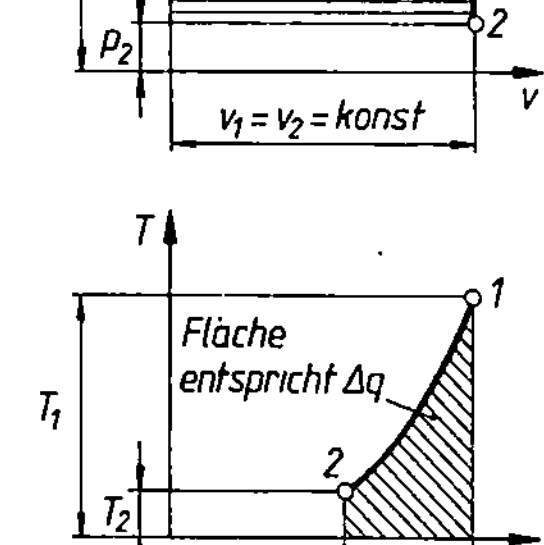
Änderung der inneren Energie Δu	$\Delta u = c_\mathrm{v}(T_2 - T_1) = \dfrac{R_\mathrm{i}}{\kappa - 1}(T_2 - T_1)$	
Änderung der Enthalpie Δh	$\Delta h = c_\mathrm{p}(T_2 - T_1)$	
Änderung der Entropie Δs	$\Delta s = c_\mathrm{v}\ln\dfrac{T_2}{T_1}$	
technische Arbeit W_t (äußere Arbeit $W = 0$)	$W_\mathrm{t} = v(p_1 - p_2) = (\kappa - 1)\Delta u$	

Isobare Zustandsänderung

Der Gasdruck p bleibt während der Zustandsänderung konstant (p = konstant); damit ist auch v/T = konstant:

$$\frac{v_1}{T_1} = \frac{v_2}{T_2} = \text{konstant}$$

$$\frac{v_1}{v_2} = \frac{T_1}{T_2} = \frac{273\ \mathrm{K} + t_1}{273\ \mathrm{K} + t_2} = \frac{V_1}{V_2}$$

$q\,(u)$	c	T	h	κ
$\dfrac{\mathrm{J}}{\mathrm{kg}}$	$\dfrac{\mathrm{J}}{\mathrm{kg\,K}}$	K	$\dfrac{\mathrm{J}}{\mathrm{kg}}$	1

s	W	v	p
$\dfrac{\mathrm{J}}{\mathrm{kg\,K}}$	$\dfrac{\mathrm{J}}{\mathrm{kg}}$	$\dfrac{\mathrm{m}^3}{\mathrm{kg}}$	$\dfrac{\mathrm{N}}{\mathrm{m}^2} = \mathrm{Pa}$

$c_\mathrm{p}, c_\mathrm{v}$ nach 10.11
κ nach 10.24

zu- oder abgeführte Wärme Δq	$\Delta q = c_\mathrm{p}(T_2 - T_1) = \dfrac{\kappa}{\kappa - 1}R_\mathrm{i}(T_2 - T_1)$	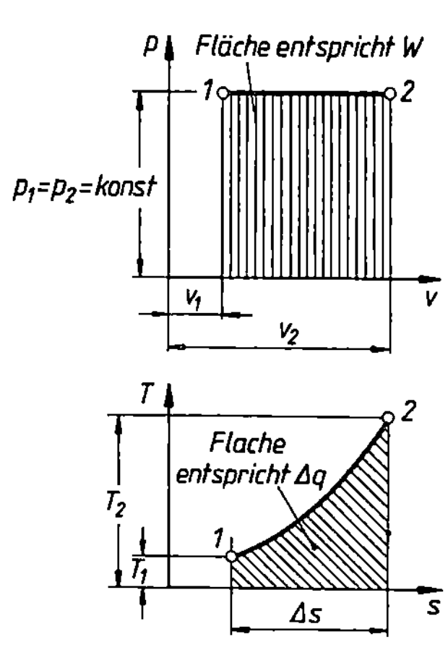
Änderung der inneren Energie Δu	$\Delta u = c_\mathrm{v}(T_2 - T_1)$	
Änderung der Enthalpie Δh	$\Delta h = c_\mathrm{p}(T_2 - T_1)$	
Änderung der Entropie Δs	$\Delta s = c_\mathrm{p}\ln\dfrac{T_2}{T_1}$	
äußere Arbeit W (technische Arbeit $W_\mathrm{t} = 0$)	$W = p(v_2 - v_1) = \dfrac{\kappa - 1}{\kappa}\Delta q$	

Isotherme Zustandsänderung

Die Temperatur T bleibt während der Zustandsänderung konstant (T = konstant); damit ist auch pv = konstant:

Einheiten siehe oben (isochore Zustandsänderung)

$$p_1 v_1 = p_2 v_2 = \text{konstant}$$

$$\frac{p_1}{p_2} = \frac{v_2}{v_1}$$

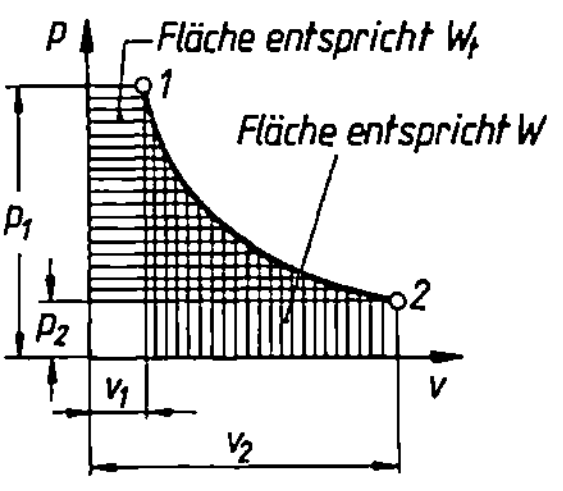

zu- oder abgeführte Wärme Δq	$\Delta q = R_i T \ln \dfrac{v_2}{v_1} = R_i T \ln \dfrac{p_1}{p_2}$

Änderung der inneren Energie $\Delta u = 0$
ebenso Änderung der Enthalpie $\Delta h = 0$

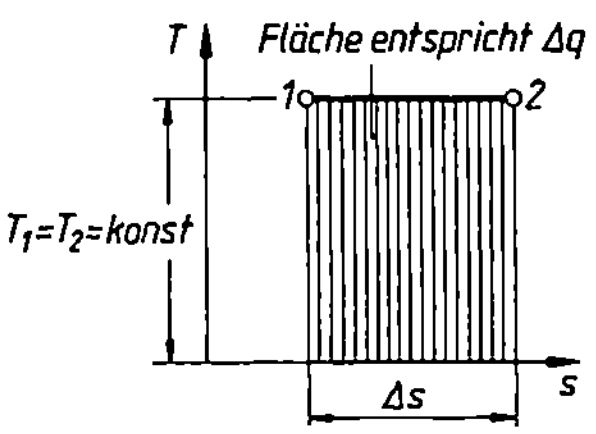

Änderung der Entropie Δs	$\Delta s = R_i \ln \dfrac{v_2}{v_1} = R_i \ln \dfrac{p_1}{p_2}$
äußere Arbeit W (technische Arbeit $W_t = \Delta q$)	$W = W_t = \Delta q = R_i T \ln \dfrac{v_1}{v_2} = R_i T \ln \dfrac{p_2}{p_1}$

Adiabate (isentrope) Zustandsänderung

Während der Zustandsänderung wird Wärme weder zu- noch abgeführt ($\Delta q = 0$, also auch $\Delta s = 0$); damit wird pv^κ = konstant:

Einheiten siehe oben (isochore Zustandsänderung)

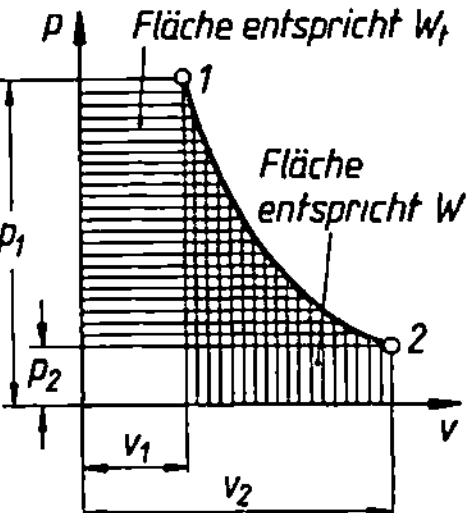

$$p_1 v_1^\kappa = p_2 v_2^\kappa = \text{konstant}$$

$$\frac{p_1}{p_2} = \left(\frac{v_2}{v_1}\right)^\kappa = \left(\frac{T_1}{T_2}\right)^{\kappa/\kappa-1}$$

$$\frac{T_1}{T_2} = \left(\frac{v_2}{v_1}\right)^{\kappa-1} = \left(\frac{p_1}{p_2}\right)^{\kappa-1/\kappa}$$

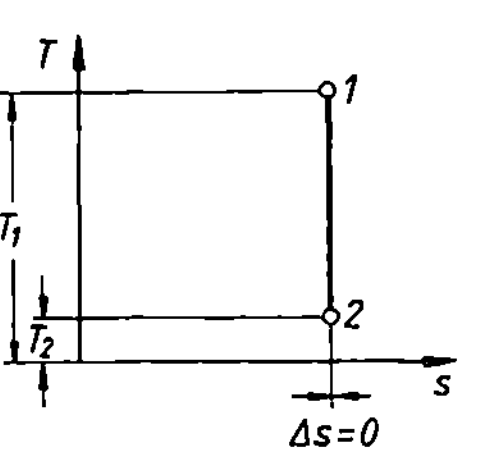

Änderung der inneren Energie Δu ($\cong$ | äußere Arbeit W |)	$\Delta u = c_v (T_2 - T_1)$

10. Wärmelehre

Änderung der Enthalpie Δh	$\Delta h = c_{\mathrm{p}}(T_2 - T_1) = \dfrac{\kappa}{\kappa-1} p_1 v_1 \dfrac{T_2}{T_1} - 1$ $\Delta h = \dfrac{\kappa}{\kappa-1} p_1 v_1 \left[\left(\dfrac{p_2}{p_1}\right)^{\kappa-1/\kappa} - 1\right] = \dfrac{\kappa}{\kappa-1} p_1 v_1 \left[\left(\dfrac{v_1}{v_2}\right)^{\kappa-1} - 1\right]$
Änderung der Entropie Δs	$\Delta s = 0$
äußere Arbeit W ($\hat{=}\,|\Delta u|$)	$W = c_{\mathrm{v}}(T_1 - T_2) = \dfrac{1}{\kappa-1}(p_1 v_1 - p_2 v_2) = \dfrac{p_1 v_1}{\kappa-1}\left(1 - \dfrac{T_2}{T_1}\right)$ $W = \dfrac{p_1 v_1}{\kappa-1}\left[1 - \left(\dfrac{p_2}{p_1}\right)^{\kappa-1/\kappa}\right] = \dfrac{p_1 v_1}{\kappa-1}\left[1 - \left(\dfrac{v_1}{v_2}\right)^{\kappa-1}\right]$
technische Arbeit W_{t} ($\hat{=}\,|\Delta h|$)	$W_{\mathrm{t}} = c_{\mathrm{p}}(T_1 - T_2) = \dfrac{\kappa}{\kappa-1}(p_1 v_1 - p_2 v_2) = \dfrac{\kappa}{\kappa-1} p_1 v_1 \left(1 - \dfrac{T_2}{T_1}\right)$ $W_{\mathrm{t}} = \kappa A = \dfrac{\kappa}{\kappa-1} p_1 v_1 \left[1 - \left(\dfrac{p_2}{p_1}\right)^{\kappa-1/\kappa}\right] = \dfrac{\kappa}{\kappa-1} p_1 v_1 \left[1 - \left(\dfrac{v_1}{v_2}\right)^{\kappa-1}\right]$

Polytrope Zustandsänderung

Allgemeinste Zustandsänderung nach dem Gesetz pv^n = konstant; die anderen Zustandsänderungen sind Sonderfälle der polytropen Zustandsänderung; Exponent n kann von $-\infty$ bis $+\infty$ variieren.

> Einheiten siehe oben
> (isochore Zustands-
> änderung)

$$p_1 v_1^n = p_2 v_2^n = \text{konstant}$$

$$\frac{p_1}{p_2} = \left(\frac{v_2}{v_1}\right)^n = \left(\frac{T_1}{T_2}\right)^{\frac{n}{n-1}}$$

$$\frac{T_1}{T_2} = \left(\frac{v_2}{v_1}\right)^{n-1} = \left(\frac{p_1}{p_2}\right)^{\frac{n-1}{n}}$$

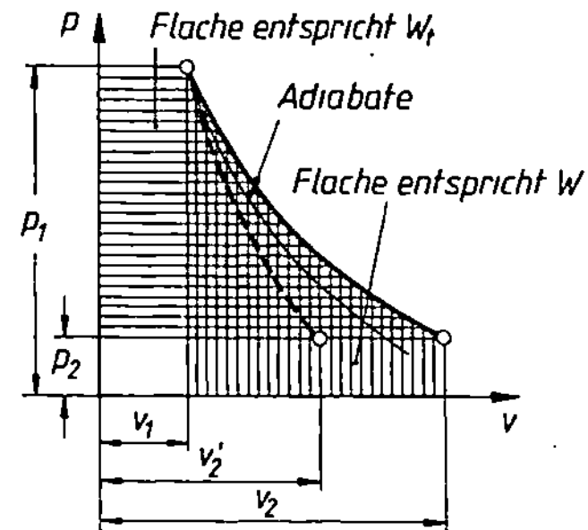

zu- oder abgeführte Wärme Δq	$\Delta q = c_{\mathrm{v}} \dfrac{n-\kappa}{n-1}(T_2 - T_1)$
Änderung der inneren Energie Δu	$\Delta u = c_{\mathrm{v}}(T_2 - T_1)$
Änderung der Enthalpie Δh	wie bei adiabater Zustandsänderung, wenn für κ der Exponent n eingesetzt wird

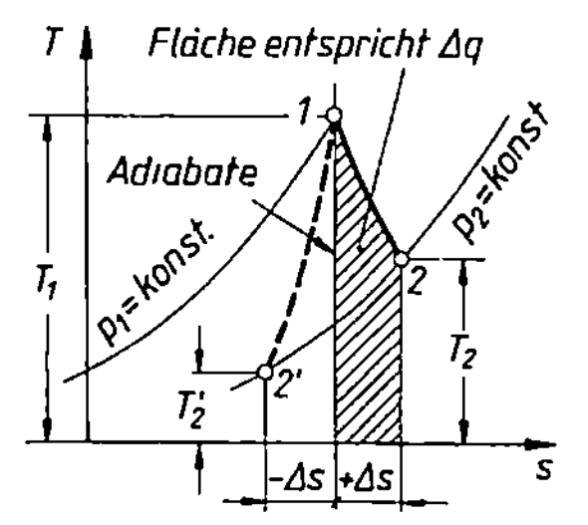

Änderung der Entropie Δs	$\Delta s = c_v \dfrac{n-\kappa}{n-1} \ln \dfrac{T_2}{T_1}$
äußere Arbeit W und technische Arbeit W_t	wie bei adiabater Zustandsänderung, wenn für κ der Exponent n eingesetzt wird

Carnot'scher Kreisprozess

1—2 isotherme Kompression
2—3 adiabate Kompression
3—4 isotherme Expansion
4—1 adiabate Expansion

Kreisprozess-arbeit W	$W = R_i (T_u - T_o) \ln \dfrac{p_1}{p_2}$	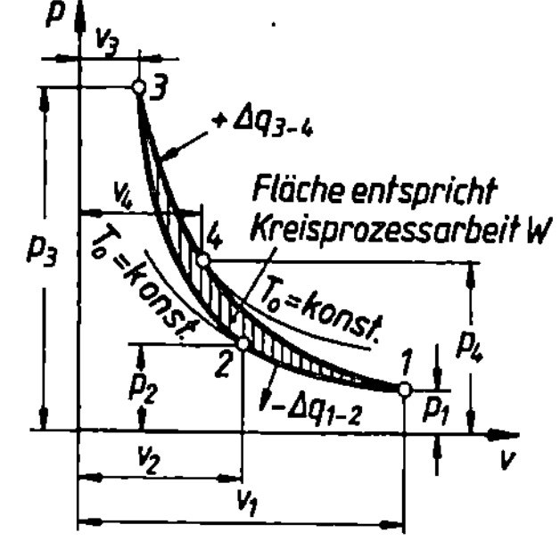
thermischer Wirkungsgrad η_{th}	$\eta_{th} = 1 - \dfrac{T_u}{T_o}$	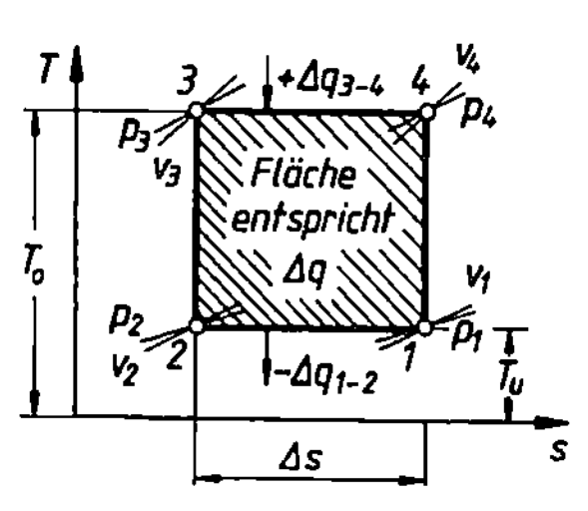

10.6. Gleichungen für Gasgemische

Gesetz von Dalton	Nach *Dalton* nimmt jeder Gemischpartner das gesamte zur Verfügung stehende Gemischvolumen ein, als ob die anderen Partner nicht vorhanden wären. Daher steht jedes Einzelgas unter einem Teildruck (Partialdruck) und die Summe aller Partialdrücke ergibt den Gesamtdruck

Gesamtdruck p_g
Gesamtmasse m_g
Gesamtvolumen V_g
(bei n Einzelgasen)
des Gemisches

$p_g = p_1 + p_2 + \dots p_n$
$m_g = m_1 + m_2 + \dots m_n$
$V_g = V_1 + V_2 + \dots V_n$

$\dot m_n = \dfrac{m_n}{m_g}$ Massenanteil; $\Sigma \dot m = 1$

$r_n = \dfrac{V_n}{V_g}$ Raumanteil; $\Sigma r = 1$

Gaskonstante R_g
des Gemisches
(10.24)

$R_g = \dot m_1 R_1 + \dot m_2 R_2 + \dots \dot m_n R_n$

p	m	V	$\dot m_n, r_n$
$Pa = \dfrac{N}{m^2}$	kg	m³	Einheit Eins (Verhältnisgrößen)

10. Wärmelehre

Partialdruck p_n des Gemisches	$p_n = \dot{m}_n \dfrac{R_n}{R_g} p_g = r_n p_g$	
spezifische Wärmekapazität c_{pg} des Gemisches	$c_{pg} = \dot{m}_1 c_{p1} + \dot{m}_2 c_{p2} + \dots \dot{m}_n c_{pn}$ $c_{vg} = \dot{m}_1 c_{v1} + \dot{m}_2 c_{v2} + \dots \dot{m}_n c_{vn}$	$c_{p1} \dots, c_{v1} \dots$ sind die spezifischen Wärmekapazitäten der Einzelgase (10.11)
Dichte ρ_g des Gemisches	$\rho_g = r_1 \rho_1 + r_2 \rho_2 + \dots r_n \rho_n$	$\rho_1 \dots$ Dichten der Einzelgase (10.24)
Temperatur t_g des Gemisches	siehe 10.1	

10.7. Temperatur-Umrechnungen

t in Grad Celsius (°C):
$$t = \frac{5}{9}(t_F - 32) = T - 273{,}15 = \frac{5}{9}(T_R - 491{,}67)$$

t_F in Grad Fahrenheit (°F):
$$t_F = 1{,}8\,t + 32 = 1{,}8\,T - 459{,}67 = T_R - 459{,}67$$

T in Grad Kelvin (K):
$$T = t + 273{,}15 = \frac{5}{9}\,t_F + 255{,}37 = \frac{5}{9}\,T_R$$

T_R in Grad Rankine (°R):
$$T_R = 1{,}8\,t + 491{,}67 = t_F + 459{,}67 = 1{,}8\,T$$

10.8. Temperatur-Fixpunkte

Sauerstoff (Siedepunkt)	−182,97 °C
Wasser (Tripelpunkt)	0,01 °C
Wasser (Siedepunkt)	100,00 °C
Schwefel (Siedepunkt)	444,60 °C
Silber (Schmelzpunkt)	960,80 °C
Gold (Schmelzpunkt)	1 063,00 °C

10.9. Spezifisches Normvolumen v_n und Dichte ρ_n (0 °C und 101 325 N/m²)

Gasart	chemisches Kurzzeichen	v_n in $\frac{m^3}{kg}$	ρ_n in $\frac{kg}{m^3}$
Kohlendioxid	CO_2	0,506	1,977
Kohlenoxid	CO	0,800	1,250
Luft	−	0,774	1,293
Methan	CH_4	1,396	0,717
Sauerstoff	O_2	0,700	1,429
Stickstoff	N_2	0,799	1,251
Wasserdampf	H_2O	1,243	0,804
Wasserstoff	H_2	11,111	0,090

10.10. Mittlere spezifische Wärmekapazität c_m fester und flüssiger Stoffe zwischen 0 °C und 100 °C in J/(kg K)

Aluminium	896	Kork	2010	Steinzeug	773
Beton	1005	Kupfer	390	Ziegelstein	920
Blei	130	Marmor	870	Alkohol	2430
Eichenholz	2390	Messing	386	Ammoniak	4187
Eis	2050	Nickel	444	Aceton	2300
Eisen (Stahl)	450	Platin	134	Benzol	1840
Fichtenholz	2720	Quarzglas	725	Glycerin	2430
Glas	796	Quecksilber	138	Maschinenöl	1675
Graphit	870	Sandstein	920	Petroleum	2093
Gusseisen	540	Schamotte	796	Schwefelsäure	1380
Kieselgur	870	Silber	234	Wasser	4187

10.11. Mittlere spezifische Wärmekapazität c_p, c_v in J/(kgK) nach *Justi* und *Lüder*

ϑ in °C		CO	CO_2	Luft	CH_4	O_2	N_2	H_2O	H_2
0	c_p	1038,13	707,43	1004,64	2155,79	912,55	1038,13	1854,40	14 232,40
	c_v	740,92	519,06	715,81	1636,73	653,02	740,92	1393,94	10 109,19
100	c_p	1042,31	870,69	1008,83	2260,44	920,92	1042,31	1866,96	14 316,12
	c_v	745,11	682,32	719,99	1741,38	661,39	745,11	1406,50	10 192,91
200	c_p	1046,50	916,73	1013,01	2453,00	933,48	1046,50	1887,89	14 399,84
	c_v	749,29	728,36	724,18	1933,93	673,95	749,29	1427,43	10 276,63
300	c_p	1054,87	958,59	1021,38	2637,18	950,22	1050,69	1908,82	14 441,70
	c_v	757,67	770,22	732,55	2118,12	690,69	753,48	1448,36	1 946,49
400	c_p	1063,24	987,90	1029,76	2808,81	966,97	1059,06	1938,12	14 483,56
	c_v	766,04	799,53	740,92	2289,74	707,43	761,85	1477,66	10 360,35
500	c_p	1075,80	1021,38	1042,31	2955,32	979,52	1074,43	1971,61	14 483,56
	c_v	778,60	833,01	753,48	2436,25	719,99	770,22	1511,15	10 360,35
600	c_p	1088,36	1050,69	1050,69	3147,87	992,08	1075,82	2000,91	14 525,42
	c_v	791,15	862,31	761,85	2628,81	732,55	778,60	1540,45	10 402,21
700	c_p	1096,73	1071,62	1059,06	3302,57	1004,64	1084,17	2030,21	14 567,28
	c_v	799,53	883,25	770,22	7283,69	745,11	786,97	1569,75	10 444,07
800	c_p	1109,30	1092,55	1071,62	3436,71	1017,20	1096,73	2067,88	14 651,00
	c_v	812,08	904,18	782,78	2917,64	757,67	799,53	1607,42	10 527,79
900	c_p	1121,85	1113,48	1084,17	3570,66	1025,57	1105,10	2101,37	14 692,86
	c_v	824,64	925,11	795,34	3051,59	766,04	807,90	1640,91	10 569,65
1000	c_p	1130,22	1130,22	1092,55	3658,56	1033,94	1117,66	2134,86	14 734,72
	c_v	833,01	941,85	803,71	3139,50	744,41	820,46	1674,40	10 611,51

10.12. Schmelzenthalpie q_s fester Stoffe in J/kg bei $p = 101\ 325$ N/m²

Aluminium	$3,9 \cdot 10^5$	Grauguss	$0,96 \cdot 10^5$	Nickel	$2,3 \cdot 10^5$	Zink	$1,1 \cdot 10^5$
Blei	$0,23 \cdot 10^5$	Kupfer	$1,7 \cdot 10^5$	Platin	$1,0 \cdot 10^5$	Zinn	$0,6 \cdot 10^5$
Eis	$3,4 \cdot 10^5$	Magnesium	$2,0 \cdot 10^5$	Stahl	$2,5 \cdot 10^5$		

10. Wärmelehre

10.13. Verdampfungs- und Kondensationsenthalpie q_v in J/kg bei 101 325 N/m²

Alkohol	$8,7 \cdot 10^5$	Quecksilber	$2,85 \cdot 10^5$	Stickstoff	$2,01 \cdot 10^5$
Benzol	$4,4 \cdot 10^5$	Sauerstoff	$2,14 \cdot 10^5$	Wasser	$22,5 \cdot 10^5$
				Wasserstoff	$5,0 \cdot 10^5$

10.14. Schmelzpunkt fester Stoffe in °C bei $p = 101\,325$ N/m²

Aluminium	658	Gold	1063	Messing	900
Blei	327	Graphit	3600	Platin	1770
Chrom	1765	Iridium	2455	Silber	960
Diamant	3500	Kupfer	1084	Wolfram	3350
Eisen (rein)	1528	Magnesium	655	Zink	419
Elektron	625	Mangan	1260	Zinn	232

10.15. Siede- und Kondensationspunkt einiger Stoffe in °C bei $p = 101\,325$ N/m²

Alkohol	78	Helium	−269	Sauerstoff	−183
Benzin	95	Kohlenoxid	−190	Silber	2000
Benzol	80	Kupfer	2310	Stickstoff	−196
Blei	1525	Magnesium	1100	Wasser	100
Eisen (rein)	2500	Mangan	1900	Wasserstoff	−253
Glycerin	290	Methan	−164	Zink	915
Gold	2650	Quecksilber	357	Zinn	2200

10.16. Längenausdehnungskoeffizient α_l fester Stoffe in 1/K zwischen 0 °C und 100 °C (Volumenausdehnungskoeffizient $\alpha_V \approx 3\,\alpha_l$)

Aluminium	$23,5 \cdot 10^{-6}$	Invarstahl	$1,6 \cdot 10^{-6}$	Porzellan	$3,0 \cdot 10^{-6}$
Baustahl	$12,0 \cdot 10^{-6}$	Jenaer Glas	$4,5 \cdot 10^{-6}$	PVC	$78,1 \cdot 10^{-6}$
Blei	$92,2 \cdot 10^{-6}$	Kunststoffe	$(10–50) \cdot 10^{-6}$	Quarzglas	$0,6 \cdot 10^{-6}$
Bronze	$17,5 \cdot 10^{-6}$	Kupfer	$16,5 \cdot 10^{-6}$	Widia	$5,3 \cdot 10^{-6}$
Chromstahl	$11,0 \cdot 10^{-6}$	Magnesium	$26,0 \cdot 10^{-6}$	Wolfram	$4,5 \cdot 10^{-6}$
Glas	$9,0 \cdot 10^{-6}$	Messing	$18,4 \cdot 10^{-6}$	Zinn	$23,0 \cdot 10^{-6}$
Gold	$14,2 \cdot 10^{-6}$	Nickel	$14,1 \cdot 10^{-6}$	Zinnbronze	$17,8 \cdot 10^{-6}$
Gusseisen	$9,0 \cdot 10^{-6}$	Platin	$8,9 \cdot 10^{-6}$	Zink	$30,1 \cdot 10^{-6}$

10.17. Volumenausdehnungskoeffizient α_V von Flüssigkeiten in 1/K bei 18 °C

Äthylalkohol	$11,0 \cdot 10^{-4}$	Glycerin	$5,0 \cdot 10^{-4}$	Schwefelsäure	$5,6 \cdot 10^{-4}$
Äthyläther	$16,3 \cdot 10^{-4}$	Olivenöl	$7,2 \cdot 10^{-4}$	Wasser	$1,8 \cdot 10^{-4}$
Benzol	$12,4 \cdot 10^{-4}$	Quecksilber	$1,8 \cdot 10^{-4}$		

10.18. Wärmeleitzahlen λ fester Stoffe bei 20 °C in $10^3\ \dfrac{J}{m\,h\,K}$; Klammerwerte in $\dfrac{W}{mK}$

Aluminium	754	(209	Kesselstein, amorph[1])	4	(1,1)	Quarzglas	5,0	(1,39)
Asbestwolle	0,3	(0,08)	–, gipsreich [1])	5,5	(1,53)	Ruß	0,17	
Asphalt	2,5	(0,69)	–, kalreich [1])	1,8	(0,5)	Sandstein	6,7	
Bakelit	0,8	(0,22)	Kies	1,3	(0,36)	Schamottestein[1])	3	(0,8)
Beton	4,6	(1,28)	Kohle, amorph	0,63	(0,17)	–, (1000 °C)	3,6	(1,0)
Blei	126	(35)	–, graphitisch	4,2	(1,17)	Schaumgummi[1])	0,2.	(0,06)
Duraluminium	628	(174)	Korkplatten	0,17	(0,05)	Schnee[1])	0,5	(0,14)
Eichenholz, radial	0,6	(0,17)	Kupfer	1360	(380)	Silber	1500	(420)
Eis bei 0 °C	8,1	(2,25)	Leder	0,6	(0,17)	Stahl (0,1 % C)	193	(54)
Eisenzunder (1000 °C)	5,9	(1,64)	Linoleum	0,67	(0,19)	– (0,6 % C)	150	(42)
Fensterglas	4,2	(1,17)	Magnesium	510	(142)	– (V 2 A)	54	(15)
Fichtenholz, axial	0,84	(0,23)	Marmor	10,5	(2,92)	Ziegelmauer, außen	3,1	(0,86)
–, radial	0,42	(0,12)	Messing	376	(104)	–, innen	2,5	(0,7)
Gips, trocken [1])	1,5	(0,42)	Mörtel und Putz	3,4	(0,94)	Zink	406	(113)
Gold	1120	(310)	Nickel	293	(81)	Zinn	239	(66)
Graphit	500	(140)	Nickelstahl (30 % Ni)	42	(11,7)			
Hartgummi	0,6	(0,17)	Porzellan [1])	4,5	(1,3)			

[1]) Mittelwerte

10.19. Wärmeleitzahlen λ von Flüssigkeiten bei 20 °C in $\dfrac{J}{m\,h\,K}$; Klammerwerte in $\dfrac{W}{m\,K}$

Ammoniak	1 800	(0,5)	Glycerin	1 000	(0,28)	Spindelöl	500 (0,14)
Äthylalkohol	700	(0,19)	– mit 50 % Wasser	1 500	(0,42)	Transformatorenöl	460 (0,13)
Aceton	600	(0,17)	Paraffinöl	460	(0,13)	Wasser	2 200 (0,61)
Benzin	500	(0,14)	Quecksilber	33 000	(9,2)	Xylol	470 (0,13)

10.20. Wärmeleitzahlen λ von Gasen in Abhängigkeit von der Temperatur (Ungefährwerte) in $\dfrac{J}{m\,h\,K}$; Klammerwerte in $\dfrac{W}{m\,K}$

	0 °C	200 °C	400 °C	600 °C	800 °C	1000 °C
Luft	84 (0,023)	47 (0,013)	188 (0,052)	222 (0,062)	251 (0,07)	281 (0,078)
Wasserdampf	63 (0,017)	117 (0,032)	197 (0,055)	293 (0,081)		
Argon	59 (0,016)	92 (0,026)	126 (0,035)	155 (0,043)	184 (0,05)	209 (0,058)

10.21. Wärme-Übergangszahlen α für Dampferzeuger bei normalen Betriebsbedingungen (Mittelwerte)

	in $\dfrac{J}{m^2\,h\,K}$		in $\dfrac{W}{m^2\,K}$
Verdampfer	$\alpha_1 = (83 \dots 209) \cdot 10^3$	zwischen Feuergas und Wand	23 ... 58
	$\alpha_2 = (210 \dots 420) \cdot 10^6$	zwischen Wand und Wasser	(58 ... 117) · 10^3
Überhitzer	$\alpha_1 = (125 \dots 209) \cdot 10^3$	zwischen Rohrwand und Feuergas oder Dampf	35 ... 58
Lufterhitzer	$\alpha_1 = (42 \dots 83) \cdot 10^3$	zwischen Blechwand und Luft oder Feuergas	12 ... 23
Wasservorwärmer	$\alpha_1 = (63 \dots 126) \cdot 10^3$	zwischen Feuergas und Rohrwand	17 ... 35
	$\alpha_2 = (210 \dots 330) \cdot 10^6$	zwischen Rohrwand und Wasser	(58 ... 92) · 10^3

10. Wärmelehre

10.22. Wärmedurchgangszahlen k bei normalem Kesselbetrieb (Mittelwerte)

k in $\dfrac{J}{m^2 h\,K}$		k in $\dfrac{W}{m^2 K}$
$(42 \dots 126) \cdot 10^3$	für Wasservorwärmer	11,7 … 35
$(83 \dots 209) \cdot 10^3$	für Verdampferheizfläche	23 … 58
$(83 \dots 251) \cdot 10^3$	für Berührungsüberhitzer	23 … 70
$(33 \dots\ \ 63) \cdot 10^3$	für Plattenlufterhitzer	9,2 … 17,5

10.23. Emissionsverhältnis ϵ und Strahlungszahl C bei 20 °C

	ϵ	C in $\dfrac{J}{m^2 h\,K^4}$	C in $\dfrac{W}{m^2 K^4}$
absolut schwarzer Körper	1	$20,8 \cdot 10^{-5}$	$5,78 \cdot 10^{-8}$
Aluminium, unbehandelt	0,07 … 0,09	$(1,47 \dots 1,88) \cdot 10^{-5}$	$(0,41 \dots 0,52) \cdot 10^{-8}$
–, poliert	0,04	$0,796 \cdot 10^{-5}$	$0,22 \cdot 10^{-8}$
Glas	0,93	$19,3 \cdot 10^{-5}$	$5,36 \cdot 10^{-8}$
Gusseisen, ohne Gusshaut	0,42	$8,8 \cdot 10^{-5}$	$2,44 \cdot 10^{-8}$
Kupfer, poliert	0,045	$0,92 \cdot 10^{-5}$	$0,26 \cdot 10^{-8}$
Messing, poliert	0,05	$1,05 \cdot 10^{-5}$	$0,29 \cdot 10^{-8}$
Öle	0,82	$16,96 \cdot 10^{-5}$	$4,71 \cdot 10^{-8}$
Porzellan, glasiert	0,92	$19,17 \cdot 10^{-5}$	$5,32 \cdot 10^{-8}$
Stahl, poliert	0,28	$5,86 \cdot 10^{-5}$	$1,63 \cdot 10^{-8}$
Stahlblech, verzinkt	0,23	$4,69 \cdot 10^{-5}$	$1,30 \cdot 10^{-8}$
–, verzinnt	0,06 … 0,08	$(1,3 \dots 1,7) \cdot 10^{-5}$	$(0,36 \dots 0,47) \cdot 10^{-8}$
Dachpappe	0,91	$18,92 \cdot 10^{-5}$	$5,26 \cdot 10^{-8}$

10.24. Spezifische Gaskonstante R_i, Dichte ρ und Verhältnis $\kappa = \dfrac{c_p}{c_v}$ einiger Gase

Gasart	Atomzahl	R_i in $\dfrac{J}{kg\,K}$	ρ in $\dfrac{kg}{m^3}$ [1])	κ	molare Masse M in $\dfrac{kg}{kmol}$ (gerundet)
Argon (Ar)	1	208	1,7821	1,66	40
Acetylen (C_2H_2)	4	320	1,1607	1,26	26
Ammoniak (NH_3)	4	488	0,7598	1,31	17
Helium (He)	1	2 078	0,1786	1,66	4
Kohlendioxid (CO_2)	3	189	1,9634	1,30	44
Kohlenoxid (CO)	2	297	1,2495	1,40	28
Luft	–	287	1,2922	1,40	–
Methan (CH_4)	5	519	0,7152	1,32	16
Sauerstoff (O_2)	2	260	1,4276	1,31	32
Stickstoff (N_2)	2	297	1,2499	1,40	28
Wasserdampf (H_2O)	3	462	–	1,40	18
Wasserstoff (H_2)	2	4 158	0,0899	1,41	2

[1]) Die Werte gelten für die Temperatur von 0 °C und für einen Druck von $101\,325\,\dfrac{N}{m^2} = 1{,}01325$ bar.

11.1. Größen und Einheiten aus der Elektrotechnik
(weitere Größen und Einheiten siehe Physik,Seite 61)

elektrische Stromstärke I (Basisgröße)	Einheit der elektrischen Stromstärke I ist die Basiseinheit **Ampere** (Kurzzeichen A): 1 A ist die Stärke eines zeitlich unveränderlichen elektrischen Stromes, der, durch zwei im Vakuum parallel im Abstand 1 m voneinander angeordnete, geradlinige, unendlich lange Leiter von vernachlässigbar kleinem, kreisförmigem Querschnitt fließend, zwischen diesen Leitern je 1 m Leiterlänge elektrodynamisch die $$\text{Kraft } F = \frac{1}{5\,000\,000}\,\text{N} = 2\cdot 10^{-7}\text{N} = 2\cdot 10^{-7}\,\frac{\text{kg m}}{\text{s}^2} = 2\cdot 10^{-7}\text{mkgs}^{-2}$$ hervorrufen würde.
elektrische Spannung U, elektrische Potenzialdifferenz (abgeleitete Größe)	Einheit der elektrischen Spannung U oder der elektrischen Potenzialdifferenz U ist das **Volt** (Kurzzeichen V): 1 V ist gleich der elektrischen Spannung oder elektrischen Potenzialdifferenz zwischen zwei Punkten eines fadenförmigen, homogenen und gleichmäßig temperierten metallischen Leiters, in dem bei einem zeitlich unveränderlichen elektrischen Strom der Stärke 1 A zwischen den beiden Punkten die Leistung 1 W umgesetzt wird. $$1\,\text{V} = 1\,\frac{\text{W}}{\text{A}} = 1\,\frac{\text{Nm}}{\text{sA}} = 1\,\frac{\text{kgm}^2}{\text{s}^3\text{A}} = 1\,\text{m}^2\text{kgs}^{-3}\text{A}^{-1}$$
elektrischer Widerstand R (abgeleitete Größe)	Einheit des elektrischen Widerstandes R ist das **Ohm** (Kurzzeichen Ω): 1 Ω ist gleich dem elektrischen Widerstand zwischen zwei Punkten eines fadenförmigen, homogenen und gleichmäßig temperierten metallischen Leiters, durch den bei der elektrischen Spannung 1 V zwischen den beiden Punkten ein zeitlich unveränderlicher elektrischer Strom der Stärke 1 A fließt. $$1\,\Omega = 1\,\frac{\text{V}}{\text{A}} = 1\,\frac{\text{W/A}}{\text{A}} = 1\,\frac{\text{W}}{\text{A}^2} = 1\,\frac{\text{Nm}}{\text{sA}^2} = 1\,\frac{\text{kgm}^2}{\text{s}^3\text{A}^2} = 1\,\text{m}^2\text{kgs}^{-3}\text{A}^{-2}$$
elektrischer Leitwert G (abgeleitete Größe)	Einheit des elektrischen Leitwertes G ist das **Siemens** (Kurzzeichen S): 1 S ist gleich dem elektrischen Leitwert eines Leiters vom elektrischen Widerstand 1 Ω: $$1\,\text{S} = 1\,\frac{1}{\Omega} = 1\,\frac{\text{A}}{\text{V}} = 1\,\frac{\text{A}}{\text{W/A}} = 1\,\frac{\text{A}^2}{\text{W}} = 1\,\frac{\text{A}^2\text{s}}{\text{Nm}} = 1\,\frac{\text{s}^3\text{A}^2}{\text{kgm}^2} = 1\,\text{m}^{-2}\text{kg}^{-1}\text{s}^3\text{A}^2$$

11. Elektrotechnik

elektrische Ladung Q Elektrizitätsmenge (abgeleitete Größe)	Einheit der elektrischen Ladung Q oder der Elektrizitätsmenge Q ist das **Coulomb** (Kurzzeichen C): 1 C ist gleich der Elektrizitätsmenge oder elektrischen Ladung, die während der Zeit 1 s bei einem zeitlich unveränderlichen elektrischen Strom der Stärke 1 A durch den Querschnitt des Leiters fließt. Einheiten der Elektrizitätsmenge oder elektrischen Ladung sind auch alle Produkte, die aus einer gesetzlichen Einheit der elektrischen Stromstärke und einer gesetzlichen Zeiteinheit gebildet werden. $$1\,C = 1\,A \cdot 1\,s = 1\,As = 1\,sA$$
elektrische Kapazität C (abgeleitete Größe)	Einheit der elektrischen Kapazität C ist das **Farad** (Kurzzeichen F): 1 F ist gleich der elektrischen Kapazität eines Kondensators, der durch die Elektrizitätsmenge 1 C auf die elektrische Spannung 1 V aufgeladen wird. $$1\,F = 1\,\frac{C}{V} = 1\,\frac{As}{V} = 1\,\frac{As}{W/A} = 1\,\frac{A^2s^2}{Nm} = 1\,\frac{A^2s^4}{kg\,m^2} = 1\,m^{-2}kg^{-1}s^4A^2$$
elektrische Flussdichte D (abgeleitete Größe)	Einheit der elektrischen Flussdichte D ist das **Coulomb durch Quadratmeter** (Kurzzeichen C/m^2); 1 C/m^2 ist gleich der elektrischen Flussdichte in einem Plattenkondensator, dessen beide im Vakuum parallel zueinander angeordnete, unendlich ausgedehnte Platten je Fläche 1 m^2 gleichmäßig mit der Elektrizitätsmenge auf 1 C aufgeladen werden. Einheiten der elektrischen Flussdichte sind auch alle Quotienten, die aus einer gesetzlichen Einheit der Elektrizitätsmenge und einer gesetzlichen Flächeneinheit gebildet werden. $$1\,\frac{C}{m^2} = 1\,\frac{As}{m^2} = 1\,m^{-2}sA$$
elektrische Feldstärke E (abgeleitete Größe)	Einheit der elektrischen Feldstärke E ist das **Volt durch Meter** (Kurzzeichen V/m): 1 V/m ist gleich der elektrischen Feldstärke eines homogenen elektrischen Feldes, in dem die Potenzialdifferenz zwischen zwei Punkten im Abstand 1 m in Richtung des Feldes 1 V beträgt. Einheiten der elektrischen Feldstärke sind auch alle Quotienten, die aus einer gesetzlichen Einheit der elektrischen Spannung und einer gesetzlichen Längeneinheit gebildet werden. $$1\,\frac{V}{m} = 1\,\frac{W/A}{m} = 1\,\frac{Nm}{sAm} = 1\,\frac{kg\,m}{s^3A} = 1\,mkgs^{-3}A^{-1}$$
magnetischer Fluss Φ (abgeleitete Größe)	Einheit des magnetischen Flusses Φ ist das **Weber** (Kurzzeichen Wb): 1 Wb ist gleich dem magnetischen Fluss, bei dessen gleichmäßiger Abnahme während der Zeit 1 s auf Null in einer ihn umschlingenden Windung die elektrische Spannung 1 V induziert wird. Das Weber darf auch als Voltsekunde (Kurzzeichen Vs) bezeichnet werden. $$1\,Wb = 1\,Vs = 1\,\frac{W}{A}s = 1\,\frac{Nm}{sA}s = 1\,\frac{kg\,m^2}{s^2A} = 1\,m^2kgs^{-2}A^{-1}$$

magnetische Fluss-dichte B (abgeleitete Größe)	Einheit der magnetischen Flussdichte B ist das **Tesla** (Kurzzeichen T): 1 T ist gleich der Flächendichte des homogenen magnetischen Flusses 1 Wb, der die Fläche 1 m² senkrecht durchsetzt. Einheiten der magnetischen Flussdichte sind auch alle Quotienten, die aus einer gesetzlichen Einheit des magnetischen Flusses und einer gesetzlichen Flächeneinheit gebildet werden. $$1\,\text{T} = 1\,\frac{\text{Wb}}{\text{m}^2} = 1\,\frac{\text{Vs}}{\text{m}^2} = 1\,\frac{\text{kg m}^2}{\text{s}^2\text{Am}^2} = 1\,\frac{\text{kg}}{\text{s}^2\text{A}} = 1\,\text{kg s}^{-2}\text{A}^{-1}$$
Induktivität L (abgeleitete Größe)	Einheit der Induktivität L ist das **Henry** (Kurzzeichen H): 1 H ist gleich der Induktivität einer geschlossenen Windung, die, von einem elektrischen Strom der Stärke 1 A durchflossen, im Vakuum den magnetischen Fluss 1 Wb umschlingt. $$1\,\text{H} = 1\,\frac{\text{Wb}}{\text{A}} = 1\,\frac{\text{Vs}}{\text{A}} = 1\,\frac{\text{kg m}^2}{\text{s}^2\text{A}^2} = 1\,\text{m}^2\text{kg s}^{-2}\text{A}^{-2}$$
magnetische Feldstärke H (abgeleitete Größe)	Einheit der magnetischen Feldstärke H ist das **Ampere durch Meter** (Kurzzeichen A/m): 1 A/m ist gleich der magnetischen Feldstärke, die ein durch einen unendlich langen, geraden Leiter von kreisförmigem Querschnitt fließender elektrischer Strom der Stärke 1 A im Vakuum außerhalb des Leiters auf dem Rand einer zum Leiterquerschnitt konzentrischen Kreisfläche vom Umfang 1 m hervorrufen würde. Einheiten der magnetischen Feldstärke sind auch alle Quotienten, die aus einer gesetzlichen Einheit der elektrischen Stromstärke und einer gesetzlichen Längeneinheit gebildet werden. $$1\,\frac{\text{A}}{\text{m}} = 1\,\text{A m}^{-1}$$

11.2. Gleichstrom

Ohm'sches Gesetz	$$U = IR \qquad I = \frac{U}{R} \qquad R = \frac{U}{I}$$ $$I = \frac{U_\text{q}}{R_\text{ges}} = \frac{U_\text{q}}{R + R_\text{i}}$$ | U, U_q	I	R
---	---	---
V	A	Ω	 U_q Quellenspannung
spezifischer elektrischer Widerstand ρ	ist der Widerstand eines Leiters von 1 m Länge und 1 mm² Querschnitt bei der Temperatur 20 °C Siehe 11.9
spezifische elektrische Leitfähigkeit γ	$\gamma = \dfrac{1}{\rho}$; siehe 11.9

11. Elektrotechnik

Widerstand R eines Leiters von Gesamtlänge l	$R = \rho \dfrac{l}{A} = \dfrac{l}{\gamma A}$						
		R	ρ	γ	l	A	
		Ω	$\dfrac{\Omega\,\mathrm{mm}^2}{\mathrm{m}}$	$\dfrac{\mathrm{m}}{\Omega\,\mathrm{mm}^2}$	m	mm^2	

Temperaturabhängigkeit des Widerstandes	$R_\vartheta = R_{20}(1 + \alpha\,\Delta\vartheta)$ $\dfrac{R_{\mathrm{warm}}}{R_{\mathrm{kalt}}} = \dfrac{\tau + \vartheta_{\mathrm{warm}}}{\tau + \vartheta_{\mathrm{kalt}}}$ $\tau = \dfrac{1}{\alpha} - 20\,^\circ\mathrm{C}$	R_ϑ Widerstand bei Temperatur ϑ R_{20} bei 20 $^\circ$C τ, α Temperaturbeiwert, siehe 11.9 $\Delta\vartheta = \vartheta - 20\,^\circ$C $\vartheta_{\mathrm{warm}}$ wärmere Temperatur $\vartheta_{\mathrm{kalt}}$ kältere Temperatur

für Kupfer gilt	$R_\vartheta = R_{20}\left(1 + \dfrac{\Delta\vartheta}{255\,^\circ\mathrm{C}}\right);\qquad \Delta\vartheta = \dfrac{R_\vartheta - R_{20}}{R_{20}} \cdot 255\,^\circ\mathrm{C}$

Reihenschaltung (Hintereinanderschaltung) von Widerständen	$R_{\mathrm{ges}} = R_1 + R_2 + R_3 + \ldots R_n$ $U_{\mathrm{ges}} = U_1 + U_2 + U_3 + \ldots U_n$ $U_1 : U_2 : U_3 \ldots = R_1 : R_2 : R_3 \ldots$	

Parallelschaltung von Widerständen von Leitwerten	$\dfrac{1}{R_{\mathrm{ges}}} = \dfrac{1}{R_1} + \dfrac{1}{R_2} + \dfrac{1}{R_3} + \ldots \dfrac{1}{R_n}$ $R_{\mathrm{ges}} = \dfrac{R_1 R_2}{R_1 + R_2}$ (für zwei Widerstände) $G_{\mathrm{ges}} = G_1 + G_2 + G_3 + \ldots G_n$ $U_{\mathrm{ges}} = U_1 = U_2 = U_3 = \ldots U_n$ $I_{\mathrm{ges}} = I_1 + I_2 + I_3 + \ldots I_n$	

Erster Kirchhoff'scher Satz Stromverhältnis	Für jeden Knotenpunkt ist die Summe der zufließenden gleich der Summe der abfließenden Ströme. $\Sigma I_{\mathrm{zu}} = \Sigma I_{\mathrm{ab}};\qquad I_{\mathrm{ges}} = I_1 + I_2 + I_3 + \ldots I_n$ $I_1 = \dfrac{U_{\mathrm{ges}}}{R_1};\qquad I_2 = \dfrac{U_{\mathrm{ges}}}{R_2};\qquad I_3 = \dfrac{U_{\mathrm{ges}}}{R_3}$ Die Stromstärken in den einzelnen Teilen einer Stromverzweigung verhalten sich umgekehrt wie die Widerstände. $I_1 : I_2 : I_3 : \ldots I_n = \dfrac{1}{R_1} : \dfrac{1}{R_2} : \dfrac{1}{R_3} : \ldots \dfrac{1}{R_n}$ für zwei parallele Zweige gilt: $\dfrac{I_1}{I_2} = \dfrac{R_2}{R_1}$ Die Spannungen an Parallelschaltungen sind gleich. $U_{\mathrm{ges}} = U_1 = U_2 = U_3 = U_n$

Zweiter Kirchhoff'-scher Satz	In einem Stromkreis (und auch in jeder Masche eines Netzes) ist die Summe der Quellenspannungen gleich der Summe der Spannungsabfälle. $U_I + U_{II} = IR_1 + IR_2 + IR_3 + ... + IR_n;$ $U_{I,II} = \Sigma IR$ Die Spannungsabfälle verhalten sich wie die Widerstände.
Spannungsverhältnis	$U_1 : U_2 : U_3 : ... : U_n = R_1 : R_2 : R_3 : ... : R_n$

elektrische Leistung P des Gleichstromes	$P = UI = I^2 R = \dfrac{U^2}{R}$	<table><tr><td>P</td><td>U</td><td>I</td><td>W</td><td>R</td><td>t</td></tr><tr><td>W</td><td>V</td><td>A</td><td>Ws</td><td>Ω</td><td>s</td></tr></table>
elektrische Arbeit W des Gleichstromes	$W = Pt = UIt = I^2 Rt = \dfrac{U^2 t}{R}$	$1\ \text{Ws} = 1\ \text{J} = 1\ \text{Nm}$
Stromkosten K in € (ohne Grundgebühr)	$K = kW$	k E-Werk-Tarif in DM/kWh W elektrische Arbeit in kWh

11.3. Elektrochemie

		Kathode	Elektrolyt	Anode
chemische Vorgänge bei der Trockenbatterie	geladen	MnO_2	NH_4Cl	Zn
	entladen	Mn_2O_3, H_2O NH_3	$ZnCl_2$	—

		− Platte	Elektrolyt	+ Platte
chemische Vorgänge beim Blei-Akkumulator	geladen	Pb	H_2SO_4	PbO_2
	entladen	$PbSO_4$	$2H_2O$	$PbSO_4$
chemische Vorgänge beim Nickel-Kadmium-Akkumulator	geladen	Cd	2KOH	$2Ni(OH)_3$
	entladen	$Cd(OH)_2$	2KOH	$2Ni(OH)_2$

praktisch umgesetzte Stoffmenge m	$m = cIt\eta$ $c = \dfrac{\text{Grammatom}}{\text{Wertigkeit} \cdot 26{,}8\ \text{Ah}}$	<table><tr><td>m</td><td>c</td><td>I</td><td>t</td><td>η</td></tr><tr><td>g</td><td>$\frac{g}{Ah}$</td><td>A</td><td>h</td><td>1</td></tr></table>

c elektro-chemisches Grammäquivalent (siehe 11.11)

η Stromausbeute: 1 für Ag   0,95 für Ni
               1 für Cu   0,15 für Cr

1 Farad (F) = 96 500 As = 26,8 Ah

11. Elektrotechnik

Stromstärke I im Stromkreis galvanischer Elemente	$I = \dfrac{U_q}{R + R_i}$ $I_{max} = I_{Elem\,zul}$	
Klemmenspannung U bei Belastung	$U = U_q - IR_i = U_q - U_i$	
Kurzschluss-Strom I_K	$I_K = \dfrac{U_q}{R_i}$ und damit $U_i = U_q$ bei Leerlauf: $U = U_q$ und damit $U_i = 0$	
Stromstärke bei Parallelschaltung von „n" gleichen Elementen	$I = \dfrac{U_q}{R + \dfrac{R_i}{n}}$ $I_{max} = nI_{Elem\,zul}$ $U = U_1 = U_2 = U_3 = U_n$	
Stromstärke bei Hintereinanderschaltung von „n" gleichen Elementen	$I = \dfrac{nU_q}{R_a + nR_i}$ $U = U_1 + U_2 + U_3 + U_n$ U_q Leerlaufspannung in V R_a Lastwiderstand im Stromkreis in Ω R_i innerer Widerstand des galvanischen Elementes in Ω	

11.4. Magnetisches Feld

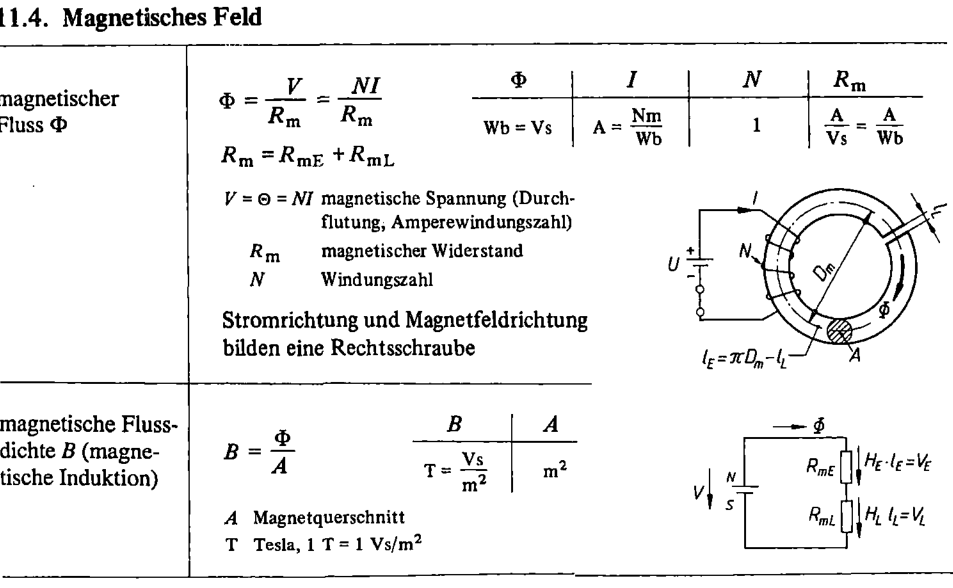

magnetischer Fluss Φ	$\Phi = \dfrac{V}{R_m} = \dfrac{NI}{R_m}$ $R_m = R_{mE} + R_{mL}$ $V = \Theta = NI$ magnetische Spannung (Durchflutung, Amperewindungszahl) R_m magnetischer Widerstand N Windungszahl **Stromrichtung und Magnetfeldrichtung bilden eine Rechtsschraube**	
magnetische Flussdichte B (magnetische Induktion)	$B = \dfrac{\Phi}{A}$ A Magnetquerschnitt T Tesla, 1 T = 1 Vs/m^2	

Tabelle zum magnetischen Fluss:

Φ	I	N	R_m
Wb = Vs	A = $\dfrac{Nm}{Wb}$	1	$\dfrac{A}{Vs} = \dfrac{A}{Wb}$

Tabelle zur magnetischen Flussdichte:

B	A
T = $\dfrac{Vs}{m^2}$	m^2

| magnetische Feldstärke H | $$H = \frac{NI}{l}$$

l Länge des zu magnetisierenden Raumes | H | N | I | l |
| | | $\frac{A}{m}$ | 1 | A | m |

| magnetischer Widerstand R_{mE} oder Leitwert Λ des Eisens oder der Luft R_{mL} | $$R_{mE} = \frac{l_E}{A\,\mu} = \frac{l_E}{A\,\mu_0\,\mu_r} \qquad R_{mL} = \frac{l_L}{A\,\mu_0} \qquad \Lambda = \frac{1}{R_m}$$

l_E Länge des magnetischen Leiters Eisen
μ spezifische magnetische Leitfähigkeit (absolute Permeabilität) des Materials
A Querschnitt des magnetischen Leiters |

| magnetische Flussdichte B (Induktion) und magnetische Feldstärke H (Erregung) | $$B = \mu_0\,\mu_r\,H$$

$\mu = \mu_0\mu_r$ absolute Permeabilität
$\mu_r = B/B_0$ relative Permeabilität
$\mu_0 = B_0/H$ magnetische Feldkonstante $= 4\pi\cdot10^{-7}\,Vs/Am$
$\quad B_0 \quad$ Flussdichte im Vakuum

$\mu_r = 1$ für Luft, $\mu_r \approx 1$ für Cu und Ag |

Tabelle zur magnetischen Flussdichte:

B	μ_r	μ_0	H
$\frac{Vs}{m^2}$	1	$\frac{Vs}{Am}$	$\frac{A}{m}$

| magnetische Feldkonstante μ_0 | $$\mu_0 = \frac{4\pi}{10^7}\,\frac{Vs}{Am} = 1{,}256\,637\cdot10^{-6}\,\frac{Vs}{Am} \approx 1{,}2566\cdot10^{-6}\,\frac{Vs}{Am}$$

$$\mu_0 = 1{,}256\,637\cdot10^{-6}\,\frac{Wb}{Am} = 1{,}256\,637\cdot10^{-6}\,\frac{H}{m} = 1{,}256\,637\cdot10^{-6}\,\frac{N}{A^2}$$

Wb Weber = Vs, H Henry = Vs/A, N Newton

Wegen der starken Veränderlichkeit von μ_r bei ferromagnetischen Werkstoffen rechnet man nicht mit $B = \mu_0\mu_r H$, sondern benutzt die Magnetisierungskurve (siehe 11.12). |

| Durchflutungsgesetz | $$\Theta = NI = H_E\,l_E + H_l\,l_l + \ldots = V_E + V_l$$

H_E erforderliche Feldstärke aus Magnetisierungskurve (11.12)
$H_l = B_l/\mu_0$ erforderliche Feldstärke für Luftspalt
l_E mittlere Eisenweglänge
l_l mittlere Luftspaltlänge | V, NI | H | l |
| | | A | $\frac{A}{m}$ | m |

| magnetische Feldstärke in der Umgebung eines gestreckten Leiters | $$H_a = \frac{I}{2\pi r_a}$$

r_a Radius außerhalb des Leiters |

| magnetische Feldstärke im Innern eines gestreckten Leiters | $$H_i = \frac{I}{2\pi r^2}\,r_i$$

r_i Radius innerhalb des Leiters |

11. Elektrotechnik

Induktionsgesetz bei linearer Änderung des magnetischen Flusses oder des Stromes in **einer** Leiterschleife (Spule)	$U_q = N_2 \dfrac{\Delta\Phi}{\Delta t} = M \dfrac{\Delta I}{\Delta t}$

	U_q	ΔI	L, M	Δt	N
	V	A	$H = \dfrac{Vs}{A}$	s	1

U_q induzierte Quellenspannung

N Windungszahl

$\Delta\Phi = \Phi_1' - \Phi_1$ Magnetflußänderungsbetrag

$\Delta I = I_1' - I_1$ Stromänderungsbetrag

Δt zeitliche Dauer der Änderung

M Gegeninduktivität: $M = N_1 N_2 \lambda$

Die Richtung des Flusses Φ_2 erhält man über die Lenz'sche Regel. (Alle induzierten elektrischen Größen suchen ihre Ursache zu behindern.)

---

induzierte Quellenspannung im geraden Leiter

$$U_q = B v l$$

B magnetische Induktion

v relative Geschwindigkeit des Feldlinienschnittes

l wirksame Leiterlänge

B	v	l
$\dfrac{Vs}{m^2}$	$\dfrac{m}{s}$	m

Induktivität L einer Spule

$$L = N^2 \Lambda = N^2 \cdot \frac{\mu_0 \mu_r A}{l}$$

N Windungszahl

Λ magnetischer Leitwert

A Querschnitt

l Länge des zu magnetisierenden Raumes

L	N	Λ	μ_0	μ_r	A	l
$\dfrac{Vs}{A}$	1	$\dfrac{Vs}{A}$	$\dfrac{Vs}{Am}$	1	m^2	m

μ_0 siehe magnetische Feldkonstante

Reihenschaltung von Induktivitäten

$$L_{ges} = L_1 + L_2 + L_3 + \ldots L_n$$

$$U = U_1 + U_2 + U_3 + \ldots U_n$$

Parallelschaltung von Induktivitäten

$$\frac{1}{L_{ges}} = \frac{1}{L_1} + \frac{1}{L_2} + \frac{1}{L_3} + \ldots \frac{1}{L_n}$$

$$I = I_1 + I_2 + I_3 + \ldots I_n$$

$$U = U_1 = U_2 = U_3 = \ldots U_n$$

Kraft F auf einen zum Magnetfeld senkrecht stehenden geraden Leiter

$$F = B I l$$

$$F = \mu_0 H I l$$

μ_0 siehe magnetische Feldkonstante

F	B	I	l, l_a	H
N	$\dfrac{Vs}{m^2}$	A	m	$\dfrac{A}{m}$

Kraft F zwischen zwei parallelen Leitern

$$F = \frac{\mu_0}{2\pi l_a} I_1 I_2 l$$

l_a senkrechter Abstand

Tragkraft F oder Zugkraft eines Magneten	$F = \frac{1}{2} H B A$ H Feldstärke im Luftspalt B Flussdichte im Luftspalt A Querschnitt des Magnetpoles

magnetische Energie W im Luftspaltvolumen V

$$W = \frac{1}{2} H B V = \frac{1}{2} \mu_0 H^2 V$$

Energie des magnetischen Feldes der erregten Spule

$$W = \frac{1}{2} L I^2$$

W	H	B	V	μ_0	L	I	t, τ
$Ws = Nm = J$	$\dfrac{A}{m}$	$\dfrac{Vs}{m^2}$	m^3	$\dfrac{Vs}{Am}$	$\dfrac{Vs}{A}$	A	s

μ_0 siehe magnetische Feldkonstante

Einschalten einer Spule

Momentanstrom i (I_0 Endstromstärke)

$$i = I_0 \left(1 - e^{-\frac{Rt}{L}}\right)$$

Zeitkonstante τ

$$\tau = \frac{L}{R}$$

(Einheiten siehe oben)

Ausschalten einer Spule

Momentanstrom i (I_0 Anfangsstromstärke)

$$i = I_0\, e^{-\frac{Rt}{L}}$$

Zeitkonstante τ

$$\tau = \frac{L}{R'}$$

R ohmscher Widerstand der Spule
R' ohmscher Widerstand der Spule und Schaltwiderstand
L Induktivität der Spulen

11. Elektrotechnik

11.5. Elektrisches Feld

elektrischer Verschiebungsfluss ψ	$\psi \;\hat{=}\; I\,t = Q$										

	ψ, Q	I	t	A	E	U	l	F	D	ϵ_0, ϵ
	$As = C$	A	s	m^2	$\dfrac{V}{m}$	V	m	N	$\dfrac{As}{m^2}$	$\dfrac{As}{Vm} = \dfrac{F}{m}$

	ϵ_r	C	W
	1	F	$Ws = Nm$

$$\left(1\,N = 1\,\frac{kgm}{s^2}\right)$$

elektrische Verschiebungsdichte

$$D = \frac{\psi}{A} \;\hat{=}\; \frac{Q}{A}$$

elektrische Feldstärke E

$$E = \frac{U}{l} = \frac{F}{Q}$$

Q verschobene elektrische Ladung

A Feldraumquerschnitt zwischen den Kondensatorplatten

l Feldlinienlänge (z.B. Plattenabstand)

ϵ_0 elektrische Feldkonstante $= 8{,}854 \cdot 10^{-12}\ \frac{F}{m}$

ϵ_r Permittivitätszahl $= D/D_0$

F Kraft

elektrische Verschiebungsdichte und elektrisierende Feldstärke E

$$D = \epsilon E = \epsilon_0\,\epsilon_r\,E$$

$$\epsilon_0 = 8{,}854\,19 \cdot 10^{-12}\ \frac{As}{Vm} = 8{,}854\,19 \cdot 10^{-12}\ \frac{F}{m}$$

(F ist die Einheit Farad)

Permittivität ϵ

$$\epsilon = \epsilon_0\,\epsilon_r$$

$$\epsilon_0 = \frac{D_0}{E}$$

ϵ früher: Dielektrizitätskonstante

Kapazität C eines Plattenkondensators

$$C = \frac{Q}{U} = \frac{\epsilon_0\,\epsilon_r\,A}{l}$$

$$1\ \text{Farad (F)} = \frac{1\ \text{Coulomb}}{1\ \text{Volt}} = \frac{1\ As}{V}$$

$$1\ \text{Mikrofarad}\ (\mu F) = 10^{-6}\,F$$
$$1\ \text{Picofarad}\ (pF) = 10^{-12}\,F$$

Kapazität C eines Zylinderkondensators

$$C = \frac{Q}{U} = \frac{\epsilon_0\,\epsilon_r\,2\pi l}{\ln\dfrac{r_a}{r_i}}$$

(Einheiten siehe oben)

elektrische Feldstärke eines Zylinderkondensators an der Stelle x

$$E_{rx} = \frac{U}{r_x \ln\dfrac{r_a}{r_i}}$$

$$\text{Feldstärkeverhältnis}\quad \frac{E_{r_i}}{E_{r_a}} = \frac{r_a}{r_i}$$

r_a Außenradius $\qquad$ r_x beliebiger Radius

r_i Innenradius $\qquad$ ln natürlicher Logarithmus

Parallelschaltung von Kondensatoren

$$Q = Q_1 + Q_2 + Q_3 + \dots + Q_n$$

$$C_{ges} = C_1 + C_2 + C_3 + \dots + C_n$$

Reihenschaltung von Kondensatoren	$U = U_1 + U_2 + U_3 + \ldots + U_n$ $\dfrac{1}{C_{\text{ges}}} = \dfrac{1}{C_1} + \dfrac{1}{C_2} + \dfrac{1}{C_3} + \ldots + \dfrac{1}{C_n}$
zwei Kondensatoren in Reihe	$C_{\text{ges}} = \dfrac{C_1 C_2}{C_1 + C_2}$ Spannungsverhältnis $\dfrac{U_1}{U_2} = \dfrac{C_2}{C_1}$
Kraft F zwischen zwei elektrischen punktförmigen Ladungen mit Abstand l	$F = \dfrac{Q_1 Q_2}{4 \pi \epsilon l^2}$ Coulomb'sches Gesetz
Kraft F zwischen zwei elektrisch geladenen parallelen Platten	$F = \dfrac{\epsilon U^2 A}{2 l^2}$
Energie W des elektrischen Feldes	$W = \dfrac{1}{2} C U^2 = \dfrac{1}{2} Q U = \dfrac{1}{2} \dfrac{Q^2}{C}$

Zur Kraft F zwischen zwei elektrischen punktförmigen Ladungen:

F	Q_1, Q_2	ϵ	l	U	A	W	t, τ
N	As	$\dfrac{\text{As}}{\text{Vm}}$	m	V	m^2	Ws = Nm	s

Aufladen des Kondensators

Momentanspannung u_{C} (U_0 Endspannung)

$$u_{\text{C}} = U_0 \left(1 - e^{-\frac{t}{RC}}\right)$$

Zeitkonstante τ

$$\tau = CR$$

Entladen des Kondensators

Momentanspannung u_{C} (U_0 Anfangsspannung)

$$u_{\text{C}} = U_0\, e^{-\frac{t}{R'C}}$$

Zeitkonstante τ

$$\tau = CR'$$

R ohmscher Widerstand des Kondensators
R' ohmscher Widerstand des Kondensators und Schaltwiderstand
C Kapazität der Kondensatoren

11. Elektrotechnik

11.6. Wechselstrom

Frequenz f (Schwingungszahl)	ist die Anzahl der Schwingungen (Perioden) in der Sekunde, gemessen in Hertz (Hz): $1\,\text{Hz} = 1/\text{s}$ 1 Kilohertz (kHz) $= 1000\,\text{Hz}$; 1 Megahertz (MHz) $= 10^6\,\text{Hz} = 1\,000\,000\,\text{Hz}$	
Kreisfrequenz ω	$\omega = 2\pi f = \dfrac{2\pi}{T}$ $T = \dfrac{1}{f}$ T Periodendauer in s φ Nullphasenwinkel	
Drehzahl n	$n = \dfrac{60\,f}{p}$	p Anzahl der Pol*paare* einer E-Maschine
Augenblickswert i des Stromes	$i = \hat{\imath}\,\sin(\omega t \pm \varphi_i)$	$\hat{\imath}$ Scheitelwert des Stromes
Augenblickswert u der Spannung	$u = \hat{u}\,\sin(\omega t \pm \varphi_i)$ hier sind φ_i und φ_u Null	$\hat{u}$ Scheitelwert der Spannung
Effektivwert $I\,(U)$ des sinusförmigen Stromes (Spannung)	$I = \dfrac{\hat{\imath}}{\sqrt{2}} \approx 0{,}707\,\hat{\imath}$ $U = \dfrac{\hat{u}}{\sqrt{2}} \approx 0{,}707\,\hat{u}$	$\underline{I} = I(\cos\omega t + \mathrm{j}\sin\omega t) = I\,\mathrm{e}^{\mathrm{j}\omega t} = I\,\underline{/\omega t}$ (in komplexer Darstellung) $\underline{U} = U(\cos\omega t + \mathrm{j}\sin\omega t) = U\,\mathrm{e}^{\mathrm{j}\omega t} = U\,\underline{/\omega t}$
Gleichrichtwert $\lvert\bar{\imath}\rvert$ $(\lvert\bar{u}\rvert)$ des sinusförmigen Stromes (Spannung)	$\lvert\bar{\imath}\rvert = \dfrac{2}{\pi}\,\hat{\imath} \approx 0{,}637\,\hat{\imath}$ $\lvert\bar{u}\rvert = \dfrac{2}{\pi}\,\hat{u} \approx 0{,}637\,\hat{u}$	Der arithmetische Mittelwert $\bar{\imath},\,(\bar{u})$ ist bei rein sinusförmigen Wechselgrößen Null
Augenblickswert P_t der Leistung	$P_t = u\,i$	

ω	f	T, t	n	p
$\dfrac{1}{s}$	$\text{Hz} \,\hat{=}\, \dfrac{1}{s}$	s	min^{-1}	1

P	Q	S	$U, u, \hat{u}$	$I, i, \hat{\imath}$	$\cos\varphi$	Z, R, X
W	var	VA	V	A	1	Ω

Wirkleistung P (mittlere Leistung während der Dauer einer Periode)	$P = UI \cos \varphi = \sqrt{S^2 - Q^2}$
Scheinleistung S	$S = UI = I^2 Z = \dfrac{U^2}{Z} = \sqrt{P^2 + Q^2}$
Blindleistung Q	$Q = \sqrt{S^2 - P^2} = UI \sin \varphi$
Leistungsfaktor λ	$\lambda = \cos \varphi = \dfrac{P}{S} = \dfrac{U_w}{U} = \dfrac{I_w}{I} = \dfrac{R}{Z} = \dfrac{G}{y}$

Ohm'sches Gesetz für Wechselstrom	$\underline{I} = \dfrac{\underline{U}}{\underline{Z}}$

Z, R, X, X_C, X_L	L	C	ω	Y, G, B_C, B_L
Ω	$H = \dfrac{Vs}{A}$	$F = \dfrac{As}{V}$	$\dfrac{1}{s}$	S

Wirkspannung $U_w = U_R$	$U_w = \dfrac{P}{I} = U \cos \varphi$ **Wirkstrom** I_w $I_w = \dfrac{P}{U} = I \cos \varphi$ $U_w = IR$ $I_w = \dfrac{U}{R} = UG$
Wirkwiderstand R	$R = \dfrac{P}{I^2} = \lambda Z = Z \cos \varphi$
Blindspannung U_L oder U_C	$U_L = \dfrac{Q_L}{I} = U \sin \varphi = IX_L$ **Blindstrom I_L oder I_C** $I_L = \dfrac{Q_L}{U} = I \sin \varphi = \dfrac{U}{X_L} = UB_L$ $U_C = \dfrac{Q_C}{I_C} = U \sin \varphi = IX_C$ $I_C = \dfrac{Q_C}{U} = I \sin \varphi = \dfrac{U}{X_C} = UB_C$
induktiver Widerstand X_L	$X_L = \omega L = \dfrac{U}{I_L}$ **kapazitiver Blindwiderstand X_C** $X_C = \dfrac{1}{\omega C} = \dfrac{1}{2\pi f C} = \dfrac{U}{I_C}$
Blindwiderstand X	$X = \dfrac{Q}{I^2} = Z \sqrt{1 - \lambda^2} = \omega L - \dfrac{1}{\omega C}$ (bei X_L und X_C in Reihe)
Zusammensetzung von in Reihe geschalteten ohmschen und induktiven Widerständen	$Z = \sqrt{R^2 + X_L^2} = \sqrt{R^2 + (\omega L)^2} = \dfrac{U}{I}$ $\varphi = \arctan \dfrac{X_L}{R} = \dfrac{U_L}{U_R}$ $\underline{Z} = R + j\omega L = Z\,e^{j\omega t} = Z\underline{/\omega t} = \dfrac{U}{\underline{I}}$ (in komplexer Darstellung) Zur übersichtlicheren Darstellung sind hier und in folgenden Zeigerdiagrammen die Operatoren (Widerstände und Leitwerte) ebenfalls mit Richtungspfeil angegeben.

Zusammensetzung von in Reihe geschalteten ohmschen und kapazitiven Widerständen	$Z = \sqrt{R^2 + X_C^2} = \sqrt{R^2 + (\frac{1}{\omega C})^2} = \dfrac{U}{I}$ $\varphi = \arctan \dfrac{X_C}{R} = \dfrac{U_C}{U_R}$ $\underline{Z} = R - j\dfrac{1}{\omega C} = Z\,e^{-j\omega t} = Z\,\underline{/-\omega t} = \dfrac{U}{\underline{I}}$ 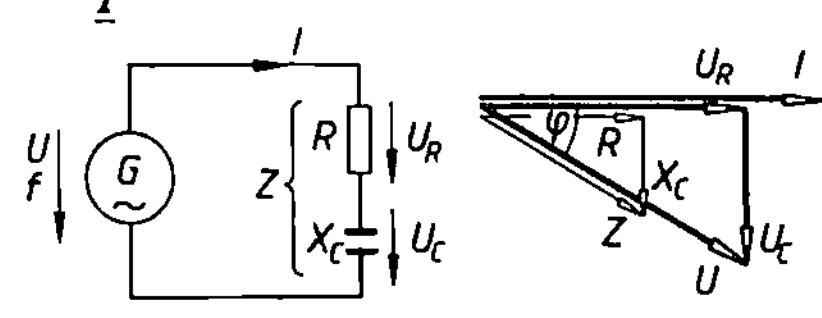
Zusammensetzung von in Reihe geschalteten ohmschen, induktiven und kapazitiven Widerständen	$Z = \sqrt{R^2 + (\omega L - \frac{1}{\omega C})^2} = \dfrac{U}{I}$ $\varphi = \arctan \dfrac{X_L - X_C}{R}$ in komplexer Darstellung: $\underline{Z} = R + j\,(\omega L - \frac{1}{\omega C}) = \dfrac{U}{\underline{I}}$ $\omega = 2\pi f$ Kreisfrequenz 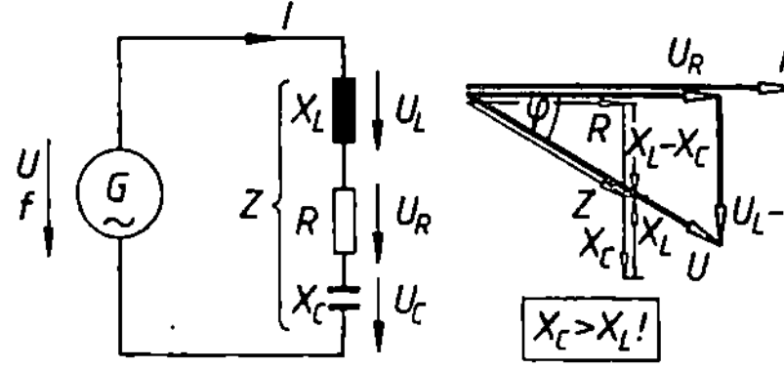
Zusammensetzung von parallel geschalteten ohmschen und induktiven Widerständen	$Z = \dfrac{1}{Y} = \dfrac{1}{\sqrt{G^2 + B_L^2}}$ $G = \dfrac{1}{R},\; B_L = \dfrac{1}{X_L}$ $Z = \dfrac{U}{I}$ $\varphi = \arctan \dfrac{-B_L}{G}$ in komplexer Darstellung: $\underline{Z} = \dfrac{R\,j\,\omega L}{R + j\,\omega L} = \dfrac{U}{\underline{I}}$ 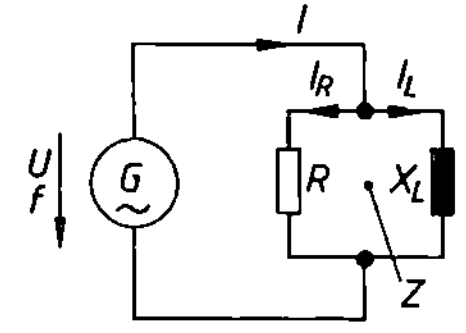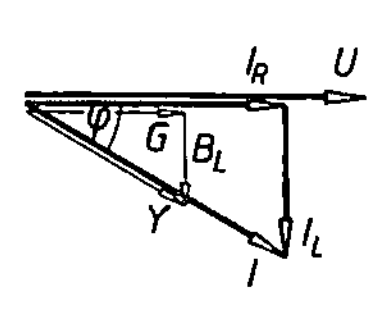
Zusammensetzung von parallel geschalteten ohmschen und kapazitiven Widerständen	$Z = \dfrac{1}{Y} = \dfrac{1}{\sqrt{G^2 + B_C^2}} = \dfrac{U}{I}$ $G = \dfrac{1}{R},\; B_C = \dfrac{1}{X_C}$ in komplexer Darstellung: $\varphi = \arctan\dfrac{B_C}{G} = \dfrac{I_C}{I_R}$ $\underline{Z} = \dfrac{R \cdot \frac{1}{j\omega C}}{R + \frac{1}{j\omega C}} = \dfrac{U}{\underline{I}}$ 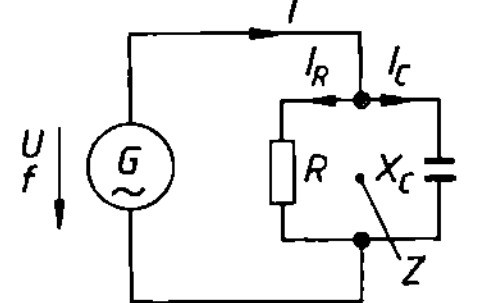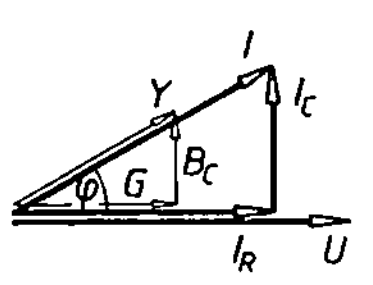

Zusammensetzung von Spule mit Verlusten und einem parallel geschalteten kapazitiven Widerstand	

$$Z = \frac{1}{Y} = \frac{1}{\sqrt{G^2 + (B_L - B_C)^2}} \qquad G = \frac{R}{Z_{Sp}^2}, \qquad B_C = \frac{1}{X_C}$$

$$Z = \frac{U}{I} \qquad\qquad B_L = \frac{X_L}{Z_{Sp}^2}$$

$$Z_{Sp} = \frac{U}{I_{Sp}} \qquad\qquad Z_{Sp}^2 = R^2 + X_L^2$$

$$\varphi = \arctan \frac{B_C - B_L}{G}$$

in komplexer Darstellung:

$$\underline{Z} = \frac{(R + j\omega L) \cdot \frac{1}{j\omega C}}{R + j\omega L + \frac{1}{j\omega C}} = \frac{\underline{U}}{\underline{I}}$$

$$\underline{Z}_{Sp} = R + j\omega L = Z_{Sp}\,\underline{/\omega t} = \frac{\underline{U}}{\underline{I}_{Sp}}$$

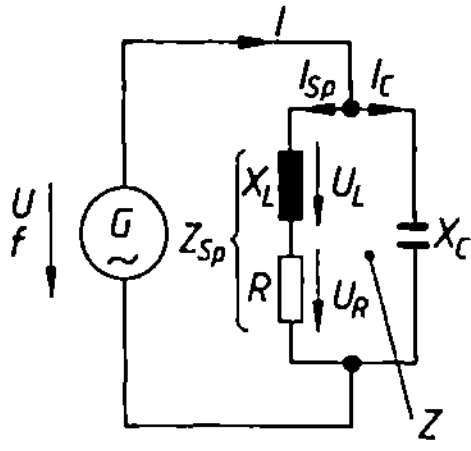

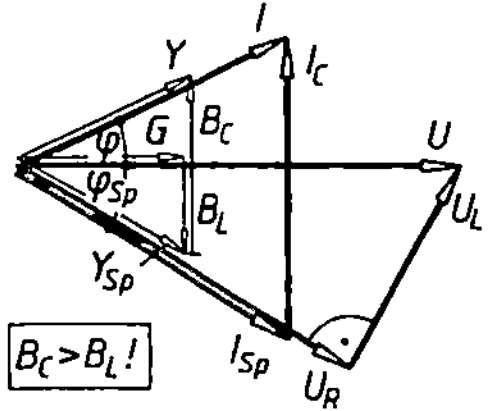

Reihenresonanz
(Spannungsresonanz)

Resonanzbedingung $\qquad X_L = X_C \qquad X_L = \omega L$

$\qquad\qquad\qquad\qquad U_L = U_C \qquad X_C = \frac{1}{\omega C}$

Resonanzfrequenz $\qquad \omega_r = \frac{1}{\sqrt{LC}} \qquad f_r = \frac{\omega_r}{2\pi}$

Resonanzwiderstand $\qquad R_r = R$

Dämpfung $\qquad\qquad d = \omega_r CR = \frac{R}{\omega_r L}$

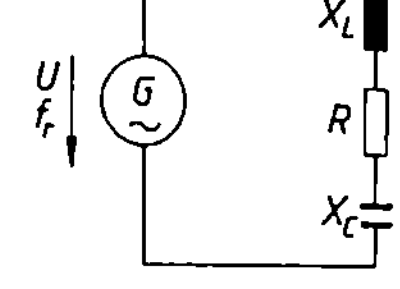

L	C	ω_r	R, Z, X_L, X_C	B_L, B_C	d
H	F	$\frac{1}{s}$	Ω	S	1

Parallelresonanz
(Stromresonanz)

Resonanzbedingung $\qquad B_L = B_C \qquad B_L = \frac{X_L}{Z_{Sp}^2} \qquad B_C = \frac{1}{X_C}$

$\qquad\qquad\qquad\qquad I_L = I_C$

Näherungslösungen:

a) Resonanzfrequenz, $\qquad \omega_r = \sqrt{\frac{1}{LC} - \frac{R^2}{L^2}}$
   wenn R in Reihe mit X_L

b) Resonanzfrequenz, $\qquad \omega_r = \frac{1}{\sqrt{LC - (CR)^2}}$
   wenn R in Reihe mit X_C

Resonanzwiderstand
gilt für a) und b) $\qquad R_r = \frac{L}{CR}$

Wellenwiderstand $\qquad Z_W = \sqrt{\frac{L}{C}}$
(Kennwiderstand)

Speisestrom $\qquad\qquad I = \frac{U}{R_r}$

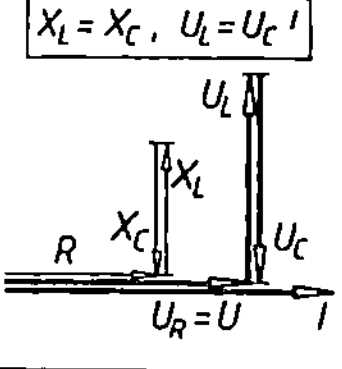

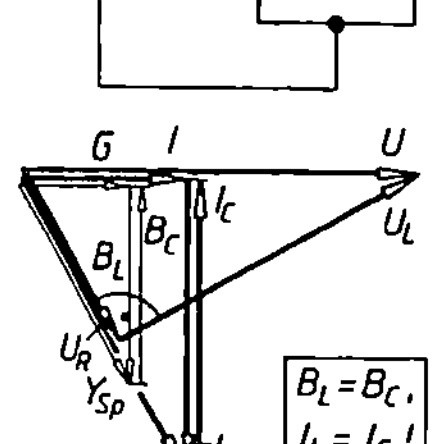

11. Elektrotechnik

Näherungslösungen (nur bei geringer Dämpfung):

Resonanzfrequenz

$$\omega_r = \frac{1}{\sqrt{LC}}$$

Resonanzwiderstand

$$R_r = \frac{L}{C(R_L + R_C)}$$

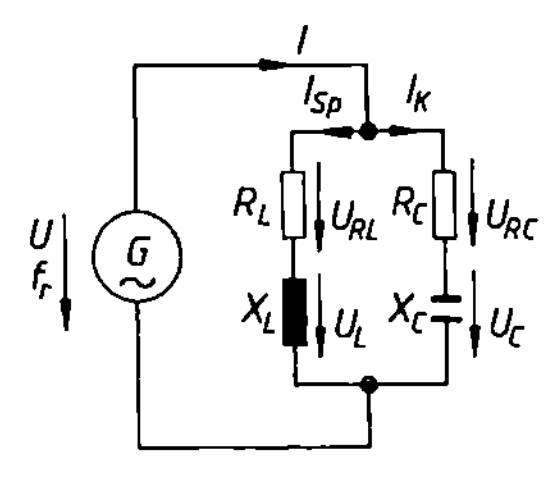

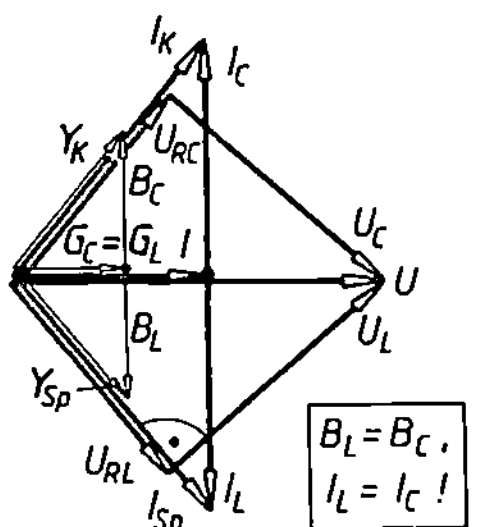

Schwingkreisstrom

$$I_{Schw} = \frac{U}{\sqrt{L/C}} = \frac{I}{R_L + R_C} \cdot \sqrt{\frac{L}{C}} = I_L = I_C$$

Spulengüte	$g = \dfrac{1}{d_L}$	aus Bauteillisten nach Firmen-
Kondensator-Verlust- faktor	$\tan\delta \mathrel{\hat{=}} d_C$	angaben entnehmen

Kreisdämpfung
$$d = d_L + d_C = \frac{1}{R_r\, \omega_r\, C} = \frac{\omega_r L}{R_r} = \frac{Z_W}{R_r}$$

11.7. Drehstrom

Augenblickswert u der Strang-spannungen	
$u_1 = \hat{u}\sin\omega t$ $u_2 = \hat{u}\sin(\omega t - 120°)$ $u_3 = \hat{u}\sin(\omega t - 240°)$ $\underline{U}_1 = U\,e^{j\,0°} = U\underline{/0°} = U$ $\underline{U}_2 = U\,e^{-j\,120°} = U\underline{/-120°}$ $\underline{U}_3 = U\,e^{-j\,240°} = U\underline{/-240°} = U\underline{/+120°}$	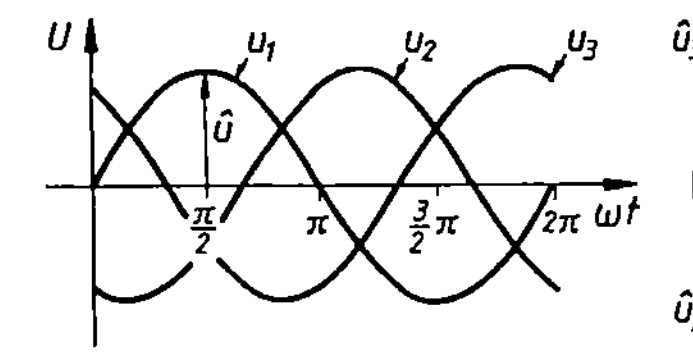 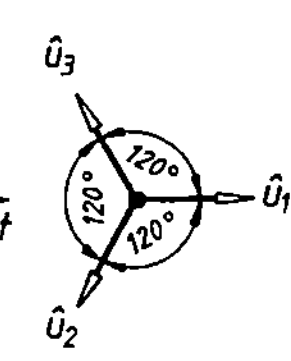

Sternschaltung des Verbrauchers (symmetrische Belastung)	
$U = \sqrt{3}\; U_{Str}$ $I = I_{Str}$ $I_N = 0$ U Leiterspannung U_N Strangspannung I Leiterstrom I_N Neutralleiterstrom	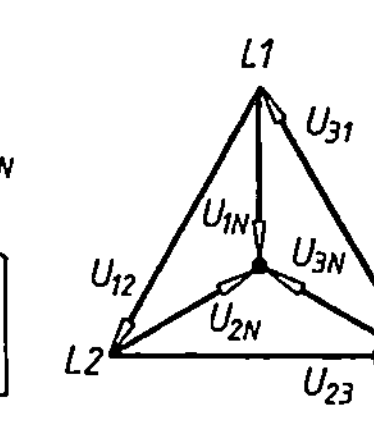

Dreieckschaltung des Verbrauchers (symmetrische Belastung)	$U = U_{Str}$; $\qquad I = \sqrt{3}\, I_{Str}$. $\quad I_{Str}$ Strangstrom 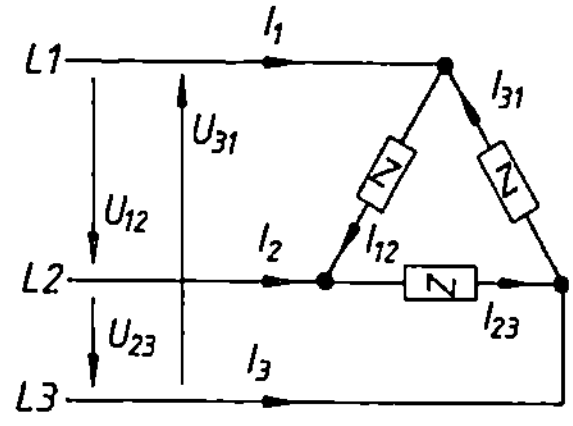 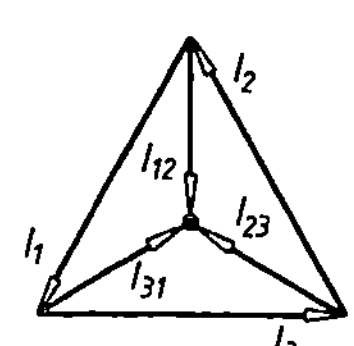
Gesamtwirkleistung P eines Verbrauchers bei Stern- und Dreieckschaltung und symmetrischer Belastung	$P = \sqrt{3}\, UI \cos\varphi \qquad \cos\varphi$ Leistungsfaktor des Verbrauchers $\begin{array}{c\|c\|c\|c\|c} P & U & I & W & t \\ \hline W & V & A & Ws & s \end{array}$
... bei unsymmetrischer Belastung a) Verbraucher in Dreieckschaltung b) Verbraucher in Sternschaltung mit N-Leiter c) Verbraucher in Sternschaltung ohne N-Leiter	$P = P_{Str1} + P_{Str2} + P_{Str3}$ Es ergeben sich ungleiche Leiterströme bei ungleicher gegenseitiger Phasenverschiebung ($\neq 120°$) Der N-Leiter führt einen Ausgleichsstrom. Die Strangspannungen sind gleich groß Es ergeben sich ungleiche Strangspannungen bei ungleicher gegenseitiger Phasenverschiebung ($\neq 120°$) 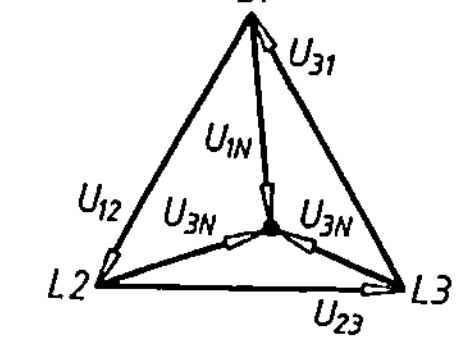
Gesamtarbeit W bei symmetrischer Belastung	$W = Pt = \sqrt{3}\, UIt \cos\varphi$

11.8. Grundlagen der Messtechnik

Strommessung

Korrektur des Messwertes:

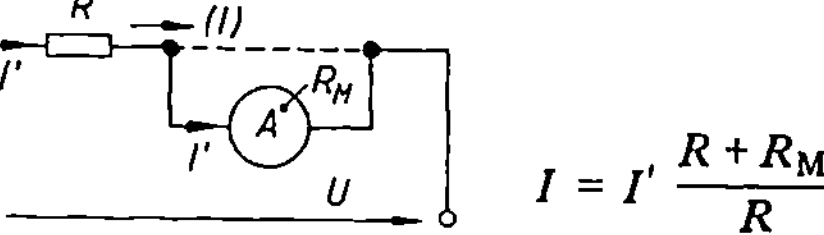

$$I = I' \, \frac{R + R_M}{R}$$

R_M ist auf dem Instrument angegeben
(je kleiner R_M, desto kleiner der Messfehler)

Messbereichserweiterung:

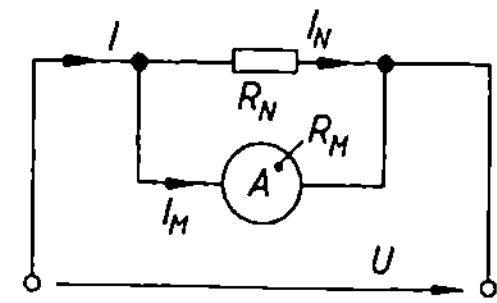

$$R_N = \frac{R_M}{n - 1}$$

$$n = \frac{I}{I_M}$$

11. Elektrotechnik

Spannungsmessung

Messbereichserweiterung:

$$R_V = R_M (n - 1)$$

$$n = \frac{U}{U_M}$$

$$R_M = U_{M\,max}\, r_M$$

r_M in Ω/V (je Messbereich gleich) auf Instrument angegeben (je größer r_M, desto kleiner der Messfehler)

$U_{M\,max}$ in V ist die Spannung bei Vollausschlag je Messbereich

Widerstandsmessung

mit Strom und Spannung: mit Schleifdrahtbrücke:

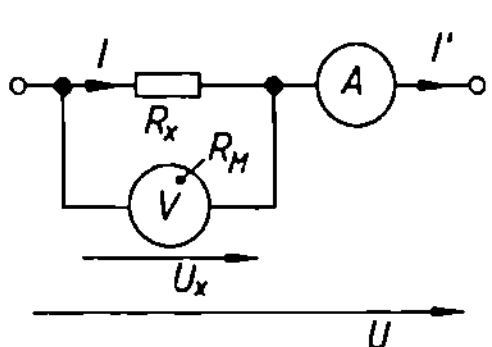

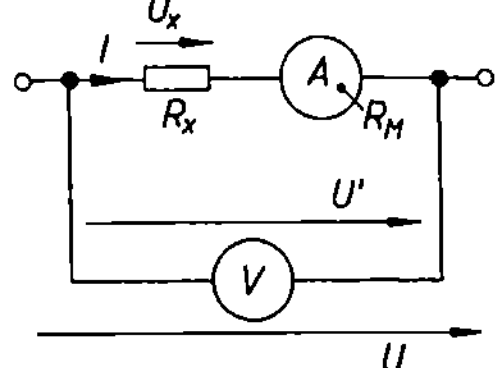

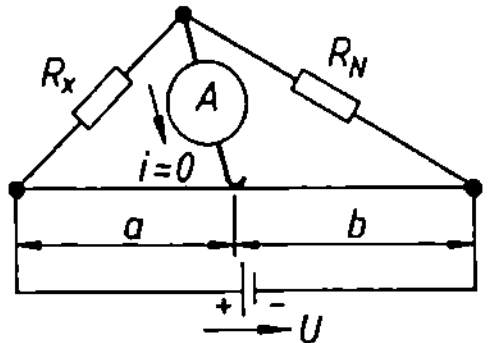

ohne Korrektur: \
nur für kleine Widerstände

$$R_x \ll R_M; \quad R_x = \frac{U}{I'}$$

mit Korrektur:

$$R_x = \frac{U_x}{I}; \quad I = I' - \frac{U}{R_M}$$

ohne Korrektur: \
nur für große Widerstände

$$R_x \gg R_M; \quad R_x = \frac{U'}{I}$$

mit Korrektur:

$$R_x = \frac{U}{I}; \quad U = U' - I R_M$$

$$R_x = R_N \frac{a}{b}$$

R_n bekannter Normalwiderstand

Leistungsmessung

mit Leistungsmesser: mit Strom- und Spannungsmesser:

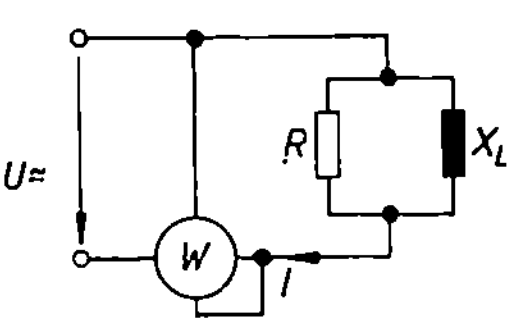

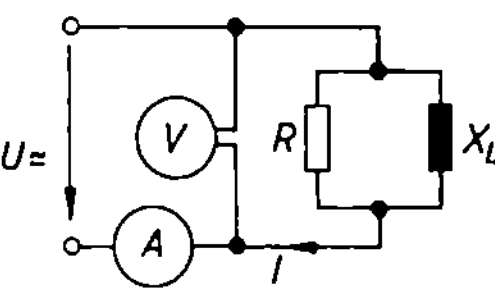

bei Wechselstrom wird die Wirkleistung angezeigt

bei Gleichstrom: $P = UI$ \
bei Wechselstrom: $S = UI$, nur Betrag

Die Kombination beider Verfahren ermöglicht das Messen des Leistungsfaktors $\cos \varphi = P/S$

11.9. Spezifischer elektrischer Widerstand ρ, spezifische elektrische Leitfähigkeit γ bei 20 °C und Temperaturbeiwerte

Werkstoff	chemisches Zeichen	Dichte in kg/dm³	spez. elektr. Widerstand ρ in Ω mm²/m	elektrische Leitfähigkeit γ in S m/mm²	Temperaturbeiwert α in 1/K	Temperaturbeiwert τ in K
Silber	Ag	10,5	0,0158	63,5	+ 0,003 77	+ 245
Kupfer	Cu	8,9	0,0175	57,1	+ 0,003 9	+ 237
Aluminium	Al	2,7	0,0282	35,4	+ 0,003 7	+ 250
Wolfram	W	19,1	0,055	18,2	+ 0,004 1	+ 224
Zink	Zn	7,1	0,06	16,5	+ 0,003 7	+ 250
Messing	–	8,6	0,074	13,5	+ 0,001 5	+ 646
Platin	Pt	21,3	0,094	10,64	+ 0,003 9	+ 237
Nickel	Ni	8,7	0,10...0,12	10,0...8,5	+ 0,004 0	+ 230
Eisen	Fe	7,9	0,12...0,14	8,3...7,1	+ 0,004 8	+ 189
Blei	Pb	11,34	0,21	4,8	+ 0,003 87	+ 239
Nickelin	–	8,7	0,43	2,3	+ 0,000 23	+ 4 330
Konstantan	–	8,9	0,50	2,0	– 0,000 005	–200 000

11.10. Permittivitätszahl ϵ_r einiger Isolierstoffe bei + 20 °C und deren Durchschlagsfestigkeit E_{max} bei 50 Hz

Stoff	ε_r	E_{max} kV/mm	Stoff	ε_r	E_{max} kV/mm
Luft	1	3	Wasser	80	—
Mineralöl	2,5	8	Styroflex	2,4	100
Clophen	5	20	Tempa S	15	15
Porzellan	6	32	Kondensa N	40	—
Glas	6	20...40	— C, F	70	15
Hartpapier	6	18	Epsilan	bis 7000	—
Glimmer	7	25			

11.11. Elektrochemische Grammäquivalente

Stoff	Grammatom in g	Wertigkeit	elektrochemisches Grammäquivalent in g/Ah
Blei Pb	207,21	2	3,859
Chrom Cr	52,01	6	0,323
Kadmium Cd	112,41	2	2,097
Kobalt Co	56,94	2	1,099
Kupfer Cu	63,57	2	1,186
Nickel Ni	58,69	2	1,095
Silber Ag	107,88	1	4,026
Wasserstoff H	≈ 1,00	1	0,0374 = 1/26,8

11. Elektrotechnik

11.12. Magnetisierungskurven

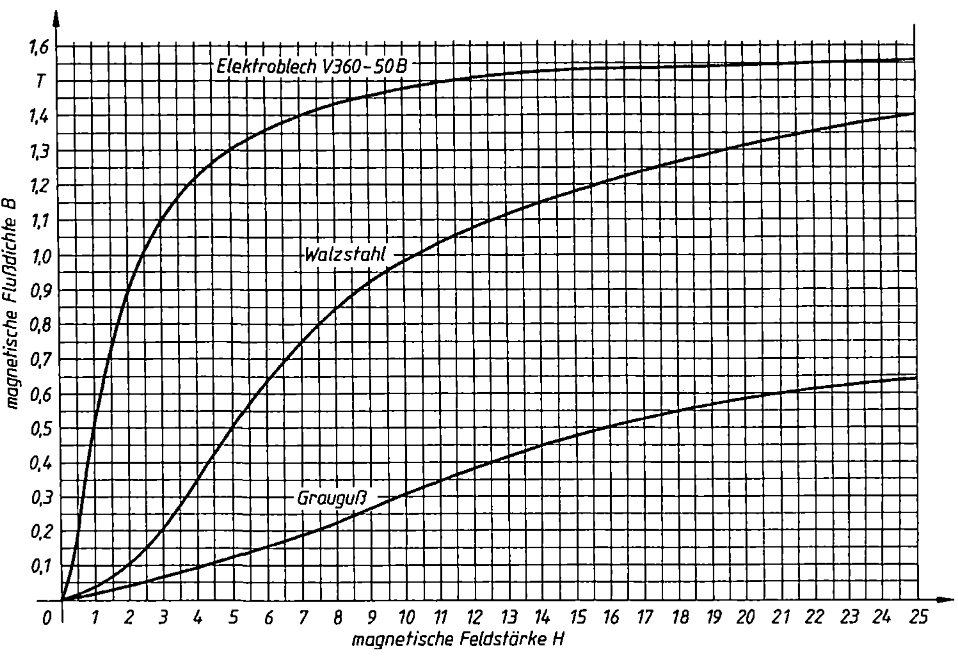

11.13. Leitungsquerschnitte

Kupfer   **Aluminium**

A mm²	Gruppe 1 I_{zul} A	Gruppe 1 Sicherung A	Gruppe 2 I_{zul} A	Gruppe 2 Sicherung A	Gruppe 3 I_{zul} A	Gruppe 3 Sicherung A	Gruppe 1 I_{zul} A	Gruppe 1 Sicherung A	Gruppe 2 I_{zul} A	Gruppe 2 Sicherung A	Gruppe 3 I_{zul} A	Gruppe 3 Sicherung A
0,75	–	–	13	10	16	16	–	–	–	–	–	–
1	12	10	16	15	20	20	–	–	–	–	–	–
1,5	16	16	20	20	25	25	–	–	–	–	–	–
2,5	21	20	27	25	34	35	16	16	21	20	27	25
4	27	25	36	35	45	50	21	20	29	25	35	35
6	35	35	47	50	57	63	27	25	37	35	45	50
10	48	50	65	63	78	80	38	35	51	50	61	63
16	65	63	87	80	104	100	51	50	68	63	82	80
25	88	80	115	100	137	125	69	63	90	80	107	100
35	110	100	143	125	168	160	86	80	112	100	132	125
50	140	125	178	160	210	200	110	100	140	125	165	160
70	–	–	220	225	260	260	–	–	173	160	205	200
95	–	–	265	260	310	300	–	–	210	200	245	225
120	–	–	310	300	365	350	–	–	245	225	285	260
150	–	–	355	350	415	430	–	–	280	260	330	300
185	–	–	405	350	475	430	–	–	320	300	375	350
240	–	–	480	430	560	500	–	–	380	350	440	430
300	–	–	555	430	645	600	–	–	435	350	510	430
400	–	–	–	–	770	700	–	–	–	–	605	500
500	–	–	–	–	880	800	–	–	–	–	690	600

A genormter Querschnitt; I_{zul} zulässiger Strom für Dauerbetrieb; Sicherung nach VDE 0100 Ü

Gruppe 1: Isolierte Einzelleiter in Rohre eingezogen (Rohrverlegung) oder fest in Rohre eingefalzt (Rohrdrähte).

Gruppe 2: Kabel und kabelähnliche Leitungen. Isolierte Einzelleiter in Gummi oder Kunststoff eingebettet.

Gruppe 3: Einadrige Leitungen, blank in Luft verlegt oder isoliert für ortsveränderliche Verbraucher.

Sachwortverzeichnis

Sachwortverzeichnis

Sachwortverzeichnis